XIANDAI ZUZHI HUAXUE YUANLI JI JISHU

现代组织化学原理及技术

（第三版）

刘 颖　朱虹光◎主 编

U0377307

复旦大学出版社

编 委 会

▼

主 编

刘 颖　朱虹光

编写人员

（按姓氏笔画排序）

王文娟	卢韶华	包 芸	刘国元
刘秀萍	刘学光	杜尊国	李海霞
李 慧	李清泉	吴慧娟	张志刚
陈忠清	周仲文	赵仲华	唐 峰
曾文姣	曾海英	熊 佶	

前言

　　组织化学技术是以化学反应为主的染色方法区分胞质、胞核和细胞外基质,清晰地显示正常或病理状态下的组织和细胞形态,并凭借此作出诊断。随着生物科学研究技术的发展,在组织、细胞标本上引入生物化学的酶—底物反应、免疫化学的抗原—抗体反应及分子生物学的 DNA 或 RNA 基因片段杂交反应,它们与组织形态学技术相结合分别形成酶组织化学、免疫组织化学和杂交组织化学,统称现代组织化学。通过光学或电子显微镜观察,人们能够在组织、细胞及核酸水平对细胞的蛋白合成、免疫反应做出定性、定位和定量的判断,使细胞的形态与功能有机地结合。在当前精准医学的时代背景下,现代组织化学技术已成为生命科学和医学研究及临床病理诊断中不可或缺的重要手段。

　　为了让研究生在短时间内能掌握常用的形态学研究新技术,我系从 1986 年起开设了免疫组织化学技术课程,1994 年又发展成现代组织化学课程,自编了相应教材,因内容新颖、实用,受到研究生和其他实验室工作人员的欢迎。如今,在以往教材的基础上,结合近几年的新发展,进行了改编、扩充,并且请临床医院的病理科医师将常见肿瘤的免疫标记加以整理。希望本书能在教学、科研及临床病理检验中起到有益的作用。

　　本书作为医科研究生教材兼顾临床使用实践性,编写中特别注意了 3 条原则:①在顾及内容系统性和完整性的同时,更突出其先进性,尽可能包括近年来发展的、行之有效的新技术,如免疫组织化学、杂交组织化学技术的新进展,形态定量技术,细胞凋亡的检测等。②对各种技术的介绍,既有精辟的原理讲解,又有最常用的实验操作步骤,使读者不仅能照着做,还能根据其原理作某些调整或创新。③在应用方面,注意专业覆盖面,使各个专业的读者都能从中找到对应点,从而引起学习兴趣,并应用于自己的工作中。由于本书涉及的原理和方法有一定普遍性,故适用范围并不局限于医科,同样也适用于生物学乃至其他生命学科;读者也不仅是研究生,实验室各级工作人员也能从本书获益。

本书的顺利出版首先要感谢我校研究生院领导的大力支持。参加编写的人员除我校病理教研室的老师外,还特邀华山医院病理科唐峰教授、中山医院病理科卢韶华教授及其团队人员共同撰写。各位专家、教授都为之付出了辛勤的劳动,但由于各位编者均是在繁忙的教学、科研和临床病理工作中抽暇编撰而成,错误和不足难免,衷心希望读者指正、批评,不胜感激。我们要特别感谢承接本书出版的复旦大学出版社。最后,我们还将感谢读者们的关注和厚爱,并热诚欢迎对本书的不足之处提出批评指正。

刘　颖　朱虹光
2017 年 6 月

第一部分

第二部分

第Ⅰ部分　组织化学原理

第一章

组织、细胞标本的处理及制备

本书涉及组织原位进行的酶化学反应、免疫组织化学和杂交组织化学等方法,对组织和细胞的恰当处理,使组织和细胞中的待检物质能客观地在显微镜下显示和准确定位至关重要,其关系到:①组织、细胞的结构和形态能否很好保存。②生物大分子的活性(如酶活性)或抗原性能否尽可能保存。③能否顺利并重复地获得高质量的组织切片,好的切片表现为:完整而无裂缝,无皱褶,无碎裂;冷冻切片时无冰结晶;染色鲜艳,对比性好。如果组织、细胞处理不当,不仅会影响实验的成功,而且即使获得了阳性结果,也无法记录下来获得令人信服的、清晰的高质量照片,这常常是一件令人懊恼的事情。因此,组织和细胞的恰当处理及优质标本的制成是一系列现代组织化学方法成功的首要条件。本章就组织及细胞标本的处理及制备过程进行详细介绍,有助现代组织化学实验顺利完成。

第一节　组织和细胞标本的来源及取材

一、组织标本的取材

现代组织化学中所用组织来自手术切除、钳取活检、穿刺活检标本,也可取自尸体剖验或穿刺及实验动物标本。但杂交组织化学,尤其是检测 mRNA 时,尸检材料常较难取得满意的结果。尸体组织最好在死亡后立即取材,否则发生自溶将导致抗原丧失或弥散,核酸分子被降解破坏。

取材是指从大体标本上切除适量的组织材料进行研究。在取材过程中应注意以下几个问题:①用于免疫组织化学的组织一般取材大小为 1.0 cm×1.0 cm×0.2 cm。②具有代表性的不同病灶都应取材,包括病灶与正常交界处。③应尽量避开坏死区,因坏死组织不仅抗原和核酸破坏殆尽,而且会引起很强的非特异性着色。④剔除脂肪和钙化,否则会影响切片,出现假阳性或假阴性结果。⑤操作应尽可能迅速,使用的刀刃要锋利,避免来回挫动组织;镊取时动作要轻柔,尽量避免组织受挤压引起组织细胞变形,因其会引起染色加深造成非特异性着色。

动物标本取材时,应先将动物麻醉后处死。处死的主要方法如下。

1. 空气栓塞法　向动物静脉内注入一定量的空气,使动物很快死亡。一般适用于大动物,如兔、犬、猫等动物。

2. 乙醚吸入麻醉法　可将浸有乙醚或氯仿(三氯甲烷)的棉球连同动物一起放入密闭容器内进行麻醉,适用于鼠等小动物的取材,但容易引起动物内脏淤血。

3. 戊巴比妥钠和乌拉坦麻醉法　用4%的戊巴比妥钠水溶液或20%乌拉坦,进行静脉或腹腔注射完成麻醉,注射剂量为1～2 ml/kg。若出现乙醚吸入麻醉效果不好的情况,麻醉后宜放血,以免动物内脏淤血。

4. 断头法　用剪刀剪去动物的头部,待血液流出后立即取材,适用于小动物。

二、细胞标本取材(制备)

细胞片的制备因所取细胞的来源不同,可采取下列不同的方法。

1. 组织印片　将洁净载玻片轻压于已暴露病灶的新鲜组织切面,细胞即黏附于玻片,晾干后浸入冷丙酮或醋酸-乙醇固定10 min,自然干燥后进行染片或放入-20℃冰箱内保存。该法操作简便、省时;缺点是细胞分布不均,有重叠,影响观察效果。此标本适合于检测上皮性恶性肿瘤的细胞核上的一些指标的检查,如DNA含量、染色体倍率等。因为癌细胞之间的粘连性降低,比正常细胞更容易黏附到玻片上。

2. 细胞培养片　进行贴壁细胞培养时,置小玻片于培养瓶中,使细胞在小玻片上生长,达到适当密度后取出固定,供染色。也可将细胞培养在多格培养片(slide chamber)上,然后同上方法处理。多格培养可在同一玻片上同时检测多种细胞,既保证了染色条件一致,又能大大节省时间。

3. 细胞悬液涂片　大多数细胞片由细胞悬液制成,其来源包括:①血液、尿液、脑脊液;②体腔积液;③组织穿刺吸取,如骨髓、淋巴结或其他实质性组织;④悬浮培养的细胞或贴壁细胞经消化后形成的悬液。悬液中的细胞浓度为10^6/ml左右时,可直接涂于载玻片上,但要均匀、不重叠。若浓度过低,可经低速离心沉淀后再涂;反之,浓度过高,应予适当稀释。涂片的范围直径应小于1 cm,以节约试剂。若用细胞离心涂片器(cytospin)则涂片效果更好。在制备细胞悬液时,若经反复离心、洗涤,细胞黏性降低,染色时可能发生脱片,必要时载玻片需预涂黏附剂。细胞片制成后同样经干燥、固定、冷藏。

细胞片标本制备时未经过繁复的处理过程,故细胞表面抗原保存较好;但如要检测分泌性抗原,细胞应经充分洗涤以除去血液或组织液中抗原黏附所引起的干扰。此外,在显示胞质内抗原时,需预先用皂角苷(saponin)等处理,增加细胞膜的通透性,使抗体得以进入。值得提示的是,细胞片标本一定要经过短时间晾干后再放入固定液中,否则细胞会丢失。

第二节　标 本 固 定

一、固定的目的和注意事项

凡需进行原位研究的标本均要进行固定(fixation),固定的目的和意义主要有:①抑制细胞内溶酶体酶的释放和活性,防止自溶;抑制组织中细菌的繁殖,防止组织腐败。②使细胞的蛋白质、脂肪、糖等各种成分凝固成不溶性物质,以防止物质扩散并维持原有的组织形态结构。③固定后的组织对染料有不同的亲和力,染色后可产生不同的折射率,颜色更为清晰、鲜明,便于观察。④固定剂往往兼有硬化作用,便于以后切片。

在完成组织和细胞标本固定时,应注意以下问题:①新鲜组织尽快取材,越早固定越好。②不同固定剂的性能不一,根据研究目的选用合适的固定剂。③固定要充分、彻底。固定液量要充足,其与组织的体积比最好在 20 倍以上。固定时间可根据所选固定液和组织类型而定。若进行酶组织化学染色或者免疫组织化学标记时,应在 4℃短时间固定,固定时间长会导致酶活性减弱、消失及蛋白抗原分子之间过多交联产生,影响免疫标记。为了使组织在短时间内获得均匀一致的固定效果,组织的厚度最好在 5 mm 以内,以 2~3 mm 为宜。有时为了很快地使组织得到均匀的固定,可采用整体动物或器官灌流的方法进行预固定。

二、固定的主要方法

固定的方法有物理固定和化学固定 2 类。物理固定可采用空气干燥(血涂片)、骤冷(在液氮中迅速冷冻)或微波固定等;化学固定有浸润法(immersion method)和灌流法(perfusion method)。灌流法适用于动物实验中对缺氧敏感的器官,如神经系统和胃肠等的取材。

(一) 浸润法

浸润法是组织化学和免疫组织化学常用的固定方法,一次要处理许多组织样品时也多用此法。预先需估计固定剂的用量,并在取材前配好固定液,分装于小容器内,在容器上标记组别和取材时间,容器内放入纪录组织类型的纸条,以便包埋时辨认。

(二) 灌流固定法

该法是经血管途径,把固定液灌注到需要固定的器官内,使生活的细胞在原位及时、迅速固定,取下组织后,再浸入相同的固定液内继续固定。灌流固定对组织结构和酶活性保存较好。

灌流固定大动物时多采用输液方式。将固定液从一侧颈总动脉或股动脉输入,从另一侧切开静脉放血,输入固定液与放血同时进行。固定液的输入量因个体不同而异。小动物(如大鼠和小鼠)多采用心脏灌流固定,动物在乙醚吸入深度麻醉情况下,打开胸腔,纵向切开心包膜,用静脉输液针从左心室(心尖处)刺入,针尖刺入后,随即将纱线扎紧固定,勿使其移动,再将右心耳剪开放血。在灌注固定液前,先用含抗凝剂的 37℃生理盐水灌流,冲洗血管内的血液,防止血液凝固阻塞血管。抗凝剂常用肝素,剂量为 40 mg/L 冲洗液。肝脏颜色由鲜红变为浅白色时,即可灌流固定液,灌注速度为 5~10 ml/min,应在 30 min 内结束灌注并取材,而后将组织浸入相同的固定液中 1~3 小时。

三、常用固定液的种类和各自优缺点

1. 甲醛(formaldehyde) 甲醛是首选的、最常用的醛类固定剂。甲醛通过与蛋白多肽链氨基酸侧链的功能基团,如氨基、羟基、酰氨基等结合,使蛋白多肽分子间形成亚甲基桥(—CH2—),蛋白质不再发生改变,保存原位。其特点是:①组织形态、结构保存好,对脂肪、神经、髓鞘固定较好,对糖有保护作用,也可固定高尔基复合体和线粒体等;②穿透性强,组织收缩少;③价格低廉。但是,醛基与抗原蛋白氨基交联形成羟甲基,使抗原决定簇的空间构象发生改变,分子间交联形成的网络结构可能部分或完全遮盖抗原决定簇,使之不能完全暴露,引起免疫组织化学染色的假阴性结果的出现。如果固定后能够充分水洗,可减少分子间交联。在免疫组织化学染色之前切片通过抗原修复还可使抗原再现。为减少固定剂与抗原的交联,在使用醛类固定剂时,应缩短固定时间(8~24 小时),降低固定温度(4℃)。

主要使用的甲醛固定剂有以下 2 种。

(1) 10%甲醛:市售的甲醛试剂为 37%~40%甲醛水溶液,常按 1∶9 比例使用,即是10%甲醛溶液,但实际上是 4%的甲醛溶液(配法为甲醛原液 10 ml,蒸馏水 90 ml 混匀)。由于甲醛易氧化为甲酸,使溶液变酸,影响核的染色,为克服此缺点,制成 10%中性缓冲甲醛[配法:甲醛原液 10 ml,0.1 mol/L 磷酸缓冲液(PBS,pH7.4,90 ml 混匀)]。这是目前最常用的固定剂。

(2) 4%多聚甲醛磷酸缓冲液[配法:多聚甲醛 40 g,0.1 mol/L PBS 500 ml,两者混合加热至 60℃,搅拌并滴加 1 mol NaOH 至清澈为止,冷却后加 PBS 至总量1 000 ml]。免疫组织化学前的组织固定用 4%多聚甲醛较为多见,对组织抗原性损伤小,作用比较温和。然而这也是它的弱点,对于包膜很厚的组织,如睾丸,多聚甲醛效果不佳,难以渗透。

2. 丙酮　丙酮是无色极易挥发和易燃的液体,丙酮(acetone)渗透力很强,能使蛋白质沉淀凝固,但不影响蛋白质的功能基团而保存酶的活性,用于固定磷酸酶和氧化酶效果较好。缺点是固定快、渗透力强,易使组织细胞收缩,保持细胞结构欠佳。一般 4℃下 30~60 分钟为宜。

3. 乙醇(酒精)　乙醇用于固定时以 80%~95%的浓度为好,其优点有:固定兼有硬化和脱水的作用;能很好地保存尿酸结晶和糖类;对蛋白有沉淀作用,故对高分子蛋白的固定有良好效果,如浆细胞内的免疫球蛋白。缺点有:渗透力不如甲醛;能溶解脂肪、类脂和色素;核蛋白被乙醇沉淀后能溶于水,故核着色不良,不利于染色体的固定;高浓度酒精固定组织硬化明显,时间长可使组织变脆。另外,乙醇本身是还原剂,易被氧化,不能与铬酸、重铬酸钾、锇酸等混合。由于乙醇有上述诸多缺点,已很少单独使用于固定。

4. 混合固定液　①A－F 液(乙醇-甲醛液):是由无水乙醇或 95%乙醇(A)90 ml＋甲醛原液(F)10 ml 配制而成。优点:有固定兼脱水作用,固定后可直接入 95%乙醇继续脱水。缺点:同"乙醇"固定剂。②Bouin 液:配制方法有 2 种。一种是用苦味酸饱和水溶液75 ml＋甲醛原液 25 ml＋冰醋酸 5 ml;另一种是用 80%乙醇 150 ml＋甲醛原液 60 ml＋冰醋酸15 ml＋结晶苦味酸 1 g。需要在用前配制。其优点是渗透力强,收缩小,染色鲜艳,且不会使组织变硬、变脆。缺点是固定后的组织必须经水或 70%~80%的乙醇洗涤 12 小时以上,以清除组织块上苦味酸的黄色,而且配制较繁复,有时须新鲜配制。③Carnoy 液:优点是穿透力很强,适合外膜致密的组织,对显示 DNA 和 RNA 的效果很好,也适用糖原和尼氏小体的固定,固定后无须水洗,可直接投入 95%的乙醇进行梯度脱水。该固定液中的氯仿等有机溶剂对人体有害。④以重铬酸钾为主的固定液:如 Zenker 液、Helly 液和 Müller 液等,各有优缺点。Zenker 液固定的细胞核、胞质染色颇为清晰。Helly 液对胞质固定好,尤其适用于显示各种胞质颗粒,对显示胰岛和脑垂体前叶各种细胞有良好效果。Müller 液固定作用缓慢,收缩很小,固定所需时间长。它们的共同缺点是配制繁复,有时需使用有毒物质(如升汞)。⑤PLP 固定液:配制方法见附录。优点:其固定的机制是先由过碘酸氧化糖蛋白的糖基产生醛基,再通过赖氨酸的双价氨基与醛基结合,使糖之间发生交联,故对保存糖蛋白的抗原性有较好效果。缺点:配制烦琐,不经济。

5. 常用于冷冻切片的固定液　①丙酮:常用于冷冻切片或细胞涂片的后固定,保存抗原较好,用前在 4℃冰箱预冷,切片在冷丙酮中只需固定 5～10 min。②AAA 液:配法为无水乙醇 85 ml+冰醋酸 5 ml+甲醛原液 10 ml 及酒精冰醋酸固定液(无水乙醇 95 ml+冰醋酸 5 ml,多用于冷冻切片后固定。

对于冷冻切片或细胞涂片制成后要晾干后固定,固定后再晾干可使细胞牢固地黏附在载玻片上,故对于容易脱落的细胞应延长晾干时间。晾干之后 PBS 漂洗 3 次,然后进行组织化学或免疫组织化学染色。

6. (免疫)电镜组织的固定　①戊二醛-多聚甲醛缓冲液:在 4% 多聚甲醛磷酸缓冲液中加入 0.5%～1% 戊二醛;②1% 锇酸固定液:配好后应放置 4℃冰箱可保存 1～2 周,变色后则不可再用。

以上 2 种固定液可用于(免疫)电镜组织的固定,也可用于光镜免疫组织化学组织的固定。

四、常见抗原所选择的组织细胞处理方法

用于免疫组织化学的固定剂种类很多,以上固定剂的选择仅供参考,不同的抗原和标本均可首选醛类固定液,如效果不佳,再试用其他固定液。选择最佳固定液的标准:①能最好地保持组织细胞的形态结构。②最大限度地保存抗原免疫活性和被检物不被丢失。一些含重金属固定液可用于组织化学标本的固定,但在免疫组织化学染色中禁用。在可能的条件下,在预实验时可针对不同的研究对象的最佳固定和切片方案进行摸索。如进行肝组织甲胎蛋白(AFP)免疫组织化学染色时,丙酮-甲醛固定,石油醚透明石蜡包埋的切片能较好地保存 AFP 的抗原性,阳性染色强,几乎没有背景染色;其次是高碘酸盐-赖氨酸-多聚甲醛(PLP)固定液和苦味酸-多聚甲醛固定液。

固定液的选择也与制片相关。如果需要制作冷冻切片,一般不固定或者采用乙醇、丙酮,多聚甲醛短时间固定,多用于免疫标记细胞表面抗原、神经多肽、胺类、酶等。内分泌多肽的免疫标记常用 Bouin 液固定,石蜡切片即可获得满意结果。免疫球蛋白类可用甲醛或 Zenker 液固定,冷冻切片或石蜡切片则根据所用抗体而定。肽类激素和肿瘤胚胎抗原均可用 Bouin 液固定,石蜡切片。如要进行免疫电镜研究,则以戊二醛-多聚甲醛缓冲液作前固定。

第三节　组织的脱水、透明、浸蜡及包埋

一、组织的脱水

(一) 脱水的目的
组织内的水分不能与苯或石蜡相融合,故石蜡包埋前(或透明前)必须脱去。使用不同

浓度的脱水剂逐步将组织中的水分置换出来的过程称为脱水。

对于不同的组织应分开脱水,特别是一些易脆的组织(如肝、脾等)应严格掌握脱水时间,防止在无水乙醇中停留时间过长。对于动物组织,应比人体标本相应缩短脱水时间。脱水应按照从低浓度到高浓度的过程,否则标本直接进入高浓度溶液中极易引起组织的强烈收缩或使组织发生变形,影响切片及造成免疫组织化学实验过程中的脱片。

(二) 常用脱水剂的种类及注意事项

常用的脱水剂主要有乙醇、丙酮、正丁醇、叔丁醇和环己酮等。

1. **乙醇**　最常用的脱水剂,脱水能力强,可与水按不同比例混合,能使组织硬化并与透明剂二甲苯互溶。使用酒精脱水时的注意事项如下。

(1) 由低浓度到高浓度,一般从70%乙醇开始,对于小动物、胚胎及含水量多的柔软组织,则从更低的浓度开始(如30%～40%的乙醇),以防止组织收缩过快变脆。

(2) 脱水时间要适当,时间短,脱水不彻底,透明及浸蜡受影响,切片难切,质量差,染色效果也差;时间过长,组织会收缩变硬、变脆。各级乙醇最长不要超过12小时,无水酒精不要超过4小时。如中途因故不能进行下去,应将标本退回至80%乙醇保存。脱水时间应根据组织块大小、厚薄及不同的组织作适当调整。如脂肪组织、疏松的纤维组织可适当增加脱水时间;而胃黏膜、支气管黏膜活检组织应适当缩短脱水时间。因此,脱水掌握得好坏是影响制片质量的重要环节之一。

(3) 为保证脱水彻底,最后2次无水乙醇必须保持无水,故而需放置在加盖容器中进行,防止挥发及吸收空气中的水分,可在无水乙醇中放置无水硫酸铜吸水。各级酒精应定时更换,一般2周更换1次,可根据处理的标本量灵活掌握。

2. **丙酮**　脱水作用比乙醇强,但对组织的收缩作用也大,毒性强,价格高,因此一般不用于常规组织的脱水,主要用于快速脱水及固定兼脱水,脱水时间为1～3小时。丙酮还可作为染色后的脱水剂,用于甲基绿-派洛宁显示DNA及RNA。使用时应注意个人防护。

3. **正丁醇**　该试剂是无色液体,微溶于水,100 ml水中只能溶解8.3 g,故脱水能力较弱,但能与水、乙醇及石蜡混合,因此经正丁醇脱水的组织可直接浸蜡。其优点是很少引起组织的收缩及变脆。一般用法为:组织经固定及冲洗后,依次入50%、70%和80%的乙醇中脱水,然后入正丁醇,12～24小时后浸蜡。使用时应注意防护。

4. **叔丁醇**　该试剂是异丁醇的一种,可与水、乙醇和二甲苯混合,可以单用或与乙醇混合使用,是一种使用较广的脱水剂,它不会使组织收缩或变硬,不必经过透明而直接浸蜡。是制备电镜标本过程中常用的中间脱水剂。

(三) 脱水的步骤和时间(见实验1)

在免疫组织化学染色时,脱水和透明等过程尽量在较低温度下进行,以减少抗原损失。

二、组织的透明

(一) 组织透明目的及注意事项

组织脱水后,因为酒精等脱水剂不能溶解石蜡,所以在浸蜡前需要一个既能与乙醇混合又能溶解石蜡的媒剂进行处理,以便能使石蜡渗入到组织中。由于所用媒剂的折光率与组织蛋白质的折光率相近,可使组织透明,因此把这一过程称透明,而这些媒剂(化学试剂)称透明剂。组织透明的目的是便于浸蜡包埋。

如果组织透明不彻底,就会导致浸蜡不良。组织透明不彻底的原因主要是固定、脱水不良及透明剂的纯度不够造成的。透明剂的体积应为组织体积的5~10倍,并注意定期更换。应用全自动脱水机、标本量又较大的单位,应争取每星期更换1次透明剂;标本量小、用人工脱水的单位,在脱水结束后,可以将组织块取出,用滤纸吸除组织中多余的脱水剂,再放入透明剂中,并观察组织是否透明而决定是否应更换透明剂。

(二) 常用透明剂的种类

1. 二甲苯 二甲苯是最常用的透明剂,易挥发,不溶于水,透明力强,易使组织收缩、质脆。因此,组织在二甲苯中停留的时间不能太长,特别是动物组织更应严格掌握透明时间。二甲苯在用于染色后的透明时,组织应先浸于二甲苯和苯酚混合液(3∶1)后,再进入二甲苯透明。

2. 甲苯和苯 性质与二甲苯相似,但透明速度较慢,对组织的收缩程度小。

3. 氯仿 不易使组织变脆,其透明能力较二甲苯差,因此透明时间相对较长、易挥发,多用于大块组织的透明。

4. 香柏油 是一种柏树树脂,能溶于乙醇,是乙醇脱水后的良好透明剂,但透明时间长达24 h。

三、组织浸蜡

组织经过脱水、透明后置入液态石蜡中,使石蜡逐渐取代组织中的透明剂的过程称浸蜡。

为了使石蜡完全取代组织中的透明剂,必须经3次浸蜡,每次时间为1小时左右。浸蜡可使组织变硬而利于切片。一般来说,熔点为56~58℃的蜡比较好。经过此种石蜡浸透,包埋后切片顺利,连续性好,展片平整。

总之,值得注意的是:为了进一步缩短固定、脱水、包埋的时间,尽可能保存组织的抗原性,提高免疫组织化学染色的阳性结果,组织块应尽量修得小一些、薄一些,使组织能在较短的时间内充分地完成固定、脱水、透明和浸蜡。

四、组织石蜡包埋

包埋的目的是使组织块保持一定的形状和硬度,以便在切片机上切成薄片。常用的有石蜡包埋和冷冻包埋2种方法。

(一) 常用的组织石蜡包埋法

石蜡是组织切片技术中应用较广泛的包埋剂,切片石蜡须是经多次过滤后呈半透明状的优质石蜡,熔点为56~58℃的蜡较适宜。

包埋时应注意把欲观察的一面朝下,包埋面必须平整,破碎组织应聚集在一起包埋,并注意一些特殊的包埋面。包埋蜡的温度应与组织块温度接近,过高会烫伤组织,过低使组织和石蜡分离,不利于切片。

(二) 体液等的石蜡包埋法

体液标本,如痰液、胃液、尿液、胸腔积液、腹水等,也可行石蜡包埋。痰液应选用含血液的部分或较为可疑的实体部分,滴上伊红后,用皱纹纸包好,用10%的中性甲苯固定,再经常规脱水、透明、浸蜡并包埋。新鲜的胃液、尿液、胸腔积液、腹水等体液标本,倒去上层的澄清液体,将下面浑浊的液体放入离心管中,以2 000~3 000 r/min离心15 min,倒去上清液后,以10%中性甲醛固定下面的沉淀物,然后进行脱水、透明、浸蜡和包埋。

(三) 快速石蜡包埋法

本法适用于没有冷冻切片设备,进行术中病理诊断的单位,取材时注意应小而薄。主要过程如下。

(1) 将组织放入混合固定液(40%甲醛10 ml,95%乙醇85 ml,冰醋酸5 ml)中。

(2) 加入纯丙酮Ⅰ,3 min。

(3) 加入纯丙酮Ⅱ,3 min。

(4) 加入二甲苯,2 min。

(5) 加入石蜡,5 min。

(6) 快速包埋后切片、染色和封固。

五、冷冻包埋法

冷冻包埋能较好地保存抗原。新鲜及已固定的材料均适合于冷冻包埋、切片。为了防止冷冻过程中产生的冰结晶破坏组织细胞结构并使抗原扩散,可采取以下方法来减少或阻止冰结晶的产生。

1. 预处理　目的是减少组织中的水分以减少冰结晶的产生,方法是将已固定、冲洗的组织块放入20%~30%蔗糖缓冲液内,4℃冰箱过夜,再将组织块埋于OCT包埋剂或甲基纤维素内,以备速冻;但实际操作时可不一定经过蔗糖缓冲液预脱水。

2. 速冻　目的是使温度很快下降迅速通过冰点,防止冰结晶产生。速冻的方法有下面2种。

(1) 液氮法:将OCT包埋的组织块投入液氮数秒,等组织块冻结后,立即移入低温冰箱(装入封口塑料袋内密封)或放入恒冷切片机恒冷箱内以备切片。

(2) 干冰-丙酮法:将200 ml丙酮注入小型广口保温瓶或保温杯内,逐渐加入干冰至饱和不再冒泡为止,温度可达-70℃;将装有50 ml异戊烷的小烧杯缓慢置入干冰-丙酮饱和液中;然后将OCT包埋的组织块投入异戊烷内速冻0.5~1分钟。一定要注意开始投入干冰的块要小,以防液体溅出造成人体损伤。

第四节　组 织 切 片

切片是免疫组织化学准备工作的最后一步,切片质量相对于常规组织切片来说要求更高。主要有石蜡切片、冷冻切片、塑料包埋切片等。

一、石蜡切片

石蜡切片不仅是常规病理中的重要切片形式,也是免疫组织化学研究中较常用的切片形式。为了便于染色及观察,供免疫组织化学用的石蜡切片应注意以下几点。

(1) 切片刀要锋利,切片要薄和平整,尽量避免因切片刀的缺口造成组织破损或划痕,影响形态完整出现非特异着色。

(2) 贴片时,应距载玻片一端至少 1 cm,一般靠一侧,以利于显色完全。

(3) 切片附贴需牢固。免疫组织化学染色常需长时间、反复多次浸泡于试剂及振荡洗涤,有的尚须经蛋白酶消化,容易造成切片漂浮、脱落。以下措施可防止脱片:①载玻片要干净,绝无油污。②附贴切片前,在洁净载玻片上涂抹黏附剂,或直接购买涂胶片。③用于免疫组织化学染色的蜡温应为 56~58℃,切片水温在 40℃左右,应先置于冷水中,然后再移入热水中,这样可以使切片能顺利展平。④载有切片的玻片经 56℃烤 1 h 后,37℃过夜彻底烘片。烤片时要注意,抗原性较强的组织可在 60℃烤 3~8 小时,抗原较弱的组织可于 37℃恒温箱内过夜。⑤备用的切片可装在盒中 4℃冰箱保存,染色前取出再经 37℃烘过夜。

(4) 获得不间断的连续切片。连续切片应按顺序分离及贴片,不应颠倒,以便在相邻切片上作不同染色(包括常规 HE 染色),供观察时对照、比较。

(5) 切片如需长期保存,置于 4℃或室温下,千万不可脱蜡后 4℃保存,因脱蜡后失去了对抗原决定簇的保护。

二、冷冻切片

冷冻切片的优点是能较完整地保存抗原性。组织细胞的某些抗原成分,特别是细胞膜抗原、受体抗原、酶及肽类抗原在石蜡切片的处理过程中,可不同程度地遭受破坏或失去抗原性,而冷冻切片就能最大限度地保护抗原。冷冻切片的缺点是在冷冻过程中,形态、结构可能破坏,抗原易弥散,不能用于常规病检及回顾性研究。

目前,大多采用恒冷箱冷冻切片机,将新鲜组织置于-25℃左右的恒冷箱中,待组织完全冷冻后即可切片。进行冷冻切片时应注意以下事项。

(1) 切片刀要快,并且预先冷冻,恒冷箱的温度一般调至-25℃左右,不能太低,否则组织表面易出现冰碴。

(2) 恒温冷冻切片机的抗卷板的角度要恰当,否则难以成片。

(3) 贴片时动作轻而迅速,否则易出现皱褶。

(4) 组织从液氮内或-80℃取出,必须进行温度平衡后才能切成片,切完的组织如下次继续使用,应在冷冻头在没有完全溶解前取下,密闭后低温保存。

(5) 冷冻切片同样要求附贴平整,为此,载玻片也应清洁无油污,但一般无须涂抹黏附剂。

(6) 附贴后的冷冻切片应用电吹风冷风吹干或在室温下自然晾干 1~2 小时后,加入冷丙酮或醋酸-乙醇固定 10 min,作免疫组织化学染色或封存于-20℃。切片后,应在短时间内使用,可全部进行固定,固定后,PBS 清洗,吹干后,低温冰箱内保存。

冷冻切片由于切片技术要求较高,不易得到连续性很好的切片,其形态、结构也不如石蜡片,且冻块和切片不便于长期贮存,因此,冷冻切片的应用受限。

第五节 组 织 衬 染

免疫组织化学显色反应后,为显示组织形态,常配以相应的衬染(或称对比染色),如以苏木精或甲基绿染细胞核,分别呈紫蓝色或绿色;以亮绿或核固红使组织背景呈绿色或红色。免疫荧光染色可以用红色荧光(propidium iodide, PI,碘化丙啶;4′,6 - diamidino - 2 - phenylindde, DAPI, 4′,6 -二脒基-苯基吲哚)或蓝色荧光(dAPI)显示细胞核。

多数免疫酶染色后的切片可用树胶封片,既利于观察、摄影,又能保存较长时间。此过程与常规 HE 染色相同,经脱水、透明后滴加树胶,覆以盖玻片。有些免疫酶呈色反应后,有色沉淀物能溶于乙醇,则不能用乙醇脱水,可烘干(或晾干)后直接用树胶封片。另一些免疫酶染色及免疫荧光染色须用水溶性封固剂,如明胶、甘油缓冲液,也可用聚乙烯乙醇(polyethylene ethanol)。

免疫酶染色切片在室温、避光下一般能保存较长时间。荧光染色后,荧光强度随时间延长而减弱,4℃以下避光情况下可短期保存(数天),经紫外光激发后淬灭更快。因此,一般在染色后尽快观察并摄影记录。

第六节 组织芯片技术

组织芯片技术也称组织微阵列(tissue microarray, TMA)是近年发展起来的以形态学为基础的分子生物学技术,可在一张切片上规则排列几百个来自不同病例或同一病例不同病变部位的组织,能同时高通量获取组织学、基因和蛋白表达信息的方法,可进行组织细胞内 DNA、RNA 和蛋白质的检测和定位,可用于常规 HE 染色、组织化学染色、免疫组织化学染色、原位杂交、荧光原位杂交和原位聚合酶链反应(PCR)等技术。

一、TMA 的分类

根据研究的目的,可制备不同的 TMA。目前主要有:①石蜡包埋芯片,应用范围最广,具有能进行回顾性研究,组织来源丰富,方便等优点。②冷冻组织(新鲜组织)的组织芯片,主要用于 RNA 原位杂交,某些抗原的免疫组织化学方法检测。③活细胞的组织芯片,主要用于某些活细胞的爬片。④微生物组织芯片。

另外,按照点样数目的不同可分为低密度(<200 点)TMA、中密度(200~600 点)TMA 和高密度(>600 点)TMA。按组织来源不同可分为人体 TMA、动物组织 TMA 和植物组织 TMA。人体组织芯片又可分为人体疾病组织芯片、人体正常组织芯片和人体胚胎组织芯片。人体疾病组织芯片又可继续分为恶性肿瘤、良性肿瘤和其他疾病组织芯片。根据研究目的不同,恶性肿瘤组织芯片又可分为单一肿瘤、多种(混合)肿瘤、进展期肿瘤、特定病理类型肿瘤等数十种不同排列的肿瘤组织芯片。

二、TMA 的实际应用

TMA 的应用大致可分为如下 5 个不同的方面。①多种肿瘤的微阵列：这类 TMA 包含取自各种不同类型的肿瘤样品。②普通 TMA：主要用于评价候选基因在诊断试剂和靶向治疗方面的潜在应用价值。③行进微阵列：样品是来自同一疾病的不同时期。④预后微阵列：这类微阵列的样品取自临床治疗完成之后，作为比较患者预后的分子指标。⑤实验 TMA：由实验组织（如异种移植物）或细胞系来制备。当然，TMA 的应用远不止这些，每个实验人员都可以根据自己的需要来设计和制备各种微阵列。

三、TMA 的优点

TMA 是研究同一种基因在成千上万种细胞或组织中表达的情况。该技术不但是传统病理学技术的进一步发展，也是基因微阵列和蛋白微阵列技术的进一步延伸。TMA 技术具有以下优点：①高通量，一次检测可以获取大量的生物学信息。②多样本，一次实验可以分析成百上千种同一或不同疾病的组织标本。③省时、快速、高效。④简便、经济，用 TMA 进行科学研究所需费用仅是传统病理技术的 1/10～1/50。⑤用途广泛，TMA 既可用于基础研究，也可以用于临床研究，可用于分子诊断、预后指标筛选、治疗靶点定位、抗体和药物筛选、基因和蛋白质分析等。⑥结果可靠，因一次实验就可以完成数千个组织标本等多个指标分析，故无批内和批间误差，实验结果更为准确、可靠。⑦实验对照设计方便，在一张 TMA 上可以放置数十个到数百个不同的组织标本，故可设计各种不同的实验对照。⑧可进行自动化分析，用特殊的扫描和分析仪器即可对染色的 TMA 进行自动化分析。⑨可与其他生物学技术结合使用，与免疫组织化学技术相结合，即可组成蛋白表达和细胞表型检测分析系统；与基因芯片技术相结合，即可组成完整的基因表达分析系统。

四、TMA 存在的问题

1. 肿瘤异质性的影响 由于肿瘤的发生和发展存在异质性，差异明显，利用 TMA 所获的信息是否能代表该肿瘤的全部信息，有的研究者提出这样的疑问。虽然 Bucher 等人和 Hoos 等人 2 个研究小组通过实验验证，发现通过芯片检测获得的结果与常规石蜡切片获得的结果一致，但建议在制备芯片时，应该同一病例多取几个部位进行芯片的制备。

2. TMA 切片抗原性的保存 制备 TMA 的组织来源主要是存档蜡块，一般都使用近 20 年的组织蜡块，但 TMA 切片后的抗原能保存多长时间引起研究者的关注。Jacobs 等人实验发现，蜡块只要不切片，抗原性可长期保存，甚至能保存 50 余年；而制成石蜡切片，抗原性可在室温下保存 1 年以上；如将切片脱蜡后，其抗原性只能保持 1 星期。能否将 TMA 切片在室温下保存 1 年以上，而不影响抗原性，没有可靠的证据。

五、应用前景和有待解决的问题

目前，就 TMA 的构建而言，国内外均未能形成系列，基本上是根据研究者的兴趣和关注焦点来构建。我国具有资源优势，病理医师每天都接触大量组织标本，如何有效地充分利用这些资源，构建高质量的组织微阵列，必须加强资源保护意识，加强资料管理，更应加强地区间协作,做到资源互补。为保证微阵列的质量,日常病理标本处理应强调标准化,如固定液的使用、专门留取组织等。

TMA 技术尚处于不断完善、成熟的过程中,许多问题都有待于在实际工作中加以解决,但已显示重要的科研和应用价值,也存在很大的经济价值,一定会为病理学的发展发挥重大的推动作用。

(复旦大学基础医学院病理系　刘秀萍)

第二章

酶组织化学

酶是具有生物催化功能的高分子物质,大多数酶是蛋白质。生物体内的各项化学反应均需要酶来催化。酶组织化学是通过细胞内的酶催化底物的作用并凭借显色反应在切片或涂片上显示组织或细胞中内源性酶的活性及定位的方法。酶的种类繁多,目前,组织化学所能显示的酶有 200 多种。20 世纪 70 年代以来,随着免疫组织化学技术的不断开拓,酶组织化学的发展趋缓。与酶组织化学相比,免疫组织化学虽有许多优点,但在某些方面,并不能将其完全代替,故酶组织化学仍有应用价值。

第一节 酶组织化学的原理及一般原则

一、酶组织化学的基本原理

酶组织化学是在一定 pH 和适宜温度条件下,利用细胞内的酶催化分解孵育液中的特异性酶作用底物,生成中间产物,即无色的初反应产物(primary reaction product,PRP)。然后其中之一再与辅助物经 1 或 2 步反应生成有色不溶的终反应产物(final reaction product,FRP),沉积在原位以显示酶的存在,从而进行定性、定位和定量。

在此过程中,可能会出现 PRP 的弥散而造成定位不准确。弥散受 3 个因素影响:①底物在酶催化下水解的速度;②PRP 在缓冲液中的弥散系数;③PRP 与辅助物反应的速度。选择合适的底物和辅助物可以使水解反应和 PRP 与辅助物的反应迅速进行以减少弥散,有时辅助物的浓度过高不但会抑制酶的活性,而且还会影响 FRP 的形成,一般以不超过 1 mg/ml 为宜。

二、酶组织化学的一般原则

酶组织化学欲取得满意的结果,必须遵循一些基本的原则:①对标本的处理和制片过程不能影响酶的活性及分布。②所选择的底物和辅助物必须能迅速和同步地渗透到组织和细胞中去。③所选择的底物最好只能被 1 种酶催化分解。偶尔有 1 种底物可以被 2 种及以上酶分解时,为获得特异酶反应,须使用酶抑制剂或激活剂进行鉴别。④所选择的辅助物不能影响酶的活性和其他反应剂穿透进入细胞。⑤为避免弥散,PRP 应是不溶于水也不溶于脂的无色物质,必须能迅速与辅助物进行反应;而 FRP 应是水不溶性的有色而稳定的物质。⑥所有参加反应的试剂都不能与组织细胞内除了所检测的酶外的任何成分自行吸附或结合。

三、酶组织化学对组织处理的要求

组织经一般固定剂固定、常规石蜡包埋的方法处理后,酶的活性几乎都会丧失,仅有极少数情况例外(如氯乙酸酯酶)。除非针对具体的酶使用特殊的固定剂和特殊的包埋方法,才可以保持酶的部分活性,如用丙酮固定,低温乙醇脱水,低温石蜡包埋,可部分保持大鼠肝脏内的 γ-谷氨酰转肽酶的活性。所以酶组织化学一般都使用冷冻切片。新鲜组织立刻用液氮速冻,为了使组织结构保持得更好,也可使用经液氮冷却的异戊烷(isopentane)。速冻时最好使组织包埋于 OCT 以便容易切片。速冻的组织在 -20℃酶的活性仍易丢失,故只能短期暂存,如要长期保存组织块,应置于 -70℃。在冷冻保存时,还要防止水分蒸发使组织变干。冷冻切片在染色前可以预固定也可以不固定,为了使组织形态结构保持良好,常用低浓度(1%～4%)的多聚甲醛、甲醛或戊二醛进行预固定。其中甲醛能较好地保持酶的活性。

细胞涂片和培养细胞在制备后应迅速使其干燥,以保持酶的活性,在干燥的情况下,室温可保存数周;相反,放在 4℃冰箱或无包装放在 -20℃,常使酶失活。如想保存较长时间,则应密封放在 -70～ -20℃。

切片厚度一般为 8～12 μm,不超过 40 μm。因为切片太厚时,浸透速度减慢,容易出现人工假象。

四、酶显示方法

酶组织化学中酶的显示方法众多,归纳起来,有以下几类。

1. 同步显示法 细胞中的酶催化底物水解生成的 PRP 立即与辅助物如偶氮盐或金属离子等反应成为有色不溶的 FRP,沉积在原位以显示酶的存在。

2. 二步显示法 也称孵育后偶联法。此法中,酶促底物的水解反应和 PRP 与辅助物的显色反应是前后分开进行的。其优点是可以充分满足这 2 种反应的最适 pH,尤其是当它们各自要求的 pH 值相差较大时。另外,有时酶促底物的水解反应要求较长的孵育时间,而有些辅助物在这段时间中已开始分解,用二步显示法可避免这种不足。此法的局限性是要求 PRP 停留原位不发生弥散。

3. 底物自身显示法 酶促底物水解反应后,有色底物的溶解基团被去除而生成不溶的有色物质,或者底物分子内部重组生成有色的不溶物质沉积原位以显示酶的存在。

第二节 常用的酶组织化学方法

一、金属离子沉淀反应

在这类反应中,利用金属本身或其盐的化合物都具有颜色,并容易发生显色反应的特性,使金属与 PRP 结合后显色,从而对酶进行定位。酸性磷酸酶的 Gomori 反应是典型的例子,其原理如下。

1. 酶促反应

$$\underset{\text{2-甘油磷酸钠盐}}{\overset{\begin{array}{l}CH_2\!-\!OH\\ |\\ CH\!-\!O\!-\!\overset{\displaystyle ONa}{\underset{\displaystyle ONa}{P}}\!=\!O\\ |\\ CH_2\!-\!OH\end{array}}{}} \xrightarrow[\text{H}_2\text{O}+\text{Pb}_2]{\text{酶}} \underset{\text{甘油}}{\overset{\begin{array}{l}CH_2\!-\!OH\\ |\\ CH\!-\!OH\\ |\\ CH_2\!-\!OH\end{array}}{}} + \underset{\text{磷酸铅(PRP)}}{Pb_3(PO_4)_2}$$

2. 显色反应

$$Pb_3(PO_4)_2 + 3S^{2-} \longrightarrow 3PbS(\text{棕黑色沉淀物})(FRP)$$

用此法显示的酶还有 ATP 酶和 $5'$-核苷酸酶等。

二、偶氮盐偶联反应

又称偶氮色素法,是指使用某种底物在酶的作用下产生 PRP,PRP 与偶氮盐结合,引起偶氮偶联反应,生成不溶的偶氮染料,以此对酶进行定位。常用的底物是萘酚系列化合物,如 1-萘酚、2-萘酚等。下面以碱性磷酸酶为例进行说明。

$$\alpha\text{-萘基磷酸钠} \xrightarrow{\text{酶}+\text{水}} \text{二磷酸氢二钠} + \alpha\text{-萘酚}$$
$$\alpha\text{-萘酚} + \text{FAST BLUE} \longrightarrow \text{偶氮染料}\downarrow$$

用此法显示的酶还有酯酶、转肽酶、肽酶等。

三、靛蓝反应

在这类反应中,底物酯型吲哚酚化合物被酶分解为 2 个 PRP,其中,吲哚酚可在氧存在的情况下形成不溶的靛蓝。以酯酶反应为例。

$$\text{吲哚酚酯} \xrightarrow{\text{酶}+\text{水}} \text{吲哚酚} + \text{RCOOH}$$
$$2\,\text{吲哚酚} \xrightarrow{\text{氧化作用}} \text{靛蓝}\downarrow$$

靛蓝反应还可用来显示胆碱酯酶、磷酸酶、糖苷酶和非特异性酯酶等。

四、四唑反应

底物被某些氧化酶或脱氢酶氧化脱氢后,产生的氢离子传递给四唑盐,四唑盐在这里作为一种受氢体,还原后形成有色的沉淀物。常用的四唑盐有 2 种:一种是双四唑盐,如氮蓝四唑(nitroblue tetrazolium,NBT),还原后产生的深色沉淀不溶于脂肪;另一种是单四唑盐,如 MTT[3(4，5-dimethyl thiazolyl-2YL)2，5-diphenyltetrazolium bromide]还原后生成有色的细颗粒,能溶解于脂肪。单胺氧化酶和几乎所有的脱氢酶都可以用此法显示。

第三节 酶组织化学的应用

酶组织化学用来确定组织细胞有无某种酶的活性,故至少在以下 5 个方面有其应用价值。

1. 了解组织细胞的代谢活动 酶组织化学既可以在原位观察生理情况下组织中不同部位的细胞代谢的差异,还可以研究病理状态下细胞代谢活动的改变。如心肌梗死发生的 4~6 h 内,HE 切片上是不会发现明显变化的,而用酶组织化学可显示心肌在梗死早期(2 h 左右)即出现能量代谢变化,梗死心肌细胞内的琥珀酸脱氢酶、异柠檬酸脱氢酶、细胞色素氧化酶和磷酸化酶的活性均明显下降;又如 Reye 病时,酶组织化学可显示肝细胞缺乏琥珀酸脱氢酶。这些酶活性变化的检测有助于病理诊断。

2. 细胞类型的判定 在细胞培养和临床细胞学检查时,有些细胞可以通过酶组织化学确定其类型。如在血液细胞范围内,非特异性酯酶被认为是单核细胞和巨噬细胞的特异性标记,据此可与其他血细胞区别,但这种特异性是有一定范围的,因为上皮细胞和脂肪细胞此酶的活性也很高。另外,氯乙酸酯酶可以作为中性粒细胞的特异性标志。由于很多酶都有广泛的细胞分布,因此,单依靠酶组织化学有时很难对细胞进行分类。目前,细胞类型的判定大部分已被免疫组织化学所替代。

3. 细胞定位 在组织中,有些特殊细胞的定位可以依靠酶组织化学,如在小肠中用乙酰胆碱酯酶(ACE)进行神经节细胞和神经纤维的定位;在皮肤中用 ATP 酶进行朗格汉斯细胞的定位;在各种组织中用非特异性酯酶进行巨噬细胞的定位等。

4. 癌变过程的研究 应用酶组织化学研究癌变过程主要是在肝脏中进行。用化学致癌剂诱发大鼠肝癌的最早期,肝脏的 HE 切片未显示明显变化,但用组织化学和酶组织化学能观察到肝内一些肝细胞灶已发生糖代谢紊乱。具体讲,用过碘酸-雪夫反应(PAS)显示这些肝细胞有糖原沉积的增加,铅盐法酶组织化学可发现糖原过度沉积的肝细胞葡萄糖-6-磷酸脱氢酶(G-6-P)的活性明显下降,同时糖原磷酸化酶的活性也下降,但用四唑盐法却可见 G-6-P 活性增高,这些酶活性的改变与肝细胞糖原的过度沉积有关。随诱癌过程的进展,沉积的糖原可逐步减少,出现嗜碱性肝细胞灶。此时,γ-谷氨酰转肽酶活性(GGT)可显示阳性。同样的现象在长期服用避孕药的妇女的肝脏中也可出现。也有报道,在人肝再生结节性增生灶中有与动物肝相似的糖原过度沉积及其有关酶活性的改变。但这种糖代谢的改变究竟与肝细胞的癌变有何关系尚有待进一步深入研究。我系张锦生教授曾用酶组织化学对大鼠肝癌的癌变过程的 GGT 活性进行过研究。在非致癌剂 D-半乳糖胺与致癌剂 3′-Me-DAB 所致肝组织损害的材料中,肝细胞 GGT 酶组织化学的反应不同,前者为阴性而后者为阳性。酶组织化学结合 ^{3}H-dT 放射自显影的结果显示,GGT 阳性肝细胞结节中肝细胞的增殖远较 GGT 阴性结节中的活跃,而这种增生迅速的肝细胞被认为是一种癌前的病变,因此,GGT 可作为肝癌的癌前病变的标记。用 GGT 的酶组织化学结合甲胎蛋白(AFP)免疫组织化学的双染色,观察了 3′-Me-DAB 诱发大鼠肝癌的癌变过程,发现由卵圆细胞演变而来的过渡细胞和小肝细胞及其增生结节 AFP 和 GGT 均可显示阳性。另外,去分化肝细胞及其嗜酸性增生结节中的肝细胞出现异形时,AFP 和 GGT 也呈阳性,从而提出肝癌的发生可归纳为两大来源。其一来自肝内干细胞或卵圆细胞的增生,由卵圆细胞演变而成的,一般为小细胞性嗜碱性增生结节,癌变后形成的肝细胞癌分化程度也较低;另一种来源可能通过原有肝细胞受致癌剂的引发或始动作用而成的所谓的抵抗细胞,增生后主要形成嗜酸性肝细胞增生结节,形成的肝细胞癌分化程度相对较高。这些结果对研究人肝癌的组织发生和分型可能有着重要的参考价值。如上所述,GGT 和 G-6-P 可分别作为肝癌的癌前病灶的阳性和阴性标记来显示肝癌的癌前病灶,故借助定量立体学的方法还可对其进行定量分析。

5. 免疫组织化学和杂交组织化学的显示手段　酶组织化学又是免疫组织化学和杂交组织化学常用的一种显示方法。无论是免疫酶组织化学还是标有生物素或异羟洋地黄毒苷元(digoxigenin)探针的杂交组织化学,其最后一步常要依靠标记酶催化底物形成不溶的有色物质沉淀于原位以显示被检物质的存在。常用的标记酶是辣根过氧化物酶和碱性磷酸酶。

(复旦大学基础医学院病理系　吴慧娟)

第三章

免疫组织化学中的抗原与抗体

第一节　免疫组织化学中的抗原

免疫组织化学中常用的免疫化学方法有抗原的提取和纯化,抗体的制备及纯化、抗体的标记。近年来,免疫化学方法已经进入分子生物学阶段,对极微量而难以提取的抗原,可根据 cDNA 的顺序来合成多肽而获得,而单克隆抗体则已用基因工程方法来大量制备。尽管如此,一般实验室仍使用常规方法,分述于后。

一、抗原的提取和纯化

提纯抗原的目的是制备特异性抗体。抗原越纯,制备的多克隆抗体特异性越高。从理论上讲,单克隆抗体对抗原的纯度要求不高,但实际上不纯的抗原会给克隆筛选带来一定的困难,故如果可能,仍应尽量应用高纯度的抗原,特别是在制备抗原目标明确时。

1. 抗原的概念　凡能在机体内引起体液免疫和(或)细胞免疫反应的物质,称为抗原。抗原具有两方面的特性,抗原能刺激机体产生抗体和(或)致敏淋巴细胞,称为免疫原性;抗原还能与相应的抗体及致敏淋巴细胞发生特异性的结合或反应,称为免疫反应性。有免疫反应性而缺乏免疫原性的抗原称为半抗原。半抗原与载体(通常是大分子物质)结合,可变为全抗原。载体不仅增加了半抗原的大小,可在体内激发免疫反应,而且还直接与免疫记忆有关。

2. 抗原的分类　抗原有可溶和不溶性 2 类,后者主要包括一些颗粒性抗原,如细胞、细胞器、某些病原体等。根据性质,抗原又可分为:①结构抗原,为组成细胞结构的成分,如细胞骨架蛋白。②分泌抗原,为细胞所产生和分泌的酶、激素、黏液蛋白等。③沉积抗原,如肾小球肾炎时沉积在肾小球基膜的免疫球蛋白、补体和免疫复合物等。④入侵抗原,主要指病原微生物。

3. 抗原提纯的一般原则　免疫组织化学方法检测的抗原中,蛋白质占了大多数,故此处叙述的一般原则以蛋白抗原为主要对象。

(1) 抗原检测方法的选择及建立：为确保抗原提取纯化的成功，在正式开始抗原提取纯化前，就先建成合适的定性或定量的检测方法，以跟踪监测提纯过程中抗原是否存在，其含量和活性如何。这些方法大致可分为特异性和非特异性2种。特异的方法是利用抗原的特异性反应，包括抗原(酶)与底物、抗原与受体、抗原与已知抗体之间的反应，以及抗原的生物效应来判定抗原的存在和活性。此方法可靠，但必须具备一定的条件，如少量的标准抗体、特异的酶活性测定方法、受体测定方法和生物效应测定方法等。非特异性的方法是利用抗原已知的理化性质，如溶解度、沉降系数、凝胶层析行为、电泳行为和等电点(pI)等来估计抗原的存在、活性和含量。如用制备电泳纯化大鼠AFP。当聚丙烯酰胺凝胶浓度 $T = 12\%$ 时，已知电泳最快的3条带分别是白蛋白、AFPa 和 AFPb。因此，根据 AFP 的电泳行为判读 AFP 的存在；又如在纯化波形蛋白和结蛋白时，也是用十二烷基磺酸钠(SDS)聚丙烯酰胺凝胶电泳(PAGE)来进行监测的。此法虽然可靠性差些，但它不需要特殊的条件，只要预先知道所提抗原的一些理化性质，就能作出判断。

(2) 组织材料来源的选择：分离纯化的过程就是将不要的成分不断去除、欲提纯成分不断浓缩的过程。因此，一种组织中欲提纯抗原含量越高，提纯也越容易。除此之外，还应考虑材料来源是否经济、方便，能否大量收集。

胎儿血清或 AFP 阳性的肝癌腹水中 AFP 的含量高，故人的 AFP 常从这2种体液中提取。大鼠怀孕14天后，羊水中的 AFP 含量逐步升高，故大鼠 AFP 常从孕18天左右的大鼠羊水中提取；波形蛋白(vimentin)从猪或牛的晶状体中提取；人肌红蛋白从人骨骼肌中提取；而大分子细胞角蛋白则从角化上皮中提取。

(3) 保持抗原分子的稳定性：提取纯化蛋白抗原的步骤很多，往往费时较长，因此在每道纯化步骤中都应考虑到蛋白抗原分子的稳定性。缓冲液的 pH 值对蛋白质的稳定起重要作用，应十分小心。大多数蛋白质含有相当数量的巯基，如果巯基被氧化，形成分子间或分子内二硫键，有时会导致蛋白质活性丧失，2-巯基乙醇、半胱氨酸、还原性谷胱甘肽等化合物均能防止这种氧化作用。另外，铅、铁、铜等重金属离子常与巯基反应，为保护蛋白质中的巯基，必须在缓冲液中加入浓度为 $10^{-4} \sim 3 \times 10^{-4}$ mol 的乙二胺四乙酸(EDTA)以螯合掉大部分以至全部有害的金属离子。有些蛋白质在疏水的环境较稳定，为此可用蔗糖、甘油以至二甲基亚砜(DMSO)等。有些蛋白质则需要极性介质以保持其活性，这时可用 KCl、NaCl、NH_4Cl 或 $(NH_4)_2SO_4$ 以提高溶液的离子强度。在蛋白质抗原提取过程中，最令人头痛的是蛋白酶的水解作用。蛋白酶有内肽酶和外肽酶之分，防范蛋白水解酶措施有2方面，一方面，可将抗原设法与蛋白水解酶分隔开，如可先提出溶酶体或用亲和层析法去掉水解酶；另一方面，可使用蛋白水解酶的抑制剂，可逆的抑制剂如 pepstatin 可抑制门冬氨酸蛋白酶，不可逆的抑制剂如 DIPF(二异丙基氟磷酸)、PMSF(苯甲基磺酰氟)是丝氨酸蛋白酶抑制剂。除了对冷敏感的蛋白，如纤连蛋白(FN)外，一般蛋白质的提纯均应在0～4℃进行。

4. 抗原分离纯化的一般步骤

(1) 增溶溶解：由于全部分离步骤通常在水溶液中进行，因此，增溶溶解对于任何要纯化的蛋白质抗原都是必要的一步。所谓增溶溶解就是采用各种方法使蛋白抗原从细胞内细胞器内释放出来，溶解于缓冲液中，并保存其完整性和活性。如果欲提取的蛋白抗原(如细胞骨架蛋白)不溶于一般的盐溶液中，那么，增溶溶解可以洗去大量不需要的可溶蛋白，以利于最后的分离纯化。如果欲提取的蛋白抗原位于细胞器内（如线粒体、溶酶体、微粒体等），则应采取温和的方法来破碎细胞，保持细胞器的完整，分离细胞器后，再提纯蛋白抗原。在破碎细胞时，为促进蛋白质的溶解，常加一定浓度的离子性去垢剂，如 SDS 或非离子性去垢剂（Triton‐X100 等）。SDS 因极性较大，有时会影响抗原的活性，故 Triton‐X100 更为常用。增溶溶解的常用方法有：①渗透溶胞：为破碎细胞最温和的方法之一，将细胞放在低渗溶液中，采用温和的破裂力（如把细胞反复吸入和挤出吸管）即可达到目的，此法常用于培养细胞的破碎。②研磨：使用不同的工具和不同的操作方法，其破碎程度不一，有的比较温和，有的比较剧烈（最温和的是用手操作研钵，其次常用手操作玻璃组织匀浆器进行研磨，电动组织匀浆器效力较大）。为使用时研磨有效，可添加研磨剂（如氧化铝粉，直径 45～50 μm 的玻璃珠），研磨剂有可能吸附一定的蛋白质，用时须小心。③绞切器：用绞切器是比较剧烈的方法，绞切器的容量有大有小，以适合处理大小不同的样品。上海标本模型厂出品的 DS‐1 高速组织捣碎器，螺旋桨形刀的转速为 10 000～12 000 r/min，连续工作 30～45 s 以上，温度将升高 10℃左右，故必须在冰浴下进行。④超声波：用超声振荡器破碎细胞也是一种很有效的手段，缺点是会产热，因此也需要冰浴，并且尽量缩短操作时间。⑤挤压：在高压下使细胞悬液通过微孔以破碎细胞。此法虽然既温和又彻底，但需要复杂的设备，而且容纳的样品量有限。⑥从细胞器组分中提取蛋白抗原：如果蛋白与细胞器的结合比较疏松，只需将细胞器悬浮于高离子强度的溶液（0.5～5 mol 的 KCl 或 NH$_4$Cl）中就可达到目的，对于结合牢固者，应用低浓度、温和的去垢剂加上温和的超声处理才能达到目的。

（2）分离纯化：提纯的方法应先粗后细，先简后繁，即在开始时应使用简便的方法，而把耗时长、分辨率高的方法放在后面使用。这也不是一成不变的，在正式提取前，应先做小样本的预实验，摸索最佳方案。

（3）抗原纯度的鉴定：提取获得的抗原应测定其纯度，而纯度水平取决于所用方法的分辨率和灵敏度，低分辨率、低灵敏度的方法测定认为是纯的抗原，改用高分辨率的方法测定时就可能是不纯的。PAGE 分析只有单条带或固有的条带时，即可认为是纯抗原，而用等电点聚焦电泳来测定比 PAGE 更可靠。另外，免疫电泳也常用来测定抗原的纯度。

5. 常用的分离纯化方法

（1）差别溶解法。其中最常用的是盐析法，又以中性盐硫酸铵最常用。使用时要注意：ⓐ市售的硫酸铵需进行纯化。ⓑ饱和硫酸铵溶液先要用氨水调 pH 至 7.4 或合适的 pH 值。ⓒ蛋白质浓度要合适，在相同条件下，蛋白质浓度越高越易沉淀，但蛋白质浓度太高易引起其化蛋白质的共沉。ⓓ盐析后，要及时透析脱盐。除了盐析法，还可用有机溶剂沉淀法、等电点沉淀法和 PEG 沉淀法等，特别是低分子量的聚乙二醇（PEG400）分离效果很好，几乎可与凝胶电泳相比较。

（2）层析法。层析法包括：①离子交换层析法，如阴离子交换剂 DEAE‐纤维素，吸附 pH 在 7～9；阳离子交换剂 CM‐纤维素，吸附 pH 在 4.5～6（注意，在吸附时，缓冲液的浓度不能大于 0.05 mol，洗脱一般用梯度浓度缓冲液进行，也可用浓度与吸附相同的缓冲液洗脱（如用 DEAE‐52 纯化 IgG 时）。②选择性吸附层析，如羟基磷灰石可选择性地吸附中性和酸性蛋白而排除碱性蛋白。③分子筛层析，常用的是葡聚糖凝胶，依所分离的蛋白质的分子量来选择凝胶,操作时必须注意一定要把静水压控制在所要求的范围内。④亲和层析,是一种很有效的纯化方法,但往往需要有已经纯化的特异性抗体或特异性亲和物质。

(3)制备电泳法:此法分辨率高、纯度满意、方法简便、周期短,常用的是PAGE,但使用该法的前提是被分离的蛋白的电泳区带必须与其他成分的区带分得较开。我系曾用此法满意地纯化了AFP和结蛋白。提取纯化AFP时,收集孕16～18天的大鼠羊水,用不连续系统PAGE制备,分离胶浓度为12%,Acr∶Bis＝50;浓缩胶浓度为3%,Acr∶Bis＝20。分离胶高11.5 cm,宽17 cm,厚0.5 cm;浓缩胶高3 cm,宽厚同分离胶。每次电泳用3 ml羊水。采用稳定电源,浓缩阶段电流为17 mA,分离阶段为40 mA。用冷却装置使电极缓冲液保持在10℃以下。电泳10 h左右,然后在胶两侧各切下宽约0.5 cm的长条,经15%三氯醋酸固定15 min,置于考马士亮蓝R-250加温(60℃),染色5～10 min,LKB脱色后,位于最前面的3条带分别是白蛋白、AFPa和AFPb,将染色后的胶复原至原来位置,以两侧染色胶为标记,切下含AFP的凝胶,冰浴下研碎,加20 ml生理盐水4℃下搅拌过夜以浸出AFP,经22 000 g低温离心20 min,收集上清液,用蔗糖浓缩,即为纯的AFP。经免疫电泳鉴定,它与抗大鼠羊水的抗血清只生成1条沉淀弧,与抗大鼠血的抗血清不生成沉淀弧,已可达到免疫纯化的水平。3 ml羊水经电泳分离纯化可得0.6～1.1 mg的纯化AFP,回收率为20%～36%。结蛋白用鸡肫进行进粗提后,也可用相似的方法得到进一步的纯化。

脂质、糖和糖蛋白,以及颗粒性抗原的纯化方法可参考有关工具书。

二、合成肽的选择及半抗原的处理

1.半抗原　如前所述,有免疫反应性而缺乏免疫原性的抗原称为半抗原。许多小分子化合物属于半抗原,应用中最常见的半抗原为人工合多肽。由于半抗原缺乏免疫原性,所以如果要将其用作免疫原,必须先将其连接在1个大分子载体上才能使用,根据不同特性的多肽可以选用不同的连接方法,常用者有戊二醛法和 m-maleimidobenzoyl-N-hydroxysuccinimide Ester 法(MBS法)等。戊二醛法虽然较常用,但往往不能用于含侧链氨基酸的多肽,而在下节中讲到的选择位于蛋白表面的多肽时,其中1个主要原则为选择蛋白质中的亲水区域,而亲水区域往往含有支链氨基酸,使用戊二醛法时可能会出现大分子的交联而形成沉淀物。选用MBS法现在非常流行,但该法的关键步骤为在合成肽的末端加上1个半胱氨酸残基,然后利用上面的活性-SH基与大分子物质交联。目前,国内合成的多肽对活性-SH基的保护手段可能尚不令人满意,具体连接方法的选用请参考半抗原连接的相关专著。

2.人工合成多肽(简称全成肽)　随着人类基因组计划的进展,很容易得到越来越多的基因序列。根据基因序列,挑选其中的某个片段翻译成多肽序列并进行人工合成后制备抗体已经成为非常重要的方法,这种方法在对功能未知的基因研究中特别有用。由于合成肽是半抗原,一般在用于免疫前先要把合成肽与免疫原性很差的大分子物质交联,合成肽在大分子物质上起到抗原决定簇的作用。

用合成肽作为免疫原制备抗体有3个明显的优点:①知道1段DNA序列后马上就可以合成多肽制备抗体,这种抗体往往在分子生物学研究中有不可替代的作用。②进化中非常保守的蛋白质由于免疫原性弱,很难制备高效价抗体,而用合成肽技术则可以挑选该蛋白质中与其他蛋白质差异最大的部分合成多肽,往往能获得高效价抗体。③抗合成肽抗体可以准确地知道抗体是抗蛋白质的哪一段,在蛋白质结构域的研究中具有不可替代的作用。

用合成肽制备的抗体由于抗体的片段很小,如果所挑选的多肽不位于蛋白质表面,该抗体就可能只能与变性的蛋白质(3级结构被破坏)有免疫反应而无法与未变性的蛋白质反应。这种抗体在研究蛋白质分子的结构域中很有用,但不能用于免疫组织化学染色。显而易见,要成功制备能用于免疫组织化学染色和检测未变性蛋白质的抗体,合成多肽前挑选位于蛋白质表面的多肽序列是成功的关键所在。一般说来,挑选位于蛋白质表面的多肽应遵循以下原则:①如果可能,使用几段多肽。②如果羧基端为亲水区域,选用羧基端多肽。③如果氨基端为亲水区域,选用氨基端多肽。④选用非两端多肽时,选用亲水常数高的肽段,但肽段长度应比所选用的羧基端或氨基端肽段长些。多肽的长度一般以 10～20 个氨基酸残基为好,短于 10 个氨基酸残基往往很难获得满意的抗体,长于 20 个氨基酸残基技术上一般不容易做到。

三、 细菌超表达克隆化基因作为抗原的常用方法及原则

由于合成肽与载体交联的困难及所制备的抗体在检测完整、未变性的蛋白质时的局限性,在可能的情况下,制备用于免疫组织化学的抗体时,可以采用克隆化基因体外表达的蛋白质产物经纯化后作为抗原免疫动物。

已知基因的 cDNA 可以购买或是寻求其他实验室帮助,也可以用反转录-聚合酶链反应(RT－PCR)自己扩增后插入细菌扩增质粒中备用。表达时可采用原核生物表达法、真核生物表达法等,后者包括近年发展起来的病毒转染细胞表达法、昆虫细胞表达法等。一般来说,用真核细胞表达蛋白质产量可能很低,但可在表达同时完成蛋白质翻译后修饰,常为研究蛋白质功能等时采用;用原核生物表达蛋白质往往产量较高,并且能够满足作为免疫原的需要,所以以制备抗体为目的时,常常采用原核生物表达蛋白质的方法来制备抗原。具体的操作方法详见相关的分子生物学参考书目,以下仅简要地介绍其使用的主要原则:①如有可能,尽可能表达全长的蛋白质。②构建好表达载体后,在开始表达前,应先做小样表达,以空载体为对照,用 SDS－PAGE－考马亮蓝 R250 染色法观察有无与预期分子大小一致的新条带出现。若无此新条带出现,应仔细检查插入 cDNA 的开放读码框架(open reading frame)是否正确;如果开放读码框架准确无误,应考虑更换表达载体或表达细菌,因为此时即使有微量的正确蛋白表达,其量也远不够用于纯化抗原。③检查表达产物是否为包涵体型,详细方法参见相关分子生物学书目。

第二节 抗体的制备

一、 多克隆抗体的制备

1. 动物的选择　选择什么动物来免疫取决于:①所需抗血清的量,小鼠只能提供 1.0～1.5 ml 的血液,而山羊却能提供好几升的血液。②能供免疫用的抗原的量,小鼠不到 50 μg

的抗原量就足够免疫,而山羊却要几毫克。③动物的品系,免疫动物与提供抗原的动物之间的种系差异越大越好,比如哺乳类动物的比较保守的蛋白抗原可选择非哺乳类动物(如禽类)来制备抗体。常用的动物有兔、羊、马和猪等,小规模制备以兔(新西兰兔、年轻、健壮、体重在 2.5 kg 左右、雄性)最为常用。

2. 佐剂　佐剂可增强免疫反应,提高抗体的效价。目前,常用的是福氏佐剂。此佐剂由 85% 液状石蜡和 15% 的羊毛脂组成,如加卡介苗(100 ml 佐剂中含卡介苗 200 mg)则为完全福氏佐剂(FCA)。一般首次注射时,用 1/2 体积 FCA＋1/2 体积的抗原溶液进行乳化;第 2 次或第 3 次注射时,用不完全福氏佐剂或不用佐剂。判断乳化是否充分,可将 1 滴乳化好的液体滴在水面上,如能长时间保持圆珠形而不散开,表示乳化达到要求。

3. 免疫方法　①途径:可以以肌肉、静脉、皮内、皮下或腹腔注射,一般以皮内注射效果最好,多部位比单部位好,大动物一般不用腹腔注射,颗粒抗原和使用佐剂时不能进行静脉注射,另外还可用淋巴结内注射来免疫,可获得高效价抗体。②次数及间隔时间。一般而言,动物越大,间隔时间越长,豚鼠、大鼠为 7~8 天,兔子为 10~15 天,羊为 14~28 天。有时第 3 次注射的间隔时间更长些,效果更好。以微量抗原淋巴结内注射免疫家兔为例,一般选择 2.5 kg 左右的新西兰种公兔,先在其两脚垫各注射完全福氏佐剂 0.2 ml(卡介苗每兔为 5 mg)。10 天后,见腘窝淋巴结肿大后,将与完全福氏佐剂混合并乳化好的抗原准确无误地注射至肿大的淋巴结内。以后每隔 20 天用不完全福氏佐剂乳化抗原,以同样方法加强 2 次,每次注射的抗原量为 20~50 μm。末次注射 2 周后,将兔耳静脉放血测定效价,用琼脂双扩散法测得效价可达 1:128,但具体效价还要看操作者的熟练程度及动物的反应性。由于各动物之间的个体差异较大,故每次应多免疫几只动物,从中选择效价高者的血清使用。

4. 效价测定　①环状沉淀试验,需较多的抗血清,现已很少用。②琼脂免疫双向扩散,缺点是其敏感性较差,且有时会出现假阴性(如使用半抗原或单克隆抗体时)。③对流免疫电泳,比琼脂免疫双扩散敏感,较简便、实用。④酶联免疫吸附试验(ELISA)。⑤免疫组织化学方法,此法必须要请对免疫组织化学染色有相当经验的技术人员,在肯定阳性的组织切片上进行,否则会出现假阴性。

5. 放血或定期抽血　兔和羊是从颈总动脉来放血,豚鼠和大鼠则可从心脏穿刺抽血,小鼠可采取球后静脉窦放血,鸡往往从腋动脉取血。采血过程中,动作要轻柔,尽量避免溶血,待血液凝固后,及时离心收集血清,加叠氮钠,分装,低温保存。

二、单克隆抗体的制备

上述免疫动物后获得的抗血清中的抗体是混合性多克隆抗体,在免疫效果最满意的抗血清中,针对目的抗原的特异性抗体最多占抗血清中所含抗体的 10%,即使是经特异性抗原亲和层析后获得的特异性多克隆抗体,其抗体的结构也是不均一的。长期以来,人们一直想获得一种在分子结构上完全均一的抗体。1975 年,Koehler 和 Milstien 用小鼠脾脏中能分泌抗体的浆细胞与小鼠骨髓瘤(浆细胞恶性肿瘤)细胞融合,获得了具有浆细胞分泌特异性抗体又有恶性肿瘤细胞无限增殖能力 2 种特性的杂交瘤细胞,经克隆化培养后获得了单克隆的分泌特异性抗体的杂交瘤细胞珠,从而获得了分子结构上完全均一的单克隆抗体。单克隆抗体与多克隆抗体相比,各有所长,详见表 3-1。

表 3-1 多克隆抗体与单克隆抗体的比较

特性	多克隆抗体	单克隆抗体
分子结构	不均一	均一
与抗原决定簇反应	多个,多价	单一,单价
特异性	取决于抗体	较强
亲和力	不均一	均一,取决于抗体
免疫组织化学染色	较强,背景深	取决于抗体,背景清晰
免疫亲和层析	较差	取决于抗体,但可以很好
琼脂双扩散	可见	一般不可见
ELISA	结果取决于抗体	效果满意
免疫印迹	一般结果好	取决于抗体,效果可很满意

单克隆抗体(McAb)的制备一般包括下列步骤。

1. **免疫动物** 绝大多数单克隆抗体是用小鼠的免疫活性细胞与小鼠的骨髓瘤细胞融合而建立杂交瘤细胞株的,一般用腹腔注射的途径来免疫小鼠以获得分泌特异性目的抗体的免疫活性细胞。因为绝大多数的小鼠骨髓瘤细胞株是在 BALB/c 小鼠中建立起来的,所以目前使用最多的小鼠为雌性 BALB/c 小鼠。可溶性抗原的剂量,最低每次可用 $1~\mu g$,常用量为每次 $10\sim20~\mu g$,当制备单克隆抗体的目的为用于免疫组织化学时,用量不要太大,太大的剂量会获得大量低亲和力的抗体,用于免疫组织化学的染色效果不能令人满意;但当目的为用于亲和层析且抗原量充足时,每次可用 $50\sim100~\mu g$。每次腹腔注射的体积不要超过 0.5 ml。如抗原为细胞,每次用量为 10^6 细胞。一般腹腔注射 3 次(每次间隔 3 周)后,取静脉血(尾静脉或眼球后静脉)用 ELISA 测效价,选效价最高的小鼠在融合前 3 天做尾静脉注射加强,抗原可用 $10\sim30~\mu g$,体积不超过 0.2 ml。静脉注射 3 天后做细胞融合。

2. **细胞融合** 常用聚乙二醇(PEG)作融合剂,PEG 相对分子质量为 $1\,000\sim3\,000$,常用 $1\,500$,其浓度为 $50\%(W/V)$,融合时,骨髓瘤细胞(现在最常用为 SP2/0)与小鼠脾细胞的比例有 $1:12\sim1:4$,常用为 $1:10$。融合前 1 周复苏 SP2/0 细胞,维持在含抗支原体抗生素的培养液中,融合前 1 天将单层细胞作 $1:10$ 稀释后培养备用。采集脾细胞时使用颈椎脱臼法处死小鼠,用碘酊、乙醇消毒后,在无菌状态下取出小鼠脾脏,小心去除脾脏周围的结缔组织,用无菌剪刀剪碎脾脏后,在 200 目筛网上用注射器内芯研磨后冲洗,可得到单个的脾细胞,用 37℃无血清培养液洗涤,300 g 离心 5 min。离心脾细胞时开始收集 SP2/0 细胞,一般 1 只小鼠的脾脏可获得淋巴细胞 $5\times10^7\sim2\times10^8$,每次融合需要骨髓瘤细胞 2×10^7。收集 SP2/0 细胞后,用另 1 支离心管与脾细胞同时离心 1 次后,再重复洗涤、离心 1 次。然后将 2 种细胞混合在 1 支离心管中洗涤离心(800 g,5 min)。小心将每滴培养液吸干后,于 1 分钟内均匀加入 1 ml PEG(37℃),加入 PEG 时边加边轻柔震荡,将 PEG 与细胞混匀,加完后静置 1 分钟,然后用 10 ml 刻度吸管吸入加入 10 ml 无血清培养液(37℃),于第 1 分钟内均匀加入 1 ml,第 2 分钟内均匀加入 2 ml,然后再滴入其余培养液。加培养液时,边加边震荡是细胞融合的至关重要的手法。细胞融合完毕后离心弃培养液,用 HAT(次黄嘌呤、甲氨蝶呤和胸腺嘧啶核苷)重悬浮细胞后均匀加入 10 块 96 孔培养板中。

3. **选择培养** 常用 HAT 培养液来进行选择培养。其原理是 HAT 培养液中的甲氨蝶呤抑制细胞主要途径的 DNA 合成,由于骨髓瘤细胞缺乏次黄嘌呤鸟嘌呤磷酸核糖转移酶(HGPRT)和胸腺嘧啶激酶,不能进行替代途径的 DNA 合成,在 HAT 培养液中主要途径 DNA 合成被抑制后就无法生存。脾细胞虽有这 2 种酶,在 HAT 培养液中能够进行替代途径的 DNA 合成,但在没有致分裂原和其他生长因子的情况下,脾细胞也不能生存。只有脾细胞和骨髓瘤细胞融合后所形成的融合细胞既有正常细胞的 HGPRT 和胸腺嘧啶激酶能维持细胞 DNA 合成的替代途径,又具有骨髓瘤细胞的无限生长能力(恶性肿瘤细胞的特征),在 HAT 培养液中可以顺利增殖。经选择后生长的杂交瘤细胞还不能保证是单克隆的(融合顺利时每孔内可生长一至数个克隆),而且很多克隆并不分泌特异性的目的抗体,故必须进行阳性筛选和亚克隆培养。

4. 阳性克隆筛选 阳性克隆的筛选最常用的方法为 ELISA 和点印迹法。这 2 种方法敏感,能检出大部分的单克隆抗体,但不是所有的单克隆都能用于免疫组织化学。一般说来,先用 ELISA 筛选出阳性克隆后,根据将来使用的不同的目的,应选用相应的方法再次筛选克隆。如制备单克隆抗体的目的是用于免疫组织化学,就应再用免疫组织化学法再次筛选克隆,筛选时可根据使用目的选用冷冻切片或石蜡切片,并用较敏感的方法如亲和素-生物素-过氧化酶复合法(ABC)法或 EnVision 2 步法。

5. 克隆化 筛选到理想的克隆后,必须进行单克隆化。过去常用的方法有软琼脂培养法和显微操作法等,已因方法复杂、效率不高而很少使用。目前,一般可采用有限稀释法进行克隆,即在筛选出的克隆中每孔取出一定的细胞,在 96 孔培养板中进行纵向倍比稀释后再做横向倍比稀释,等克隆长出后再次挑只有 1 个克隆生长的孔筛选,阳性孔再重复上述有限稀释法培养,直到所有孔中都产生同一种抗体时,说明克隆化已经完成。如果一部分孔阳性而另一部分孔阴性,则说明至少还有 2 个不同的克隆同时存在,还需要进一步克隆化。

6. 扩大培养 杂交瘤克隆化后,有 2 种方法可用于扩大培养并生产单克隆抗体。一是体外培养,体外培养的上清中抗体浓度较低,一般仅为 5～40 μg/ml,且培养成本较高,由于抗体浓度太低,纯化时一般要用葡萄球菌蛋白 A 或 G(protein A 或 protein G)做亲和层析,成本也较昂贵。二是体内法,即腹水瘤法。方法是先用液状石蜡在小鼠腹腔内注射以刺激腹水生长,7 天后在腹腔内接种 2×10^7 个杂交瘤细胞。体内法可获得含高浓度单克隆抗体的腹水,其浓度可达 10 mg/ml,成本低。纯化时可用简便、价廉的 NH_4SO_4 沉淀法。

需要指出的是,在杂交瘤制备的每个过程中,都应该将一部分细胞冷冻保存,以备在某一步骤失败后不需要从头开始。

三、抗体的纯化

抗体存在于抗血清或腹水及培养液中,其他成分甚多,如要标记抗体时,必须提纯抗体,以免受杂蛋白的干扰。用不同的方法可得到不同纯度的抗体:中性盐盐析法只能得到粗的 IgG;离子交换层析法(DEAE - 52)可得到较纯的 IgG 组分;葡萄球菌蛋白 A(SPA)亲和层析法可得到更纯的 IgG 组分;而用抗原亲和层析柱进行亲和层析或用免疫沉淀法则可得到只针对该抗原的特异性 IgG;如再将这个特异性的 IgG 用木瓜蛋白酶或胃蛋白酶进行酶解,则可得到特异性抗体的 Fab 段,前者酶解产生 2 分子的 Fab 和 1 个完整的 Fc 段,后者则产生 1 个 F(ab')$_2$ 和 Fc 段的碎片。Fab 的优点是相对分子质量小、易渗透,而且也可进行标记，同时因无 Fc 段，可消除抗体与具有 Fc 受体的无关细胞的结合，从而大大减少假阳性结果。

四、抗体的标记

抗体的标记物很多，计有五大类，即荧光素、酶、胶体金、铁蛋白和其他。本节主要介绍荧光素和酶的标记方法，另外还简要介绍生物素的标记。

1. **荧光素标记** 可标记的荧光素有异硫氰酸荧光黄（flourescein isothiocyanate，FITC）、罗丹明（rhodamine）类和其他，最常用的还是 FITC。FITC 在紫外线激发下发出翠绿色的荧光，标记的方法较简单，其原理是 FITC 与 IgG 上的自由氨基形成硫碳氨基键而结合。具体常用 Marshall 法，高浓度（30～40 mg/ml）的 IgG 与一定量（1 mg 的 IgG 与 0.02 mg 的 FITC 结合）的 FITC 在 pH 为 9 的情况下避光 4℃搅拌 6 h，然后移到 4℃冰箱过夜，第 2 天过 Sephadex G - 25 柱去除游离的 FITC。分装后低温保存。

2. **酶标记** 免疫组织化学中可用的酶有 10 多种，如辣根过氧化物酶（HRP）、葡萄糖氧化酶、碱性磷酸酶（AP）、β-半乳糖苷酶、乙酰胆碱酯酶、苹果酸脱氢酶、6-磷酸葡萄糖脱氢酶、溶菌酶、葡萄糖淀粉酶等。最常用的是 HRP。应选用活性高的 HRP（$RZ > 3$）。HRP 标记方法有戊二醛法。其原理是利用戊二醛的 2 个醛基分别与 HRP 和抗体 IgG 上的游离氨基反应，形成—CH＝N—基，将 HRP 与抗体联结起来。具体又有 1 步法和 2 步法，但总的来说，因 HRP 中的游离氨基有限，标记率不高。目前，常用的是过碘酸钠法，其原理是过碘酸氧化 HRP 上的糖基，使之成为醛基，后者再与抗体 IgG 上的游离氨基反应而完成标记。此法标记率高，理想情况下，70％的 HRP 可被结合到 99％的 IgG 分子上。运用此法标记抗体时，要防止过度标记而丧失抗体的效价。因此，控制酶和过碘酸钠的量及氧化的时间极其重要。

3. **生物素标记** 生物素在与抗体 IgG 偶联前必须先活化，活化步骤如下：①称取 25 g 生物素溶解于 30 ml 二甲基甲酰胺溶液中，再依次加入 N-琥珀酰亚胺脂 1.5 g 和双环己基碳化二亚胺 2.0 g，在室温下密闭磁力搅拌 20～24 h，使其析出沉淀物即双环己基尿的副产品。②减压过滤，除去白色沉淀物，并用二甲基甲酰胺滴加洗涤数次，滤液于 0℃过夜；若再次析出白色沉淀物时，再经减压过滤处理。③除去白色沉淀物的滤液加热 100℃左右（用减压蒸馏装置），减压抽去溶剂二甲基甲酰胺。④获得的固体物用少量己醛洗涤数次，再进一步除去双环己基碳化二亚胺和减压除去溶剂二甲基甲酰胺，最终获得的固体物即活化的生物素纯品，放在 P_2O_5 干燥器中充分干燥。⑤干燥后的纯品固体物用异丙醇重结晶 2 次，结晶熔点 202～208℃，元素分析：C＝49.07％，H＝5.61％，N＝2.18％。⑥结晶活化生物素纯品置干燥器中，4℃保存。

活化生物素与抗体偶联的方法如下：①将活化生物素按浓度 1 mg/ml 溶解于二甲基亚砜中。②将待偶联而已纯化的抗体按浓度 1 mg/ml 溶于 0.1 mol/L、pH9.0 的碳酸氢钠溶液中。③将活化生物素溶液与待偶联的抗体溶液按 1∶8 比例混合，在室温下温育 4 h。④在 4℃下，用 0.05 mol/L、pH7.2 的 PBS 透析 24 h，其中换液 4 次，以除去未结合的游离生物素；⑤加入 0.02％ NaN_3 于已结合有生物素的抗体溶液中，分装后，4℃保存。

五、标记抗体的纯化

　　标记后的抗体溶液中尚有很多不需要的成分,为了提高标记抗体的特异性、减少背景染色,必须对标记好的抗体进行纯化。以 HRP 为例,标记后,抗体溶液中含有 HRP－IgG,这是所需物质,另外还含有游离的 HRP 和 HRP 的二聚体,如不去除会加深背景染色。除此,还有未标记的 IgG 和 IgG 的聚合体。这些会对酶标抗体产生竞争抑制,所以必须进行纯化,纯化的常用方法有 50％饱和硫酸铵沉淀或凝胶层析(Sephadex G－200)。

六、标记抗体的质量评估和保存

　　抗体标记后,质量如何、能否用于免疫组织化学,应进行鉴定,可用标记率这一指标进行评估。荧光标记时,可测定 F/P 比值,F 为荧光素量,P 为蛋白总量,合适的 F/P 摩尔比值为 $1\sim2$;HRP 标记时,标记率为 OD403 nm/OD280 nm,合适的标记率为 $0.3\sim0.6$,相当于 $1\sim2$ 个 HRP 分子结合于 1 个抗体分子上。但单用标记率并不可靠,还需用阳性切片作免疫组织化学染色以估计标记抗体的质量,如果染色背景很清,阳性结果明显而清晰,标记抗体的效价仍保持较高,说明抗体标记成功。标记抗体可加小牛人血白蛋白(终浓度为 5 mg/ml),然后分装,贮于 $-20\sim-30$℃。

第三节　石蜡组织切片中抗原性的修复

　　冷冻切片能很好地保存组织中的抗原性,完全适合免疫组织化学和杂交组织化学染色,但其组织形态的清晰度或分辨率远不如石蜡切片。如果没有很好的冷冻组织库,也无法进行回顾性研究。有些含病原体(如 HIV、HBV 等)的冷冻组织会污染设备,对技术人员造成潜在的危害。

　　经过常规甲醛固定、石蜡包埋处理的组织,其中的蛋白大分子发生分子内或分子间的交联(cross-links),从而屏蔽了抗原决定簇或使其三维结构的构象发生改变。其他固定剂也有类似的抗原屏蔽作用。如果不作特殊的预处理,石蜡切片中的抗原大部分不能被检出,出现假阴性结果。因此,石蜡组织切片免疫组织化学染色是否成功与组织中抗原性修复(antigen retrieval)程度相关。

　　早在 1976 年,加拿大籍华人黄少南就首先采用胰蛋白酶来消化石蜡切片以改善免疫荧光染色,取得很好效果。之后,不断出现抗原性修复的新方法。除了蛋白酶消化外,1991 年,Shi 第 1 个采用微波炉进行石蜡切片抗原性的修复。在其启发下,通过加热进行抗原性修复的方法层出不穷。同年,Shin 报道用蒸汽式高压消毒锅。1994 年,Norton 采用家用高压锅,Kawai 采用水浴加热法。综上,抗原性修复的方法只有 2 类,即蛋白酶消化法和热修复法。究竟采取何种方法,应根据固定剂、固定时间长短、所检抗原的不同来决定。

一、蛋白酶消化修复

　　蛋白酶消化修复抗原性的机制认为可能是通过切断蛋白分子间的交联来暴露抗原决定

簇。用于抗原性修复的蛋白酶已有多种,最常用的是胰蛋白酶、胰糜蛋白酶、链霉蛋白酶、蛋白酶K和胃蛋白酶等。有些抗原需用特殊的酶进行消化,如IgE要用蛋白酶XXIV消化才能获得满意的免疫组织化学染色结果。为了达到预期的目的,除了选用最合适的蛋白酶外,还应注意酶的工作浓度、辅酶的使用、pH及最适反应温度。常用蛋白酶的工作浓度如下:胰蛋白酶(含0.1% $CaCl_2$)为0.05%～0.1%,链霉蛋白酶为0.002 5%,胃蛋白酶为0.1%。消化时间与固定时间有关,固定时间久者应适当延长消化时间。有时,蛋白酶会因生产厂家不同或虽为同一厂家但因批号不同而影响抗原性的修复。在没有现成资料可作参考时,应通过预实验摸索出效果最佳的酶及其工作参数。蛋白酶消化虽可修复抗原性,但使用不当、效果不佳。如消化不足,因抗原决定簇未充分暴露,免疫组织化学阳性染色弱或阴性。消化过度,组织形态、结构破坏并可引起脱片。也有报道,不合适的蛋白酶消化也可能会出现假阳性。

二、热修复

热修复(heat-mediated antigen retrieval)的原理众说纷纭,其中2种观点有一定说服力。一种认为甲醛固定主要通过甲烯桥形成的共价键和雪夫碱(Schiff base)形成的弱分子引力使蛋白分子发生交联,加热后,虽对共价键没有影响,但可消除雪夫碱引力,此时蛋白分子的构象处于固定与未固定的中间状态,不同程度地恢复了抗原分子的自然构象。另一种观点认为,加热可削弱或打断由钙离子介导的化学键,从而减弱或消除蛋白分子的交联,恢复抗原性。一些事实支持后一种观点,如热修复常用的枸橼酸缓冲液和EDTA都有一定的化学螯合作用,有清除钙离子的功效。相反,加入钙以后则可抑制抗原性的修复。与蛋白酶消化相比,热修复不仅可增加免疫组织化学染色阳性细胞数及阳性强度,而且热修复所需的时间与固定时间关系不大。但对固定时间过长的组织,加热的时间也应适当延长。热修复的方法很多,常用的有微波照射、加压加热和热水浴等。

1. 微波照射(microwave oven irradiation) 微波照射所用的介质溶液最常用是pH 6.0的0.01 mol枸橼酸缓冲液和pH 8.0的0.1 mol的EDTA溶液,也可将这2种溶液混合使用。微波照射时,所用的输出功率一般在750～1 000 W。介质溶液的体积、每次欲修复抗原性的切片数量、照射时间等参数都要在预实验中摸出1个最佳方案,并把这些参数固定下来,使之标准化,这样才能保证每次都能获得重复性好、质量高的免疫组织化学染色结果。一般讲,当微波炉输出功率在950 W,介质溶液体积为400 ml,切片数量为25张时,可将照射时间设在10 min。在7.5 min时,溶液开始沸腾。对大多数抗原而言,保持沸腾2.5 min左右即可获得良好的抗原性修复效果。但对某些抗原,尤其是核抗原,照射时间应适当延长或多次照射。微波照射加热的缺点是受热不均匀,尤其是当切片过多、介质溶液体积过大时更为明显。

2. 高压加热法 为了克服微波照射受热不匀的缺点,Norton首次报道采用厨用高压锅对组织切片抗原性进行修复。高压锅的压力可达103 kPa,温度约120℃,加热2 min即可使抗原性修复,尤其是核抗原,如雌、雄激素受体、PCNA和 *Ki* - 67等的修复。具体方法是:先在高压锅内注入2/3容积的介质溶液,加热使溶液沸腾,然后轻轻将切片放入锅内,密封锅盖继续加热,使压力升至最大(103 kPa),2 min后,立即将锅移至水斗,用自来水冷却之,减压降温后,取出切片,用蒸馏水和 pH 7.6 的 Tris 缓冲液清洗后,即可进行免疫组织化学染色。除了厨用高压锅外,也可用水蒸气式高压消毒锅,先将切片放入装有介质溶液的有盖容器内,加盖以防溶液蒸发,然后将该容器移入手提式高压消毒锅内,将温度设在 120℃,时间设在 15 min 加热后即可。

3. 水浴加热法(water bath heating)　有人认为加热的水温恰在沸点以下(95～98℃)对抗原性的修复更为有效,这种方法不需要专用设备,经济、实用,但缺点是加热时间较长。具体操作时,可将盛有介质溶液的容器(如大烧杯)放在水溶锅内加热到 95～98℃,并维持这一温度勿使其沸腾,然后将组织切片放入溶液,继续加热 30 min,室温冷却后即可。

4. 微波照射与蛋白酶消化联合应用　先用微波照射后用胰蛋白酶消化可以使某些抗原(如 κ 和 λ 轻链)抗原性的恢复更有效。由于微波照射大大增加组织对胰蛋白酶的敏感性,因而消化的时间可大大缩短。相反,如先进行蛋白酶消化,后用微波照射,也可缩短微波照射的所需时间。联合应用微波照射与蛋白酶消化对显示某些淋巴细胞的标志,如 CD3、CD8、CD30 及 CD75 等常可取得意想不到的好效果。

石蜡组织切片抗原性的修复是免疫组织化学染色成功的重要前提,是很关键的一步。表 3-2 列出一部分常用的诊断抗体进行免疫组织化学染色时抗原性修复的最佳方法,以供参考。

表 3-2　某些抗体免疫组织化学染色抗原性修复的最佳方法

抗体	克隆	抗原性修复
IgA	多克隆	MW 或 PC
IgD	多克隆	T/MW
IgM	多克隆	T/MW
IgG	多克隆	MW 或 PC
κ 轻链	多克隆	T/MW
λ 轻链	多克隆	T/MW
CD1A	单克隆(010)	T/MW
CD2	单克隆(MT910)	MW 或 PC
CD3	多克隆	T/MW
CD4	单克隆(IF6)	MW 或 PC
CD5	单克隆(4C7)	MW 或 PC
CD8	单克隆(C8/144B)	T/MW
CD10	单克隆(56C6)	MW 或 PC
CD15	单克隆(LenM1)	MW 或 PC
CD20	单克隆(L26)	MW 或 PC
CD23	单克隆(MHM6)	T/MW
CD21	单克隆(IF8)	T/MW
CD30	单克隆(BerH2)	T/MW
CD34	单克隆(Qbend 10)	MW 或 PC
CD43	单克隆(L20)	MW 或 PC
CD45	单克隆(PD7/26)	MW 或 PC
CD45RA	单克隆(MT2)	MW 或 PC
CD45RO	单克隆(UCHL1)	MW 或 PC

抗体	克隆	抗原性修复
CD57	单克隆(HNK-1)	MW 或 PC
CD68	单克隆(PG-M1)	MW 或 PC
CD68	单克隆(KP1)	MW 或 PC
CDw75	单克隆(LN-1)	T/MW
CD79a	单克隆(JCB117)	MW 或 PC
角蛋白	单克隆(Cam 5.2)	MW 或 PC
角蛋白	单克隆(AE1/AE3)	MW 或 PC
角蛋白	单克隆(MNF116)	MW 或 PC
细胞周期蛋白 D1	单克隆(DCS-6)	MW 或 PC
$Ki67$	单克隆(MIB-1)	MW 或 PC
BLA.36	单克隆(A27-42)	MW 或 PC
毛细胞白血病	单克隆(DBA.44)	MW 或 PC
$bcl-2$	单克隆(124)	MW 或 PC
上皮细胞膜抗原(EMA)	单克隆(E29)	MW 或 PC
Ⅷ因子	多克隆	T 或 MW 或 PC
LMP-1	单克隆(CS 1-4)	MW 或 PC
血型糖蛋白 C	单克隆(Ret 40f)	MW 或 PC
溶菌酶	单克隆	MW 或 PC
髓过氧化物酶	多克隆	MW 或 PC
黑色素瘤	单克隆(HMB45)	T
$p53$	单克隆(DO7)	MW 或 PC
Tdt	多克隆	MW 或 PC
浆细胞	单克隆(VS38c)	MW 或 PC
S100	多克隆	MW 或 PC
雌激素受体	单克隆(1D5)	PC
孕激素受体	单克隆(1A6)	PC
前列腺特异性抗原(PSA)	多克隆	不用修复
前列腺特异性抗原	单克隆(ER-PR8)	MW 或 PC
前列腺特异酸性磷酸酶(PSAP)	单克隆(PASE-4LJ)	MW 或 PC
	单克隆(V9)	MW 或 PC
波形蛋白	多克隆	不用修复
嗜铬粒蛋白 A	多克隆	MW 或 PC
胎盘碱性磷酸酶(PLAP)	多克隆	MW 或 PC
甲胎蛋白	单克隆(1A4)	不用修复
平滑肌肌动蛋白	多克隆	MW 或 PC
PGP9.5	—	—

第四章

免疫荧光组织（细胞）化学技术

免疫荧光组织（细胞）化学（immunofluorescence histochemistry/cytochemistry）是将免疫荧光技术与形态学技术相结合发展而成的一门技术。1942 年，由 Coons 等首次建立，目前，已广泛应用于免疫学、微生物学、病理学、肿瘤学及临床检验等多种生物学和医学中。该技术具有特异性强、速度快、敏感性和准确性高等诸多优点，尤其是随着单克隆抗体技术的发展、细胞显微分光光度计与图像分析仪的结合及激光共聚焦显微镜的应用，开创了免疫荧光组织（细胞）化学新的发展时代。

第一节　荧光的基本知识

荧光物质经某种特定波长光激发后能发射出一种比激发光波长更长而能量较低的光，这种光称为荧光（fluorescence），凭借此可作定位观察或示踪，一般分为自发荧光和诱发荧光 2 种。

一、荧光物质的概念

荧光物质（fluorescent material）是指能够吸收光并发射荧光的化合物，同时能作为染料，又称为荧光素或荧光探针。

二、荧光物质的特性

1. 荧光效率　荧光物质吸收的光能转变为荧光的比例称作荧光效率。可用发射荧光的量子数（荧光强度）与其吸收光的光量子数（激发光强度）之比来表示。荧光效率的数值越大，表明物质的荧光越强，但由于荧光素不能将所吸收的光全部转化为荧光，故而荧光效率常常<1。

2. 荧光强度　指发射荧光的光量子数，可用吸收光的强度和荧光效率的乘积表示。荧光强度与荧光素检测的灵敏度直接相关，一般来说，激发光越强，荧光就越强。除受激发光强度的影响外，荧光强度也与激发光的波长相关。根据荧光分子的吸收光谱和发射光谱选择激发光和测定光波量分别最接近荧光分子的最大吸收峰和发射峰时可得到最大强度的荧光。

3. 荧光的稳定 荧光分子的辐射能力可因激发光长时间的照射、与其他分子形成化合物、荧光物质作用的环境条件的变化等原因而发生减弱,甚至淬灭。能够引起荧光淬灭的物质称为淬灭剂,如氧化性的有机化合物、重金属离子等,可利用淬灭剂来消除不需用的荧光。荧光淬灭是观察荧光标记样品时最常遇到的问题之一,因此,可从以下方面予以注意:①挑选亲和力强且衰退时间较长的荧光抗体。②荧光标记抗体从保存到使用均需避光,且避免与具有淬灭作用的物质直接接触。③可加用抗荧光的淬灭剂来减弱荧光的淬灭。

三、常用的标记抗体的荧光素

(一)常用荧光素及其特性

多种荧光素可被用来标记抗体和蛋白质,常用荧光素的种类和特性归纳在表4-1中。

表4-1 用于荧光标记荧光素的种类特性

荧光素	激发光波长(nm)	发射光波长(nm)	荧光颜色	优点	缺点	应用
异硫氰酸荧光素(FITC)	450～490	520～530	黄绿色	性质较稳定,易溶于水和乙醇。人眼对黄绿色较为敏感,且切片中的绿色荧光少于红色	易淬灭,受自发荧光干扰较大	应用最广,常用来检测组织细胞内的蛋白质,也可用于荧光组织化学单染或多重染色
四乙基罗丹明(RB200)	570	595～600	橘红色	性质稳定,可长期保存。不溶于水,易溶于乙醇和丙酮		双标记示踪染色
四甲基异硫氰酸罗丹明(TRITC)	530～560	620	橙红色	性质稳定,荧光淬灭慢,受自发荧光干扰较小	异硫氰基与蛋白质结合后的荧光效率较低	双重标记或对比染色
藻红蛋白(PE)	490～560	595	红色	荧光蛋白的光量子产率极高;荧光不会被外部试剂淬灭;不易受其他生物材料荧光的干扰		免疫荧光组织化学、流式细胞仪和FISH检测,双重或多重标记的首选
碘化丙啶(PI)	515	590	红色	可选择性地嵌入核酸(DNA、RNA)的双螺旋碱基		对DNA荧光定量;也可用作FITC胞核对比染色
镧系螯合物				激发光波长范围宽,发射光波长范围窄,荧光衰变时间长		分辨荧光免疫测定
4-甲基伞酮-β-D半乳糖苷	360	450		化合物本身无荧光效应,一旦经酶作用便形成具有强荧光的物质		
乙酸甲酯	505	530	绿色	本身无荧光,激发光有pH值依赖性		细胞内pH荧光指示剂

(二) 荧光素的选择

由于荧光素种类繁多,因此,在选择用于标记抗体的荧光素时,需同时具备如下条件:①具有与蛋白质形成共价键的化学基团;②荧光效率高,标记后不易下降;③标记后不影响抗体的免疫学性质和生化活性;④荧光颜色与背景组织的色泽对比鲜明,易于分辨;⑤标记方法简单、快速;⑥荧光素易于溶解且安全、无毒。

第二节　荧光组织化学的基本原理及方法

一、免疫荧光的原理

免疫荧光技术(immunofluorescence technique)是将抗原或抗体用荧光素进行标记,然后用这种标记的抗原或抗体检查组织或细胞内的相应抗体(或抗原),通过观测复合物中的荧光就可以明确待测抗原或抗体的性质、定位,并可利用定量技术测定具体的含量。用荧光抗体检测相应抗原的方法称为荧光抗体法;而用荧光抗原检测相应抗体的方法称为荧光抗原法。

免疫荧光技术必须应用特殊的荧光显微镜,荧光显微镜结构特点见附录1。

二、免疫荧光的方法

常用免疫荧光技术有直接法(direct method)、间接法(indirect method)、补体法和双重免疫荧光标记法(double immunofluorescence labeling method)等。

(一) 直接法

1. 检查抗原法　用荧光素和已知特异性抗体结合,制成荧光抗体后直接用于细胞或组织抗原的检查。此法的优点是特异性强,操作简便、快速,但不足之处是一种荧光抗体只能检查一种抗原,因而对抗体的需求量往往比较大,增加了成本,同时敏感性也较差。

2. 检查抗体法　荧光素和已知特异性抗原结合,制成荧光抗原后直接用于细胞或组织内相应抗体的检查。

(二) 间接法

1. 检查抗体法　可用于2种情况:①夹心法(sandwich method)即用未标记的特异性抗原加在切片上先与组织中相应抗体结合,再用此抗原的特异性荧光抗体与结合在细胞内抗体上的抗原相结合,抗原夹在细胞抗体与荧光抗体之间,故称夹心法。②将待检血清加在已知抗原的标本上,如果其中含有标本中某种抗原的抗体,抗体便沉淀结合在抗原上,再用抗种属特异性 IgG 的荧光抗体与结合在抗原上的抗体反应,即可在抗原抗体结合部位出现明亮的特异性荧光。此法多用于检验血清中的自身抗体和多种病原体抗体。

2. 检测抗原法　首先,将未标记的抗体(第一抗体)加到已知抗原标本上,待抗原抗体充分结合后除去未结合的抗体,然后加上荧光标记的抗球蛋白抗体或抗 IgG/IgM 抗体(第二抗体)和已结合抗原的第一抗体进一步结合形成抗原-抗体-荧光抗体的复合物,从而可鉴定未知抗体。此法的优点是敏感性要比直接法高10倍左右,且制备一种荧光标记抗体即可应用于多种一抗的标记显示,是目前应用最为广泛的方法。不足之处是操作较烦琐、染色时间长、参加反应的因子较多,从而使产生非特异性染色的机会增多。

(三) 补体法

1. **直接法** 用抗补体 C3 等的荧光抗体直接与组织抗原抗体复合物上的补体结合,而形成抗补体荧光抗体复合物,在免疫复合物的存在处即呈现阳性荧光,临床上的肾穿刺组织活检即是应用此法的原理。

2. **间接法** 将补体与第一抗体的混合物加在抗原标本上,再用抗补体的荧光抗体与结合到抗原抗体复合物上的补体反应,形成抗原抗体-抗补体荧光抗体的复合物。

(四) 双重免疫荧光细胞化学标记法

如果需要同时检查同一标本上的 2 种不同抗原,可采用双重免疫荧光细胞化学标记法。

1. **直接法** 将用 2 种荧光抗体同时加在标本上分别与相应的抗原反应,然后利用荧光显微镜的相应激发滤片进行观察,即可以明确显示 2 种抗原的定位和定量。此法优点是简单、便捷,缺点是灵敏度较低。

2. **间接法** 先用 2 种特异性的未标记的一抗同时与标本内相应的抗原反应,然后用荧光素分别标记的二抗再次孵育标本,利用荧光显微镜的相应激发滤片进行观察即可。

三、 免疫荧光法的应用

目前,免疫荧光法多用于临床检验:①检测组织内免疫球蛋白或免疫复合物,如肾炎的肾穿刺标本、红斑狼疮的皮肤组织等。②检查血液内自身抗体,此时常用小鼠的组织标本作为抗原,滴加患者血清后,用带有荧光素的抗人免疫球蛋白抗体作间接免疫荧光法。③细胞表面抗原检定,适用于肿瘤细胞、淋巴细胞等,可在管内悬浮状态标记染色后转移至玻片上观察,或用流式细胞仪(FCM)进行分类、定量计数。④荧光示踪研究,以荧光标记抗体注入动物血管内,再采取组织标本,观察其沉积情况。

第三节　免疫荧光的染色步骤

一、 免疫荧光染色性能的鉴定

为了保证荧光染色的敏感性与特异性,必须在初次试验时进行荧光抗体效价的测定和设立一系列的对照实验。

1. **荧光抗体效价的测定** 将不同稀释比例的荧光抗体分别染色,观察染色的荧光强度。一般认为"＋＋＋"荧光强度的最大稀释倍数即为该荧光抗体的染色滴度。

2. **荧光抗体的特异性和准确性测定** 为了确保荧光染色的特异性和准确性,必须预先进行下列实验。

(1) 阳性对照。用已证实含靶抗原的标本片与待检标本片同时作同样处理、染色,阳性标本片得到阳性结果,表明所用抗体、各试剂及操作步骤均可靠。

(2) 阴性对照。①标本自发荧光对照染色：结果应为阴性荧光。②阴性标本对照染色：包括空白对照(PBS 代替一抗)和替代对照(非免疫血清代替一抗),用于排除非特异性染色,结果应为阴性。③染色抑制实验：先用未标记的抗体和相应抗原进行反应,之后再用标记的荧光抗体和相应抗原进行染色,结果应为阴性。原理是,待检标本因与未标记的特异性抗体反应而影响了与标记的特异性抗体结合,使染色结果明显减弱或转阴。该试验适用于直接法。④类属性抗原染色：取与已知抗原相近的类属抗原与荧光抗体反应,如果结果为阴性,说明此荧光抗体的特异性强。

二、免疫荧光染色步骤

(一) 制片

载玻片或盖玻片浸酸洗净后烤干待用。如果是新鲜的待检样品,可直接剪成适当大小采取印压方式将细胞沾于玻片上。如果用于做细胞荧光化学染色,可直接将细胞接种于无菌的盖玻片上制成细胞玻片待用。

(二) 细胞或组织的固定

将制好的细胞或组织标本切片进行固定,其目的：①防止标本从玻片上脱落。②去除影响抗原与抗体结合的类脂,从而获得良好的染色结果。③可将固定的标本长时间保存在-20℃而不影响其染色特性。

标本的固定需根据抗原物质的种类和实验目的的不同来选择,参见表 4-2。

表 4-2 常用的固定剂及固定方法

抗原物质	固定剂	固定条件
蛋白类	95%~100%乙醇	室温、10 min
酶、激素	丙酮或 4%多聚甲醛	4℃、30 min;室温、20 min
多糖	10%甲醛	室温、10 min
类脂	10%甲醛	室温、5~10 min

(三) 洗涤

标本固定后,PBS 洗 5 min×3 次,以去除固定剂对染色的影响。

(四) 标本染色

1. 直接染色法

(1) 通透：0.1%Triton X-100 室温孵育 15~20 min,PBS 洗 5 min×3 次,如果检测的是膜抗原,可省略此步。

(2) 在固定好的玻片上滴加荧光抗体染色液,置于湿盒中,37℃避光孵育 30 min,PBS洗 5 min×3 次,洗去残留的荧光抗体。

(3) Hochest 333442 室温避光复染细胞核 5~10 min,PBS 洗 5 min×3 次(可选择步骤)。

(4) 50%的甘油缓冲液(可加用抗淬灭剂)封片,荧光显微镜观察结果。荧光显微镜所看到的荧光图像,一是具有形态学特征,二是具有荧光的颜色和亮度。在判断结果时,必须将两者结合起来综合判断。荧光亮度的判断见表 4-3。

表 4-3　荧光亮度的判断标准

判断标准	荧光亮度	判断标准	荧光亮度
－	无荧光	++	明亮的荧光
±	极弱的可疑荧光	+++—++++	耀眼的荧光
+	荧光较弱,但清楚可见		

2. 间接染色法

(1) 检查抗原法：①血清封闭：切片经固定或透膜后,15％的小牛血清或 5％ BSA 稀释液,室温孵育 15 min；②弃去血清,滴加特异性的一抗染色液,37℃孵育 30 min 或 4℃过夜,PBS 洗 5 min×3 次；③滴加荧光标记的第二抗体,37℃避光孵育 30 min,PBS 洗 5 min×3 次；④Hochest 333442 室温避光复染细胞核 5～10 min,PBS 洗 5 min×3 次(可选择步骤)；⑤50％的甘油缓冲液(可加用抗淬灭剂)封片,荧光显微镜观察,荧光亮度判定同上。

(2) 检查抗体法：①切片经固定后滴加相应特异性抗原液,37℃孵育 30 min,PBS 洗 5 min×3 次；②加荧光抗体,37℃孵育 30 min,PBS 洗 5 min×3 次；③封片、镜检同上。

3. 补体法

(1) 切片固定,同上。

(2) 滴加稀释的免疫血清和补体等量混合液,37℃孵育 30 min,PBS 洗 5 min×3 次。

(3) 滴加抗补体荧光抗体 37℃孵育 30 min,PBS 洗 5 min×3 次。

(4) 蒸馏水洗 1 min,缓冲甘油封片、镜检同上。

4. 双重荧光染色法　2 种不同抗原的抗体分别用不同的荧光标记,同时在同一标本上进行染色显示。

(1) 一步法：将 2 种标记的荧光抗体按适当比例混合后,按直接法进行染色。

例1：直接法-直接法,对组织内 A 抗原用 FITC 标记的抗 A 单克隆抗体(MαA. FITC)显示,用 RB200 标记的抗 B 单克隆抗体(MαB. RB200)显示 B 抗原。

MαA. FITC　　　　　MαB. RB200

|(黄绿色)　　　　　|(橘红色)

AgA　　　　　　　　AgB

双标荧光法搭配时,宜先用 RB200,后用 FITC,因 FITC 更易褪色,尤其是分步固定时。

(2) 二步法：先对第 1 种抗体染色,然后再进行第 2 种抗体的染色,按间接法进行。应用此法时需注意,一是一抗种属来源要求不同,二抗要求标记不同荧光染料,而且其种属不能与任何一抗种属重复。

例2：间接法-间接法,在 MαA 之后接 FITC 标记的猪抗小鼠 IgG 显示 A 抗原,而在 RαB 之后接 RB200 标记的山羊抗兔 IgG 显示 B 抗原。

MαA—PαM. FITC   RαB—GαR. RB200
|（黄绿色） |（橘红色）
AgA   AgB

第四节　免疫荧光非特异性染色

一、非特异性染色产生的原因

非特异性染色是免疫荧光染色的常见问题之一,其产生的原因如下。

（1）自发荧光和诱发荧光导致的非特异性染色。自发荧光是指组织未经荧光素染色,在紫外光或短光波照射下呈现的荧光,较为常见的,如胶原纤维和弹力纤维呈蓝绿色,软骨和角蛋白呈黄绿色,脂褐素呈棕黄色。自发荧光除结缔组织外,一般较弱,可依据其形态及部位做出判别。诱发荧光是指某些本身并不发生荧光的物质,经简单的化学处理后转变为发荧光的物质,如甲醛固定后的去甲肾上腺素、肾上腺素、多巴胺呈黄绿色荧光,5-羟色胺呈黄色荧光。

（2）荧光素本身质量差或已降解、变质,不仅影响标记率,F/P 值过低,使特异性染色减弱,且能与组织内蛋白非特异吸附,造成背景着色,而标记过高($F/P>2$)或游离荧光素存在,也会因非特异吸附加重背景染色。

（3）组织中的类属抗原与相应抗体结合。

（4）混杂在免疫血清中的一些抗其他组织成分的抗体。

（5）抗体分子上过量的荧光素标记所携带的阴离子吸附于正常组织上。

（6）抗体浓度过高或清洗不充分。

（7）标本处理不当。

二、消除非特异性染色的方法

主要应根据产生的原因采取适当的方法。

1. 避免诱发荧光　应尽可能采用不固定的新鲜组织作冷冻切片,也可用 0.02％硼氢化钾消除醛类固定剂所引发的非特异荧光。对于自发或诱发荧光也可在染色后以 0.01％伊文蓝遮盖,以提高特异性荧光与背景的反差。

2. 去除荧光素产生的干扰　应选用高质量的、标记恰当的荧光抗体(F/P 为 1～2),并经过组织粉吸收。染色前,还可将待用荧光抗体通过葡聚糖 G25 小柱去除其中可能存留的游离荧光素。

3. 抗体引起的干扰　可选用特异性较强的单克隆抗体。如是多克隆抗体,则应经组织粉吸收或亲和层析法纯化抗体,同时采用高敏感的染色方法,提高抗体稀释倍数,还可采用正常血清孵育切片,在抗体稀释液内加入 0.1％ BSA 或人血清白蛋白(HSA)等方法减低由此而产生的背景着色。

4. 强化组织和切片处理 ①及时固定组织,防止组织自溶或抗原弥散,尽量减少抗体蛋白或抗血清成分与组织的非特异吸附。②染片过程中,各步骤之间的洗涤不充分也是造成非特异着色的1个因素。因此,每步之后,均应经过 2～3 次充分的换液洗涤。③使用低浓度的碘溶液或过锰酸钾等对标本进行适当复染,可以减弱非特异性荧光,从而使特异荧光更突出。

第五节　多光谱荧光技术

光谱成像技术是结合了光谱分析技术与光学成像技术而生成的一种新型成像技术。根据传感器光谱分辨率的不同,将光谱成像分为超光谱成像、高光谱成像及多光谱成像 3 类。

多光谱成像(multispectral imaging, MSI)技术通过对目标物体在一组特定波长(420～720 nm)范围中的光强度变化来检测荧光染料的分布,获取各种波长范围内的所有信号,并可将每种色原或染料分离成单独的图像,从而实现精确的检测、辨别等应用需求。此技术使"多信息数据挖掘"成为现实。

一、多光谱荧光成像的原理

与传统的 RGB 全色成像不同,MSI 可以获得每个图像、每个像素点的高分辨率的光谱。在同一视野内,根据波长的不同,获取的一系列图像可以堆砌在一起,形成一个三维数据集或"cube"(x, y 和 λ)。在这个"cube"里,每种光谱对应每个像素点,根据不同波长处光强度的差异,进一步检测出荧光染料的具体位置分布后,再进行光谱的分类和分离,这样可以去除样本的自发荧光,从而明显地提高组织切片成像的质量。

二、多光谱荧光成像系统的工作流程

MSI 的工作系统可简单概括如下：①使用相机来获取空间信息。②通过扫描色散元件来获得光谱信息,记录每个图像的光谱。③电子可调滤光器,如声光可调滤光器和液晶可调滤光器(LCTF)是机械扫描分散装置(滤光轮,单色器)的首选,因为它们具备安静、快速、稳定的优点,并表现出较高的光谱选择性、光谱纯度和灵活性。而低光电子可调谐滤光器的主要缺点包括低光通量、光褪色、对大样本的不恰当捕获或在需要捕获高瞬时分辨率事件(如钙信号瞬变)其间相机发生移动等。

三、多光谱荧光技术的应用

因多光谱荧光技术可以去除样本自发荧光的干扰,从而明显提高组织切片成像的信噪比,并可对多分子靶点进行同时标记检测,共定位分析获得各个靶点之间的相互关系,因而在医学、农业、军事、天文学及安检等领域都有着重要的应用。尤其是随着滤光器、检测器、数据分析技术和荧光染料的发展,MSI 在医学的应用领域已经扩展到细胞生物学、临床前药物开发和临床病理等方面。MSI 系统可对生物组织的病理光谱进行空间分辨率区分,其在病理学中的应用主要集中在以下几个方面：①切片需要多重染色分析时,可利用该方法简化对标本的处理流程,甚至减少所需的切片数量。据报道,MSI 可以对 7 种荧光标记物进行同时分析,这对多重荧光标记技术做了极大的补充。②多分子表型,特别是细胞表面标记物的流式细胞分选。③在肿瘤分子生物学中,用于多个分子或多重信号的研究。④帮助临床病理对良、恶性肿瘤的鉴别诊断。值得一提的是,目前,多光谱的荧光技术与小动物成像技术的结合应用可从高水平的自发荧光背景中检测到微弱的荧光信号,可更好地帮助检测肿瘤的生长和转移,也可多指标同时检测。总之,随着 MSI 的不断发展及其与其他技术的联合使用,将进一步拓宽其在各个领域方面的应用和价值。

(复旦大学基础医学院病理系　李清泉)

第五章

免疫组织化学染色

第一节　免疫组织化学染色原理和方法

　　免疫组织化学染色是引入附有标记物的外源性抗体(或抗原),使之锚定于组织或细胞标本中相应的抗原(或抗体)部位,标记物经呈色反应而显示待检抗原(或抗体)。免疫组织化学可按标记物的种类及定位方法分类。按标记物分类有免疫荧光法、免疫酶法、免疫金银法和放射免疫自显影法等;按定位方法分类则分为一步法(又称直接法)、二步法(包括间接法、夹心法、补体法)和多步法(包括桥连法)等。一般说来,一步法染色步骤简捷、特异性强,但敏感性较差,且标记抗体适用范围窄;二步法及多步法经抗体放大,敏感性明显提高,标记抗体可一标多用,但染色步骤多、耗时,特异性不如直接法。

一、免疫酶法

　　1. 原理　以酶作为标记物与外加的底物作用产生不溶性色素,沉积于抗原抗体反应部位。免疫酶法与免疫荧光法相比具有以下优点:①普通显微镜即能观察,无须特殊显微镜。②显色反应后可作衬染,组织结构显示良好,使免疫定位准确。③染色后切片能保持较长时间。④有些酶反应沉积物具有电子密度,可用于免疫电镜。因此,免疫酶法是当今应用最广的免疫组织化学技术。

　　2. 常用的标记酶及其底物呈色反应

　　(1) 辣根过氧化物酶(horseradish peroxidase,HRP):相对分子质量较小(40 000)、稳定性好,是最常用的酶,其底物是 H_2O_2。当酶与底物反应时,使同时加入的无色还原型染料(供氢体,DH_2)转化为有色的氧化型染料(D)沉积于局部,被检物得以标识。反应式如下:

$$HRP + H_2O_2 \Longrightarrow HRP.\,H_2O_2 \xrightarrow{DH_2} HRD + D + 2H_2O$$

　　常用的供氢体有:①二氨基联苯胺(3'3'-diamino-benzidine,DAB),反应产物呈棕色,不溶于水、不易褪色、电子密度高,最为常用。②氨基乙基卡巴唑(3-amino-9-ethylcarbazol,

AEC),为橘红色反应产物,呈色后用水溶性封固剂。③4 -氯- 1 -萘酚(4-chloro-1-naphthol,CN),为灰蓝色反应产物,最后用水溶性封固剂。

(2) 碱性磷酸酶(alkaline phosphatase,AP):为磷酸酯的水解酶,可通过 2 种反应显色。①偶氮偶联反应:底物 α -萘酚磷酸盐(α -naphthol phosphate)经水解得 α -萘酚,与重氮化合物如坚牢蓝(fast blue)或坚牢红(fast red)形成不溶性沉淀,分别呈蓝色或红色。②靛蓝-四唑反应:溴氯羟吲哚磷酸盐(5-bromo-4-chloro-3-indodyl phosphate,BCIP)经酶水解并氧化形成靛蓝,而氮蓝四唑(nitro blue tetrazolium,NBT)在此氧化过程中被还原成不溶性紫蓝色沉淀。

其他标记酶还有葡萄糖氧化酶(glucose oxidase,GO)、β-半乳糖酶等,前者底物为葡萄糖,配以 NBT 和 PMS(phenazine methasulfate),呈蓝色沉淀物。

3. 常用的免疫酶(染色)法

(1) 免疫酶标法:以酶标抗体作直接法或间接法,继之以相应的呈色反应。

(2) 非标记免疫酶法:以酶免疫动物得到抗酶抗体,染色时经桥抗体与组织内已结合于待检抗原的第一抗体(与抗酶抗体来源于同一种系的动物)相连,由于其中所用酶和抗体未经偶联剂连接,两者活性不会因标记偶联而受损。因此,该法较酶标法敏感。这种非标记免疫酶法又可分为酶桥法和酶免疫复合物法两种(图 5 - 1)。酶桥法是各种免疫试剂分别序贯上片,共 4 步,以兔抗 HBs 和 HRP 为例,依次滴加兔抗 HBs(一抗)→羊抗兔 IgG(桥抗体)→兔抗 HRP→HRP,最后出现呈色反应。免疫酶复合物法则是先将抗 HRP 抗体与HRP 在体外制成免疫复合物 PAP(peroxidase-anti-peroxidase complex),后者为 2 分子抗HRP 和 3 分子 HRP 形成性质稳定的环形分子,其中含酶量多,且两者结合牢固,HRP 不会因染片时的洗涤而脱落,敏感性提高,染色步骤却较酶桥法简单,PAP 制品也可保存较长时间,使用更为便利,故酶复合物法已取代了酶桥法。与酶标法相比,PAP 法的敏感性则可提高几十至几百倍。在 PAP 法基础上发展的双 PAP 法(即在 PAP 上片后尚未显色前,重复使用桥抗体及 PAP,使之再显色)敏感性可进一步提高。除 PAP 外,AP 和 GO 也可分别以免疫复合物 APAAP 和 GAG 的方式进行,同样可以得到满意的效果。

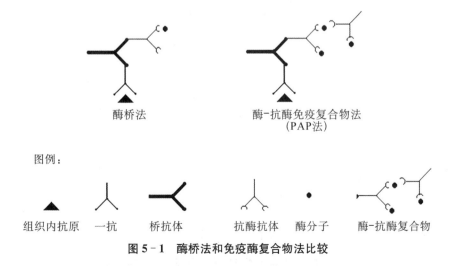

图 5 - 1 酶桥法和免疫酶复合物法比较

三、亲合免疫组织化学

在组织学研究中,利用 2 种物质之间的高度亲和能力及其可标记性,以显示其中一种物质的方式称亲和组织(细胞)化学。这些亲合物质,如葡萄球菌蛋白 A(staphylococcus protein A,SPA)与免疫球蛋白(IgG),生物素(biotin)与卵白素(avidin),植物凝集素(lectin)与糖分子,受体与配体,荧光素、酶、放射性核素等都可作为标记物而与之结合。在实际应用中,亲合组织化学常与免疫组织化学相结合,即为亲合免疫组织(细胞)化学。以下介绍几种常用的亲合组织化学或亲合免疫组织化学。

1. SPA 与 IgG　SPA 是性质十分稳定的单链多肽,具有能与人、多种哺乳类动物(如豚鼠、小鼠、兔、猪等)IgG 分子中 Fc 段结合的特性,并能与各种标记物相结合,故可代替抗 IgG 抗体用于免疫组织化学。具体应用可为直接法,应用带标记的 SPA 显示组织内免疫球蛋白,也以标记的 SPA 在间接法中代替二抗,或以非标记 SPA 在 PAP 法中代替桥抗体。SPA 不受 IgG 动物品种(羊 IgG 除外)的限制,适用性广,它与 IgG 的亲合力强,所用试剂可高度稀释,染色背景淡、效果好,且因其相对分子质量小(42 000)、穿透性好,可用于免疫电镜。

2. 生物素与卵白素　生物素为水溶性维生素 H,相对分子质量仅为 244,可与抗体交联,也能与酶标记物结合。卵白素又称抗生物素或亲合素,为碱性蛋白,相对分子质量 67 000,含 4 个结构相同的亚基,可与生物素或荧光素、酶等偶联。生物素与卵白素结合后很稳定,对 pH 值的变化及多种蛋白酶都有耐受力。它们可以下列方式用于免疫组织化学。

(1) 标记式:生物素和免疫球蛋白(或植物凝集素等)偶联(Ab·Bio),荧光素或酶与卵白素结合(Avi*),在标本片上先后加入上述 2 种结合物(图 5 - 2a),最后作显色反应。该法 Bio 可与一抗或二抗偶联而分别引入直接法或间接法。

(2) 桥式:以卵白素为桥,使生物素偶联的抗体(Ab·Bio)与生物素化的酶(Bio*)相连,形成如图 5 - 2b 所示结果。染色时,可如图序贯上片,也可预先使 Avi 与 Bio* 按一定比例混合,组成卵白素-生物素-酶复合物(Avi-Bio*)。后者是较大的类似晶格的复合体,其中有较多酶分子,从而大大地提高了酶染色的灵敏度,这种方法称 ABC 法(图 5 - 2c)。

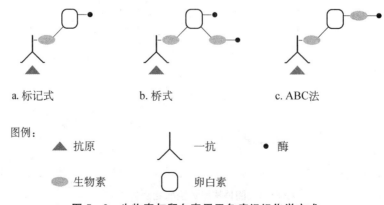

图 5 - 2　生物素与卵白素用于免疫组织化学方式

近年来,自链霉中提取到链霉卵白素(streptavidin,SA),除取代上述卵白素用于 ABC 法外,也常用于标记法,即 LSAB(labeled streptavidin biotin)法。由于 SA 的相对分子质量较小(60 000),穿透性更好,且与生物素化的抗体结合位点更多,故敏感性与一般的 ABC 法相比可提高＋～＋＋,而背景更淡。

3. 凝集素　凝集素是一类糖蛋白或结合糖的蛋白质,通过与细胞表面糖分子间的非共价键结合,使细胞相互凝集。

凝集素的最大特点是它与其细胞表面受体(糖分子)结合的专一性,每种凝集素只对某 1 种特殊的碳水化合物有特异亲和力,其结合能力还因受体(糖链)的空间结构、结合位点而异。另一方面,凝集素可被荧光素、酶、生物素、铁蛋白等物质标记而引用于亲合组织化学或亲合免疫组织化学。细胞的凝集素受体在胚胎的不同发育阶段、细胞成熟过程或代谢改变,乃至恶性转化时,都可能发生不同程度的改变,包括数量、分布或专一性的变化。因此,以凝集素为探针,可研究细胞膜结构的变化,多用于肿瘤的诊断。应用中可直接采用带有标记物的凝集素,也可以生物素化的凝集素或抗凝集素抗体,与 ABC 或 PAP 等方法结合使用。

4. 受体与配体　受体是细胞膜上或胞质、胞核内的一些生物大分子,能特异性识别、结合某特殊的化学信号分子(即配体)。受体与配体一旦结合即经信号转导引起细胞效应,改变靶细胞的基因调控和生化反应,调节细胞功能。激素、神经介质、免疫受体等均凭此发挥其生理效应。

受体在细胞中的位置、数量及它们与配体的结合能力等与靶细胞的生理状态、分化程度都有关。因此,从形态上对受体定位不仅用于基础理论研究,对于临床医学也有诊断或参考价值,如雌激素受体阳性的乳房癌病例存活时间较长,对内分泌治疗有较好的反应。

细胞受体的定位检测可采用带有标记物的配体或抗受体的抗体作直接法,也可用配体-带标记的抗配体抗体作间接法,或结合 ABC、PAP 等法进行。

四、其他方法

1. 免疫金银法　以胶体状态的金作为标记物与抗体或其他大分子相吸附而用于免疫组织化学的方法称免疫金染色法。若金颗粒直径＞20 nm,在光镜下呈紫红色。在金染色后,再以银显影液增强,使金颗粒周围吸附大量银颗粒,光镜下呈黑褐色,反差增强,大大提高了灵敏度,可节省金标抗体的用量,且使直径＜20 nm 的金颗粒也能显现,这就是免疫金银法(immunogold-silver staining,IGSS)。IGSS 常用于间接法或 SPA 法,也可与生物素、卵白素结合应用。由于金(银)颗粒小,电子密度高,特别适用于免疫电镜。

2. 免疫半抗原法　半抗原(hapten,H)分子较小,可与抗体结合,也可被标记,还能制得抗半抗原的抗体,以此作为桥,使半抗原化的第一抗体与带标记物的半抗原相连,提高敏感性,并能用于双重或多重染色。常用的半抗原有二硝基苯酚(DNP)、对氨基苯砷酸(ARS)、生物素和地高辛(DIG)等。半抗原还可掺入核酸分子,如以标有 DIG 的核酸探针用于原位分子杂交,后续抗 DIG 抗体的免疫组织化学显示法;又如细胞培养中加入半抗原 5-溴脱氧脲嘧啶(5-BrdU)使之掺入胞核,再以抗 BrdU 抗体及免疫组织化学显示细胞增生状况。

3. 放射免疫自显影法　以放射性同位素标记抗原或抗体,经自显影定位。该法较多用于体内示踪,确定抗原或抗体沉积部位,较之荧光示踪具有特异性强、敏感性高的优点。体内示踪常用的放射性核素为 ^{3} H。组织标本可采用常规石蜡片或冷冻片制作法,用 X 线片感光、显影。作免疫组织化学时,可用 ^{3} H 或 ^{35} S,切片免疫染色后以核 4 乳胶涂膜、感光,常规 HE 衬染。

4. 葡聚糖聚合物技术(textran technique) 该技术是 20 世纪 90 年代中期发展的新技术。其原理是以具有惰性的多聚化合物,如葡聚糖为脊与大量酶分子和抗体分子形成水溶性聚合物,而不影响酶及抗体分子的反应活性。每 1 mol 的复合物中约含 70 个 mol 的 HRP 和 10 个 mol 的抗体 IgG,由于复合物中 HRP 的绝对数量高于其他复合物如 ABC 和 LSAB,故其敏感性大大提高。若结合在葡聚糖脊的 IgG 为特异性一抗,即为增强的多聚体一步染色(enhanced polymer one-step stain, EPOS);若 IgG 为二抗,即为二步法,也称 ELPS 法(Enhanced Labelled Polymer System)或 EnVision 法,二步法适用性更广。由于该方法不但敏感性高、染色步骤减少,又无内源性生物素干扰,因此,在免疫组织化学技术中,有日益取代 ABC 和 LSAB 的趋势。在具体使用上,又进一步发展了 Ramos(Rapid microwave one step method)和 EnVision 试剂与特异性一抗混合的一步染色法。前者将微波抗原修复、EPOS 和 DAB 显色在微波照射下一步完成,整个染色过程只需 10 min。后者将标记有二抗 IgG 和 HRP 的葡聚糖大分子复合物与特异性的一抗在染色前预先混合,石蜡组织切片经微波修复抗原性,冷却后用 TBS 洗涤,然后滴加配好的混合液,染色时可采用中、低功率微波照射55~60 s,保留 5 min。以上 2 种方法敏感性与 LSAB 及 EnVision 相当,但大大缩短了免疫组织化学染色的时间,在临床病理诊断中有很大的应用前景。

五、 免疫组织化学染色阳性信号的原位放大

当切片组织中抗原含量较低,或所用的单克隆抗体效价不理想时,即使采用敏感的方法阳性染色也不强,与周围背景反差不明显。原位酶催化信号放大(catalyzed signal amplification, CSA)可解决这一问题。早在 1989 年,Bobrow 首先将 CSA 应用于免疫酶联和蛋白电泳转移膜的检测中。1992 年,Adams 开始将该技术用于免疫组织化学染色来增强 ABC 法的敏感性,以后又将该方法扩大到原位分子杂交中,并获得理想的放大效果。CSA 的原理是:在 ABC 或 LSAB 法染色进行到 DAB 显色前这一步时,利用卵白素(或链霉卵白素)-生物素-HRP 复合物中的 HRP 催化一种生物素化的酚类化合物,常用生物素化的酪氨酰胺化合物(biotinylated tyramide),使之在 HRP 周围沉淀,酪氨酰胺化合物中的生物素也随之聚集在 HRP 附近,如果再加入卵白素(或链霉卵白素)- HRP,就能与大量聚集在原位的生物素结合,达到再次放大效应。该法可循环重复多次直至达到理想的效果。结合 CSA 的 ABC 或 LSAB 染色需要 5 步才可完成:①特异性第一抗体孵育 15 min。②生物素标记的第二抗体孵育 15 min。③卵白素(或链霉卵白素)- HRP 孵育 15 min。④生物素化的酪氨酰胺化合物孵育 15 min。⑤卵白素(或链霉卵白素)- HRP 孵育 15 min,然后用 DAB - H_2O_2 显色。这种方法较常规的 ABC 或 LSAB 敏感 50~100 倍以上。但在使用时,因多次孵育洗涤需注意防止脱片。另外,由于信号放大显著,为了减少非特异背景染色和内源性生物素的干扰,必须充分进行抗原性修复,并严格阻断内源性物质。CSA 一般也不主张用于多克隆抗体的免疫组织化学中。

第二节 免疫组织化学标记中的问题及解决方案

一、非特异着色原因及解决方案

非特异着色是指免疫组织化学染色过程中产生的非靶抗原(或抗体)的着色结果,属假阳性,又称背景着色。它的存在干扰对特异性靶抗原显色结果的判断。因此,染色过程中除注意提高特异性染色效果外,还应尽量减少或消除背景着色。造成非特异着色的原因是多方面的,涉及免疫组织化学的各个环节。

1. 组织内源性成分的干扰

(1) 自发荧光和诱发荧光:见免疫荧光部分。

(2) 内源性酶:白细胞及组织内的过氧化物(氢)酶可使染色中外源性 H_2O_2 和 DH_2 呈色。红细胞的血红蛋白也可产生假过氧化物酶反应干扰酶的显色结果。因此,当采用 HRP 的免疫酶法时,需在染色前(或使用含酶试剂前)以 $0.3\% \sim 0.5\%$ H_2O_2 处理切片,消除内源性过氧化物酶活性。

用于免疫组织化学的商品化的碱性磷酸酶取自小牛肠组织,与一般组织内的非肠型 AP 不会产生交叉反应,但当采用 AP 定位肠胃上皮中的抗原时,需用 10 mmol 左旋咪唑加入孵育液,抑制组织内的内源性肠型 AP,消除染色干扰。此外,哺乳类动物体内不含葡萄糖氧化酶,故应用该酶标记时也无须作特殊处理。

(3) 内源性生物素:肝、胰、肾等实质细胞内含有内源性生物素或生物素样物质,在新鲜未固定组织中尤其丰富,因此采用生物素-卵白素法对上述组织作免疫组织化学染色时,应避免用未固定冷冻切片,或在染色前序惯用卵白素(25 μg/ml)和饱和生物素使内源性生物素结合点遮蔽,然后再作 ABC 染色。

2. 标记物产生的干扰

(1) 荧光素:荧光素本身质量差或已降解、变质,不仅影响标记率,F/P 值过低,使特异性染色减弱,且能与组织内蛋白非特异吸附,造成背景着色,而标记过高($F/P>2$)或游离荧光素存在,也会因非特异吸附加重背景染色。因而,应选用高质量的、标记恰当的荧光抗体(F/P 为 $1\sim2$),并经过组织粉吸收。染色前,还可将待用荧光抗体通过葡聚糖 G25 小柱去除其中可能存留的游离荧光素。

(2) 辣根过氧化物酶:与荧光素相似,酶自身质量也影响标记率和背景着色,故用作标记的酶纯度要求为 $RZ\geqslant3.0$。必要时,酶标抗体也可采取适当方法去除游离物。

(3) 卵白素:由于卵白素为含糖基的碱性蛋白,能与组织中糖蛋白和细胞的负电荷发生非特异性结合,引起背景着色。但链霉卵白素等电点为中性,不含糖基,无非特异结合之虞,故现今应用更广。

3. 抗体引起的干扰

(1) 抗体蛋白与组织的非特异吸附:主要是物理吸附造成,应用未纯化的多克隆抗血清时更易发生。孵育液的成分,如盐的浓度、pH 值可影响这种吸附,抗血清中凝聚的蛋白也易与组织非特异结合。消除的措施有:①染片前先以正常血清孵育切片,通常选用与桥抗体(或二抗)同源的动物血清。②在抗体稀释液内加入 0.1%牛血清白蛋白(BSA)或人血清白蛋白(HSA)。③抗血清使用前经高速离心去除凝聚的蛋白。

(2) 免疫原问题:如用作免疫原的抗原提取不纯或与某些组织成分具有共同抗原,由此而生成的抗体会造成非期待的"特异性"结合,因而宜采用制备电泳法纯化抗原,并以单克隆抗体为好。对多克隆抗体则应经组织粉吸收或亲和层析法纯化抗体,同时采用高敏感的染色方法,提高抗体稀释倍数,减少背景染色。

(3) IgG 与其受体间的反应:IgG 的 Fc 受体广泛存在于组织内,它与 IgG 的 Fc 段结合不受种属限制,近交系动物之间,尤其是未固定的材料中更易出现这种非期望的交叉反应。应用 F(ab)$_2$ 片段代替完整抗体可以防止这种结合;还可采用正常血清孵育切片、稀释液中含 BSA 或 HSA、提高抗体稀释度等方法减低因此而产生的背景着色。

(4) 天然抗体:动物血清中常存在多种天然抗体,它们没有种属特异性,如兔及羊的血清中都有一种抗纤维组织的抗体,能与各种动物,包括人的纤维组织起反应,造成非期望的着色。

4. 组织处理不当

(1) 血清或分泌性抗原的干扰。若血清或分泌物中含有待检抗原,它们可污染细胞,造成假阳性结果。因此,在检测分泌性抗原时,所取组织应在缓冲液中充分漂洗,若系动物实验,可在器官离体前作血管内灌洗。

(2) 组织固定不及时。抗原弥散,使定位不确切,或因组织自溶,增强了抗体蛋白或抗血清成分与组织的非特异吸附。

(3) 染片过程中,各步骤之间的洗涤不充分也是造成非特异着色的一个因素。因此,每步之后均应经过 2~3 次换液洗涤,必要时,应搅拌或振荡洗涤。

二、对照设置

理想的免疫组织化学染色结果应该是特异性好、定位准确、阳性反应与阴性背景对比清晰。然而,由于免疫组织化学染色的过程涉及许多环节,多种因素可影响染色结果,最终可能出现非正常的假阴性或假阳性现象,干扰对染色结果的判断。

造成假阴性结果的因素可能来自 3 个方面:①组织处理不当,抗原损失过多或被遮蔽。②抗体(包括特异性一抗和标记抗体或桥抗体)失活、效价过低或稀释度不合适。③染色步骤中的差错或其他试剂的问题,如显色剂、缓冲液的离子强度及 pH 值等。假阳性结果系多种因素造成的非特异着色,包括组织自发的、人为产生的及非期望的"特异性"染色。

为了正确判断染色结果,在染色过程中应分别设置阳性和阴性对照试验。

1. 阳性对照   用已证实含靶抗原的标本片与待检标本片同时作同样处理、染色,阳性标本片得到阳性结果表明所用抗体、各试剂及操作步骤均可靠。阳性对照在每批免疫组织化学染色中都不可缺少,且对同一批的不同靶抗原也应分别设置。

2. 阴性对照

(1) 阴性标本对照:以确知不含有靶抗原的组织(或细胞)标本片与待检标本片同时染色,结果应为阴性,以排除假阳性情况。

（2）空白或替代对照：以缓冲液（如 PBS）或与第一抗体同源的正常动物血清（若为小鼠单克隆抗体则可用正常小鼠血清或与本实验无关的单抗）取代第一抗体，其他各步不变，结果应为阴性。必要时，也可分别对第二抗体、桥抗体作相应的空白或替代对照试验。

（3）吸收试验：特异性第一抗体经用相应的纯化抗原（过量）中和吸收，使其结合点全部被外源性抗原结合，不能再与组织内的靶抗原反应，用这种吸收后的第一抗体作免疫组织化学染色，结果应为阴性。中和反应的具体方法可参照免疫学技术。简而言之，在 100 μl 最高稀释度的第一抗体（经预实验测出）中，加入 1 nmol 的纯化抗原，待抗原与抗体充分结合后，离心去沉淀，上清液即为吸收后的抗体溶液。

（4）抑制试验：待检标本因与未标记的特异性抗体反应而影响与标记的特异性抗体结合，使染色结果明显减弱或转阴。该试验适用于直接法。未标记抗体与标记抗体可先后与标本反应，此时未标记抗体起封闭抗原的作用；也可同时（等量或未标记抗体用量多于标记抗体）滴加于标本，与抗原竞争结合。

3. 自身对照　在同一标本片上，靶抗原的阳性反应与其他无关结构或成分的阴性结果形成鲜明对照。事实上，自身对照出现于每次实验、每份标本上，无须另加步骤或试剂。

以上各项对照设置对判断免疫组织化学染色结果至关重要，尤其是对某种新的靶抗原的确定更是不可缺少；同类靶抗原的重复性实验中，为了排除每次所用试剂或步骤方面的人为因素的干扰，可只设阳性标本对照和替代性阴性对照。

三、增强对比度，提高染色效果

免疫组织化学染色要求特异性强、敏感性高，使靶抗原的定位明确、精细，因而需要设法增强特异性显示与非特异背景之间的对比。为此，除了前述不同方法的选用外，近年来，陆续有多种技术改进或附加处理的报道，包括染色前、染色中及染色后处理。

1. 预处理　主要在于使组织内被隐蔽的抗原再现或修复，可采用前述蛋白酶消化、加热处理等方法。

2. 染色中　染色各步骤均在微波照射下进行，可提高敏感性，还能缩短各步孵育时间，由每步 30～60 min 缩短至 5～10 min。也有报道，每步在真空负压下进行可取得同样效果。

3. 后处理　呈色反应时加入某些物质使色泽变深，对比度增加，如 HRP - DAB 呈色后，以 0.5% $CuSO_4$ 5 min，或 1% OsO_4 2～3 min，也可在 DAB 显色液中加入少量（1/1 000）1% 的 $NiSO_4$ 或 8% $NiCl_2$ ＜5 $\mu l/ml$，呈现的色泽由棕黄色变为黑色。在作 LSAB 或 ABC 法时，引入生物素化酪氨酰胺化合物（见本章第二节）并配合微波预处理，可使敏感性提高数百倍，因而能显现甲醛固定-石蜡切片中的淋巴细胞表面抗原。

四、免疫组织化学染色结果评价

对免疫组织化学染色所得结果，应结合对照试验准确判断阳性和阴性结果，排除假阳性和假阴性结果，且应多次重复实验，以得出科学结论。应确定特异性染色的强度和分布部位，必要时行半定量分析。阳性染色可表达于不同部位。例如，结蛋白（desmin）和波形蛋白（vimentin）染色呈细胞质内弥漫染色，肌动蛋白丝（F-actin）呈细胞质内有序排列的线状或棒状结构，Ki - 67 表达于细胞核，多数淋巴细胞标志物呈沿细胞膜的线状分布，也有些阳性表达可同时定位于细胞的不同部位。

根据免疫组织化学染色分布特点可进行半定量分析。例如,计算免疫染色阳性细胞,于中倍镜下随机选取 10 个视野,计数每个视野中的阳性细胞数与总细胞数的百分比,取平均值,同组至少观察 3 个样品后行统计学分析;抑或结合染色强度和阳性检出率进行半定量分析。

第三节 双重或多重免疫组织化学

双重或多重免疫组织化学的标记染色(以下简称双标或多标)是在同一标本片上同时或先后显示 2 种或 2 种以上抗原(或抗体),以观察这些抗原(或抗体)相互间的关系,对于显示同一细胞内的不同抗原尤为适用。

一、常用的双标或多标记法

双标或多标记法是几种单标记染色相加而成,其成败关键在于设计恰当的配伍方案,以避免前后标记染色之间的交叉反应或颜色混淆,影响准确定位。配伍时尽可能选用不同方法、不同标记物及不同种属动物的抗体。在确认相互间无交叉反应的情况下,可作同时定位标记,否则需按先后分别标记定位。常用的几种双标记染色举例如下。

1. 双重荧光染色 具体见免疫荧光章节

2. 双重酶染色法

1) 例 1:以不同的酶作标记物,即以 HRP 和 AP 取代荧光素。

2) 例 2:非标记免疫酶法,即酶免疫复合物法。如以小鼠 MPAP 显示 A 抗原,以山羊 GAPAAP 显示 B 抗原。

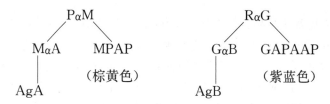

3) 例 3:免疫复合物法和酶标法配合应用,如以 MPAP 显示 A 抗原,以 AP 标记抗体显示 B 抗原。

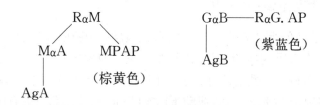

● 荧光法与酶标或酶复合物法配合应用。

● 免疫金银法与免疫荧光或免疫酶法配合应用

4）例4：$\begin{array}{c}\text{PigαM}\\ \diagup \diagdown\\ \text{MαA}\quad \text{MPAP}\end{array}$ 和 GαB - RαG. gold - 银放大

以上各例中，配伍的双重染色间无交叉现象，例1～4和6中，前后2种染色步数相同，故可同时进行。观察荧光结果时，可分别选用相应的滤片，摄影记录时，分片拍摄或同一底片2次曝光；对不同的酶则先后用相应的底物显色。

二、消除双重染色间交叉反应的方法

当使用同种动物抗血清或相同的方法乃至同样标记物作双重染色时，必须在第1种抗原显现后，经特殊处理再作第2种抗原的定位，以避免2次染色过程中的交叉反应。但此类处理不应影响第2种待检抗原的免疫反应性。处理的方法有2种。

1. 分步固定法

例5：RαA - GαR. HRP - DAB 显色后，标本片经多聚甲醛蒸气固定1～4小时，使 GαR. HRP 的游离结合部位失活，继之以 RαB - GαR. HRP - CN 显色。

2. 解离洗脱法

例6：RαA - GαR - RPAP - DAB 显色后，标本用高离子强度或酸性溶液处理，使已形成的免疫复合物解离，并用缓冲液充分洗涤，继之以 RαB - GαR - RPAP - CN 显色。常用的解离液有：①pH2.2 的甘氨酸-盐酸缓冲液（0.1 mol/L 盐酸 5 ml，0.1 mol/L 甘氨酸溶液 95 ml，内含 0.1 mol/L NaCl）浸片 2 h；② $KMnO_4$ 和 H_2SO_4（2.5% $KMnO_4$ 1 ml，5% H_2SO_4 1 ml，加蒸馏水 140 ml），浸片 5 min 后，移入 0.5% 焦亚硫酸钠水溶液 30 s；③5 mol/L KI 水溶液，pH7.6 或 9.0，浸片 30 s。

分步固定及解离洗脱处理并不影响第1种定位的呈色结果，故最终仍能同时观察到双重定位的形态。分步固定或解离洗脱后，是否能有效阻断双重染色间的交叉反应可作如下试验：在处理并充分洗涤后，按第2种抗原定位的步骤，但以与一抗同源的正常血清或同源无关抗体代替一抗，经染色后应为阴性，若出现阳性结果，提示处理不彻底，必须再次处理。

新近有报道推荐，微波用于双重或多重染色，即在第1重抗原显色后，经微波照射以使上一重染色过程中可能余留的各种抗体蛋白分子解离，并使标记酶灭活，此后再作第2重染色时，便不会出现与前次染色之间的交叉反应。

三、双标或多标记染色的注意事项

（1）实验前作出合理、周密的设计，确保前后无交叉反应。

（2）双标染色应以单标染色为基础，即首先在连续切片上分别以拟用于双标染色的两套程序定位相应的抗原，获得明确结果，并掌握各自的最佳条件。

（3）前一标记过程，特别是加用分步固定或解离洗脱处理者，可能使后一标记染色的靶抗原减弱。因而抗原性较不稳定者应先作标记染色，而后一标记的第一抗体浓度应较单标记时有所提高。

（4）首标宜选用结果稳定而色彩鲜艳的呈色反应,如 HRP 显色时先用 DAB(棕黄、稳定),后用 CN(蓝色,醇溶性)。封固时,应顾及娇嫩的 1 种,勿使褪色。

（5）双标荧光法搭配时,宜先用 RB200,后用 FITC,因 FITC 更易褪色,尤其是在分步固定时。

（6）DAB 沉淀物可能出现黄色自发荧光,若与 FITC 搭配时,应以 FITC 作首标,观察、摄影记录后,再以 DAB 作后标染色的呈色剂。

（7）DAB 沉淀物亦能吸附银颗粒,故 DAB 不宜与 IGSS 搭配。

（复旦大学基础医学院病理系　刘学光）

第六章

电子显微镜细胞化学技术

电子显微镜细胞化学(electron microscopy cytochemistry)技术简称电镜细胞化学技术，是将普通细胞化学及免疫组织化学技术与电镜技术结合及应用。主要用于研究细胞内各种成分在细胞超微结构水平的分布状态，以及这些成分在细胞中的定性、定量及代谢变化情况，目的是阐明各种细胞成分在生理、病理情况下与细胞结构和功能等之间的关系。

自从 1932 年德国科学家 Knoll M 和 Ruska E 研制出了第 1 台透射电镜实验装置以来，电镜制造技术等到了快速发展。目前，已经按科学研究的需要设计制造了多种种类的电镜，除了透射电镜、扫描电镜，还有如高压电镜、环境扫描电镜、扫描探针显微镜，以及冷冻电镜等，为医学科学的研究和深入提供了重要的研究利器。关于电镜的介绍，详见附录 1。

电镜细胞化学技术又可根据具体内容分为电镜酶细胞化学技术、电镜免疫细胞化学技术(免疫电镜技术)、电镜离子细胞化学技术、电镜负染色技术和电镜放射自显影技术等。利用电镜细胞化学技术研究细胞的结构与功能，无需对所要研究的成分进行提取和分离就能获得组织和细胞内该成分的定位、代谢等大量信息。对分子生物学或生物化学的研究来说，电镜细胞化学既可先行指路，又可相互佐证，它可将分子生物学、生物化学和超微结构研究等多方面有机地联系起来，在尽量保持细胞内固有结构的基础上显示分子生物学研究对象及其生化反应在细胞器、膜系统、大分子复合体等上的情况。这样也就将超微结构和功能反应紧密地结合起来，大大促进了医学科学研究的深入和分子水平机制研究。

第一节 透射电镜技术

透射电镜是利用电子束与样品的相互作用获取样品信息的：从电子枪发出的高速电子束经聚光镜均匀照射到样品上，作为一种粒子，有的入射电子与样品发生碰撞，导致运动方向的改变，形成弹性散射电子；有的与样品发生非弹性碰撞，形成能量损失电子；有的被样品俘获成为吸收电子。总之，均匀的入射电子束与样品相互作用后将变得不均匀。这种不均匀依次经过物镜、中间镜和投影镜放大后在荧光屏上或胶片上表现为不同对比度的图像，它反映了样品的信息。早期电镜一般都配有片夹式照相机等用以观察和记录透射电镜图像；近20多年，更是出现了各种各样的电脑电子式透射电镜成像设备。

对于电镜观察样品，合适的反差、高的分辨率和正确的曝光是得到高质量结果的关键。本章简要介绍最常用的超薄切片技术的样品制备过程。主要步骤是将小块生物材料，用液态树脂单体浸透和包埋，并固化成塑料块，后用超薄切片机切成厚度为 50×10^{10} nm(500 Å)左右，甚至只有 5×10^{10} nm(50 Å)的超薄切片。超薄切片的制备程序与光学显微镜的切片程序类似，但各步骤的要求以及所使用的试剂和操作方法有很大差别。

1. 电镜样品取材方法

(1) 动物及人体组织的取材：动物组织的取材，应在麻醉(1%戊巴比妥钠按 5 ml/kg 体重腹腔注射)或断头急性处死，解剖出所需器官，用解剖剪刀剪取一小块组织，放在干净的纸板上，滴 1 滴冷却的固定液，用新的、无油污锋利的(双面)刀片将材料切成大约 1 mm 宽，2～3 mm长的小块，再将其切成 1 mm³ 的小块，取材要尽量快速准确。如果有方向要求，如一些空腔器官、皮肤、角膜等，要注意方向性，保证需要观察的部位准确取到。最后用牙签将这些小块逐一放入盛有冷的新鲜固定液的有盖青霉素小瓶里，放入冰箱冷藏室低温固定(4℃)过夜。尽快送实验室进行处理。

(2) 培养细胞的取材：生长在培养瓶和培养板中的培养细胞取材时，悬浮细胞可直接离心，贴壁细胞应先倒出培养液，采用胰蛋白酶消化或用细胞刮刮下细胞。而后带培养液进行离心(1 000～1 500 r/min)10 min 左右。离心完毕倒出培养液，管底的细胞团不要打散，沿管壁缓慢倒入适量的(一般为材料体积的5～10 倍)2.5%～3%戊二醛固定液，固定约 1 小时，也可在 4℃冰箱固定过夜。然后尽快送实验室进行后固定，也可自己用1%锇酸固定后送样。

2. 电镜样品制备技术　基本要求：①尽可能保持材料的结构和某些化学成分生活时的状态。②材料的厚度一般不宜超过 100×10^{-10} nm(1 000 Å)。组织和细胞必须制成薄切片以获得较好的分辨率和足够的反差。③采用各种手段，如电子染色、投影、负染色等来提高生物样品散射电子的能力，以获得反差较好的图像。

样品制备的方法随生物材料的类型及研究目的而各有不同。对生物组织和细胞等，一般多用超薄切片技术，将大尺寸材料制成适当大小的超薄切片，并且利用电子染色、细胞化学、免疫标记及放射自显影等方法显示各种超微结构、各种化学物质的部位及其变化。对生物大分子(蛋白质、核酸)、细菌、病毒和分离的细胞器等颗粒材料，常用投影、负染色等技术以提高反差，显示颗粒的形态和微细结构。此外，还有以冷冻固定为基础的冷冻断裂——冷冻蚀刻、冷冻置换、冷冻干燥等技术。

(1) 固定。主要固定方法有：①快速冷冻，用制冷剂(如液氮、液体氟利昂、液体丙烷等)或其他方法使生物材料急剧冷冻，使组织和细胞中的水只能冻结成体积极小的冰晶，甚至无定形的冰——玻璃态。这样，细胞结构不致被冰晶破坏，生物大分子可保持天然构型，酶及抗原等能保存其生物活性，可溶性化学成分(如小分子有机物和无机离子)也不致流失或移位。②化学固定，固定剂有凝聚型和非凝聚型 2 种，前者如光学显微术中常用的乙醇、氯化汞等。此法常使大多数蛋白质凝聚成固体，结构发生重大变化，常导致细胞的细微结构出现畸变。非凝聚型固定剂，包括戊二醛、丙烯醛和甲醛等醛类固定剂和四氧化锇、四氧化钼等，适用于电子显微。它们对蛋白质有较强的交联作用,可以稳定大部分蛋白质而不使之凝聚,避免了过分的结构畸变。它们与细胞蛋白质有较强的化学亲和力,固定处理后,固定剂成为被固定的蛋白质的一部分。如用含有重金属元素的固定剂四氧化锇(也是良好的电子染色剂)进行固定,因为锇与蛋白质结合增强了散射电子的能力,提高了细胞结构的反差。③采用1种以上固定剂的多重固定方法,如采用戊二醛和四氧化锇的双固定法,能较有效地减少细胞成分的损失。

(2)脱水。化学固定后,将材料浸于乙醇、丙酮等有机溶剂中以除去组织的游离水。为避免组织收缩,所用溶剂需从低浓度逐步提高到纯有机溶剂,逐级脱水。

(3)浸透。脱水后,用适当的树脂单体与硬化剂的混合物即包埋剂,逐步替换组织块中的脱水剂,直至树脂均匀地浸透到细胞结构的一切空隙中。

(4)包埋。浸透之后,将组织块放于模具中,注入树脂单体与硬化剂等混合物,通过加热等方法使树脂聚合成坚硬的固体。用作包埋剂的树脂有甲基丙烯酸酯、聚酯和环氧树脂等。最广泛使用的是某些类型的环氧树脂,如618树脂、Epon812、Araldite和Spurr等商品树脂。它们具有良好的维持样品特性、低收缩率和较强的耐电子轰击能力等优点。

(5)切片。制备超薄切片要使用特制超薄切片机(大多是根据精密机械推进或金属热膨胀推进原理制成)和特殊的切片刀(用断裂的玻璃板制成的玻璃刀或用天然金刚石研磨而成的金刚石刀)。先将树脂包埋块中含有生物材料的部分,用刀片在立体显微镜下修整成细小的金字塔形,再用超薄切片机切成厚度适中(50×10^{-10} nm 左右)的超薄片。

切片通常用敷有薄的支持膜的特制金属载网,从水面上捞取。然后在超薄切片的基础上进行组织细胞生物化学技术、免疫技术等,进行超微结构水平上的蛋白质、核酸、酶及抗原等生物活性物质的定位甚至定量研究。这就是电镜细胞化学技术(见细胞化学)和电镜免疫细胞化学技术。

(6)染色。电子染色方法分块染色和切片染色2种:①块染色法,在脱水剂中加入染色剂,在脱水过程中对组织块进行电子染色。②切片染色法,最常用,即将载有切片的金属载网漂浮或浸没在染色液中染色。也可使用有微处理机控制的染色机进行自动化染色。一般切片染色所使用的染色剂为金属铀盐和铅盐的双重染色。为显示某种特殊结构,则可采用与该结构有特异性结合的选择性染色剂。

第二节　电镜酶细胞化学技术

电镜酶细胞化学技术是以某个靶向酶的反应产物作为标记物。细胞内酶与相应的酶底物作用,形成一种不溶性的反应产物。在光学显微镜下观察时,要求反应的终末产物是不溶性的有色物质,具有可观察性。在电镜下观察时,则要求底物的终末产物具有较高的电子密度。

目前,电镜能定位的酶主要有3类:水解酶、氧化酶和转移酶。通过电镜酶细胞化学技术间接证明酶的存在,可定性研究细胞的标志酶,以及在正常和病理状态下酶的改变与疾病之间的关系。

一、 电镜酶细胞化学基本原理

电镜酶细胞化学反应分 2 步：①细胞内酶在一定条件下与底物进行初级酶反应（形成初级产物）。②应用捕捉剂与初级反应产物形成电子致密物质。

$$底物 \xrightarrow[条件]{酶} 初级反应产物 \xrightarrow{捕捉剂} 最终反应产物$$

电镜酶细胞化学捕捉方法很多，最常用于水解酶类的为金属盐沉淀法和应用于氧化还原酶类的为嗜锇物质形成法。金属盐沉淀法原理是酶反应初级产物与重金属结合形成不溶解的电子致密物，常用铅、铈等。嗜锇物质形成法原理是氧化酶类和二氨基苯胺（DBA）反应形成嗜锇中间产物，然后与锇形成高密度的锇黑沉淀。

二、 电镜酶细胞化学样品制备流程

1. **取材** 组织取材 10 mm×5 mm×5 mm 左右大小，固定后用振荡切片机切成 40～100 μm 厚度，也可用剃须刀片手工切厚片。取白细胞和骨髓时采用细胞分离液分离外周血。取培养细胞时用橡皮刮。游离细胞经离心（800 r/min）5 min，凝块后用剃须刀片切成厚片，漂洗备用。

2. **固定** 固定方式与电镜基本相同。固定剂多用戊二醛、丙烯醛和甲醛等醛类固定剂。

3. **孵育** 将组织厚片用孵育液用的缓冲液漂洗，换液 3 次，每次间隔 5～10 min。然后把组织厚片放在新鲜配制的孵育液中，在振动式恒温水浴箱中孵育。孵育温度和时间可根据不同酶和组织通过实验确定。

4. **后固定** 孵育后的厚片先用配制孵育液的缓冲液漂洗，一般换 3 次，每次间隔5 min，然后用 0.1 mol/L 二甲胂酸钠缓冲液漂洗 3 次。用二甲胂酸钠配制的 1% 四氧化锇后固定 1～2 小时。

5. **包埋** 按超薄切片技术中的常规方法进行梯度脱水机树脂浸透、包埋。

6. **超薄切片与染色** 常规超薄切片，铀、铅染色。

7. **对照实验** 电镜细胞化学反应的对照实验同样也是必不可少的，主要有以下几种方法：①去除孵育液中的底物。②孵育液中加特异性抑制剂。③高温使酶失活，一般 60℃ 1 h 以上可以灭活酶的活性。

三、 常用酶细胞化学孵育液配方及反应条件

1. **酸性磷酸酶（acid phosphatase）**

（1）孵育液配方：0.1 mol/L beta-甘油磷酸钠 4 ml，蒸馏水 25 ml，0.2 mol/L Tris-maleate 缓冲液（pH 5.0）10 ml，0.2 mol/L 硝酸铅 6 ml，二甲基亚砜 5 ml，蔗糖4.2 g。

（2）孵育反应条件：孵育液 pH 5.0～5.2，孵育液温度 37℃，反应时间 30～60 min。

（3）细胞化学定位：酸性磷酸酶主要位于溶酶体及高尔基体，是其标志酶。

2. 碱性磷酸酶(basic phosphatase)

(1)孵育液配方：0.1 mol/L beta-甘油磷酸钠 5 ml，0.1 mol/L 巴比妥钠缓冲液(pH 9.4) 20 ml，0.5 mol/L MgCl₂ 5 ml，0.2 mol/L CaCl₂ 20 ml。

(2)孵育反应条件：孵育液，pH 9.4；孵育液温度，4℃或室温；反应时间，30～60 min。缓冲液漂洗后，再放入 0.05 mol/L 硝酸铅溶液 5～10 min。

(3)细胞化学定位：碱性磷酸酶主要位于细胞膜，如小肠上皮细胞和肾小管上皮细胞的微绒毛。

3. 葡萄糖-6-磷酸酶(glucose-6-phosphatase)

(1)孵育液配方：0.1 mol/L 葡萄糖-6-磷酸酶 1 ml，0.2 mol/L Tris-maleate 缓冲液(pH 6.5) 2 ml，蒸馏水 3 ml，36 mmol/L 硝酸铅 1 ml，1 mol/L 蔗糖 3 ml。

(2)孵育反应条件：孵育液 pH 6.5，孵育液温度 37℃，反应时间 30～90 min。

(3)细胞化学定位：葡萄糖-6-磷酸酶定位于细胞内质网和核膜，是内质网的主要标志酶。

4. 腺苷酸环化酶(adenylate cyclase)

(1)孵育液配方：腺苷酰基亚胺二磷酸 2.6 mg，0.2 mol/L Tris-HCl 缓冲液(pH 7.4) 4.0 ml，蒸馏水 1.55 ml，2.5 mol/L 茶碱 4.0 ml，0.2 mol/L MgCL₂ 0.25 ml，0.2 mol/L BaCl₂ 0.2 ml，蔗糖 690 mg。

(2)反应条件：孵育液 pH8.9，孵育温度 37℃，反应时间 15～60 min。

(3)细胞化学定位：腺苷酸环化酶定位视不同细胞而异，如心肌可定位于基质网，肝细胞定位于 Disse 腔侧细胞膜。

5. 细胞色素氧化酶(cytochrome oxidase)

(1)孵育液配方：DAB 5 mg，0.05 mol/L Tris-HCl 缓冲液(pH 7.4) 5 ml，蒸馏水 5 ml，过氧化氢酶 1 mg，细胞色素 C 10 mg，蔗糖 850 mg。

(2)孵育反应条件：孵育液 pH 7.4，孵育液温度 37℃，反应时间 30～60 min。

(3)细胞化学定位：细胞色素氧化酶主要定位于线粒体内膜和嵴，是线粒体的标志酶之一。

6. Ca²⁺-ATP 酶

(1)孵育液配方：甘氨酸-缓冲液 259 mmol/L，ATP·2Na 3 mmol/L，CaCl₂ 10 mmol/L，枸橼酸铅 2 mmol/L，左旋咪唑 10 mmol/L。

(2)孵育反应条件：孵育液 pH 9.0，孵育液温度 37℃，反应时间 5～10 min。

(3)细胞化学定位：Ca²⁺-ATP 酶主要位于细胞膜。

7. 乙酰胆碱酯酶(acetycholinesterase，AchE)

(1)孵育液配方：碘化乙酰胆碱酯酶 5 mg，0.1 mol/L 顺丁烯二酸缓冲液(pH 6.0) 6.5 ml，0.1 mol/L 枸橼酸钠 0.5 ml，30 mmol/L 硫酸铜 1 ml，5 mmol/L 铁氰化钾 1 ml，双蒸水 1 ml，蔗糖 1 000 mg。

(2)反应条件：孵育液 pH6.0，孵育温度 4℃或室温，反应时间 30～60 min。

(3)细胞化学定位：乙酰胆碱酯酶定位于神经细胞的内质网、核膜和突触间隙等部位。

8. 髓过氧化物酶(myeloperoxidase,MPO)

(1) 孵育液配方:四盐酸-3,3′-二氨基联苯胺(DAB) 20 mg,0.05 mol/L Tris-HCl (pH 7.6) 10 ml,1% H_2O_2 0.1 ml。

(2) 孵育反应条件:孵育液 pH 7.6,孵育温度 37℃或室温,反应时间 15～30 min。

(3) 细胞化学定位:髓过氧化物酶定位于粒细胞和单核细胞的内质网、核膜和高尔基复合体。

9. 血小板过氧化物酶(platelet peroxidase,PPO)

(1) 孵育液配方:四盐酸-3,3′-二氨基联苯胺(DAB) 15 mg,0.05 mol/L Tris-HCl (pH 7.6) 10 ml,1% H_2O_2 0.1 ml。

(2) 反应条件:孵育液 pH7.6,孵育温度 37℃或室温,孵育时间 60～90 min。

(3) 细胞化学定位:血小板氧化物酶主要定位于巨核细胞的内质网及血小板的致密管道系统。

第三节　免疫电镜技术

免疫电镜技术是在免疫组织化学技术的基础上发展起来的。它是利用抗原与抗体特异性结合的原理在超微结构水平上定位、定性及半定量抗原的技术方法。该方法为精确定位各种抗原的存在部位、研究细胞结构与功能的关系及其在病理情况下所发生的变化提供了有效的手段。

免疫细胞化学技术在细胞水平上研究免疫反应做出了贡献,但由于光学分辨率的限制,不可能从细胞超微结构水平观察和研究免疫反应。因此,Singer 于 1959 年首先提出用电子密度较高的物质铁蛋白(ferritin)标记抗体的方法,为在细胞超微结构水平研究抗原抗体反应提供了可能。在此基础上,相继发展了杂交抗体技术、铁蛋白抗铁蛋白复合物技术、蛋白A-铁蛋白标记技术、免疫酶技术及胶体金技术等。电子显微镜免疫细胞化学技术的主要技术内容有以下几方面。

一、组织固定与取材

在这方面的要求是既要保存良好的细胞超微结构,又要注意保持组织的抗原性。因此,选用固定剂不宜过强。

常用的免疫电镜固定剂有多聚甲醛-戊二醛混合液和过碘酸-赖氨酸—多聚甲醛液(periodate-lysine-paraformaldehyde,PLP 液)。也有采用 Bouin 液、Zamboni 液或 4% 多聚甲醛液(其配制法见附录)。国外不少文献推荐应用 PLP 液于免疫电镜技术,认为该固定液对含糖类丰富的组织固定效果特佳,因为组织抗原绝大多数由蛋白质和糖 2 部分组成,抗原决定簇位于蛋白部分,有选择性地使糖类固定,就可使抗原性稳定。PLP 液中的过碘酸能氧化糖类,使其产生醛基,再经赖氨酸作用,使新形成的醛基分子间和分子内相互连接,稳定组织抗原。但赖氨酸价格较贵,不如多聚甲醛戊二醛固定液经济、简便、效果佳。在取材方面,免疫电镜技术较光镜免疫化学技术要求更迅速、精细。

二、免疫染色

分为包埋前染色、包埋后染色和超薄切片免疫染色3种。

（1）包埋前染色：即先行免疫染色，在立体显微镜下将免疫反应阳性部位取出，修整成小块，按常规电镜方法处理。经锇酸固定、脱水、包埋，在作超薄切片前应先切半薄切片，寻出免疫反应阳性部位。半薄切片可在相差显微镜下不染色进行观察（指 PAP 染色法），免疫反应部位呈黑点状。在 HE 或甲苯胺蓝染色的半薄切片上，免疫反应部位呈棕黄色。据此定位做超薄切片，可大大提高阳性反应检出率。为避免电镜铅、铀染色反应与免疫反应之间的混淆，可取相连续的超薄切片，分别以 2 个铜网捞取，其中 1 片进行染色观察，另 1 片以铀单染色或不染色进行对照观察。

包埋前染色法的优点：①切片染色前不经过锇酸后固定、脱水及树脂包埋等过程，抗原未被破坏，易于获得良好的免疫反应。②可在免疫反应阳性部位定位作超薄切片，提高电镜下的检出率。特别适用于含抗原量较少的组织，但由于经过一系列的免疫染色步骤，常出现一定的超微结构损伤。

（2）包埋后染色：组织标本经过固定、脱水及树脂包埋、制成超薄切片后，再进行免疫组织化学染色。由于是以贴在网上的超薄切片进行免疫染色，故又称载网染色（on grid staining）。本法的优点是超微结构保存较好，方法简便，抗体穿透性好，阳性结果有较好的可重复性，还能在同一张切片上进行多重免疫染色。但其不足的地方是经固定、脱水熟知浸透合聚过程中，细胞抗原活性可能减弱甚至丧失；环氧树脂中的环氧基，在聚合过程中可能与组织成分发生反应而改变抗原性质；包埋在环氧树脂中的环氧基，在聚合过程中可能与组织成分发生反应而改变抗原性质；包埋在环氧树脂中的组织不易进行免疫反应等。因此，免疫组织化学工作者曾试图以不同的方法，如饱和苯溶液、无水乙醇中的 NaOH 饱和溶液或乙氧化钠溶液等以减少或去除包埋剂，取得不同程度的效果。现普遍采用的是在进行免疫染色前，以 H_2O_2 液蚀刻数分钟，以去锇和增强树脂的穿透性。

三、超薄冷冻切片

按照 Tokuyasu 建立的方法，将组织置于 2.3 mol/L 蔗糖液中，以液氮速冻，在冷冻超薄切片机上切片，切片厚度可略厚于常规树脂切片。冷冻超薄切片由于不需经固定、脱水、包埋等步骤，直接进行免疫染色，所以抗原性保存较好，兼有包埋前和包埋后染色的优点。

四、免疫细胞电镜样品的低温包埋

常规树脂包埋由于需高温聚合等处理程序，组织抗原性可能全部或部分丢失。因此，在免疫电镜技术方面，国外不少实验室已开始采用低温技术，如低温包埋和冷冻超薄切片等。后者需配备冷冻超薄切片机，且技术难度较大，不如低温包埋法易推广。低温包埋剂的研究开始于 20 世纪 60 年代，80 年代，免疫细胞化学技术在电镜水平上的广泛应用为低温包埋剂的实验研究开辟了广阔的领域。国内已有较多的应用报道，国内一些实验室已开始摸索。作为低温包埋剂的多为乙烯系化合物，如乙二醇甲基丙烯酸酯（glycolmethacrylate，GMA）、lowicryls、LR White 和 Lr Gold 等。目前，国外生产厂家有 polysciences INC、 reichert-Jung 和 LKB 等系列产品。较为常用的几种低温包埋剂有 lowicryls,是丙烯酸盐(acrylate)和甲基丙烯酸盐(methacrylate)化学物质,包括 K4M、HM20、K11M、KM23 等系列产品(polysciences INC),其特点是能在低温下保持低黏度(K4M:－35℃;HM20:－70℃;K11M、HM23:－60℃～－80℃)和具有在光照射(紫外光,波长 360 nm)下聚合的能力,它的光聚合作用与温度无度。其中 K4M 和 K11M 具有亲水性,特别适合于免疫细胞化学的应用。因它能较好地保持组织结构和抗原性,减少背景染色。HM20 和 HM23 具疏水性,能产生高反差图像,适用于扫描、透射电镜和暗视野观察切片的制作。所有这些种类的低温包埋剂都适用于冷冻置换技术。

五、酶标记免疫电镜技术

利用偶联剂将酶与抗体结合,形成酶标抗体。在抗原与酶标抗体反应后,再利用酶与底物作用生成电子密度高的沉淀物,从而可以在电镜下检出抗原反应部位。

过氧化物酶(HRP)是应用最广的一种酶,来源于植物辣根,由无色的酶蛋白和深棕色的铁叶琳结合而成,相对分子质量约 40 000,稳定性好;酶标记免疫电镜技术是将抗体与酶(主要是过氧化物酶)交联后与抗原反应,底物为过氧化物和供氢体(DH_2),用 DAB 与 H_2O_2 显示过氧化物酶的活性部位,反应产物为棕色沉淀,加锇酸(OsO_4)处理后棕色沉淀变为具有一定电子密度的锇黑,可在电镜下观察定位。过氧化物酶的相对分子量较小,与其交联的抗体较易穿透经处理的细胞膜,可用于细胞内抗原的定位。但是酶反应产物比较弥散,因此,分辨率不如颗粒性标记物高。

免疫酶电镜技术可用于包埋前和包埋后染色,但以前者应用较多。其染色过程与免疫组织化学相同。实验显示,如能配合一些增加细胞通透性的措施以加强抗体的穿透力,常规组织化学 PAP 法也可以得到较为满意的染色效果。免疫酶电镜技术的一大优点是能够很好地与免疫组织化学的光镜观察相对照,且通常是在光镜一取得阳性结果的基础上进行,对所用抗体性能是否良好、大致工作浓度等,都有参考数据,易于成功。

六、胶体金标记免疫电镜技术

胶体金是由氯金酸($HAuCl_4$)在还原剂,如白磷、抗坏血酸、枸橼酸钠、鞣酸等作用下,可聚合成一定大小的金颗粒,并由于静电作用成为一种稳定的胶体状态,形成带负电的疏水胶溶液,故称胶体金。胶体金在弱碱环境下带负电荷,可与蛋白质分子的正电荷基团牢固地结合,如与葡萄球菌 A 蛋白、免疫球蛋白、毒素、糖蛋白、酶、抗生素、激素和牛血清白蛋白多肽缀合物等非共价结合。由于这种结合是静电结合,所以不影响蛋白质的生物特性。免疫金标记技术(immunogold labelling techique)主要利用了金颗粒具有高电子密度的特性,在金标蛋白结合处,在电镜下可见黑褐色颗粒。

胶体金除了与蛋白质结合以外,还可以与许多其他生物大分子结合,如 SPA、PHA、ConA 等。根据胶体金的一些物理性状,如高电子密度、颗粒大小、形状及颜色反应,加上结合物的免疫和生物学特性,因而使胶体金广泛地应用于免疫学、组织学、病理学和细胞生物学等领域。如用胶体金标记的抗体或抗抗体与负染病毒样本或组织超薄切片结合,然后进行复染,可用于病毒形态和病变组织的观察和检测。

七、铁蛋白标记免疫电镜技术

免疫铁蛋白技术在细胞膜表面的标记研究中应用较广泛,它既可以用于透射电镜、扫描电镜,也可用于冷冻蚀刻复型。这是因为铁蛋白为直径较小的颗粒性标记物,定位抗原分子的分辨率相对来说比较高,铁蛋白附着于抗体分子的位置现尚不能肯定,此附着点与抗体结合抗原的位置间距离克变化于 1~15 nm,铁蛋白标记抗体的实际分辨率大约为 3 nm。

由于铁蛋白相对分子质量大,不易穿透组织与细胞,故多用包埋后免疫染色法做细胞或微生物表面抗原显示。如观察组织细胞的抗原,必须用较强的去垢剂处理。相对于 HRR,应用金属蛋白颗粒性标记物进行免疫电镜观察优点在于颗粒的电子密度深,容易辨认,且超薄切片允许作对比染色。因此,细胞的超微结构背景可较好地显示出来。铁蛋白标记物相对分子质量较大,不适合于包埋前免疫染色。但用于包埋后法,则因为铁蛋白在中性条件下带负电荷,容易产生非特异性吸附,产生背景着色。因此,近年来已被胶体金染色逐渐取代。

以上所述电镜细胞化学技术,主要适用于透射电镜观察和研究,应用范围最为广泛。少数情况下,研究也需应用扫描免疫电镜以研究组织细胞表面的三维结构及其与某种抗原表达的关系,以及受体或其他表面抗原分子的定量研究等。此外,免疫电镜技术尚可结合冷冻蚀刻技术,研究细胞内部和细胞膜的三维结构。近年来,冷冻电镜技术的新发展给结构生物学的研究更是带来了突破性的进展。清华大学施一公院士和颜宁教授等国内多位学者连续发表了多篇(*Nature*、*Science*)杂志的论文,运用冷冻电镜揭示了核酸剪接体、胆固醇转运蛋白 NPC1 等分子的近原子分辨率的三维结构。这些新成就显示电镜细胞化学技术已成为人类在生命科学研究中的重要技术和研究方法,发挥着越来越重要的使命和作用。

(复旦大学基础医学院病理系　张志刚)

第七章

杂交组织化学

　　杂交组织(细胞)化学(hybridohistochemistry)是运用核酸分子间碱基互补的性质结合组织化学和免疫组织化学技术在组织切片(或细胞片)上显示特异核酸(DNA 或 RNA)顺序的一种技术。由于该反应是在组织(细胞)原位,通过核酸分子探针与靶核酸链间的互补杂交来实现,故又称原位分子杂交(*in situ* hybridization, ISH)。

　　杂交组织化学属于核酸杂交(nuclear acid hybridization)技术的一种。常用的核酸杂交技术包括固相杂交、液相杂交和原位杂交等。固相杂交是将待测 DNA 或 RNA 通过 Southern 印迹转移法和 Northern 印迹转移法转移到硝酸纤维素膜或尼龙膜上,也可直接将待测核酸点在硝酸纤维素膜或尼龙膜上,然后滴上探针进行杂交。这种方法已广泛用于特异性核酸序列、病原生物核酸片段的定性或定量检测。液相杂交则是将待测核酸样品与标记探针同时溶于杂交液中进行杂交。这种方法反应速度快、结果可靠,但由于实验条件要求高,医学研究中较少应用。而原位分子杂交不但能对靶核酸序列进行定性和定量测定,还能反映该核酸序列在组织细胞内的分布情况,在生物学和病理学等诸多临床和基础医学领域的研究中有着广泛的应用价值。

第一节　杂交组织化学的原理

　　RNA 和单链 DNA 都是由 4 种核苷酸或脱氧核苷酸通过 $3',5'$-磷酸二酯键相连组成的多核苷酸。2 条互补的 DNA 链又可通过配对碱基间(A-T、C-G)形成的氢键相连组成双链,进一步形成稳定的 DNA 双螺旋结构。DNA 在复制或转录时,螺旋的 DNA 双链互相分离成为单链,以此为模板,在酶的作用下生成与之碱基互补的 DNA 子链或 RNA 链。

　　核酸杂交的原理是利用 2 条多核苷酸链的互补碱基间可以通过氢键形成双链的特性,在体外采用加热或用变性剂的方法,人为地使待检双链 DNA 间的氢键断裂,双链 DNA 解离为 2 条 DNA 单链。这个过程称为 DNA 的变性。变性的互补单链 DNA 在去除变性条件后又可以回复双链状态。这个过程称为 DNA 的复性或退火。如果在复性或退火的过程中加入带有标记物的探针,即已知序列的核酸片段,探针就会与互补的待测 DNA 单链通过碱基配对形成核酸双链分子,实现分子间的杂交(图 7 - 1)。

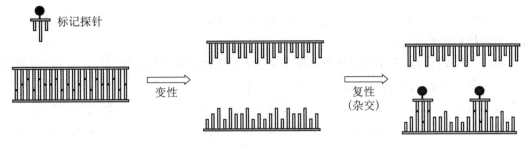

图 7 - 1　核酸分子杂交示意图

核酸分子杂交除了能在变性的单链 DNA 间进行外,在 DNA 与 RNA 间、RNA 与 RNA 间,以及寡核苷酸与 DNA 或 RNA 间也可通过碱基配对(A - T、C - G、A - U)实现分子杂交。因此,核酸分子杂交所用的探针种类可以是 DNA、RNA 或寡核苷酸。探针的标记物常用的有放射性核素和非放射性核素性化学物质两大类。其作用在于杂交后辅以感光或化学反应,显示与探针互补的靶核酸(DNA、RNA)。

杂交组织化学是在组织切片或细胞片上进行原位核酸分子杂交,再经标记物的呈现使杂交分子得到定位。ISH 成功与否取决于以下 4 方面:①合适的探针(探针的种类和特异性、适当的长度、良好的标记)。②优良的组织(细胞)保存(被测核酸和组织结构的完好)。③可靠的实验试剂和正确的实验方法。④相当的形态学知识(细胞生物学、组织胚胎学、病理解剖学)。

第二节　探针类型、制备及标记

一、探针的类型和制备

进行杂交组织化学首先遇到的问题是如何选择探针。这涉及探针的特异性、探针的长度及探针的种类。

探针的特异性在杂交组织化学中的意义不言而喻。真核生物的基因组比较大(哺乳动物基因组一般有 10^9 bp 以上),其中有大量的重复顺序。一个基因组中又有不同的功能区域,有编码蛋白质的结构基因,有复制及转录的调控信号,还有的功能尚不清楚。探针序列的选择一般应避免重复序列,大多采用特异性较强的基因 5′或 3′端部分。

探针的长度对杂交结果的特异性和敏感性甚为重要。总的来说,探针越长,杂交敏感性越高,而特异性越差。一般核酸链间只要有 20～50 对碱基互补就能形成稳定的杂交体,如果有 200～300 对碱基互补就可获较强的杂交复合体。虽然核酸杂交技术中常用的探针长度为 400～1 500 个碱基或碱基对,但由于长探针在组织中的穿透能力差,在杂交组织化学中探针的长度超过 1 000 个碱基,杂交的敏感性反而下降,故多选择 100～400 个碱基或碱基对。

目前,杂交组织化学中常用的探针有 DNA 探针(双链或单链)、RNA 探针和寡核苷酸探针。

1. DNA 探针 在杂交组织化学中,双链重组 DNA(互补 DNA,cDNA)探针是目前应用最多的探针类型。

制备 DNA 探针最常用的方法是:首先应用生物工程技术获取特定的核酸片段(待测基因或其一部分),经限制性内切酶进行酶切,利用 DNA 连接酶把该 DNA 片段整合入载体(常用的载体为细菌质粒,如 pBR322),形成重组质粒,再引入细菌体内(转化),经克隆后培养繁殖(扩增),而后分离重组质粒,并用相同的内切酶切下插入的 DNA 序列,纯化后即得到大量的非标记探针(图 7-2)。这种方法简便、易行,一旦克隆成功,就可运用相同的扩增和标记程序获得大量的标记探针。近年来,许多公司推出了 cDNA 探针的 PCR 扩增和标记试剂盒,使得探针的扩增和标记能够一次完成,但其缺点是需要一台 PCR 仪,且费用稍高些。由于在制备、标记探针和以后的杂交过程中 DNase 的活性较 RNase 容易消除,使用 DNA 探针比使用 RNA 探针方便,而且敏感性相对也较好。双链的 DNA 探针应用时要加热煮沸变性成单链后加入,也可滴于切片上,与待测靶 DNA 一起变性。此外,较大的双链 DNA 探针可以通过游离端碱基的互补配对在细胞内形成网络结构,虽有益于杂交敏感度的提高,但同样也产生了较高的背景着色。利用 M_{13} 质粒制备单链 cDNA 探针,可以克服上述缺点,但操作难度及费用较高。

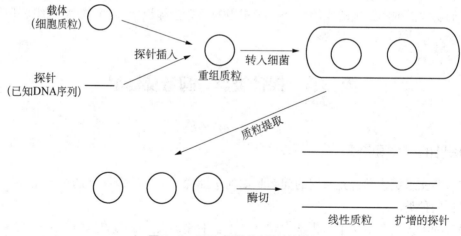

图 7-2 DNA 探针的制备(扩增)

2. RNA 探针 近年来,在杂交组织化学中,RNA 探针的应用越来越多。这是由于单链 RNA 探针分子小,在组织内的通透性较好,用前无须变性,在杂交过程中也不存在重新退火的情况,可以全部与靶核酸配对杂交。核酸杂交的稳定性与核酸的类型有关,依次为 RNA-RNA>DNA-RNA>DNA-DNA。因此,用 RNA 探针可以提高杂交和杂交后水洗的温度,从而预防或消除较弱的或非特异结合的探针。并且,杂交后还能应用 RNA 酶处理,非常容易地将非特异性杂交的单链 RNA 探针消化掉,明显减少反应的背景着色。

RNA 探针的制备现在多采用体外转录和标记一步法,即将特定的 cDNA 整合入带 RNA 聚合酶启动子的质粒(载体),转化细菌后进行扩增,而后提取质粒,在体外合成单链

RNA探针,同时进行标记。采用此方法制备和标记的RNA探针较为方便,而且较为经济。

3. 寡核苷酸探针 这类探针多采用DNA合成仪,在不溶性硅石的支持物上合成单链DNA寡核苷酸。因此,杂交时无须变性,也不存在重新退火的问题。这类探针一般采用的长度为30~150 bp,其相对分子质量小,在组织内通透性好,而且只要知道靶核酸的序列,就能大量快速合成该探针。缺点是,一般只能采用末端标记法标记,检测的敏感性难以提高。此外,大量合成寡核苷酸探针所需费用较高。

二、 探针的标记

1. 标记物 杂交组织化学中探针的常用标记物可分为放射性核素和非放射性核素两大类。本章主要介绍非放射性核素标记法。

放射性核素标记的探针应用较早,其是在杂交后以感光乳胶涂片,曝光一定时间后经显影以显示靶核酸的存在。常用的放射性核素有^{35}S、^{125}I和^{3}H。其中^{35}S具有较低能量的β射线,标记结果的细胞定位较好,标记后的曝光时间短(数天),标记用^{35}S可以代替dATP的α磷酸中的氧原子,形成$[\alpha-^{35}S]$dATP,与^{32}P比较,其半衰期较长(87.4天),且^{35}S不参与探针序列的连接,衰减时探针不会降解,因此,在杂交组织化学中^{35}S标记最为常用。^{125}I与^{35}S相似,但半衰期较短(60天)。^{3}H放射能小,故细胞定位准确,但所需曝光时间长(数周)。^{3}H的半衰期长(12.34年)。标记探针的稳定性好,因此^{3}H的应用也较多。^{32}P放射能过强,细胞定位差,标记物半衰期短(14.3天),而且衰减时可以造成探针DNA的降解,故^{32}P一般不适用于杂交组织化学。总之,杂交组织化学中应用放射性核素作标记物,其结果是敏感性较高,曝光时间要求较长,且标记的探针使用周期受限,对实验室的要求较高,一般不适于普通实验室和日常检验工作。

目前,杂交组织化学中探针的非放射性核素标记方法应用越来越多。这是因为非放射性核素标记结果的细胞定位较好,标记探针可以较长时期保存和使用,对实验室也无特殊要求,一般的免疫组织化学实验室都能开展。非放射性核素标记物中,多采用生物素或地高辛作为标记物。生物素的应用较早,开始时多用于标记UTP或dUTP,近年来也有用于标记腺嘌呤和胞嘧啶的。这种标记方法简单,有现成的药盒供应,杂交后可用酶标的抗生物素抗体或卵白素-生物素-酶来显示靶核酸。用生物素作标记物最大的问题是某些组织内有内源性生物素的存在,至今在技术上尚未能彻底消除这种干扰,因此在很大程度上限制了应用,特别是肝脏等内源性生物多的脏器一般不主张用生物素作标记物。相形之下随后出现的异羟基洋地黄毒苷(digoxigenin, DIG),由于不会产生内源性相似物质的干扰,很快被广泛用于探针的标记。DIG是一种类固醇半抗原,相对分子质量小,通过含11个碳原子的间臂与尿嘧啶的第5位碳原子连接。杂交后,多用碱性磷酸酶标记的抗DIG抗体来显示靶核酸。用DIG作标记物的探针,敏感性与放射性核素标记的探针相仿,而且杂交的切片背景好,细胞定位准确,是当前杂交组织化学中最为流行的方法。其各种标记和检测药盒也已商品化。此外,荧光素也可用来标记探针,杂交后可用荧光显微镜直接观察。这种方法简便,可用于多种基因的检测,但敏感性较低,常用于染色体基因定位。

除上述放射性核素与非放射性核素标记物外,尚有一组探针的修饰物,包括磺基化(sulphon基团)、乙酰氨基芴、光敏生物素和汞等。这种标记方法在早期应用较多,近来则越来越少,应用在标记方法中将略加叙述。

2. 标记方法 杂交探针的标记方法很多,总的可以分为两大类:引入法和化学修饰法,引入法较化学修饰法更常用。引入法就是运用标记好的核苷酸来合成探针,即先将标记物与核苷酸结合,而后通过 DNA 聚合酶(如大肠埃希菌 DNA 聚合酶、T4 或 T7DNA 聚合酶、反转录酶、TagDNA 聚合酶)、RNA 聚合酶(如 SP6、T3 或 T7RNA 聚合酶)、末端转移酶等将标记的核苷酸整合入 DNA 或 RNA 探针序列中去。另外,按其整合的方法不同,可分为缺口翻译法、随机引物法、末端标记法、PCR 扩增标记法和 RNA 体外合成法等。化学修饰法即采用化学的方法将标记物掺入已合成的探针中去,或改变探针的某些原有的结构,使之产生特定的化学基团。

(1) 缺口平移法:又称缺口翻译法。这种方法开展较早。其原理是先加入 DNA 酶(Dnase I),在双链 DNA 探针中导入多个缺口,而后加入 DNA 聚合酶(DNApol I)和各种核苷酸(包括带有标识物的核苷酸),DNApol I 具有 $5'→3'$ 外切酶和 $5'→3'$ 聚合酶活性,自缺口起沿 $5'→3'$ 的方向合成与对应链互补的 DNA 链,即标记探针(图 7-3)。由于没有加入连接酶,上述过程中经 Dnase I 导入的缺口并未被连上,而是逐渐沿 $5'→3'$ 的方向平行移动,故又被称为缺口平移法。这种标记方法适用于双链 DNA 探针的标记,线状或环状 DNA 链均可以应用,模板 DNA 分子较大时(>1 kb)效果较好。杂交时经加热变性后这种标记探针的分子小,组织穿透性好,较适宜于杂交组织化学。缺点是 DNA 模板需要量较多(>200 ng),标记率较低。其基本标记步骤是在 Eppendorf 离心管中加入标记缓冲液、4 种 dNTP、标记核苷酸(DIG-11-dUTP)、模板 DNA、Dnase I 和 DNA 聚合酶,混合后 15℃保温 2 h,而后加入 EDTA 中止反应,再经乙醇沉淀法纯化标记探针。

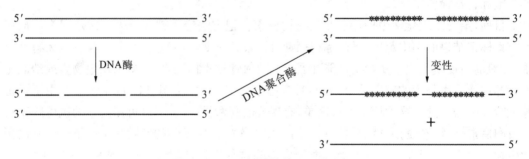

图 7-3 DNA 探针的缺口平移法标记

(2) 随机引物法:此法的原理是以任意顺序的六核苷酸片段为引物,与单链 DNA(或变性的双链 DNA)模板结合后,在 DNA 聚合酶 I 的 Klenow 片段(即 DNA 聚合酶 I 经枯草杆菌蛋白酶水解后所得的片段,相对分子质量为 76 000,其仍保留 $5'→3'$ 聚合酶的活力和 $3'→5'$ 外切酶的活力,但缺乏 $5'→3'$ 外切酶活性)作用下合成带标记核苷酸的互补 DNA 链(探针)(图 7-4)。这种方法较常用,单、双链线状 DNA 均可用此法标记,模板长度为 100~500 bp 即可,且需要的量较少(可少至 10 μg),标记率高(每 20~50 个核苷酸即可含 1 个带标识者),但标记的产量较低,必要时可适当延长反应的时间。其基本标记步骤是,双链 DNA 在 Eppendorf 管中变性后加入标记缓冲液、六核苷酸混合物(合成探针的引物)、4 种 dNTP、标记核苷酸(DIG-11-dUTP)和 Klenow 酶,混合后 37℃保温 1~2 h,而后加入 EDTA 中止

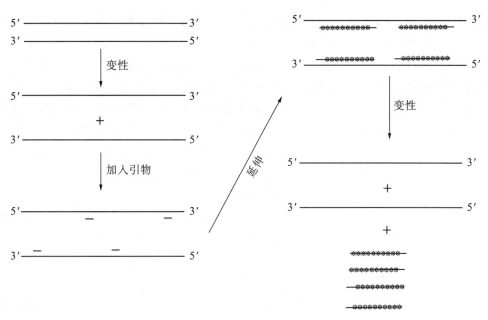

图 7 - 4　DNA 探针的随机引物法标记

反应,再经乙醇沉淀法纯化标记探针。

(3) PCR 扩增标记法:此法的原理与普通的核酸 PCR 扩增相同,即 TagDNA 聚合酶以 DNA 为模板,在特异的引物引导下在体外(PCR 仪)合成 cDNA 探针(图 7 - 5)。由于在反应系统中加入了一定量的标记 dNTP,因此扩增的同时又是一个标记的过程。常用的标记核苷酸为 DIG - dUTP。根据欲检测的靶核酸在组织或细胞中的拷贝数多少,在反应液中加入不同比例的 DIG - dUTP。如待测的核酸拷贝数较少时可加较多的 DIG - dUTP,使 dTTP 与 DIG - dUTP 的比为 2∶1,而待测核酸拷贝数较多时两者比例可以为 19∶1。PCR 扩增标记法主要用于 cDNA 探针的扩增和标记,其方法简单,模板 DNA 需要量少,而产量多。但与普通 cDNA 的 PCR 扩增相比,由于其反应系统中 DIG - dUTP 的存在,使其扩增

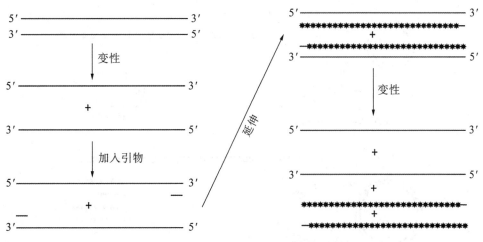

图 7 - 5　cDNA 探针的 PCR 扩增标记法

的效率有所降低,对PCR循环中的温度等要求也较为严格。然而商品化的标记试剂盒在技术上的改进,已使实验操作十分方便。其基本标记步骤是在 Eppendorf 离心管中加入标记缓冲液、4 种 dNTP、标记核苷酸(DIG - dUTP)、PCR 引物、模板 DNA 和 Tag DNA 聚合酶,混合后经 PCR 仪扩增(30 个循环),4℃中止反应后再经乙醇沉淀法纯化标记探针。

(4) 末端标记法:末端标记(end-labelling)是将标记物导入线型 DNA 或 RNA 的 3′末端或者 5′末端的一类标记法。可分为 3′末端标记法、5′末端标记法和 T4 聚合酶替代法。末端标记法主要用于寡核苷或短的 DNA 或 RNA 探针的标记,用该法编辑的探针由于只在末端进行标记,所以探针携带的标记分子比较少,检测敏感性较低。

图 7‐6 寡核苷酸的 3′端标记法

1) 3′端标记法:此法用于短链 DNA 或寡核苷酸探针的标记,一般要求 40 个以上碱基,结果才较稳定。其原理是在末端脱氧核苷酸转移酶作用下将 DIG - 11 - ddUTP 与寡核苷酸的 3′端相连(图 7 - 6)。由于在 3′端仅加上一个标记核苷酸,故标记探针的敏感性较低。其基本标记步骤是在 Eppendorf 离心管中加入反应缓冲液、模板寡核苷酸、DIG - 11 - ddUTP 和末端脱氧核苷酸转移酶,混合后 37℃保温 15 min,而后加入 EDTA 中止反应,再经乙醇沉淀法纯化标记探针。

2) 5′末端标记法:需要 T4 多聚核苷酸激酶,最常用的标记物是$[r$-$^{32}P]ATP$ 的 ^{32}P 转移到 DNA 或者 RNA 的 5′- OH 末端,因此,被标记的探针需要有 5′- OH 端。由于多数的 DNA 和 RNA 的 5′末端都因磷酸化而含有磷酸基团,因此标记前先用碱性磷酸酶去掉磷酸基团。

(5) RNA 体外合成、标记法:此法的原理是将模板 DNA(双链)插入带有噬菌体 RNA 聚合酶启动子(如 SP6、T3 和 T7)的特定质粒,然后根据插入的方向,用相应的 DNA 内切酶在欲转录的 DNA 片段下游(3′端)切成线状,再在相应的 RNA 聚合酶作用下,以特定的启动子为起点,转录出带有标记核苷酸的 RNA 探针(图 7 - 7)。这里要注意的是,在切割质粒

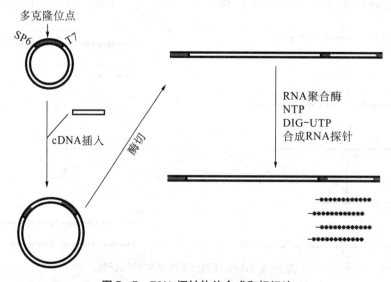

图 7‐7 RNA 探针体外合成和标记法

DNA 时,应选那些产生互补链 5′端外伸或呈平端的内切酶,因为 3′端突出的话,在转录过程结束后 RNA 聚合酶难以与之分离,而明显降低转录的效率。同理,PCR 产物 5′端连上相应的噬菌体 RNA 聚合酶启动子,也可作为模板,用此法合成标记 RNA 探针。用本法可以合成并同时标记 RNA 探针,只要注意克服在反应过程中可能出现的 RNA 酶,一般都能得到满意的结果。由于此法有以下诸多优点,正在为越来越多的人采用:①模板可以反复多次转录,一次合成和标记的产量高。②噬菌体 RNA 聚合酶对 NTP 的浓度要求较低,且只定向合成单链固定长度的探针,故较为经济。③标记后用不含 RNA 酶的 DNA 酶处理,就能方便地将模板 DNA 去除,无须纯化。④RNA－RNA 杂交体的稳定性较 DNA－RNA 好。⑤杂交后非特异性吸附在组织或细胞片上的单链 RNA 探针可用 RNA 酶降解掉,显色的背景好。其基本标记步骤是先用特异性 DNA 内切酶将质粒切成线状,再加入标记缓冲液、4 种 NTP、DIG－11－UTP 和相应的 RNA 聚合酶,混合后 37℃保温 2 h,再加入 DNase I 去除模板 DNA,加入 EDTA 中止反应,再经乙醇沉淀法纯化标记探针。

(6) 化学修饰法:此处介绍引用较多的 3 种修饰法。①光敏生物素标记:光敏生物素是 1 种带有光敏基团(叠氮基团)的生物素衍生物,其醋酸盐易溶于水。光敏生物素醋酸盐与欲标记探针(DNA 或 RNA)在水溶液内经强光照射后,叠氮基团中活性很强的氮烯(nitrene)基团被激活,与核酸的碱基形成稳定的共价键结合。这种方法的优点是简便,1 次标记的量可从微克到数毫克不等,标记探针的稳定性好,且适用于各种 DNA、RNA 乃至蛋白质和酶等的标记。杂交后可用免疫组织化学 ABC 法显示靶核酸。②磺化标记:这是 1 种应用较早,也较为方便的非放射性核素标记方法。其原理是用亚硫酸氢钠和甲基羟胺使 DNA 或 RNA 中胞嘧啶的 C5 磺酸化,生成 sulphon 基团。后者是一种半抗原,杂交后可用相应抗体(可采用 5′-胞苷酸磺化后与载体白蛋白结合免疫动物来制备)经免疫组织化学方法显示靶核酸。③乙酰氨基芴(AAF)标记:N－acetoxy－AAF 是一种致癌剂,当与探针一起孵育时,AAF 基团可与核酸的鸟嘌呤核苷酸残基形成共价结合。后者是一种半抗原,杂交后也用相应抗体(可采用嘌呤-AAF 免疫动物来制备)经免疫组织化学方法显示靶核酸。

三、 标记探针的纯化

在上述各种方法标记探针后都有一个纯化的过程,以去除无机盐、dNTP、酶等。通常采用的方法是加入 4 mol LiCl 和无水乙醇,冷冻离心,取沉淀物,再经 70%乙醇洗,真空干燥后,用适当的溶液溶解。需要注意的是,沉淀必需彻底干燥,否则会明显增加杂交显色的背景。如果沉淀物太少,可在加 EDTA 中止反应后,加入适量糖原(20 μg),以使沉淀物增多,易于观察。

现在也有商品化的纯化试剂盒供应。其原理在塑料管内用玻璃纤维做成一个固体滤过柱,当反应液通过此柱时,核酸成分与其结合,用清洗缓冲液将其他成分洗去后,再用洗脱缓冲液洗脱所要的探针核酸。用此法纯化标记探针所需时间短,得率较高(用 100 μl 洗脱缓冲液可得 79%以上)。但是,低于 100 bp 的寡核苷酸探针由于其不能与玻璃纤维结合,故不宜用此法纯化。

四、标记结果的检验

探针标记后应进行一定的检验,以证实其标记结果,估计探针得率,以及测试杂交检测的条件。

非放射性核素标记探针的检验:多采用斑点印迹法(图 7-8),即以不同浓度的标记探针和标记试剂盒中的标准标记探针分别点尼龙膜(DNA 或 RNA 探针分别为 0.01 pg/μl、0.1 pg/μl、1 pg/μl、10 pg/μl、100 pg/μl、1 ng/μl;寡核苷酸探针分别为 0.08f mol/μl、0.4f mol/μl、2f mol/μl、10f mol/μl、50f mol/μl、2.5p mol/μl),每点 1 μl,经紫外线照射或在 120℃经 30 min 烘烤后,用常规检测系统显色,以估计标记的结果。对杂交能力的检验可用不同浓度的未标记探针点膜,再用适当浓度的标记探针杂交和常规检测系统显色,观察杂交结果。

放射性核素标记探针的检验:用液闪法估算探针的放射比活性,用印迹杂交后放射自显影法测定杂交效率。

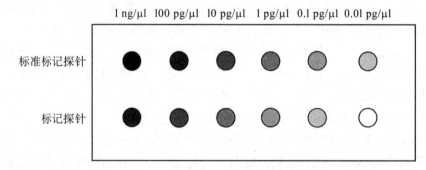

图 7-8　检验标记探针的斑点印迹法

第三节　组织和细胞标本的准备

原位杂交技术可应用于冷冻或石蜡片、细胞培养片、细胞甩片或细胞切片等。为了获得良好的杂交结果,组织和细胞标本的取材和处理是十分重要的,总的目的是既要充分保留被测核酸不被降解,又要尽可能地维持原有组织或细胞的形态、结构。其基本要求与免疫组织化学技术相似:新鲜取材和及时固定。

DNA 的稳定性较好,一般不需特殊处理。常规的石蜡或冷冻切片均适用于组织或细胞内 DNA 的原位杂交检测,即使长期保存的石蜡块也可用于回顾性研究。但 RNA 非常容易降解,RNA 酶在周围环境中几乎无处不在,而且一般的消毒方法不能将其灭活。因此,当检测标本中的 RNA 或采用 RNA 探针时,从标本准备到杂交结束前,都要注意预防 RNA 酶污染对杂交结果的影响。防上 RNA 酶污染及灭活 RNA 酶的方法有:①标本尽早固定,组织固定剂可以灭活组织内的 RNA 酶。②所用玻璃器皿均需经 180℃处理 3 小时以上,或用新鲜配制的 0.1%二乙基焦碳酸盐(diethylpyrocarbonate, DEPC)水在室温中处理 2~3 小时。

③所用试剂要用 DEPC 水配制并经高压消毒。④所有操作都要戴手套。⑤各种反应过程中注意应用 RNA 酶抑制剂。只要充分注意以上各点，在石蜡切片上一样可以得到良好的 RNA 杂交结果，而石蜡切片的组织形态较冷冻切片好得多。

细胞培养片和细胞甩片的制备与免疫组织化学染色相同，但由于探针穿透力的问题，在原位杂交检测细胞内 DNA 和 RNA 时更倾向于用细胞切片。其制作方法是先制备细胞悬液，用缓冲液洗，离心除去上层液，沉淀的细胞与加热溶解后冷却到快凝固的琼脂混合，冰上迅速冻结，而后固定、脱水、包埋等的处理与石蜡切片相同。

用于杂交的组织或细胞标本的固定剂与免疫组织化学相似，其中醛类固定剂应用最多，尤其是用 4％多聚甲醛（用 0.1 mol PB 配制）固定可以较好地保存组织中的靶核酸，组织形态结构的保存也优于沉淀类固定剂（如乙醇），而且同时也适用于免疫组织化学染色。固定时，有两点需注意：一是尽量早期固定；另一是固定时间不能太长，最好采用 4℃下固定，一般不超过24小时（根据组织片的厚薄从 0.5～24 小时）。

以检测 RNA 为例，标本制备及玻片处理常规如下：①载玻片处理：载玻片插入不锈钢架，沸水稀释的中性洗涤剂浸泡 30 min，经流水冲洗和蒸馏水洗后高压消毒，再经流水冲洗、蒸馏水洗、去离子水洗后，180℃烘烤 3 h，2％ 3 - 氨丙基三乙氧基硅烷（3-aminopropyltriethoxysilane，APES，纯丙酮或甲醇配）室温浸泡 1 min 以上，丙酮或甲醇上下洗 10 次，DEPC 水洗后阴干。②组织标本处理：4％多聚甲醛（0.1 mol PB，pH7.4 配）4℃固定 0.5～24 小时，梯度乙醇脱水，二甲苯透明，石蜡包埋，常规切片。以上 PB 及梯度乙醇配制均用 DEPC 水，其配制方法：1 L 水加 1 ml DEPC，充分混合后室温放置 3 小时，高压消毒备用。

第四节　原位杂交技术

原位杂交是一个复杂的、多步骤的过程，除了滴加标记（如 DIG）杂交探针、酶标抗 DIG 抗体、酶底物等必不可少的几步外，更多的步骤都是为了改善杂交的结果，即提高杂交的敏感性，降低非特异性和背景着色。通常可以把整个杂交过程分为杂交前处理、杂交和杂交后处理 3 个阶段。

一、杂交前处理

杂交前处理的具体方法和步骤因组织标本的差异，处理过程中采用的固定剂及使用探针不同而异。用温和的非交联固定剂固定的细胞培养标本和冷冻切片，杂交前处理相对简单，而交联固定剂固定的标本，尤其是甲醛固定的石蜡切片，需经多步骤的杂交前处理方能获得较好的结果。杂交前处理的其主要目的是：①增强组织或细胞的通透性，以利于探针的穿透。②尽可能减少与探针产生非特异吸附的背景。采用的方法有以下几种。

1. 增强组织通透性和核酸探针的穿透性　采用去污剂或某些消化酶处理，可以增强组织的通透性和探针的穿透性，提高杂交信号，但同时也会降低 RNA 保存量，影响组织结构形态，导致组织脱离载玻片，因此在用量和时间上应当加以注意。

(1) 去垢剂：常用的去垢剂是 $0.01\%\sim0.3\%$ 的 Triton X-100。类似的增强通透性的措施还有反复冻融、用乙醇和二甲苯等溶剂处理切片等。

(2) 蛋白酶消化：酶消化的应用不仅可以消除组织固定时产生的分子间交联对靶核酸造成的屏蔽作用，还有增加组织通透性和去除无关的杂蛋白的意义。蛋白酶消化对石蜡切片原位杂交结果的好坏具有非常重要的影响。常用的有蛋白酶 K(proteinase K)，此外还有胃蛋白酶(pepsin)、链霉蛋白酶(pronase)等。各种酶的最佳作用通常要求 $37℃$ ，且与反应溶液的 pH 相关，如蛋白酶 K 和链霉蛋白酶在中性 pH 下才能发挥最大的酶活力，而胃蛋白酶最大活力是在 pH 范围为 $1.8\sim2.5$ 。但是，消化酶的浓度、作用时间等参数的选择则应根据组织的类型、固定的程度、切片厚度、探针的大小、酶的批号和活性等作具体分析，经过多次预实验才能选定最佳方案。一般应用蛋白酶 K $1~\mu g/ml$(用 $0.1~mol/L$ Tris, $50~mmol/L$ EDTA. PH8.0 缓冲液配制)。$37℃$ 孵育 $15\sim30~min$ 。消化后剩余的酶活性常用甘氨酸浸泡或 4% 多聚甲醛后固定等方法来中止。当然，所用的消化酶本身不能含有核酸水解酶的活性。

2. 减低背景染色 方法有以下几种。

(1) 稀酸处理：稀酸处理常用的是 $0.2~mol$ HCl。其目的是使碱性蛋白变性，消除其对杂交反应的干扰，有利于靶核酸的暴露，减少背景。在蛋白酶消化后的稀酸处理还具有清除蛋白酶的作用。此外，如果杂交后所用抗体采用辣根过氧化物酶等标记的话，稀酸还有去内源性酶活性的作用。

(2) 乙酰化：组织细胞中的碱性蛋白带有正电荷，可以与探针中的磷酸根和标记物所带的负电荷产生静电吸附。乙酰化的目的在于中和标本中的正电荷，减少静电吸附，从而减低背景着色。常用的方法是在杂交前用 0.25% 乙酸酐或无水乙酸(溶于 $0.1~mol$ 三乙醇胺，pH8)处理切片。

(3) 其他：检测靶 DNA 时可加 RNA 酶处理，消除因 DNA 探针与标本 RNA 之间可能出现的交叉反应。酶处理后需彻底洗涤以防其继续作用。

采用非放射性核素探针时，应注意针对其检测系统中可能出现的背景染色作相应的处理，如抗体蛋白的非特异吸附，内源性过氧化物酶、生物素等。

二、杂交

杂交即指序列互补的探针与靶核酸间的配对结合。这是原位杂交技术的关键步骤。进行杂交反应时，探针和靶核苷酸必须均是单链，两者方能结合。如果探针和靶核苷酸两者或者其中一者是双链，必须在杂交前要解链(变性)，若探针和靶核酸均为 DNA 则可将探针滴加在标本上后一起变性。常规的变性方法是用高温处理切片($90\sim100℃$, $5\sim10~min$)，也可用酸(HCl)或碱(NaOH)处理。微波处理可以使双链 DNA 探针和靶 DNA 变性。此种方法不仅能使双链核酸变性，而且能使杂交信号增加。这可能是由于微波辐射引起蛋白变性，使核酸暴露；也可能是微波辐射导致靶核酸构型改变，从而提高杂交效率。

理论上解离的核酸互补链，重新形成碱基配对的螺旋结构的复性(杂交)速度取决于：①反应温度；②正离子浓度；③DNA 浓度；④DNA 片段大小。由于杂交是 2 条单链间的随机结合，双链 DNA 探针和 DNA 靶核酸变性后的复性过程中也可能发生探针和靶核酸自身 2 条链的重新结合。此外,探针还可能与组织内碱基顺序相似的核酸及其他无关结构非特异结合(吸附)。因此,欲达到最佳的信号—背景着色比,应选择适当的杂交条件(杂交的温度、杂交液的离子强度和 pH);要注意探针种类和大小,提高杂交时探针的浓度;在杂交液中加入一些类于免疫组织化学中的封闭物质;在杂交前先滴加不含探针的杂交液对组织片进行预处理。

1. 杂交的温度和时间　复性反应均需在一定的温度下进行,以破坏和弱化链内的 2 级结构。温度高杂交反应快,温度太高则可破坏组织形态,一般应采用低于该 DNA T_m(T_m 为 DNA 分子 50% 解链时的温度)25℃的温度。需注意,核酸链中 G - C 多者 T_m 高(G - C 占 50% 时,T_m 约为 70℃)。杂交液中甲酰胺可降低杂交温度,每增加 1% 甲酰胺,可下降 $0.35 \sim 0.65$℃。故杂交液中加入适当的甲酰胺可避免因为杂交温度过高导致的细胞形态及结构的破坏及避免组织在玻片上脱落。

杂交反应时间可随探针浓度增加而缩短,实际操作中常定为过夜孵育 16～20 小时,以方便操作。然而,杂交反应不要超过 24 h,反应时间过长,形成的杂交体会解链,杂交信号反而会减弱。

反应的常用条件是:50% 甲酰胺,42～65℃,杂交 16～20 小时。

2. 杂交液中离子强度和 pH 值　单价阳离子可以减少 2 条互补链的磷酸基团的负电荷排斥力,因此,在一定范围内,较高的离子浓度可以增强杂交体的稳定性。而两价阳离子可使双链 DNA 结合更牢固,因此,在变性和杂交时应加入 EDTA 去除双价离子。杂交液中含有较高浓度的钠离子可以使得杂交率增加,还可以降低探针与组织标本之间的静电结合。杂交常用的 pH 为 6.5～7.5。

3. 探针的浓度　杂交速率还与探针的长度、复杂性及浓度有关。一般说来,较长的探针杂交较快,但太长时在组织内穿透性差,结果反而不好。复杂性高的探针杂交所需时间较长。核酸杂交反应服从于 2 级反应动力学,待测核酸的浓度决定分子间的碰撞频率,可以影响杂交反应的速度,探针浓度高也可缩短杂交时间。因此,在杂交液中加入大分子非离子性多聚体,如硫酸葡聚糖、聚丙烯酸和聚乙二醇等,可以增加杂交液中探针的相对浓度,而加快杂交的进行。杂交常用的探针浓度为 $0.5 \sim 5.0$ μg/ml。

4. 杂交液的构成　基于以上原理,杂交液内除了探针外,还含有适量的甲酰胺,并保持一定的离子强度和 pH。此外,还应含有一些封闭物质,如葡聚糖、聚乙烯吡咯烷酮(PVP)、牛血清白蛋白(BSA)、tRNA 或鱼精 DNA 等,以阻止探针与组织内的一些成分发生非特异性结合。为了提高杂交的特异性,在杂交反应前常先用不含探针的预杂交液处理切片(与杂交温度相同,作用 20 min 左右)。此外,杂交液的量也要适当,一般以每张切片 10～20 μl 为宜。杂交液过多不仅造成浪费,而且过量的杂交液含核酸探针过多,反而会导致染色背景升高。

5. 杂交的严格度　杂交体双链之间的碱基对的相配程度,可以影响杂交体的稳定度,错配的杂交体稳定性较正确配对的杂交体差。杂交严格度(hybridization stringency)表示通过杂交及冲洗条件的选择对完全配对和不完全配对杂交体的鉴别程度,或指决定探针能否特异性结合的程度。在高严格度下,只有碱基对完全互补的杂交体稳定,而在低严格度下,碱基并不完全配对的杂交体也可形成。严格度越高,杂交的反应特异性越强,但敏感性越低;反之,则特异性降低而敏感性升高。影响严格度的因素有甲酰胺的浓度、杂交温度和离子强度。因此,可以控制这些因素来减少非特意性杂交体的形成,提高杂交的特异性。

杂交的严格度可在杂交反应及杂交后洗涤过程中调节。杂交反应在低严格度的条件下进行,以保证探针与组织标本上靶核酸的充分结合,而杂交后的冲洗则在高严格度的条件下进行,以去除含不相配碱基对的杂交体(非特异性结合)的杂交体。

三、杂交后处理

杂交后处理的目的是尽可能多地洗去未杂交或非特异吸附于切片上的探针,并通过免疫组织化学反应以显示靶核酸的存在与分布。

洗片是减少背景着色的重要环节。通常用来洗片的液体是不同浓度的 SSC。为提高洗片的效果,可以提高洗片时所用的温度、减低所用洗液的离子浓度和提高甲酰胺的浓度。在用 RNA 探针时,还可用不含 DNA 酶的 RNA 酶处理切片,将残存的单链 RNA 探针消化掉,从而明显降低非特异性背景。

非放射性核素法标记探针在杂交后需经过显色反应来显示靶核酸的存在与分布,其方法与免疫组织化学法相同。为了减少显色过程中可能产生的非特异着色,在抗体反应液和洗液中可以加入 Tween - 20,并在滴加抗体前,切片先用动物正常血清或用试剂盒所带的特殊阻断剂孵育。

四、对照

同免疫组织化学一样,每次进行原位杂交实验时,也应设立若干个对照,以估计所用试剂的可靠性和结果的准确性,排除假阴性和假阳性的干扰。常用的对照有 8 种。

1. 阴性标本对照　即在不含相应靶核酸的组织或细胞片上进行原位杂交实验,以鉴定有无探针与组织或细胞的非特异结合。还可以用 Dnase 或 Rnase 处理阳性标本片,消化靶核酸后作为阴性对照。

2. 阳性标本片对照　即每次实验同时加上 1 张阳性标本片进行原位杂交,其结果可以显示技术上的重复性(操作的正确与否、所用试剂的可靠性)。必要时,还可用该基因产物的抗体染同一切片,对照杂交阳性产物的分布特点,在一定程度上也可提示杂交结果的正确性。

3. 探针对照　探针的 Northern 印迹检测,可通过探针对组织总 RNA 的 Northern 印迹杂交条带的分析,以明确探针的特异性。

4. 探针正义链阴性对照　应用 RNA 探针时可以转录并标记与靶核酸序列相同的核酸片段(即正义链),代替探针(反义链)进行实验,而其不能与靶核酸完成杂交,此即为正义链阴性对照。

5. 未标记探针竞争抑制　与免疫组织化学相同,在原位杂交实验中也可加入不同浓度的未标记探针,进行特异性竞争抑制。

6. 不含探针的阴性对照　即在杂交时用不含探针的杂交液作用,其意义主要在于对显色系统作阴性对照。

7. 质粒对照　即用不含探针片段的载体质粒 DNA 与标本片杂交,以排除因载体引起的非特异性着色。

8. 无关的标记探针对照 使用已知标本片中不含有的核酸片段的标记探针进行杂交，其可以排除标本对探针的非特异性吸附的可能性。

第五节 原位杂交组织化学技术的进展及应用

除了经典的原位杂交，原位杂交可与其他组织化学技术相结合，或与其他分子生物技术相结合，使其应用范围扩大，成为更有应用价值的技术。

聚合酶链反应(polymerase chain reaction，PCR)是 1 种基因放大技术。在组织或细胞片上利用 PCR 技术进行基因扩增，而后经杂交组织化学技术扩增阳性信号，即为原位 PCR，又称原位基因扩增。主要用于组织，细胞涂片或培养细胞中微量 DNA 的检测，如病毒、细菌等外源性微生物的感染。然而这一方法的技术要求较高，且需一定的仪器(如原位 PCR 仪)，故其应用受到限制。根据其操作方法可分为直接法和间接法 2 种。

1. 直接原位 PCR(direct *in situ* PCR) 其原理是在组织(细胞)原位，利用特异的引物扩增 DNA 时，加入含 DIG - dUTP 的 dNTP，使扩增的 DNA 片段中掺入 DIG，再用抗 DIG 抗体免疫组织化学方法显示阳性信号。直接原位 PCR 的优点是操作简便、敏感性高。但由于在扩增过程中的错配率高，故与间接法相比，特异性略差，易出现假阳性结果，不适用于基因重排和染色体易位等的研究。又由于扩增时有标记 dNTP 的掺入，使其扩增的效率较低。另外，与液态 PCR 不同，在进行原位 PCR 扩增时，可能相当比例的扩增产物并不能完全沉积于组织局部，因此，一般原位 PCR 的循环数不应过多(≤20 次)，否则既不经济，且可能增加背景着色。

2. 间接原位 PCR(indirect *in situ* PCR) 原理是先进行原位 PCR(不加标记 dNTP)扩增 DNA，再用特异探针做原位杂交，显示阳性信号，故又称为 PCR 杂交。与直接法比较，间接法避免了 PCR 扩增产物中可能出现的非靶核酸序列的检出，因此具有较高的特异性，并且由于在进行 PCR 时无标记 dNTP 的掺入，扩增的效率也较高。其缺点是反应的周期较长。同样，PCR 的循环次数也不能过多。

3. 原位反转录 PCR(*in situ* RT - PCR) 用以原位显示组织(细胞)内特定的 mRNA 片段。其原理是在组织(细胞)原位，以待测 mRNA 为模板反转录 cDNA，而后再以此 cDNA 为模板进行 PCR 扩增。为了确保 PCR 扩增的模板是从 mRNA 反转录合成的 cDNA，而不是残存于细胞中的 DNA，应在反转录前，先将组织片经不含 RNA 酶的 DNA 酶处理。

就具体方法学来说，原位反转录 PCR 与上述原位 PCR 一样，也可分为直接法和间接法，操作时所需注意的事项也相似，不同的是，在进行原位反转录 PCR 时，特别要防止 RNA 酶对待测核酸的降解。另外，由于在原位 PCR 前还要加上反转录过程，致使实验周期延长和操作过于复杂，但随着将反转录酶和 Tag DNA 聚合酶功能合二为一的新型 rTth(reverse transcription thermal)酶的商品化，使整个实验操作与普通的原位 PCR 十分相似。其方法是将待测核酸与 rTth 酶、特异性引物和含 DIG - dUTP 的 dNTP 同时滴加于切片上，在原位 PCR 仪上先用 60℃温浴 30 min(从待测 mRNA 反转录 cDNA)，再经 20 个 PCR 循环，扩增特异性 cDNA,并同时使扩增的 cDNA 片段中掺入 DIG,再用抗 DIG 抗体免疫组织化学方法显示阳性信号。

4. 原位端粒重复序列扩增法(*in situ* telomeric repeat amplification protocol,ISTRAP) 肿瘤细胞多数具有端粒酶活性,这是一种不依赖 DNA 的 RNA 聚合酶,由 RNA 和蛋白体组成,能以自身的 RNA 为模板,合成染色体末端的端粒 DNA 的六核苷酸重复序列,并将其加于染色体端粒末端,以维持端粒的长度,这是肿瘤细胞得以永生化的重要原因。端粒酶活性的检测常用的方法是 TRAP 法,其原理是在待测样本 PCR 扩增反应体系中加入上游 TS (5′- AACCGTCG AGCAGAGTT - 3′)引物,在端粒酶反转录酶活性的作用下,以自身的 RNA 为模板,从上游引物 3′ 起合成端粒重复序列 cDNA,再加入下游引物 CX(5′- CCCT TACCCTTACCCTTACCCTAA - 3′),在 Taq 酶作用下进行 PCR 扩增。其中 CX 引物也可以在开始时一起加入,并用液状石蜡将空气与反应体系分隔。如有端粒酶活性时,反应产物在聚丙烯酰胺凝胶电泳上呈现出相差 6 bp 的梯状条带。ISTRAP 法利用上述原理,在冷冻组织切片上滴加反应体系(包括 TS 和 CX 引物、Taq 酶、dNTP 和标记 dNTP 等)25℃温育 30 min 以合成 cDNA,94℃、5 min 灭活,进入 PCR 循环(94℃、30 秒,50℃、30 秒,72℃、50 秒)。扩增产物可以根据渗入的标记物,采用免疫组织化学或通过标记探针杂交组织化学方法来显示。

5. 双重或多重杂交组织化学技术 在同一标本上,以 2 种或多种标记探针与靶核酸杂交,利用后继不同的检测手段分别显示各种靶核酸的存在和分布,研究其相互间的关系。这一技术与免疫组织化学中的双重或多重反应相同,除了探针本身的特异性外,对结果的干扰主要来自标记物及其检测试剂的互相影响。在一般的原位杂交中最好选择不同的标记和检测系统,如放射性核素-非放射性核素、生物素- DIG、DIG -荧光素等。

运用较多的是多种荧光素的套用,尤其著名的是染色体基因分布研究中的 FISH 技术(荧光原位杂交,fluorescence *in situ* hybridization)。它将荧光信号的高灵敏度、灵敏性、安全性及直观性和原位杂交的高特异性结合起来,通过荧光标记的核酸探针与待测样本核酸进行原位杂交,在荧光显微镜下对荧光信号进行辨别和计数。自 20 世纪 80 年代末,Pinkel 和 Heiles 将 FISH 技术引入染色体检测技术以来,FISH 技术在临床诊断及科研工作中得到广泛运用,并显示出比传统技术的显著优势,主要表现为可同时采用 2 种或 2 种以上不同颜色的荧光素标记多个基因序列。计算机图像分析技术极大地提高了 FISH 技术的敏感性,以及结果的直观性和可信度。FISH 技术不仅应用于细胞遗传学,也越来越广泛应用于肿瘤细胞遗传学的研究,遗传病的基因诊断等基础研究及临床工作中。

6. 杂交-免疫组织化学联合检测 这是杂交组织化学与免疫组织化学技术的结合,主要用于在一张标本切片上同时检测某一基因在核酸和蛋白质水平的表达,以推测待定基因表达异常可能出现的环节。具体操作时,方法间的配伍和先后次序主要取决于待检对象的稳定程度。一般而言,是先做免疫组织化学染色,后做杂交反应。与双重杂交组织化学和双重免疫组织化学相似,该法应用时也要注意选择不同的标记和检测系统。若检测 mRNA,则在组织处理及定位酶或抗原时,都需注意防止组织内靶 RNA 降解。

7. 电镜下的杂交组织化学 杂交电镜的原理及常用方法与光镜下的杂交组织化学基本相同,其操作与意义又与免疫电镜相似。为了兼顾超微结构保存和杂交效率,标本固定剂多采用与免疫电镜相同的固定剂,如1%～4%多聚甲醛和0.5%戊二醛混合的PG液,也可用PLP固定液。杂交可采用包埋前法、包埋后法和冷冻超薄切片法。常用的是包埋后法,即在超薄切片上进行原位杂交,其超薄切片的制作方法与普通电镜相同。此法较简便,但要注意及时取材固定,并采用低温包埋法,杂交标记的方法与普通原位杂交相似。包埋前法是在冷冻或振动切片机切得的厚片上先进行原位杂交,然后作电镜包埋、超薄切片。此法可与光镜原位杂交检测相连续,易获得阳性结果,但超微形态损伤较严重,且细胞膜可阻碍探针和标记物进入靶位。在杂交过程中,可采用0.2 mol/L HCl、Triton X‐100、蛋白酶K消化等预处理增强细胞膜的穿透性。而冷冻超薄切片的技术要求高、费用大,尚难以普及。探针多采用非放射性核素标记,加上胶体金标记抗体技术来显示靶核酸的亚微分布,阳性反应的金颗粒在电镜下较为清晰。

　　8. 原位标记杂交　原位标记(primed *in situ* labeling,PRINS)技术,即将核苷酸(包括带标识者)、变性后的未标记探针(或特异的寡核苷酸引物)和DNA聚合酶一起加至变性的待检标本上。在DNA聚合酶驱动下,以靶DNA链为模板,探针为引物,使探针逐步延伸并与靶DNA链结合,形成探针及其带有标识的延伸段与相配对的靶DNA链结合的杂合体,再经检测系统检出。此法不仅缩短时间,而且背景低,杂交信号强。

(复旦大学基础医学院　刘　颖)

第八章
现代组织化学定量技术

近年来,随着生命科学和计算机及图像分析技术的迅猛发展,生物医学中的诸多形态学科,包括解剖学、组织胚胎学、细胞生物学和病理学等均在向"数字量化"和"分子交叉"的目标阔步迈进。一方面,利用计算机视觉对形态学的数字图像进行精确定量和智能分析,既可以极大地提高海量数据的处理效率,又可以去除人工判读的主观性和局限性。另一方面,分子生物学、生物化学、免疫学和分子遗传学等学科与形态学科相互融合与交叉产生了分子形态学,为综合处理相关图像以获得更多互补效益,挖掘出更多潜在信息提供了可能。因此,精准的图像分析不仅是形态学未来发展的趋势,也是实现精准医学的重要基石。

第一节　图像分析技术概述

图像分析主要是对图像中感兴趣的目标进行检测和度量,以获得它们的客观信息,从而建立对图像的描述。采用图像分析仪(image analyzer)或图像分析系统(image analysis system),可以较为客观和精确地用数据表达细胞图像中的各种信息。分析仪或系统一般由如下几个部分构成:图像源、图像采集、图像处理和分析、图像储存、图像通信和图像显示。图像分析仪测量技术涉及光学、电子学、计算机技术等较多学科,医学图像处理仅是其中的1个分支,而细胞学和细胞化学图像的定量分析又仅是这个分支中的1个方面。图像分析仪按采用的计算机不同,可分为大型、中型和小型图像分析仪,生物医学领域中大多采用小型图像分析仪。根据所用图像采集卡的类型又可分为黑白、伪彩色和真彩色图像分析仪。

第二节　图像处理和分析的基本原理

显微图像中细胞和细胞器图像数字化信息,仍然具有一般图像的3个要素:①浓度信息。②位置信息。③色彩信息。这3种信息必须转化成数字,成为数字图像才能被计算机所识别,这也是数字图像分析的关键。浓度信息作为图像中重要的一种信息,度量它的尺度称为灰度（grey level），它代表图像各部分颜色的深浅程度，是由组成图像的最基本的单元点，即像素值所构成的。一般用灰度的等级来反映图像分析仪的分辨率，分辨率越高，图像层次越丰富。位置信息是指在一幅图像平面上建立坐标系统，用 x 和 y 表示图像中任一像素点的二维平面位置，而函数形式 $f(x, y)$ 表示位置为 (x, y) 的像素点上的灰度。这样1 幅图像可以用很多离散的数字像素点的组合分布来表示。这样图像平面空间坐标位置 (x, y) 的数字化可以认为是图像的取样，而灰度函数 $f(x, y)$ 是灰度级的量化。图像的色彩信息一般是根据电视方式传输的。人眼对彩色差异的分辨能力大大高于对黑白图像灰度级的观察。因此，在图像分析中，常常使用不同的彩色和色调的变化来代替图像黑白灰度级别的变化，以达到突出图像信息空间分布的目的。一些彩色密度分割、彩色增强、假彩色（pseudo color，也称伪彩色）合成等技术的使用，使图像经假彩色和真彩色处理后，提高了图像信息的识别和特征抽提的效果。图像分析的假彩色和真彩色处理是根据三基色原理进行的。综上，图像的数字化就是要把浓度信息、位置信息和色彩信息形成数字图像传送到计算机内。一幅实际的二维图像经过空间上的取样（离散化）、幅度上的量化（按每一采样点的明暗深浅取值）和经解码器将色彩信号分别解码成红、绿、蓝 3 路信号，分别经 A/D 转换成数字信号，从而形成一幅数字化了的图像。对于数字化了的图像，以空间分辨率、灰度分辨率和色彩分辨率来反映二维图像的传输质量、特征和形态信息、灰度信息、轮廓信息和色彩信息等。

这些图像分析仪的基本结构均是由硬件和软件两大部分组成的。硬件部分一般包括 4 个部分：①图像输入设备。②输入设备与计算机接口。③图像处理计算机。④图像输出设备。

常用的图像输入设备有：①显微光密度计。②显微镜。③电视摄像机。④固体阵列式摄像机。显微光密度计有转鼓式和平台式两种。它们是一种机械扫描装置，其扫描速度一般较低，但具有很高的精度和分辨率。往往也被用作图像输出设备。它把扫描视频信号变换成对数等值，数值化后能用绝对光密度单位校正。因此，这种设备能把特征或视野中的积分光密度（即各个单独探测的图像像素点密度分布的总和）作为主要的输出。由于易得到被测物的面积，也就容易求出平均密度。显微光密度计能将图像的信息转换成光密度（optical density，OD）的数字值输出。光密度是一种绝对值，而灰度为 1 种相对值，根据不同情况可将图像上的灰度分为 64 级、128 级或 256 级。所以，显微光密度计在细胞化学领域中的定量具有重要价值，但其价格昂贵。显微镜也是一种应用非常广泛的图像输入设备，物体经其放大后，由电荷耦合（摄像）器件（CCD）图像传感器采集下来，再经过图像采集卡转化为数字信号输入计算机，产生了需要处理的显微图像。显微图像常常会由于图像源的光照不均，显微透镜组的球差、消色差、样品本底各点的反射或透射不均等，造成测量的误差。对其校正的方法，通常采取测定空白部分数值（相片中的空白部分，切片中无标本的玻片部分），把它存入计算机，以便自动扣除。还有，当遇到随着显微镜的放大倍数增加，感兴趣的区域（region of interest，ROI）超出视野的范围时，需要对图像进行拼接。应用盖瓦（Tiling）技术或数字扫描，这一问题就能得到很好的解决。显微通用的图像输出设备是 CRT 显示器、监视器和打印机。

软件部分，除计算机本身工作所需的系统软件和高级语言配备的编译、连接、库文件及 C 语言软件之外，还包括真彩色图像卡的基本操作软件和基本图像处理软件，如系统控制命令、存储体数据读写、查找表控制、基本图形绘制及中英文字符叠加,数据文件管理,伪彩色变换,图像平滑、增强、锐化、变换、分割等处理,图像算术运算和逻辑操作,图像转换与编辑,文字编辑,专用鼠标器驱动软件等。从而易实现人-机对话。采用 Fortran 语言或 C 语言编制二维几何形态参数、灰度参数、色度参数和纹理参数的测量和计算,并编制三维形态参数的计算、细胞化学反应测量参数和微循环定置参数的测量、计算和统计软件。

由于医学数字成像和通信采用的是统一的国际规范的标准,即 DICOM(digital imaging and communications in medicine),所以,来自不同影像设备的医学图像信息具备了融合的潜力。目前,利用可视化软件,对多种模态的医学图像进行融合,可以更为准确地确定生物组织之间的空间位置、大小、几何形状及它与周围生物组织之间的空间关系,从而更加及时高效地进行研究和诊断疾病。

第三节　图像分析的基本方法

与细胞化学、免疫组织化学反应有关的图像分析定量方法主要有以下几种。

一、二维参数的测量及三维可视化

主要应用体视学(能通过在结构的切面上测得的二维信息推断其三维参数的数字方法)的方法和原理。集合参数是对细胞、细胞核、细胞器的形状、大小、轮廓的规则程度的定量描述。由于以往仅采用定性描述方法,难以表述这些细胞的形态特征。把模式识别和图像分析技术应用于细胞学研究,实际上是将现代技术中的信息理论用于分析细胞,既可以科学地总结细胞学家和临床病理学家的诊断经验,又可以充分发挥图像分析仪分辨率高、形态测量的客观准确性和抽提细胞特征方式的灵活多样性,把细胞学和细胞病理学的研究和临床应用提高到一个新的层次。在此基础上,将这些二维图像再进行三维重建和可视化处理,可使 ROI 及其与周边的关系的三维形态得以清晰全面地展现,从而获得更加直观和准确的数据信息。这在医学领域有着极为广阔的应用前景,也成了当前图像分析领域的研究热点。整个三维可视化过程要经历如下步骤:二维图像获取→图像预处理→图像分割→三维重建。在交由计算机处理时,需要建立一定的算法(algorithm),以保证应用的可重复性和客观性。算法的设计,要建立在透彻理解需求的基础上,针对问题进行详细的定义,并结合计算机的设备性能予以实施。

二、灰度参数和光密度测量（图像细胞光度技术）

在同一光源强度情况下,不同组织细胞或细胞器成分所吸收或所透过光的数值是不相同的,灰度即是图像各部分颜色的深浅程度,反映图像的浓度信息。灰度级在不同的图像分析仪上有所不同,可分为 64 级、128 级和 256 级等。这种灰度差异与用显微分光光度计测出的光密度有不同之处,后者是经单色光照射后,由于各类细胞或细胞器对单色光的吸收程度不同,而测出的透光度称光密度,如细胞核 DNA 经 Feulgen 反应后,用 560 nm 单色光照射后测出的透光度为光密度,它代表 DNA 的含量。用灰度值则表示在普通光照射后测出的透光度,也可相对和间接地反映 DNA 含量的定量变化,但其与经显微分光光度计测出的光密度不完全相同。对不同的组织化学反应进行图像分析时有着不同的要求和标准。在某些情况下,染色反应的强度测定也可简单采用图像灰度法来进行,但这种灰度差异与用显微分光光度仪或图像细胞仪所采用的光密度法测定是不一样的。严格地讲,对组织化学染色反应强度的测定必须采用光密度法进行。但由于显微分光光度计价格昂贵,且其不能测量较多的几何参数,故目前使用已逐渐减少,而图像分析仪测量范围广泛,所以目前较多采用图像分析仪进行灰度、光密度参数、几何参数、纹理参数等测量。对组织化学染色强度进行定量,如进行 DNA 定量应采用光密度测定法作为指标,图像细胞仪(image cytometry,ICM)测量可符合要求。由于免疫组织化学染色的显色反应的多样性,故图像分析系统最好能采用真彩色系统,后者的通用范围更广。此外,免疫组织化学反应的定量分析也具有多样性:即对反应产物可进行细胞面积、数量等形态参数的测定和染色强度的光密度测定(平均光密度MOD,积分光密度 IOD),还可以对上述指标进行综合分析,即采用一种特定的指数(判别函数)来表示,如 ER Index 即是一种数量和光密度的综合指标。

三、其他

还有如色度参数测量、纹理参数测量、扫描电镜图像分析等。由于这些测量专业性强,应用相对较少,此处不作详细介绍。

细胞化学、组织化学及免疫组织化学技术已经广泛应用于常规组织病理诊断病理学、肿瘤诊断学等领域,应用图像分析方法可以对免疫组织化学染色进行定量分析,其结果更具有客观性和准确性。国外已常规进行免疫组织化学结果的定量分析。

第四节 图像分析和形态定量技术的应用前景

图像分析和形态定量技术将进一步扩展和渗透到所有生物形态结构和图像分析测试分析研究中,特别是免疫组织化学和分子生物学图像将广泛采用生物体视学图像分析技术进行深入研究。生物体视学参数将被有针对性地用于生物组织结构的定量分析中,特别是肿瘤定量病理诊断研究。将更多地应用多因素数理分析方法解析测试结果,解决单因素分析中的参数结果重叠问题。

图像分析在定量细胞学和细胞化学技术等领域中具有广泛的应用前景。但目前、这一技术仍处于不断完善和发展过程中,各种参数的意义、计算方法和含义也尚未完全明确或统一,并且图像分析技术作为细胞学和细胞病理学等形态学研究的辅助工具,并不可能取代后者。因此,在应用图像分析仪进行分析时,还应注意以下几点。

(1)选择图像处理和进行实验设计时,要比较仪器测试与人工处理所需时间,以及各种处理方法的精确度,选择适当的处理方法。

(2)考虑图像处理实验条件的一致性。同一批组织切片的显微镜光照强度,物镜放大倍数,尺寸定标及图像修正等条件都必须相同;尽可能使目标和背景分开,灰度差异大些,图像清晰,反差明显,以保证图像分析测量和结果的可靠性。上述因素尤其是在染色强度测定时影响特别大。

（3）样品制作时应注重质量和有一定的数量,要符合统计学原则;切片应尽量薄些,但厚薄要一致。测定显色物质的相对含量时,同一批及同一切片上各部位厚薄要尽可能一致,染色条件必须相同,以保证测量的精确度和可比性。应选择染色效果较好,反差较强,无明显非特异性背景染色的切片。定量测定应尽可能在染色后短时间内进行,以免由于褪色而影响实验效果。照片拍摄时照明场要均匀。

（4）不能将人的视觉能力和图像分析仪的图像生成的特征完全等同。

（5）用图像分析仪将已经收集到的图像放大后再进行形态学测量会引入新的误差。所以一般在摄入图像时应注意选择合适的显微镜(照片)的放大倍数。尽量避免用图像分析仪再次放大图像。

（6）用图像分析仪进行研究时,要对该型号的图像分析仪有所了解,对图像处理的一般方法和各类参数的含义应有所了解。

（7）对形态定量分析的结果解释要慎重,实验应有合适的对照。

（复旦大学基础医学院　李　慧）

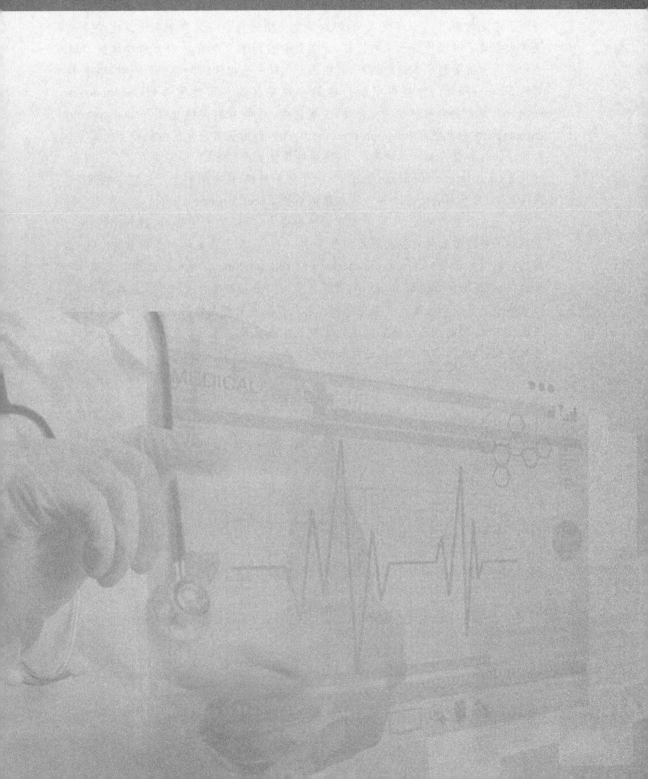

第二部分

在常规病理诊断中,5%～10%的病例单靠 HE 染色难以作出明确的形态学诊断。早在 20 世纪 60 年代,组织化学染色技术就在肿瘤的病理诊断和鉴别诊断中得到了广泛的应用。70 年代以来,兴起的免疫组织化学方法和杂交组织化学方法又大大推动了肿瘤诊断水平的提高,尤其是免疫组织化学在肿瘤诊断和鉴别诊断中的实用价值受到了普遍的认可,其在低分化或未分化肿瘤的鉴别诊断时,准确率可达 50%～75%。肿瘤组织所产生的多种多样的异质性抗原(heterogeneous antigen),是识别各种肿瘤的标记物,主要包括：①组织特异性抗原(tissue specific antigen)或称分化抗原(differentiation antigen),即由正常分化性组织产生的成分,如内分泌性肿瘤分泌的各种多肽、前列腺特异性抗原(PSA)、肌球蛋白等。②胚胎性抗原(oncofetal or fetal antigen),出现于胚胎组织,成年组织含量甚微,如癌胚抗原(CEA)、甲胎蛋白(AFP)等。③细胞谱系抗原(cell lineage antigen),如中间丝蛋白中的上皮细胞的角蛋白、间叶细胞的波形蛋白、肌细胞的结蛋白、神经元的神经微丝和神经胶质细胞的胶质纤维酸性蛋白,专一分布于相应的组织细胞中。④细胞功能表型标记物(phenotypic markers of cell function),如淋巴细胞表面抗原。⑤异位抗原(heterotopic antigen),常见的是由内分泌肿瘤合成的异位激素。

本书将就各系统常见肿瘤免疫标记物及其在常见肿瘤诊断及鉴别诊断中的作用进行阐述,同时也将介绍免疫组织化学技术在免疫性疾病、细胞外基质、病原微生物感染、细胞凋亡中的应用进行归纳总结。

第九章

肺癌诊断常用免疫标记物

2015版的《WHO对肺癌的分类方法》中融入了更多肺癌的遗传学信息,重视了免疫组织化学和分子诊断对肺癌分类的重要性;从多学科角度重新分类,整合了外科、病理学、肿瘤学、分子生物学和放射学等各个领域的集体智慧。推荐广泛使用免疫组织化学用于肺癌组织分型。因培美曲塞和贝伐珠单抗等仅在非鳞非小细胞肺癌中获批,这类严格限定组织学类型药物的广泛应用,对肺癌组织学明确分型提出了更高要求,免疫组织化学的应用将有助于明确组织学类型。近10年来,肺癌的分子靶向治疗要求更精确的组织学分类,如EGFR/ALK/ROS1等基因活化主要发生在腺癌,PD-1单抗nivolumab仅仅在晚期鳞癌中获批。因此,对腺癌、鳞癌的区分尤为重要。

WHO对肺部肿瘤组织学的分类,第1次为小活检和细胞学标本制订诊断标准。既往,在小活检标本中,诊断为NSCLC-NOS(not otherwise specified)即非小细胞肺癌-组织学亚型不明确的占30%～50%。随着分子靶向治疗时代对组织学分型的更高要求,WHO推荐应减少NSCLC-NOS诊断。对于分化较好的腺癌或鳞癌,可以依靠HE染色确诊;而对于低分化肿瘤,需要免疫组织化学(IHC)辅助诊断。目前,诊断腺癌公认的标志物为TTF-1和Napsin-A,鳞癌常见的标志物为p40、CK5/6和p63。将无明确腺/鳞癌形态特征,且不表达肺癌常见表面标志物的一类肿瘤定义为NSCC-NOS(非小细胞癌组织学亚型不明确)。此时,需要结合患者的影像学特征,排除肺转移瘤的可能。这种形态学肿瘤,若其甲状腺转录因子1(TTF-1)表达阳性,称为NSCC-NOS,倾向于腺癌;若P40表达阳性,则称之为NSCC-NOS,倾向于鳞癌。

新版《WHO肺部肿瘤组织学分类》将小细胞肺癌(SCLC),大细胞神经内分泌癌(LCNEC)和类癌统一归类为神经内分泌肿瘤。显然,这3类肿瘤差别较大,类癌的高发人群,组织形态、患者预后和驱动基因谱等方面明显不同于SCLC/LCNEC。WHO推荐应用ki-67指数和核分裂计数来区分类癌与SCLC/LCNEC,类癌的诊断报告上应包括有丝分裂速度($n/2\ mm^2$)和有无肿瘤坏死。肺部神经内分泌肿瘤的分类的目的在于指导治疗、治疗效果检验分类的合理性。而今,对大细胞神经内分泌肿瘤的治疗方案选择一直存在较大争议。

现将上述肺癌鉴别需要的免疫标记物介绍如下。

1. 细胞角蛋白 7(CK7)　阳性部位：细胞质。CK7 是一种相对分子质量 54 000 的细胞角蛋白。在正常的乳腺、肺等大多数正常上皮细胞中染色阳性，肝细胞、胃肠道上皮细胞染色阴性。肺腺癌中 CK7 表达阳性，而胃肠道的腺癌中表达阴性。其主要应用于肺癌、乳腺癌等与胃肠道腺癌的诊断及鉴别诊断。

2. 甲状腺转录因子 1(thyroid transcription factor 1, TTF - 1)　阳性部位：细胞核。TTF - 1 是相对分子质量为 $(38\sim40)\times10^3$ 的核蛋白，是一种甲状腺转录因子，参与胚胎性甲状腺发育调控作用的核蛋白。通常表达于脑部(间脑)、副甲状腺、腺垂体、甲状腺滤泡细胞、肺泡 II 型上皮细胞、细支气管细胞等。主要应用于肺肿瘤和甲状腺肿瘤的诊断和与其他肿瘤的鉴别诊断。大多数小细胞肺癌、肺腺癌、大多数非典型性肺神经内分泌癌及少数肺大细胞未分化癌中 TTF - 1 的免疫组织化学结果呈阳性，而在肺鳞癌及大多数典型性肺类癌中表达阴性。该抗体主要用于鉴别肺腺癌与鳞癌。

3. Napsin A　阳性部位：细胞质。Napsin 是一种胃酶样天冬氨酸蛋白酶，有 2 种密切相关的 Napsin 分别是 Napsin A 和 Napsin B。Napsin A 是一种相对分子质量接近 38 000 的单链蛋白，该蛋白在人类的肺和肾中高表达，而在脾脏中低表达。Napsin A 主要表达 II 型肺上皮和肺腺癌。Napsin A 是卵巢透明细胞癌的非常敏感的标志物(100%)，在于高级别浆液性癌和浆液性交界性肿瘤的鉴别诊断中具有很高的特异性(100%)。在与子宫内膜癌的鉴别诊断中特异性也可以达到 90%。大约 90% 的原发性肺腺癌中表达 Napsin A，部分为阴性的低分化肺腺癌病例中 Napsin A 通常为阳性表达，该抗体可与 TTF - 1 起，用于鉴别原发性肺腺癌与其他组织器官源性腺癌。

4. 表面活性蛋白 A(surfactant protein A, SP - A)　阳性部位：细胞质。SP - A 是位于肺 II 型肺泡上皮细胞中，在维持肺泡表面张力起重要作用。是肺 II 型上皮细胞特异性标记物之一，在细支气管和肺腺癌中也有较高的表达。主要与 TTF - 1 联合用于原发和转移性肺癌的诊断。

5. 表面活性蛋白 B (surfactant protein B, SP - B)　阳性部位：细胞质。SP - B 是肺表面活性复合物的抗原决定簇之一，表达于肺 II 型肺泡上皮细胞。在细支气管肺泡癌中阳性表达，而在肺鳞癌、大细胞癌和非肺原发性腺癌中不表达，因此，可用于肺癌及转移性肺腺癌的辅助诊断。

6. p63　阳性部位：细胞核。由于 p63 基因与抑癌基因的 p53 基因在 DNA 结合域有高度同源性，现认为是 p53 基因家族成员之一。在乳腺、涎腺及前列腺等肌上皮细胞和基底细胞及皮肤基底细胞中 p63 阳性，在腺上皮细胞 p63 阴性。p63 可用于良恶性肌上皮细胞肿瘤与腺癌的诊断和鉴别诊断中，在肌上皮细胞肿瘤阳性表达，而腺癌基本阴性表达。

7. p40(△Np63)　阳性部位：细胞核。p40(△Np63)是 p63 蛋白的亚型之一，在日常病理诊断工作中 p63 被广泛用于肺癌的分型，在肺鳞癌中有较高的敏感性，但也部分表达肺腺癌，与 p63 相比而言 p40 在肺鳞癌中有着同 p63 抗体类似的高敏感性，但在肺腺癌中几乎不表达。p40 主要用于肺鳞癌和肺腺癌的鉴别诊断。

8. CK5/6　染色部位：细胞质。细胞角蛋白 5/6 是相对分子质量 58 000 及 56 000 的细胞角蛋白，主要表达于鳞状上皮和导管上皮的基底细胞及部分鳞状上皮细胞生发层、肌上皮细胞和间皮细胞，腺上皮表达阴性。在间皮细胞肿瘤与腺癌的诊断和鉴别诊断中，CK5/6

在间皮细胞肿瘤阳性表达(80%),尤其是在上皮样间皮瘤强阳性表达,而腺癌表达率较低(17%)。因此,CK5/6 主要用于鳞癌与腺癌、间皮瘤与腺癌的鉴别诊断。

9. 表皮生长因子受体(epidermal growth factor receptor, EGFR)　阳性部位:细胞膜。EGFR 是一种相对分子质量 170 000 的跨膜酪氨酸激酶活性的跨膜糖蛋白受体,属于 HER/ErbB 蛋白家族。EGFR 表达于多数正常组织,特别是复层上皮和鳞状上皮的基底层细胞。其主要用于各种肿瘤的研究,其过度表达可能与许多肿瘤的发生发展有关,恶性上皮性肿瘤如 EGFR 过度表达,预示着预后差。该抗体的检测结果仅仅反应 EGFR 总体扩增水平,而与 EGFR 突变没有明显相关性,因此不能用于指导 EGFR－TKI 个体化治疗。

10. EGFR－L858R　阳性部位:细胞膜。原发性肺腺癌 21 外显子 L858R 点突变占所有 EGFR 突变的 40%～45%,这些突变对 EGFR 抑制剂如厄洛替尼和吉非替尼敏感,突变患者可以从 EGFR－TKI 治疗中获益。该抗体用于 EGFR 抑制剂治疗 EGFR 基因 21 外显子 L858R 突变的 NSCLC 的伴随诊断。

11. EGFR－E746　阳性部位:细胞膜。原发性肺腺癌 19 外显子 del－A750 缺失突变占所有 EGFR 突变的 45%,突变患者可以从 EGFR－TKI 如厄洛替尼和吉非替尼治疗中获益。该抗体用于 EGFR 抑制剂治疗 EGFR 基因 19 外显子缺失的 NSCLC 的伴随诊断。

12. 间变淋巴瘤激酶(anaplastic lymphoma kinase, ALK)　阳性部位:细胞质。ALK 主要用于克唑替尼治疗 ALK 融合阳性的局部晚期或转移性 NSCLC 的伴随诊断。

13. 睾丸核蛋白(the nuclear protein of the testis, NUT)　阳性部位:细胞核/细胞质。NUT 肿瘤:伴 NUT 基因重排的中线癌(简称中线癌),指一类有 NUT 基因重排的肿瘤,位于 15q14 上的 NUT 基因常与 19p13.1 上的 BRD4 基因融合(占 70%),此外常见的融合配体还有 9q34.2 上的 BRD3 基因(6%)。现今,报道的 NUT 肿瘤例数不足 100 例,中线癌是罕见却极具侵袭性的癌症,患者的中位生存时间只有 7 个月。NUT 肿瘤形态上与其他低分化癌难以区分,而 NUT 的免疫组织化学染色将有助于其诊断与鉴别诊断。

14. 嗜铬素 A(chromogranin A, CgA)　阳性部位:细胞质。CgA 是肾上腺髓质中一种相对分子质量为 68 000 的可溶性酸性蛋白,广泛表达在神经组织及人内分泌细胞组成的分泌腺,如甲状旁腺、肾上腺髓质、垂体前叶部、胰岛细胞和甲状腺 C 细胞。其分布于含有内分泌颗粒的神经内分泌细胞中。该抗体是肺神经内分泌肿瘤首选的特异性标记物。

15. 突触素(synaptophysin, Syn)　阳性部位:细胞质。Syn 是一种糖蛋白,存在于神经元突触前囊泡膜上和神经内分泌细胞的胞质内,主要用于标记神经内分泌肿瘤。该抗体是肺神经内分泌肿瘤首选的特异性标记物。

16. CD56　阳性部位:细胞膜。CD56 是一个密切相关的细胞表面糖蛋白家族,在胚胎发生、发育和由接触介导的神经细胞的相互联系中发挥重要作用。阳性表达于甲状腺滤泡上皮、肝细胞、肾小管、子宫肌层(弱＋)、膀胱的平滑肌(弱＋)、NK 细胞和 NK 样 T 细胞及神经外胚层起源的细胞。该抗体是肺神经内分泌肿瘤首选的特异性标记物。

17. 尾型同源盒基因－2 蛋白(caudal-related homeobox gene 2, CDX2)　阳性部位:细胞核。CDX2 是由 311 个氨基酸组成的蛋白质,是一种肠特异性的转录因子,能够调节肠上皮细胞的增殖和分化。CDX2 在肺转移性结/直肠黏液腺癌中有 97% 的表达率,而在所有的黏液性细支气管肺泡癌中全部阴性表达。因此,CDX2 常用于原发性和转移性肺腺癌的鉴别诊断。

18. Ki-67 阳性部位：细胞核。Ki-67是与细胞周期密切相关的细胞增殖标记物，G1、S、G2和M期有表达，G0期无表达。其增殖指数与许多肿瘤的分化程度、浸润转移及预后密切相关。

（复旦大学附属中山医院病理科 曾海英 卢绍华）

第十章

消化系统肿瘤诊断及常用免疫标记物

第一节　胃肠道常用免疫组织化学标记物

一、上皮细胞标志

1. 细胞角蛋白(cytokeratin，CK)　阳性部位：细胞质。相对分子质量为$(40\sim60)\times10^3$，是一种中间丝蛋白，通常被认为是上皮分化的基本分子标记物，其组成可反映不同的细胞类型或不同分化状态。根据细胞角蛋白分子量不同，分为 20 余种，并粗略划分为高分子CK(HCK)和低分子 CK(LCK)，按照分子量由大到小的顺序排列，序号越大，则分子量越小。

(1) 广谱细胞角蛋白(PCK、AE1/AE3)：标记所有单层上皮、复层上皮、移行上皮细胞，各种上皮细胞来源的良恶性肿瘤、滑膜瘤和间皮瘤等少部分间叶源性肿瘤亦可阳性。

(2) 高分子角蛋白(HCK、HMW、34βE12)：标记复层鳞状上皮及鳞状细胞癌，常用于标记前列腺基底细胞，观察基底细胞存在与否有助于前列腺癌的诊断。

(3) 低分子细胞角蛋白(LCK)：主要存在于单层上皮及腺上皮细胞，因此，LCK 主要用于内脏腺上皮肿瘤的诊断与鉴别诊断。

(4) 细胞角蛋白 7(CK7)：相对分子质量为 54 000。主要标记腺上皮和移行上皮细胞，卵巢、肺和乳腺上皮为 CK7 阳性，而结肠、前列腺和胃肠道上皮为 CD7 阴性，因此可用于卵巢癌(CD7+)和结肠癌(CK7−)的鉴别。

(5) 细胞角蛋白 8(CK8)：相对分子质量为 52 500，主要标记非鳞状上皮，因此主要用于腺癌和导管癌的诊断，鳞癌一般不表达 CK8。有报道肝细胞癌主要表达 CK8 和 CK18。

(6) 细胞角蛋白 10(CK10)：相对分子质量为 56 500。主要标记上皮的基底上层和颗粒细胞层，同时 CK10 表达与细胞的分化程度呈正比，高分化者常阳性，主要用于鳞癌的诊断。

(7) 细胞角蛋白 13(CK13)：相对分子质量为 53 000。标记所有的复层上皮，包括角化和非角化上皮。主要用于高分化鳞状细胞癌的诊断。

(8) 细胞角蛋白 18(CK18)：相对分子质量为 45 000,属低分子量 A 型细胞角蛋白。主要标记各种单层上皮包括腺上皮,而复层鳞状上皮常为阴性。主要用于腺癌的诊断。

(9) 细胞角蛋白 19(CK19)：相对分子质量为 40 000,分布于各种单层上皮包括腺上皮,主要用于腺癌的诊断。肝细胞不表达 CK19,因此可用于肝癌和转移性腺癌的鉴别。

(10) 细胞角蛋白 20(CK20)：相对分子质量为 46 000,主要标记胃肠道上皮、尿道上皮和 Merkel 细胞。主要用于胃肠道腺癌、卵巢黏液性肿瘤和 Merkel 细胞癌的诊断。鳞癌、乳腺癌、肺癌、子宫内膜癌和卵巢非黏液性肿瘤均不表达 CK20。

(11) Cytokeratin CAM5.2：阳性部位：细胞质。是一种低分子量角蛋白,对腺上皮和各种腺癌均呈强阳性,在腺上皮表达强于复层鳞状上皮,而在鳞状上皮和尿路上皮不表达或低表达,是胃肠道腺癌的最常用标记物。

2. 绒毛蛋白(villin)　阳性部位：细胞质/膜及刷状缘。Villin 是一种相对分子质量为 95 000 的细胞骨架蛋白,正常分布于肠上皮和肾近曲小管上皮,可用于肠上皮来源肿瘤与非肠上皮肿瘤的鉴别诊断,也可作为胃肠道神经内分泌肿瘤诊断的参考指标。

3. 尾型同源盒转录因子 2(caudal-type homeobox gene transcription factor 2，CDX2)　阳性部位：细胞核。CDX2 是一种肠上皮细胞特异性核转录因子,正常胃黏膜组织不表达 CDX-2,而肠化生、异型增生和胃癌组织中存在 CDX-2 异位表达。

4. 上皮膜抗原(epithelial membrane antigen，EMA)　阳性部位：细胞膜。EMA 是一组糖蛋白,广泛分布在各种正常上皮细胞膜及其肿瘤细胞中,分布范围与细胞角蛋白相似,但对内脏腺上皮的表达优于细胞角蛋白。对上皮源性肿瘤,尤其是低分化腺癌,最好与细胞角蛋白联合应用,可提高阳性率。

5. 黏蛋白(mucin，MUC)　阳性部位：细胞质。MUC 广泛分布于机体各组织黏膜上皮表面,对黏膜起润滑、保护作用。MUC 的分布有组织、器官和细胞特异性。分泌型 MUC 主要存在于呼吸道、消化道上皮表面及实质性脏器的管道如肝脏、胰腺、肾脏,并形成凝胶样物,起保护黏膜的作用,同时还参与构成保护性的细胞外 MUC 凝胶。胃普通型腺癌,如管状腺癌、乳头状腺癌、黏液腺癌、低黏附性癌或者上述组织学类型的混合性腺癌,常出现肠上皮(表达 MUC2、CDX-2 和 CD10 等)或小凹上皮(表达 MUC1、MUC5AC 和 MUC6 等)表型特征,它们的诊断通常无须凭借免疫组织化学方法。然而,一些特殊类型的胃癌,如低分化神经内分泌癌、肝样腺癌/产生 α-AFP 的腺癌、胃癌伴淋巴样间质(多与 EBV 感染有关)、绒毛膜癌等,常需免疫组织化学标记协助确诊(参见图 10-1,表 10-1)。

表 10-1　腺体来源鉴别免疫表型

部位	CD10	MUC2	MUC5AC	MUC6
小凹上皮	−	−	+ (黏膜表面)	+ (腺体)
幽门腺	−	−	+	+/− (腺体)
肠化生	+ (腺体腔面)	+ (杯状细胞)	−	−

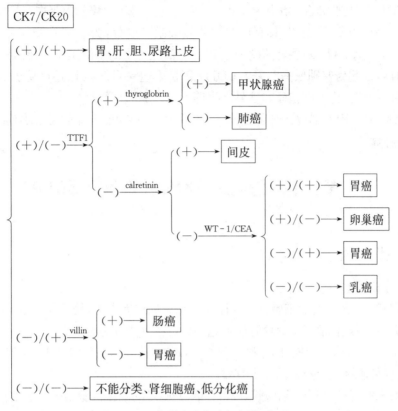

图 10-1　各类上皮免疫标记鉴别

二、常用间叶细胞标志物

1. 波形蛋白(vimentin，Vim)　阳性部位：细胞质，间叶组织标志。

2. S100　阳性部位：细胞核/质，标记神经胶质细胞与施万细胞，黑色素细胞，脂肪细胞等。

3. 平滑肌肌动蛋白(smooth muscle actin，SMA)　阳性部位：细胞质，标记平滑肌。

4. CD56　阳性部位：细胞膜，为神经细胞黏附分子主要分布于大多数神经外胚层来源细胞，常用于神经内分泌肿瘤诊断。

5. 结蛋白(desmin，Des)　阳性部位：细胞质，广泛分布于平滑肌、心肌、骨骼肌细胞和肌上皮细胞，高分化者高表达、低分化者低表达。

6. 肌特异性肌动蛋白(muscle specific actin，MSA)　阳性部位：细胞质，广泛分布于几乎所有肌型细胞中。

7. CD68　阳性部位：细胞质，存在于骨髓和各组织的巨噬细胞中，用于粒细胞、各种单核细胞来源肿瘤、包括恶性纤维组织细胞瘤诊断。

8. CD34　阳性部位：细胞质/膜，表达于早期淋巴造血干细胞、祖细胞、内皮细胞、胚胎成纤维细胞和某些神经组织细胞，多用于标记血管内皮细胞，血管源性肿瘤的诊断，GIST 80%～90%。CD31 也标记血管内皮。

9. CD117　阳性部位：细胞质/膜。CD117 是 c‐kit 原癌基因蛋白，是一种干细胞或肥大细胞生长因子的跨膜受体，具有内源性酪氨酸激酶成分，为 c‐kit 受体酪氨酸激酶标志物。GIST 表达 CD117 阳性者达到 95% 以上。消化道中的平滑肌瘤、平滑肌肉瘤、神经鞘瘤 CD117 阴性，以此为鉴别依据。关于 CD117 阳性表达除 GIST 外，还可见于 Ewing 肉瘤、黑色素瘤、血管肉瘤、施万细胞瘤和软骨肉瘤等。

10. DOG1　阳性部位：细胞质/膜。DOG1 是一种功能未知的蛋白质，选择性表达于胃肠道间质肿瘤。

第二节　消化系统常见肿瘤免疫标记物

一、上皮性肿瘤

(一)胃肠道腺癌

1. $Ki67$　阳性部位：细胞核。胃癌化疗相关免疫标志物，是一种细胞核抗原，非 G0 和 G1 期细胞均可表达，常用于评价肿瘤细胞的增殖活性。细胞毒性化疗药物只对进入细胞分裂周期(G1、S、G2 和 M 期)的肿瘤细胞有效，$Ki67$ 阳性率高意味着更多癌细胞进入细胞分裂周期且有可能对化疗药物治疗更有效。

2. HER2　阳性部位：细胞膜。2010 年，ToGA 的临床试验结果显示，对于 HER2 阳性胃癌患者而言与单纯化疗(顺铂＋5 FU 或卡培他滨)相比，曲妥珠单抗联合化疗可显著改善患者总生存期和无病生存期及客观缓解率。因此，HER2 状态的精准检测对胃癌患者的个体化治疗是非常关键的，推荐胃癌 HER2 检测方法和评判标准要严格按照中国《胃癌 HER2 检测指南》进行。多项有关胃癌 HER2 检测的研究发现胃癌和乳腺癌 HER2 表达的不同，认为有必要建立符合胃癌特性的 HER2 检测流程和判读标准。胃癌形成 U 型(基底和侧面)不完整膜染色应视为阳性；胃癌中肿瘤异质性比乳腺癌更常见，因此，胃镜活检标本中 HER2 阳性的判读标准取消了细胞染色百分比的临界值，但是 10% 的临界值仍然适用于手术标本。结果判读共识：①HER2 状态检测首先选用 IHC 法。② IHC 强阳性表达的病例判断为 HER2 阳性，无须进一步做原位杂交检测。③IHC 弱阳性和 IHC 阴性的病例，判断为 HER2 阴性，无须进一步做原位杂交检测。④IHC 中等强度标记的病例为不确定病例，需进一步行原位杂交检测，如原位杂交阳性，判断为 HER2 阳性；如原位杂交阴性，判断为 HER2 阴性。

3. 血管内皮生长因子受体 2(vascular endothelial growth factor receptor 2，VEGFR 2)　阳性部位：细胞质。VEGFR 2 的主要作用是介导肿瘤血管形成信号通路。ramucirumab(雷莫芦单抗)是一种全人源化的 IgG1 单克隆抗体药物，靶点是 VEGFR 2 的胞外区，阻滞 VEGF 配体的相互作用，抑制受体激活。最近，两项全球性、随机、双盲Ⅲ期临床试验结果发现，ramucirumab 联合铂类和(或)氟尿嘧啶类药物或 ramucirumab 联合紫杉醇与安慰剂联合相应化疗药物相比，能够提高初始化疗后病情恶化的晚期胃癌患者的总生存(OS)和无病存活(DFS)。因此，对 VEGFR 2 过表达的检测，很可能成为 ramucirumab 靶向治疗胃癌的重要前提。

4. **表皮生长因子受体**(epidermal growth factor receptor,EGFR) 又称 HER1,阳性部位：细胞膜。EGFR 是人类表皮生长因子受体家族成员之一的跨膜酪氨酸激酶受体。胃癌中 EGFR 基因突变罕见，而常表现为基因扩增或蛋白过表达。最近,有研究发现 EGFR 免疫组织化学＋＋/＋＋＋的胃癌患者很可能是会从 EGFR 靶向单克隆抗体(尼妥珠单抗)药物治疗中获益的胃癌患者。因此,对胃癌组织 EGFR 的免疫组织化学检测是具有重要的临床应用价值。EGFR 过表达胃癌患者的预后较差。

5. **肝样腺癌/产生甲胎蛋白(AFP)的腺癌** 多数病例类似于肝细胞癌,可见胆汁或胞质内嗜酸性小球；局灶区域可见典型胃癌形态。少数病例呈高分化乳头状、管状腺癌,细胞质透亮,易误诊为普通型胃癌,并且当胃和肝脏同时出现肿瘤时,鉴别诊断比较困难。需应用免疫标志物如 HepPar-1、AFP、CK19 和 CDX-2 等进行鉴别。上述 4 种标志物在胃肝样腺癌中常呈不同程度阳性表达,而肝细胞癌常不表达 CK19 和 CDX-2。

(二)肝脏

免疫组织化学标志物为肝细胞癌的诊断和鉴别诊断提供重要的临床病理学依据。免疫组织化学是诊断肝细胞癌的重要组织病理技术,特别是对难以确诊的高分化肝细胞癌(well-differentiated hepatocellular carcinoma,WD-HCC)具有重要的辅助诊断作用。肝细胞癌常用的免疫组织化学标志物有肝细胞石蜡抗原-1(hepatocyte paraffin antigen 1,HepPar-1)、磷脂酰胺醇蛋白聚糖 3(GPC3)、热休克蛋白 70(HSP70)和谷氨酰胺合成酶(GS)。临床研究表明,HSP70、GPC3 和 GS 三者均是肝细胞癌早期重要的诊断标志物。

1. **HepPar-1** 阳性部位：细胞质。其抗原决定簇作为肝细胞线粒体膜的成分之一,对肝脏肿瘤细胞的特异性较高,100％表达于分化较好的肝细胞癌,而分化差的 HCC 只有＜5％的瘤细胞表达阳性。此外,Hep-Parl 还在 50％的胃腺癌、胃和胆囊的肝样腺癌、内胚窦及肝母细胞瘤中呈灶状阳性,在结肠、肺、宫颈、胰腺和膀胱腺癌中也可局灶阳性,这表明 Hep-Parl 对 HCC 的诊断并无绝对特异性。

2. **多克隆癌胚抗原(pCEA)** 阳性部位：细胞质/膜。CEA 是从结肠癌中分离出一种肿瘤相关抗原,因其在胎儿的肠道表达非常高,故将其命名为癌胚抗原(CEA)；其可分为多克隆和单克隆,且因为抗原决定簇的不同呈不同形式的表达。单克隆 CEA(mCEA)染色位于细胞质,仅 0～11％在 HCC 中呈阳性表达,且在胆管中不表达,在 ICC 或 MAC 中仅60％～75％呈阳性表达。多克隆性 CEA(pCEA)呈细胆管型染色,特异性地与细胆管上的胆管糖蛋白起反应。但 70％～88.9％的 HCC 呈 pCEA 染色阳性,分化较好的 HCC 阳性率较高,分化差的 HCC 阳性率为 50％。胆管上皮癌和腺癌均小管染色阴性。

3. **甲胎蛋白(AFP)** 阳性部位：细胞质。AFP 是胎儿时期血清中分泌的一种高分子量的球蛋白,主要在胚胎干细胞内合成。胎儿出生后,AFP 的表达逐渐下降,在成人正常肝细胞中的表达率极低,但在肝细胞肝癌中却有较高的表达。文献中免疫组织化学颜色标记的 AFP 在 HCC 组织中阳性率为 15％～82％。一直以来,作为肝癌重要的诊断的标志物 AFP,对原发性肝癌的诊断及治疗具有重要指导作用。当 AFP 升高时,肝癌肿瘤体积已经较大,且生存时间明显缩减,预后较差。AFP 在 HCC 组织中的表达阳性率与癌细胞分化等级呈负相关,但与 HCC 瘤体大小的关系尚不确定。AFP 也常常阳性表达于胃肠道、胆道的肝样腺癌及生殖细胞肿瘤。另外,一些良性肝病患者血清 AFP 也有升高现象,使单独应用 AFP 诊断 HCC 有一定的局限性。表达水平较低的早期肝细胞癌患者(AFP＜200 ng/ml),谷氨酰胺合成酶(GS)具有良好的辅助诊断价值。研究发现,HCV 相关性肝细胞癌早期患者的 GS 表达水平及磷酸化水平增高,并且产 GS 的癌细胞以结节内结节的方式生长于肿瘤中。GS 在早期肝细胞癌组织中的阳性率为 70%。

4. 热休克蛋白(HSP70) 阳性部位:细胞核/质。在肝细胞癌早期,HSP70 表达水平上调,表达含量与癌前病变、非癌组织差异有显著性,是诊断早期肝细胞癌较为敏感的指标之一。最新研究发现,慢性肝炎、肝硬化及肝细胞癌患者血清 HSP70 水平呈现连续性、渐进性升高特点,且肝细胞癌患者 HSP70 水平显著高于正常人群和其他肝脏疾病患者,进一步肯定了 HSP70 作为肝细胞癌诊断标志物的价值。

5. 磷脂酰肌醇蛋白聚糖 3(glypican‐3,GPC3) 阳性部位:细胞质,为硫酸乙酰肝素蛋白多糖家族成员,属于癌胚抗原。GPC3 在局灶性结节增生等肝脏良性肿瘤结节中呈阴性,在肝细胞癌结节中呈阳性;若在异型增生结节中呈阳性,特别是高度异型增生结节,提示该结节已处于肝细胞癌癌前病变晚期阶段,具有向肝细胞癌转变的高风险倾向。血清 GPC3 水平能显著提高血清 AFP 阴性患者肝硬化结节的肝细胞癌的确诊率,但其是否能代替 AFP 作为肝细胞癌新的诊断标志物,仍需大量临床实践论证。

6. 谷氨酰胺合成酶(glutamine synthesis,GS) 阳性部位:细胞质。是哺乳动物体内催化谷氨酰胺合成的关键酶。该酶在肝脏特别是在肝小叶中央静脉周围活化的肝母细胞(activated hepatocyte progenitor cells)中高表达,其终产物谷氨酰胺是肿瘤细胞新陈代谢的重要能源物质。GS 在肝硬化结节、异型增生结节和肝细胞癌结节等多种肝脏结节性病变中异常表达。

表 10‐2 肝细胞肝癌与胆管细胞癌免疫标记物鉴别

免疫标记物	肝细胞肝癌	胆管细胞癌
AFP	＋	－
HepPar‐1	＋	－
GPC3	＋	－
CK8/CK18	＋	－
CK7	灶性＋	
CK19	－	＋
EMA	－	＋
pCEA	小管染色＋	＋
Villin	－	刷状缘＋
CD10	小管染色＋	刷状缘＋
CDX2	－/＋	＋/－
CD34	肝窦毛细血管化	血管＋
网状染色		
PAS‐D		＋

（三）胰腺肿瘤

胰腺癌 Smad4(DPC4)　阳性部位：细胞核/质。是肿瘤抑制基因，作为肿瘤抑制基因，最初是在 40%～50% 的胰腺癌中发现有缺失和突变。近期的研究发现，其突变更多地局限于胰腺癌、结肠癌及胆道肿瘤，在胃癌、卵巢癌、肝癌等部位的突变率<10%。突变类型以点突变为主，包括错义突变、无义突变、静止突变等。突变 SMAD4 蛋白其调节靶基因转录的功能受损，可能有 3 个方面的原因：①MH1 区的突变使其不能与 DNA 的 SBE 结合；②MH2区的突变阻止 SMAD4 的核移位；③MH2 区断裂突变削弱其转录调节功能（表 10-3）。

表 10-3　胰腺囊性病变的免疫组织化学鉴别

免疫指标	实性假乳头状肿瘤	神经内分泌肿瘤	腺泡细胞癌	胰母细胞瘤
VIM	+	灶性+	灶性+	/
CK	灶性+	+	+	+
CgA	−	+	灶性+	灶性+
Syn	灶性+	+	灶性+	−
Pr	+	灶性+	−	/
CD56	+	+	−	灶性+
CD10	+	−	灶性+	灶性+

（四）神经内分泌肿瘤

免疫组织化学在神经内分泌肿瘤的诊断和鉴别诊断中起重要作用。源于神经内分泌细胞神经内分泌肿瘤的上皮的标记物有：PanCK、EMA、CK8、CK7、CK19 等。胺及肽类激素标记有：ACTH、GH、5-HT、VIP、促胃液素(gastrin)、生长抑素(somatostatiri)、胰多肽(PP)、降钙素、TG 等。

2011 年，业内形成共识推荐必需检测的项目为 Syn 和 CgA，摒弃了 CD56。这是由于 CD56 在淋巴瘤、横纹肌肉瘤、滑膜肉瘤等肿瘤中均可表达，特异性差。Syn 和 CgA 主要用于确定分化差的癌是否有内分泌分化，在 NET 诊断中起重要作用。小细胞癌的组织学特征显著，并不要求 Syn 和 CgA 一定阳性。小细胞癌的免疫组织化学主要用于排除其他小圆细胞肿瘤，包括淋巴瘤、Ewing/PNET、促结缔组织增生性小圆细胞肿瘤，基底细胞样鳞癌。而非小细胞型 NEC 则要求必须有免疫组织化学证实有内分泌分化。以往内分泌癌的免疫组织化学判断要求有 2 个内分泌标记的弥漫强阳性，而 2011 年形成的共识却认为 Syn 和 CgA 只要有定位准确的阳性反应，不需要半定量评价阳性强度和阳性细胞数。其他可用标记：NSE、S100 等。

1. 突触素(synaptophysin, syn)　阳性部位：细胞质。突触素是相对分子质量为 38 000 的跨膜糖蛋白，位于突触前囊泡。绝大多数神经内分泌瘤细胞弥漫表达 Syn。由于所有神经元细胞都参与 Syn 的呈递，因此，神经元细胞和部分神经细胞也表达 Syn 阳性，此外部分非神经内分泌瘤细胞(如胰腺实性假乳头状肿瘤)也可以显示阳性。

2. 嗜铬素 A(chromogranin A, CgA)　阳性部位：细胞质。嗜铬素 A 和 B 是神经内分泌颗粒中的酸性糖蛋白。位于神经元和神经内分泌细胞的分泌囊泡内,不是所有神经内分泌细胞均含此类分泌囊泡,不同神经内分泌细胞所含囊泡数量也不同,阳性程度取决于致密核心颗粒的数量。因此,CgA 在不同部位、不同分化的 NEN 中的表达有所不同。例如,发生在直肠和阑尾的 NEN 及十二指肠的生长抑素瘤一般不表达 CgA,肺小细胞癌常弱或不表达 CgA。在甲状腺髓样癌、甲状旁腺肿瘤、副神经节瘤及类癌中表达阳性。直肠类癌主要表达 CgB 而不是 CgA。

3. 绒毛蛋白(villin)　类癌和胰腺的胰岛细胞肿瘤形态学特征相似,无法区分。据文献报道,在 85% 的胃肠道类癌病例中有 villin 的表达,但在胰岛细胞肿瘤上未见阳性表达报道。villin 在类癌上的表达通常为胞膜阳性。另外,有一些证据表明,villin 在胃和下消化道的小细胞癌上的表达率比在其他部位,如肺、食管、膀胱或前列腺等的小细胞癌上要高。据文献报道,大约有 40% 的肺类癌病例 villin 阳性,在其他一些神经内分泌肿瘤上,如甲状腺髓样癌和少数的美克尔细胞瘤上也有 villin 的表达。

二、间叶源性肿瘤

胃肠道间质瘤(gastrointestinal stromal tumors,GIST)是最常见的胃肠道间叶性肿瘤。近年来,随着对 GIST 的广泛认识,在临床工作中极易将其他一些形态学特征性不明显的胃肠道间叶性肿瘤过诊或误诊为 GIST。事实上,除 GIST 外,平滑肌瘤和平滑肌肉瘤、神经鞘瘤、炎性纤维性息肉(inflammatoryfibroid polyp,IFP)、腹腔和肠系膜纤维瘤病、胃肠道血管周上皮样细胞肿瘤(perivascular epithelioid cell tumor,PEComa)以及腹腔内滤泡树突细胞肉瘤等也可发生于消化道。此外,国外文献最近相继报道了一些形态学特殊的胃肠道间叶性肿瘤的新病种,如胃肠道透明细胞肉瘤(clear cell sarcoma of gastrointestinal tract,CCS - GI)、胃肠道恶性神经外胚层肿瘤(malignant gastrointestinal neuroectodermal tumor,MGNET)、微囊/网状型神经鞘瘤、上皮样炎性肌纤维母细胞肉瘤(epithelioid inflammatory myofibroblastic sarcoma,EIMS)、胃丛状血管黏液样肌纤维母细胞肿瘤(plexiform angiomyxoid myofibroblastic tumor,PAMT)等。由于对这些肿瘤组织学谱系和变异型尚未完全认识,在诊断中可能存在误区,应该结合各自独特的临床病理学特征、免疫表型、分子学特征、鉴别诊断及生物学特性进行诊断。

1. 胃肠道间质瘤　绝大多数 GIST 特征性表达 CD117 和 DOG1,部分病例表达 CD34,很少或仅局灶性表达 S100。对于组织学形态符合典型 GIST、CD117 和 DOG1 弥漫阳性的病例,可做出 GIST 的诊断;对于组织学形态考虑为 GIST,但是 CD117＋、DOG1－或 CD117－、DOG1＋的病例,在排除其他类型肿瘤后可做出 GIST 的诊断;必要时,进一步行分子病理学检测以确定是否存在 c - kit 或 PDGFRA 基因突变;对于组织学形态符合典型 GIST,但是,CD117 和 DOG1 均为阴性的病例,在排除其他类型肿瘤(如平滑肌瘤、神经鞘瘤和纤维瘤病等)后,需要进一步行 c - kit 基因和或 PDGFRA 基因的检测。如有 c - kit 基因或 PDGFRA 基因突变,可诊断为 GIST,如无 c - kit 基因或 PDGFRA 基因突变,也可做出野生型 GIST 的诊断。基因检测位点:KIT 11、9、13 和 17;PDGFRA 12、18。可优先检测最常见的突变位点:KIT 11、9;继发耐药增加检测:13、14、17、18 (图 10 - 2)。

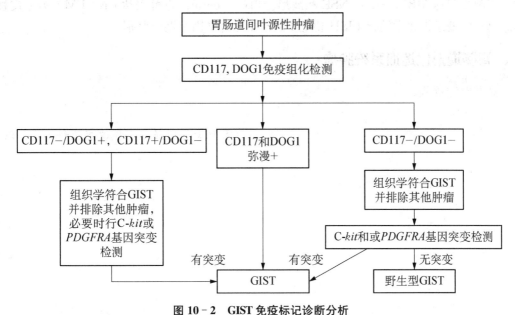

图 10-2　GIST 免疫标记诊断分析

2. 其他胃肠道梭形细胞肿瘤免疫表型

（1）胃平滑肌瘤：SMA、MSA、结蛋白（desmin）和钙调蛋白（caldesmon）均阳性。

（2）炎性肌纤维母细胞瘤（inflammatory myofibroblastic tumor, IMT）：瘤细胞除表达 SMA、结蛋白外，常可表达 ALK1。

（3）胃肠道神经鞘瘤：肿瘤细胞表达 S100，可资鉴别。

（4）纤维瘤病：瘤细胞除表达波形蛋白（vimentin）、SMA、MSA 和结蛋白（desmin）外，β-联蛋白（β-catenin）核阳性，可资鉴别。

（5）炎性纤维性息肉：细胞表达 CD34 和 PDGFRα 有助于与 PAMT 鉴别。

（6）胃肠道透明细胞肉瘤：肿瘤细胞 S100 呈弥漫阳性，HMB-45、Melan-A 及其他间叶源性、上皮源性标志物均为阴性。

（7）胃肠道 PEComa：肿瘤细胞常表达 TFE3、HMB-45、Melan-A、desmin 及 SMA，不表达 S100。

（8）胃肠道恶性神经外胚层肿瘤：肿瘤细胞表达 S100，部分病例 GFAP、CD34 和 CD56 呈不同程度表达，CKpan、EMA、Syn、CgA、SMA、desmin、CD117、HMB-45、CD68、CD10 和 p63 等均阴性。

（9）胃丛状血管黏液样肌纤维母细胞肿瘤：梭形肿瘤细胞免疫表型 SMA、MSA 和 vimentin 均阳性，部分瘤细胞钙调蛋白（caldesmon）阳性，CD117、CD34 和 DOG1 均阴性。

（10）上皮样炎性肌纤维母细胞肉瘤：肿瘤细胞表达 desmin、CD30 和 ALK，部分病例表达 SMA，ALK 阳性模式主要为细胞核膜着色，有时可表现为胞质着色伴核周空晕，而在 IMT 主要为胞质着色。

（11）上皮样恶性周围神经鞘膜瘤（malignantperipheral nerve sheathtumor, MPNST）：

肿瘤细胞多表达 MBP、S100、NSE 和波形蛋白(vimentin),也可表达 CK、EMA 等上皮性标志物。免疫组织化学结合 FISH 检测 EWSR1 融合基因有助于鉴别。

三、胃肠道淋巴造血系统肿瘤

见淋巴瘤章节。

(复旦大学附属华山医院病理科　樊　洁)

第十一章

软组织肿瘤诊断及常用免疫标记物

软组织肿瘤具有与上皮源性肿瘤明显不同的特点。①种类多：根据不同的组织来源，WHO（2013年）将软组织肿瘤分为十二个大类，一类肿瘤又包含多种类型，一些肿瘤还有许多不同亚型。②分布广：涉及全身所有的组织器官，一种肿瘤在不同的部位可能具有不同的形态特点、功能表现和分子表型。③许多组织来源和生物学特性不同的软组织肿瘤在形态上可能有明显的相似性，所以常用小圆细胞肿瘤、梭形细胞肿瘤、上皮样肿瘤、多形性肿瘤等名称来分类探讨。④软组织肉瘤分化差时常出现出血、坏死、囊性变、黏液样变性等改变，加重了病理诊断的难度。⑤许多软组织反应性病变与恶性肿瘤在生长特性和形态表现上常常胶着在一起，由此增加了活检时鉴别诊断的工作量和病理医师的精神压力。

鉴于上述特点，免疫组织化学技术在软组织肿瘤的诊断和鉴别诊断中起着重要的作用，尤其是通过多种标记物的组合以明确肿瘤的细胞来源，并由此帮助肿瘤生物学特性的推测。50年来，这一技术得到了长足的进步，这主要表现在大量标记物的不断涌现，对其的标记对象的性质和意义的认识也有了明显的长进，大大提高了软组织肿瘤诊断的准确性。

需要指出的是免疫组织化学技术的应用也有其局限性：①标记物的种类繁多，除了特异标记的对象外，多数标记物还常有一些不可理解的反应结果（特异或非特异性交叉反应）。②一个被标记对象由于使用的抗体不同、同一种抗体不同的克隆、同一克隆不同的生产批次，以及不同的工作浓度和具体操作的差异都可能影响反应的强度和分布。③为了保证免疫组织化学结果的可靠性，一个标本常需要使用多种标记物，这时即要考虑一定量的同类标记物做交叉印证，又不能过多重叠而造成浪费或甚至影响结果的判定。④免疫组织化学检测结果的判断和采信是一个高技术含量的工作，需要考虑所用标记物的特性、标记的阴/阳性结果及其分布的可靠性、不同标记物间及标记与HE形态表现间的吻合性。

因此，需要强调的是免疫组织化学在软组织肿瘤诊断和鉴别诊断中是一种非常重要的技术，但其定位还是一种辅助诊断技术，具体操作时（从抗体选择到结果分析）要充分考虑病变在HE染色下的形态表现，根据大致的诊断和鉴别诊断思路，选择有针对性的一线抗体或配套的抗体组合，对标记结果及其临床意义进行合理的分析，做好质量控制。

第一节　软组织肿瘤常用免疫标记物

一、上皮细胞标记

1. 细胞角蛋白（CK）　在软组织肿瘤的诊断和鉴别诊断中上皮性标记物主要用于排除肉瘤样癌等上皮性肿瘤。

一般的软组织肿瘤 CK 阴性，但部分具有上皮样分化的间叶肿瘤可表达 CK，如滑膜肉瘤、上皮样肉瘤、脊索瘤、副脊索瘤、骨内造釉细胞瘤、促结缔组织增生性小圆细胞肿瘤、间皮瘤和肌上皮肿瘤等。

少量非上皮样分化的肿瘤，如平滑肌肉瘤、横纹肌肉瘤、恶性周围神经鞘膜瘤（MPNST）、尤文肉瘤/原始神经外胚层肿瘤（PNET）、炎性肌纤维母细胞瘤、恶性纤维组织细胞瘤和透明细胞肉瘤可以表达 CK。但要排除抗体浓度过高等技术因素造成的假阳性，也有可能是因为中间丝抗原间有交叉反应所致。

2. 上皮细胞膜抗原（EMA）　大部分上皮细胞表达 EMA，但胃肠表面上皮、宫颈管上皮、前列腺腺泡上皮、附睾、生殖细胞、肝细胞、肾上腺皮质细胞、睾丸网、表皮鳞状上皮细胞和甲状腺滤泡上皮 EMA 可以阴性。而非肿瘤性脊索、神经周的成纤维细胞和浆细胞则可能表达 EMA。

部分软组织肿瘤，如滑膜肉瘤、上皮样肉瘤、上皮样血管内皮瘤/血管肉瘤、部分外周神经鞘肿瘤（神经束膜瘤和一些神经鞘黏液瘤）、脊索瘤、副脊索瘤和部分浆细胞瘤 EMA 阳性。

真正的 EMA 阳性是定位于胞膜和胞质，单纯胞质阳性为假阳性。间皮肿瘤 EMA 呈胞膜阳性，而腺癌则主要分布于胞质，有一定的鉴别意义。

3. Claudin-1　Claudin-1 是一种紧密连接蛋白，常用作上皮性的标志。有报道，在一些上皮来源的癌组织中其阳性率下降，并提示与肿瘤的分化和侵袭、转移有关。在软组织肿瘤中，Claudin-1 是外周神经束膜瘤的一个高度敏感的特异性标记物，与 EMA 同为诊断和鉴别诊断神经束膜瘤的主要指标。

二、肌细胞标记

1. 结蛋白（desmin，DES）　是软组织肿瘤中肌源性分化的一种特异性标记物，定位于胞质。其可见于几乎所有的横纹肌瘤、平滑肌瘤、横纹肌肉瘤和平滑肌肉瘤。

DES 还能标记一些含有横纹肌母细胞分化的肿瘤，如恶性蝾螈瘤、癌肉瘤、恶性中胚叶混合瘤、畸胎瘤、肾母细胞瘤和去分化脂肪肉瘤等。

含有肌纤维母细胞的病变如纤维上皮性息肉、肌纤维瘤（硬化性纤维瘤、肌纤维瘤病）、各种肌纤维母细胞瘤（肉瘤）、侵袭性黏液瘤、恶性纤维组织细胞瘤/多形性未分化肉瘤可表达 DES。

正常的肌上皮阴性。但腱鞘巨细胞瘤、PNET 和肌上皮瘤可以表达 DES。

原始神经外胚层肿瘤、上皮样肉瘤、MPNST、一些恶性横纹肌样瘤可异源性共表达。少数间皮瘤和腱鞘滑膜巨细胞瘤也可表达。表达 DES 的还有血管球瘤、血管外皮瘤、腺泡状软组织肉瘤、血管瘤样纤维组织细胞瘤、软组织骨化性纤维黏液样肿瘤。在促结缔组织增生性小圆细胞肿瘤 DES 阳性定位于核旁,呈特征性的点状染色,具有诊断价值。

2. 肌动蛋白(actin)

(1) α-平滑肌肌动蛋白(α-SMA):定位于胞质。平滑肌及其肿瘤阳性,横纹肌和心肌阴性。但 α-SMA 并不仅仅标记平滑肌肿瘤,肌纤维母细胞及肌纤维母细胞源性肿瘤和含有肌纤维母细胞的肿瘤或瘤样病变可以表达 α-SMA,如结节性筋膜炎、纤维瘤病、纤维组织细胞瘤、胃肠道间质瘤、子宫内膜间质瘤和去分化脂肪肉瘤。

SMA 还可标记肌上皮和血管周皮细胞,鼻窦球周皮细胞肿瘤、肌上皮瘤(癌)阳性。此外,少数横纹肌肉瘤、梭形细胞癌、间皮瘤可以表达 SMA,胃肠道间质瘤可以呈灶性或弱阳性。

(2) 肌特异性肌动蛋白(MSA):常用单抗是 HHF35,其主要标记平滑肌细胞、血管周皮细胞、骨骼肌细胞、肌上皮细胞和肌纤维母细胞。

MSA 用于平滑肌瘤(肉瘤)、血管球瘤和肌上皮瘤的诊断。横纹肌肉瘤的诊断常需结合 DES 和肌浆蛋白等标记物。含肌纤维母细胞的病变(如结节性筋膜炎、膀胱假肉瘤样肌纤维母细胞增生、肌纤维母细胞瘤/肉瘤、侵袭性血管黏液瘤、炎性肌纤维母细胞瘤、恶性纤维组织细胞瘤/多形性未分化肉瘤)和腺泡状软组织肉瘤也可表达 HHF35。

3. 肌红蛋白(myoglobin)　myoglobin 在横纹肌成熟过程中出现相对较晚,故胚胎性肿瘤中常阴性,临床多用于标记横纹肌瘤和多形性成人型横纹肌肉瘤。

4. Myo-D1 和肌浆蛋白(myogenin)　这 2 个标记物均定位于胞核,胞质阳性为假阳性。

Myo-D1 用于横纹肌分化的特异性标记物,非成熟的及胎儿骨骼肌阳性,而成熟的骨骼肌阴性。90％以上的横纹肌肉瘤 Myo-D1 阳性。偶尔多形性脂肪肉瘤、腺泡状软组织肉瘤也可呈胞质非特异性交叉反应。

肌浆蛋白可标记大多数横纹肌肉瘤和含有横纹肌成分的肿瘤(肾母细胞瘤和外胚层间叶瘤),在横纹肌肉瘤中腺泡状横纹肌肉瘤(50％瘤细胞阳性)的表达强于胚胎性横纹肌肉瘤(＜25％瘤细胞阳性)。多形性/梭形/硬化性横纹肌肉瘤则只有小灶阳性。成熟的骨骼肌阴性,但有报道再生的骨骼肌可表达肌浆蛋白。尤文肉瘤、神经母细胞瘤和促结缔组织增生性小圆细胞肿瘤肌浆蛋白阴性。

就诊断横纹肌肉瘤来说,肌浆蛋白的特异性要好于 Myo-D1,后者有一定的非特异性的胞质着色和背景染色。

5. 钙调素结合蛋白(caldesmon)　caldesmon 主要分布于平滑肌,而肌纤维母细胞和血管周皮细胞阴性,故该标记可用于平滑肌肿瘤与肌纤维母细胞瘤和血管周皮细胞肿瘤的鉴别诊断。但其在分化差的平滑肌肉瘤中阳性率不高,在软组织肿瘤免疫组织化学检测中常需与肌动蛋白联合应用。

正常肌上皮表达 caldesmon,但含有肌上皮细胞的混合瘤、软骨样汗管瘤、肌上皮瘤(癌)却呈阴性。皮肤的纤维组织细胞瘤和非典型性纤维黄色瘤 caldesmon 阴性,这可用于与皮肤平滑肌瘤(肉瘤)的鉴别。该标记与 CD10 联用可以区别子宫间质肿瘤与平滑肌肿瘤。

6. 钙调宁蛋白(calponin) calponin 是肌上皮细胞的标记物,多形性腺瘤和肌上皮癌多阳性,这点与 caldesmon 不同。在软组织肿瘤中,平滑肌瘤(肉瘤)和含有肌纤维母细胞的病变表达 calponin。此外,一定量的血管瘤样纤维组织细胞瘤、神经鞘黏液瘤、孤立性纤维性肿瘤、MPNST 和隆突性皮纤维肉瘤都可表达 caldesmon。有报道称,calponin 阴性则可除外滑膜肉瘤。

三、内皮细胞标记

1. Ⅷ因子相关抗原(vWF) vWF 仅见于内皮细胞和巨核细胞,主要用于(良性或交界性)血管肿瘤和形态相似肿瘤的鉴别。其敏感性远低于 CD31 和 CD34,尤其是在高级别血管肉瘤中 vWF 阳性率仅为 $10\% \sim 15\%$。

2. CD31 CD31 定位于细胞膜。正常主要分布于血管内皮细胞、巨核细胞和血小板,浆细胞也有不同程度的表达。

CD31 对内皮性肿瘤具有高度特异性,敏感性也很高。血管瘤、血管内皮瘤和血管肉瘤几乎 100% 阳性。故其常被用于差分化血管肉瘤与未分化癌或上皮样肉瘤的鉴别诊断。但对 Kaposi 肉瘤的标记率不如 CD34。

3. CD34 CD34 属于血管分化的潜在标记物,定位于细胞膜和胞质。不论肿瘤的级别,CD34 对内皮分化都具有高度敏感性,85% 的血管肉瘤和 Kaposi 肉瘤 CD34 阳性。

CD34 对内皮的特异不如 CD31,肠道 Cajal 细胞、皮肤附件周围和神经内衣的树突状间质细胞也表达 CD34。在软组织肿瘤中,CD34 的表达谱非常广,包括口腔纤维瘤病、指纤维瘤、隆突性皮纤维肉瘤、巨细胞纤维母细胞瘤、孤立性纤维瘤/血管外皮瘤、梭形细胞脂肪瘤/多形性脂肪瘤、树突状纤维黏液脂肪瘤、胃肠道间质瘤、肌周细胞瘤、神经纤维瘤、MPNST、上皮样肉瘤、异位性错构瘤性胸腺瘤和部分淋巴造血系统肿瘤等。因此,CD34 在肿瘤鉴别诊断时最好与其他抗体配套使用,并密切联系形态学表现。

4. 血栓调节蛋白/凝血调节蛋白(thrombomodulin,TM,CD141) TM 正常分布于内皮细胞、间皮细胞、成骨细胞、单核-巨噬细胞和部分上皮细胞。

TM 是内皮源性肿瘤,尤其是分化差的血管恶性肿瘤的敏感标记物。但一些转移性癌和大多数间皮细胞瘤 TM 可能阳性,故其不能作为血管肿瘤的单一标记物。

5. 荆豆凝集素(ulex europaeus agglutinin I,UEAI) UEAI 作为内皮的高度敏感性标记物,但其并非内皮细胞所特异,除血管肿瘤外,上皮样肉瘤、各种转移性癌和滑膜肉瘤的上皮样成分也可阳性。

6. D2-40 和 Podoplanin D2-40 主要用于标记淋巴管内皮细胞,淋巴管瘤、Dabska瘤、鞋钉样血管瘤、Kaposi 肉瘤和部分血管肉瘤阳性。此外,D2-40 还被用作间皮瘤的标记物,并具有较高的特异性。

podoplanin 的表达与 D2-40 相似,主要标记淋巴管瘤、Kaposi 肉瘤和部分血管肉瘤,并在上皮性间皮瘤中也有较高的阳性率。

7. TLI1 TLI1 属于转录因子 ETS 家族成员,被认为是高度特异的内皮细胞标记,分布于几乎全部内皮源性病变。但其也表达于正常的淋巴细胞、淋巴母细胞性淋巴瘤和其他多种肿瘤(骨外尤文肉瘤、促结缔组织增生性小圆细胞肿瘤、少数滑膜肉瘤),限制了其在内皮细胞肿瘤鉴别诊断中的意义。实际工作中多利用 TLI1 在尤文肉瘤/PNET 中高表达的特性,用于小圆细胞肿瘤的鉴别诊断,其特异性可能超过 CD99。

8. ERG (ETS-related gene)　ERG 属于转录因子 ETS 家族,也是 1 个高度特异和敏感的内皮分化标记物,有报道在血管源性肿瘤中 ERG 蛋白与 CD31 的表达一致。ERG 定位于胞核,见于各种良、恶性血管源性肿瘤,其在上皮样血管内皮细胞瘤、假肌源性血管内皮细胞瘤,甚至低分化(上皮样和梭形细胞)血管肉瘤也有良好的标记。

有些 EGR 抗体与 FLI1 有交叉反应。ERG 也可见于上皮样肉瘤,尤其是用针对 ERG 的 N 末端的抗体,而针对 ERG 的 C 末端的抗体则很少阳性。此外,ERG 在少量尤文肉瘤、淋巴母细胞性淋巴瘤、急性髓性白血病,以及其他多种肿瘤(甚至前列腺癌)也有表达。因此,其在鉴别诊断中的意义有限。

9. 钙调蛋白结合转录激活因子 1(calmodulin-binding transcription activators,CAMTA1)　CAMTA1 属于转录活化因子,推断是一种肿瘤抑制因子。CAMTA1 通常仅限于脑组织中表达,而少突胶质和星形胶质细胞瘤中表达缺失。在软组织肿瘤中 CAMTA1 常被用于上皮样肿瘤的鉴别诊断,因为 90% 的上皮样血管内皮细胞瘤呈弥漫性核着色,而非内皮细胞源性的上皮样间叶肿瘤 CAMTA1 均呈阴性。少量 CAMTA1 阴性的上皮样血管内皮细胞瘤多呈 TFE3 阳性。

四、神经、脂肪、及神经内分泌细胞标记

1. 神经微丝蛋白(neurofilament protein,NF)　NF 分布于神经元及其轴突,颅外软组织肿瘤中神经母细胞瘤的各种亚型、神经节瘤、副神经节瘤和转移性神经内分泌癌表达 NF。PNET 也可阳性。

2. 胶质纤维酸性蛋白(GFAP)　GFAP 主要表达于星形细胞、室管膜细胞、视网膜 Muller 细胞,而成熟少突胶质细胞一般不表达 GFAP。施万细胞、库普否细胞和一些软骨细胞 GFAP 可以呈假阳性。

GFAP 在软组织肿瘤诊断中意义不大,外周神经鞘瘤和软骨样肿瘤偶尔可以表达 GFAP。因此,GFAP 不宜列为软组织病理诊断常规抗体。

3. S100 蛋白　S100 的敏感性高,但特异性差,正常组织中神经元、少突胶质细胞、软骨细胞、施万细胞、黑色素细胞、脂肪细胞、淋巴结交指树突状细胞、朗格汉斯细胞、肌上皮细胞、脊索和副神经节中的支持细胞均呈阳性。S100 定位于胞核,也可伴有胞质,仅胞质着色可能是非特异性反应。

软组织肿瘤中主要用于识别施万细胞及其肿瘤,其特点是良性肿瘤几乎所有细胞都阳性,如神经鞘瘤、神经纤维瘤和颗粒细胞瘤都恒定表达 S100,副神经节瘤及嗅神经母细胞瘤中的支持细胞 S100 阳性。而恶性肿瘤 S100 的阳性率较低,如 MPNST 中 S100 常呈灶性或弱阳性,生物学行为上呈恶性的副神经节瘤 S100 阳性的细胞明显减少或缺如。除此之外,色素痣、黑色素瘤、脂肪和软骨细胞源性肿瘤、朗格汉斯细胞及其肿瘤、Rosai-Dorfman 病、透明细胞肉瘤、脊索瘤、副脊索瘤、部分神经鞘黏液瘤,甚至乳腺癌、甲状腺肿瘤、滑膜肉瘤、平滑肌肉瘤和横纹肌肉瘤等均可表达 S100。

4. SOX10   SOX10 是转录因子 SOX 家族成员,在神经脊和周围神经系统胚胎发育和细胞分化中起重要作用。SOX10 是施万细胞、色素细胞和肌上皮及其肿瘤相对特异的标记物,定位于细胞核。在良性施万细胞来源的肿瘤、透明细胞肉瘤和黑色素瘤(包括促结缔组织增生和梭形细胞亚型)中恒定表达。但在 MPNST 中阳性率低(30%~50%),且仅在少量细胞着色。表达 SOX10 的肿瘤还有星形胶质细胞瘤、良性肌上皮瘤、一些涎腺肿瘤和转移性癌(如三阴型乳腺癌),腺泡状横纹肌肉瘤偶尔阳性,胚胎性癌中多呈局灶表达。而间叶源性肿瘤,如细胞性神经鞘黏液瘤、胃肠道间质瘤、血管周上皮样细胞肿瘤、脑膜瘤和各种各样的纤维母/肌纤维母细胞肿瘤不表达 SOX10。在外周神经鞘瘤的诊断和鉴别诊断中 SOX10 的敏感性和特异性均高于 S100。

5. CD57(Leu7)   CD57 定位于胞膜及胞质。主要用于外周神经鞘肿瘤的标记,尤文肉瘤、PNET、神经母细胞瘤、少突胶质细胞瘤和神经内分泌肿瘤可表达 CD57。实际工作中 CD57 最常用来鉴别纤维肉瘤与多形性 MPNST、恶性纤维组织细胞瘤(MFH)与 MPNST,以及黏液性神经鞘肿瘤和非神经性的黏液性肿瘤。

部分非神经源性肿瘤如滑膜肉瘤、平滑肌肉瘤、促结缔组织增生性小圆细胞肿瘤 CD57 也可阳性。

6. 髓磷脂碱性蛋白(myelin basic protein,MBP)   MBP 用于节细胞神经母细胞瘤、节细胞神经瘤和节细胞性副神经节瘤的标记,部分颗粒细胞瘤也表达 MBP,但在周围神经肿瘤中的表现各家报道不一。

7. 蛋白基因产物 9.5(protein gene product 9.5,PGP9.5)   PGP9.5 主要用作神经和神经内分泌分化的标记物,常与 CgA 和 Syn 联用。PGP9.5 阳性的肿瘤有神经鞘瘤、副神经节瘤、MPNST、神经鞘黏液瘤和黑色素瘤。部分非神经性肿瘤如滑膜肉瘤和平滑肌肉瘤也可表达 PGP9.5。

8. 神经元特异性烯醇化酶(neuron-specific enolase,NSE)   NSE 属于神经元和神经内分泌细胞及其肿瘤的标记,可用于神经母细胞瘤的诊断,但特异性不高。除周围神经肿瘤外,副神经节瘤、神经内分泌癌、黑色素瘤、尤文肉瘤,甚至一些脏器的腺癌也可呈阳性反应,故目前很少使用。

9. 低亲和性神经生长因子受体(LANGFR)   表达 LANGFR 的细胞包括施万细胞、树突网状细胞、某些基底细胞、成纤维细胞和肌上皮。神经鞘瘤、神经纤维瘤、颗粒细胞瘤、MPNST 和树突网状细胞肉瘤 LANGFR 阳性。此外,LANGFR 在鉴别隆突性皮纤维肉瘤与纤维组织细胞瘤中的作用与 CD34 相同。

10. Ⅳ型胶原和层粘连蛋白   软组织中内皮细胞、平滑肌细胞和施万细胞周围有基膜,故Ⅳ型胶原和层粘连蛋白阳性。当部分 MPNST S100 蛋白或 CD57 阴性时,可用这两个标记与 MFH 和纤维肉瘤的鉴别诊断。此外,2 种蛋白在血管球瘤、神经鞘瘤、神经束膜瘤、高分化平滑肌瘤和横纹肌瘤的细胞周边也呈阳性表达。

11. 嗜铬蛋白(CgA)   CgA 是神经内分泌细胞及其肿瘤的标记物,此外在神经母细胞瘤、部分骨外尤文肉瘤/PNET 和腺样恶性神经鞘膜瘤也有不同程度的阳性表达。

12. 突触素(Syn)   正常的神经节、轴突、副神经节和神经内分泌细胞表达 Syn。故神经母细胞瘤、节细胞神经瘤和副神经节瘤 Syn 阳性,髓母细胞瘤、中央型原始神经外胚层瘤和多数嗅神经母细胞瘤 Syn 也可阳性。此外,骨外黏液性软骨肉瘤 Syn 阳性,部分骨外尤文肉瘤/PNET 中可以不同程度阳性。

五、间皮标记

(一)间皮阳性的标记物

1. D2－40 和 pddoplanin　主要标记上皮型间皮瘤,肉瘤样间皮瘤中阳性率不到 30%。

2. CK5/6　主要用于上皮型间皮瘤(阳性率 100%)与腺癌(阳性率 2%)的鉴别,但在肉瘤样间皮瘤中 CK5/6 多为阴性。

3. 钙网膜蛋白(calretinin)　阴性提示不具间皮细胞分化,但肉瘤样间皮瘤和促结缔组织增生性间皮瘤的阳性率同样不到 30%。

4. WT1 蛋白　定位于胞核,间皮瘤的阳性率可达 93%,腺癌阴性。Wilms 瘤、促结缔组织增生性小圆细胞肿瘤、部分横纹肌肉瘤也可表达 WT1。此外,苗勒上皮来源的盆腔和卵巢浆液性癌 WT1 阳性,故不能用于与腹、盆腔间皮瘤的鉴别。

5. 其他　血栓调节蛋白/凝血调节素(TM,CD141)、间皮素(mesothelin)、CD44S 和 HBME－1 这些抗体在间皮瘤均可呈胞膜阳性,但因在肺腺癌等上皮性肿瘤中也有一定比例的阳性表达,故现已很少用作间皮的标记。

(二)间皮阴性的标记物

癌胚抗原(CEA)、MOG－31、B72.3、BG－8、TTF－1、Leu－M1(CD15)、CA19－9 和 EMA 在间皮瘤中不表达或阳性率低 10%,实际工作中可用于间皮瘤与腺癌等的鉴别诊断。

六、色素细胞标记

1. HMB－45　HMB－45 定位于胞质,呈颗粒状。交界痣和蓝痣细胞阳性,而皮内痣和成人正常的色素细胞阴性。大多数黑色素瘤阳性(80% 左右),但其敏感性不如 S100(>90%),梭形细胞黑色素瘤常阴性。在软组织肿瘤中 HMB－45 还可用于血管平滑肌脂肪瘤、肺透明细胞肿瘤、血管周上皮样细胞肿瘤(PEComa)和软组织透明细胞肉瘤的诊断。

2. Melan－A　Melan－A 也定位于胞质,其正常存在于黑色素细胞、肾上腺皮质和性索(间质细胞和粒层细胞),在肿瘤中色素痣、65%～85% 黑色素瘤 Melan－A 阳性,而梭形细胞黑色素瘤的阳性率仅为 50%。在软组织肿瘤中主要用来标记透明细胞肉瘤和 PEComa。此外,在部分血管平滑肌瘤、肾上腺皮质肿瘤、Leydig 细胞肿瘤、支持-间质细胞肿瘤、粒层细胞肿瘤可呈不同程度阳性表达。

3. PNL2　PNL2 抗体是一个相对较新的黑色素瘤标记物,其在正常的黑色素细胞(皮肤、口腔黏膜)及其来源肿瘤中呈胞质表达。同 Melan－A 和 HMB45 一样,PNL2 能标记大部分透明细胞瘤、部分血管平滑肌脂肪瘤和淋巴管平滑肌瘤。此外,PNL2 在血管周上皮样细胞肿瘤(PEComa)和黑色素性神经鞘瘤的非黑色素细胞病变区呈阳性反应。因此,PNL2 与 HMB－45、MART－1、S100、酪氨酸酶(tyrosinase)和 MiTF 抗体联用,可用于黑色素瘤和透明细胞肉瘤的鉴别诊断。

七、 组织细胞和树突细胞标记物

1. CD68 CD68 定位于胞质,主要标记组织细胞及其源性病变,如幼年性黄色肉芽肿、黄色瘤、纤维黄色瘤和组织细胞性淋巴瘤等。其特异性不高,纤维组织细胞源性肿瘤 CD68 可以阴性或仅少数细胞阳性,而颗粒细胞肿瘤、黑色素瘤,甚至一些富含溶酶体的癌也表达 CD68。国内常用单克隆抗体 KP1,而单抗 PG-M1 的特异性优于 KP1,后者粒细胞肉瘤阴性。

2. CD163 CD163 的特异性较 CD68 高,其在 Rosai-Dorfman 病、组织细胞肉瘤、朗格汉斯组织细胞瘤、非典型纤维组织细胞瘤和非典型纤维黄色瘤中呈阳性反应,而淋巴瘤、癌和肉芽肿性病变中的上皮样细胞和多核巨细胞阴性。

3. 溶菌酶 溶菌酶正常主要表达于粒细胞和单核/组织细胞,在软组织肿瘤中,幼年性黄色肉芽肿和多中心性网状组织细胞瘤阳性。朗格汉斯细胞组织细胞增生症、髓外粒细胞肉瘤和部分组织细胞性淋巴瘤表达该抗体。纤维组织细胞瘤和恶性纤维组织细胞瘤中的瘤细胞阴性,而浸润的组织细胞、多核巨细胞或破骨样多核巨细胞则呈阳性反应。

4. α_1-抗胰蛋白酶(α_1-AT)和 α_1-抗糜蛋白酶(α_1-ACT) α_1-AT 和 α_1-ACT 以往认为是纤维组织细胞瘤和恶性纤维组织细胞瘤的标记物,但其特异性并不高,癌、黑色素瘤和其他肉瘤对这些标记物也可有较高的表达率,目前,已很少用于软组织肿瘤的诊断。纤维组织细胞肿瘤的现行诊断方式采用的是排除法,即 VIM 阳性的肿瘤只有在排除了上皮性、肌源性、神经和内皮分化后才可以诊断为纤维组织细胞性病变。

5. 其他

(1) S100 标记朗格汉斯细胞组织细胞增生症和交指树突状细胞肉瘤。

(2) CD1a 标记朗格汉斯细胞组织细胞增生症。

(3) CD21、CD23、CD35、簇蛋白(clusterin)、R4/23 和 Kim4en 等则可用来标记滤泡树突细胞肉瘤。

(4) 肌成束蛋白(fascin)主要用来标记交指树突状细胞肉瘤和霍奇金淋巴瘤中的 R-S 细胞。此外,CD30 阳性的皮肤淋巴增生性病变,如淋巴瘤样丘疹病和间变性大细胞性淋巴瘤也可表达 fascin。

八、 成骨分化标记物

1. 骨钙蛋白(OCN) OCN 对成骨性分化有较好的敏感性(70%),对骨形成细胞和肿瘤完全特异。可单独使用。

2. 骨黏连蛋白(ONN) 正常成纤维细胞、血管外膜细胞、内皮细胞、软骨细胞、部分上皮细胞和神经 ONN 均可阳性。对成骨性肿瘤的敏感性为 90%,特异性仅 54%。故只能作为配套标记成员。

3. SATB2(special AT-rich sequence-binding protein 2) SATB2 是新近发现的一种核基质蛋白,为骨和软组织骨母细胞分化的标记物。主要表达于含骨母细胞分化的良、恶性骨肿瘤,以及伴有异质性骨分化的软组织肿瘤(如去分化软骨肉瘤和去分化脂肪肉瘤)。

SATB2 用于骨肉瘤的诊断时要注意参考组织形态学和影像学资料,但 SATB2 在骨样基质与透明胶原的鉴别,以及有去分化表型的骨肉瘤的活检诊断时具有独特的优势。如具有丰富透明胶原的软组织肿瘤(硬化性上皮样纤维肉瘤和硬化性横纹肌肉瘤)SATB2阴性。

SATB2不能用于鉴别骨纤维结构不良(FD)和低级别骨肉瘤(LGCOS),因为FD中编织骨周围的骨母细胞和骨间梭形纤维细胞SATB2均为阳性,与LGCOS中瘤细胞的弥漫中～强阳性相似。凭借此有人提出FD并非纤维性病变,而是纤维成骨性病变,其梭形纤维细胞普遍具有成骨倾向。实际工作中,SATB2阴性有助于排除成骨性肿瘤,尤其是当纤维瘤病、低级别纤维肉瘤等纤维性肿瘤周围出现反应性骨时有诊断意义。因为这类真正的纤维性肿瘤除了反应骨周边的骨母细胞外,其他梭形肿瘤细胞SATB2均阴性。当MDM2和CDK4也同时阴性时,可有效避免将这类纤维性肿瘤误诊为LGCOS。

九、其他标记物

1. 波形蛋白(VIM)　VIM在软组织肿瘤中普遍存在。并作为最原始的胞质原纤维出现于低分化的肉瘤中。在软组织肿瘤的诊断中作为间叶分化的一般性标记物广泛应用,但其并无进一步分型的价值。然而,在恶性横纹肌样瘤中VIM在胞质中形成球形结构,并压迫肿瘤细胞核,具有一定的诊断意义。

2. CD99　CD99定位细胞膜,在正常组织细胞中CD99表现为广泛的低水平表达,在肿瘤性病变中CD99主要用于标记尤文肉瘤/PNET和淋巴母细胞性淋巴瘤。此外,胸腺瘤、孤立性纤维瘤、滑膜肉瘤、间叶性软骨肉瘤、未分化横纹肌肉瘤、平滑肌肉瘤、小细胞性骨肉瘤、促纤维增生性圆细胞肿瘤、恶性纤维组织细胞瘤、血管外皮瘤、间皮瘤,以及部分上皮性肿瘤(脑膜瘤、神经内分泌癌)中可有CD99的表达。神经母细胞瘤CD99阴性,可与骨外尤文肉瘤/PNET鉴别。MPNST和纤维肉瘤不表达CD99,有助于同滑膜肉瘤的鉴别。

3. Fli-1　FLi-1定位于细胞核,70%PNET阳性,其敏感性低于CD99,但特异性较强。此外,FLi-1还可在正常的淋巴细胞、淋巴母细胞性淋巴瘤、梭形及上皮样型血管肿瘤中表达。

4. 间变性淋巴瘤激酶(ALK-1、p80)　炎性肌纤维母细胞肿瘤、平滑肌肉瘤、横纹肌肉瘤、PNET、恶性纤维组织细胞瘤、某些神经母细胞瘤,甚至肺腺癌都可表达ALK-1,故其在软组织肿瘤鉴别诊断中的应用价值有限。但ALK-1阳性可以除外绝大多数成纤维细胞/肌纤维母细胞性肿瘤,如结节性筋膜炎、纤维瘤病、肌纤维瘤、婴儿肌纤维瘤病和婴儿型纤维肉瘤(这些病变p80阴性)。

5. CD117(C-Kit)　CD117定位细胞膜或伴胞质。正常存在于肥大细胞、黑色素细胞、生殖细胞、造血细胞、胃肠道Cajal细胞。主要用于胃肠道间质肿瘤(GIST)的诊断,特异性高于CD34,但其他一些软组织肿瘤,如血管肉瘤、骨外尤文肉瘤/PNET、MPNST、滑膜肉瘤、平滑肌肉瘤、黏液性软骨肉瘤和血管平滑肌脂肪瘤等也可表达CD117。高浓度时,侵袭型纤维瘤病也有相当的阳性率。此外,肥大细胞病变、皮肤浆细胞瘤、精原细胞瘤、部分黑色素瘤,甚至有些种类的癌变可表达CD117。

6. DOG1　DOG1正常表达于肠Cajal细胞,是胃肠道间质肿瘤的敏感、特异性标记物。在C-Kit阴性的GIST病例DOG1也呈阳性反应,对上皮样GIST和胃、网膜GIST(这些肿瘤 C-Kit 常阴性或弱阳性)具有明显的辅助诊断意义。需要注意的是,少数非 GIST 的肿瘤也可表达 DOC1,如贲门平滑肌瘤、腹膜后平滑肌瘤、盆腔内平滑肌瘤病、子宫平滑肌肉瘤、直肠肛管恶性黑色素瘤,以及滑膜肉瘤等。应联合采用其他标记加以鉴别。

7. 琥珀酸脱氢酶 B(SDHB)　免疫组织化学检测琥珀酸脱氢酶 B(SDHB)有助于识别琥珀酸脱氢酶缺陷型 GIST。该型 GIST 不表达 SDHB,临床上常伴有 Carney 三联征(GIST、副神经节瘤和肺软骨瘤)或 Carney-Stratakis 综合征(家族性 GIST 和副神经节瘤)。这些称为"儿童型"或"Ⅱ型"GIST 肉眼上呈多结节或丛状生长,组织形态为上皮样或混合型,免疫组织化学呈 C-Kit、DOG1 和 CD34 阳性,对靶向治疗的疗效及预后难以评估。此外,少量嗜酸性胞质的肾细胞癌也表现出 SDHB 蛋白表达的缺失。

8. CD10　CD10 与 α-SMA、MSA、DES、抑制素(inhibin)等联用有助于鉴别子宫间质肉瘤(弥漫强阳性)和平滑肌肿瘤(多呈灶性分布)。此外,异位错构瘤性胸腺瘤中的梭形细胞和非典型纤维黄色瘤也可表达 CD10。

9. CD74　CD74 非典型性黄色瘤阳性,有助于与多形性未分化肉瘤(恶性纤维组织细胞瘤)鉴别。

10. SMARCB1(INI1、SNF5)　SMARCB1(INI1)在正常组织中分布广泛,SMARCB1 等位基因的失活是婴儿恶性横纹肌肿瘤的特征,免疫组织化学 SMARCB1 核标记的缺失有助确诊。最近研究证实 SMARCB1 对上皮样肉瘤(包括典型和近端两亚型)具有抑制作用,95%上皮样肉瘤免疫组织化学 SMARCB1 阴性,因此检测 SMARCB1 也有助于其与转移性癌和上皮样血管内皮瘤/血管肉瘤的鉴别。SMARCB1 的缺失还可见于恶性横纹肌样瘤、肾髓质癌、上皮样 MPNST 和部分肌上皮癌、骨外黏液样软骨肉瘤和低分化脊索瘤。

11. 黏蛋白 4(MUC4)　MUC4 是 1 种腺管上皮表面的高分子量跨膜糖蛋白,在梭形细胞肿瘤中,MUC4 是低级别纤维黏液样肉瘤(LGFMS)的一个高敏感、特异的免疫组织化学标志,其在软组织神经束膜瘤、MPNST、孤立性纤维性肿瘤、侵袭性纤维瘤病(韧带样纤维瘤)和肌内/富于细胞性黏液瘤阴性。此外,MUC4 还可用于硬化性上皮样纤维肉瘤(SEF)的诊断(70%SEF 病例 MUC4 强阳性)及其与其他上皮样骨和软组织肿瘤的鉴别,后者MUC4 均阴性,仅双相型滑膜肉瘤的腺样结构 MUC4 阳性。

12. brachyury　brachyury 在胚胎发育早期脊索组织中表达,成年人正常组织基本不表达。脊索瘤 brachyury 的阳性率为 75.6%～100%,定位于胞核,临床用于脊索瘤与含有相似组织形态肿瘤(软骨肉瘤、转移性癌和肌上皮肿瘤)的鉴别诊断,目前,尚未发现其他恒定表达 brachyury 的肿瘤。

此外,brachyury 在成人睾丸曲细精管的生殖上皮细胞、甲状腺滤泡细胞和部分肺癌,特别是腺癌中呈阳性表达。

13. TFE3　腺泡状软组织肉瘤(ASPS)由于 ASPSCR1-TFE3 基因融合而导致 TFE3 高表达。相似的情况也发生在 Xp11 移位的肾细胞癌中,近年发现,TFE3 重排还见于部分 PEComas 和上皮样血管内皮细胞瘤。这些肿瘤免疫组织化学结果均呈核着色。有报道,TFE3 阳性的 ASPS 病例 Myo-D1 胞质阳性。

14. TLE1　TLE1 弥漫性核染色是滑膜肉瘤敏感和相对特异的标记,阳性率可达80%～90%,而 MPNST 仅少量病例 TLE1 弱阳性,尤文肉瘤 TLE1 阴性,提示该标记能很好用于滑膜肉瘤与其他类型肉瘤的鉴别。

15. β-catenin　β-catenin 在正常组织和皮肤隆突性纤维肉瘤、肝细胞癌等肿瘤中阳性定位于细胞膜。但在大多数侵袭性纤维瘤病中 β-catenin 呈异常核着色，这一特点有时可能仅限于局部，但其的出现有助于侵袭性纤维瘤病同瘢痕和一般的纤维瘤病相鉴别，尤其是在穿刺活检等小标本检测时。侵袭性纤维瘤病 β-catenin 的阳性率达 70%～90%，而腹腔内其他间叶肿瘤（包括胃肠道 GIST 和平滑肌瘤）一般均为阴性。但 β-catenin 并非完全特异，20%～40%孤立性纤维性肿瘤、30%低级别肌纤维母细胞肉瘤也可呈核阳性着色。因此，鉴别诊断时还要参考临床和病理形态学表现。

16. MDM2 和 CDK4　MDM2 和 CDK4 是非典型脂肪瘤/高分化脂肪肉瘤和去分化脂肪肉瘤的高敏感性标记物，可用于同良性脂肪源性肿瘤鉴别。但其并非完全特异，在一些梭形细胞肉瘤和多形性肉瘤（如 MPNST、黏液纤维肉瘤和横纹肌肉瘤）也呈核阳性着色。有报道，MDM2 和 CDK4 免疫组织化学双阳性可以提高其特异性，而 FISH 显示 MDM2 基因扩增的特异性更高于免疫组织化学。实际工作中 MDM2 和 CDK4 免疫组织化学检测还有助于去分化脂肪肉瘤和梭形/多形性脂肪瘤的鉴别，在腹膜后或腹腔内肿块针刺活检标本可用 MDM2 和 CDK4 标记来鉴别去分化脂肪肉瘤和其他高级别肉瘤。此外，低级别中央型骨肉瘤和骨旁骨肉瘤也可表达 MDM2 和 CDK4。

17. NY-ESO-1　NY-ESO-1(New York esophageal squamous cell carcinoma 1)是一种癌性睾丸抗原，睾丸和多种肿瘤细胞都有表达。在软组织肿瘤中黏液脂肪肉瘤的阳性率最高(88%)，其余依次为滑膜肉瘤(49%)、黏液纤维肉瘤(35%)和普通型软骨肉瘤(28%)。其他肉瘤（部分黑色素瘤可以阳性）阳性率很低，且多呈灶性弱阳性，良性间叶肿瘤均为阴性。提示实际工作中 NY-ESO-1 弥漫性强阳性有助于滑膜肉瘤与其他肉瘤的鉴别诊断。

18. NKX2.2　NKX2.2 是尤文肉瘤诊断和鉴别诊断最有用的标记物，其在尤文肉瘤中的阳性率为 71.43%，略低于 CD99 和 FLI1，但其特异性明显高于后两者。联合检测 NKX2.2 与 CD99 及 FLI1 对尤文肉瘤诊断的敏感性和特异性分别可达到 65.31% 和 100%，有助于尤文肉瘤与其他小圆细胞肿瘤的鉴别。

19. STAT6　STAT6 属信号转导和转录活化因子家族，多种肿瘤（白血病、淋巴瘤、肺癌、乳腺癌、结直肠癌、胶质瘤）高表达，在软组织肿瘤中孤立性纤维性肿瘤（包括富于细胞型和恶性亚型）的阳性率最高，定位于胞核。此外，高分化/去分化脂肪肉瘤、侵袭性纤维瘤病、神经纤维瘤、透明细胞肉瘤、黏液样脂肪肉瘤、高级别纤维黏液样肉瘤、多形性未分化肉瘤中也可有少量阳性（胞核和胞质），其他梭形细胞肿瘤（富于细胞的血管纤维瘤、肌纤维母细胞瘤、梭形细胞脂肪瘤、良性纤维组织细胞瘤、DFSP、单相性滑膜肉瘤、间叶软骨肉瘤、平滑肌肿瘤、神经鞘瘤、神经纤维瘤、MPNSD、尤文肉瘤、结节性筋膜炎）阴性。显示 STAT6 胞核阳性对孤立性纤维性肿瘤具有高度的特异性。

20. 磷酸化谷氨酸受体 2 抗体(GRIA2)　近来有研究发现，孤立性纤维肿瘤中 GRIA2 基因表达上调，组织芯片免疫组织化学技术也显示大多数孤立性纤维肿瘤 GRIA2 阳性，而其他梭形细胞肿瘤阴性。也有文献发现 GRIA2 在隆突性皮纤维肉瘤也有表达。但该标记其在软组织肿瘤鉴别诊断中的意义尚有待进一步研究证实。

第二节　特殊形态软组织恶性肿瘤的免疫组织化学鉴别诊断

一、软组织小圆细胞恶性肿瘤的免疫组织化学鉴别诊断

此类肿瘤细胞体积较小,呈圆形,常呈片状及弥漫性分布,常规 HE 诊断非常困难,是临床病理常见的需要免疫组织化学辅助鉴别诊断的肿瘤类型。常见的小圆细胞恶性肿瘤有:尤文肉瘤/PNET、胚胎性横纹肌肉瘤、低分化滑膜肉瘤、促结缔组织增生性小圆细胞肿瘤、间叶性软骨肉瘤、小细胞骨肉瘤、小细胞癌和淋巴瘤(表 11-1)。

表 11-1　软组织小圆细胞恶性肿瘤免疫组织化学鉴别诊断中的主要标记物

肿瘤类型	CK	S100	CD45	DES	CD99	CD34	Fli-1	NKX2.2	WT1	TLE1	Sox9	OSC	SATB2
骨外尤文肉瘤/PNET					+		+	+		−			
横纹肌肉瘤				+	部分+					+			
低分化滑膜肉瘤	灶性+				+					核+			
促结缔组织增生性小圆细胞肿瘤	+			核旁+		间质+							
间叶性软骨肉瘤		+			+						+		
小细胞骨肉瘤												+	+
小细胞癌	+												
淋巴瘤			+			部分+							

(1) 尤文肉瘤/PNET 几乎 100% 表达 CD99,70% 病例 Fli-1 阳性,近年来应用的标记 NKX2.2 的阳性率略低于前两者,但其特异性是最高的,三者联合检测有助于尤文肉瘤/PNET 与其他小圆细胞肿瘤的鉴别。此外,该肿瘤还表达 CD57、S100、Syn 等神经标志。TLE1 失表达可与滑膜肉瘤等其他肉瘤鉴别。

(2) 胚胎性横纹肌肉瘤的特点是肌源性标记(DES、MSA)阳性,但肌细胞生成素(myogenin)表达较弱甚至阴性,少数病例还可表达 CD99 和神经性标记。WT1 阳性可与其他小圆细胞肿瘤鉴别。

(3) 分化差或单相分化性滑膜肉瘤常表达上皮性标记,Ⅳ型胶原和 E-钙黏着蛋白弥漫阳性。但 CK 的阳性率仅为 50%～70%(EMA 的敏感性比 CK 好些)。在上皮标记为阴性的病例,CD99 呈膜阳性时要注意同尤文肉瘤/PNET 鉴别,而表达 CD57 和 S100 时又需与 MPNST 鉴别,这里检测 TLE1 具有较好的鉴别意义。

(4) 促结缔组织增生性小圆细胞肿瘤具有独特而复杂的免疫表型:同时表达上皮性、肌

性和神经分化相关标记。大多数病例肿瘤细胞 CK、EMA、WT1、Fli-1、DES 和 NSE 阳性，肿瘤间质成分经常表现为 SMA 阳性。少数病例还表达 Syn、CgA、S100、NF 和 CD99，但 Myogenin 和 Myo-Dl 总是阴性。肿瘤细胞 DES 胞质内独特的逗点样着色是其在鉴别诊断时的独特表现。

（5）间叶性软骨肉瘤表达 CD57 和 CD99，其中软骨岛 S100 阳性，但这些免疫组织化学结果不具特异性，有报道检测 Sox9 对此瘤与其他小圆细胞恶性肿瘤的鉴别有一定的帮助。

（6）小细胞骨肉瘤除 VIM 阳性外，还可不同程度表达 CD99、S100 和 CD57，但在小圆细胞恶性肿瘤的鉴别时可考虑检测 SATB2、ONN 和 OCN，尤其是 OCN 的特异性高，也有较好的敏感性。

（7）小细胞癌的特征是上皮分化标记（CK 和 EMA）灶性到弥漫阳性，有的还可能表达 Syn 和 CgA，提示具有神经内分泌分化。

（8）淋巴瘤免疫组织化学诊断的常用标记物是 LCA 及 T、B 等细胞的分化标志物。要注意淋巴母细胞性淋巴瘤 Fli-1 核阳性。

二、软组织梭形细胞恶性肿瘤的免疫组织化学鉴别诊断

梭形细胞肿瘤是软组织肿瘤中最为常见的一个大类，此类肿瘤的共同特点是细胞呈梭形，多呈弥漫性分布。梭形细胞恶性肿瘤的鉴别诊断是临床病理中应用免疫组织化学技术最为广泛的领域，但至今仍有相当病例的免疫组织化学结果难以解决实际的诊断问题。常见的梭形细胞恶性肿瘤有：如纤维肉瘤、平滑肌肉瘤、横纹肌肉瘤（梭形细胞型）、MPNST、梭形细胞滑膜肉瘤、梭形细胞血管肉瘤、Kaposi 肉瘤、胃肠道间质瘤、恶性黑色素瘤（梭形细胞型）和梭形细胞癌等（表 11-2）。

表 11-2　软组织梭形细胞恶性肿瘤免疫组织化学鉴别诊断中的主要标记物

肿瘤类型	CK	S100	DES	Myo-Dl	myog-enin	SMA	h-cald-esmon	CD34	CD31	CD117	DOG1	TLE1	HMB45
纤维肉瘤						灶性+							
平滑肌肉瘤		−	+			+	+						
梭形细胞横纹肌肉瘤			+	核+	核+		−						
恶性周围神经鞘膜瘤		+/−											
梭形细胞滑膜肉瘤	灶性+											+	
梭形细胞血管肉瘤								+	+				
Kaposi 肉瘤						+		+	+				
胃肠道间质瘤								+		+	+		
梭形细胞黑色素瘤		+											+
梭形细胞癌	+												

(1) 纤维肉瘤缺乏特异的标志物,通常只有波形蛋白(vimentin)呈弥漫性阳性反应,少量瘤细胞向肌纤维母细胞方向分化时可表达 SMA 和 MSA,临床主要是在形态学的基础上结合免疫组织化学标记的排除法来诊断。

(2) 平滑肌肉瘤常用的免疫组织化学标记物有 h-钙调蛋白(caldesmon)、DES 和 SMA,三者的特异性依次排列,而敏感性则与此相反。2 种以上标记阳性时诊断可靠性得以增强。肿瘤去分化区域 SMA 和 DES 可以阴性,但肿瘤完全不表达 SMA 和 DES 时要怀疑平滑肌肉瘤的诊断。瘤细胞表达 MSA,部分病例还可表达 CD34、S100 和 EMA 等标记。平滑肌肿瘤 CD117 阴性,借此可与胃肠道间质瘤鉴别。

(3) 梭形细胞横纹肌肉瘤表达 DES 和 MSA,但肌红蛋白(myoglobin)的阳性率并不高,h-caldesmon 和 CD68 一般为阴性,少数病例还可能表达 S100、NF、CD20、NSE、CD99、α-SMA 和 CK,故容易发生误诊。免疫组织化学 Myo-D1 和肌细胞生成素(myogenin)胞核着色具有特异性,有利于明确诊断,而胞质阳性为非特异性。

(4) 在 MPNST 中 S100、CD57 和 SOX10 等常用神经标记物的阳性率都不到50%,且多呈局灶性分布。因此,除上皮样亚型外,遇到 S100 强阳性的病例要怀疑MPNST 的诊断,其可能是其他肿瘤,如富于细胞性神经鞘瘤、黑色素瘤、透明细胞肉瘤、交指树突状细胞肉瘤等,实际工作中最好将 S100 与 CK、HMB45 等标记物联合应用。此外,伴有横纹肌分化的 MPNST(蝾螈瘤)部分瘤细胞表达 Myo-D1 和肌浆蛋白。

(5) CK 在单相分化性滑膜肉瘤的阳性率较低(<70%),诊断常有一定的难度。尤其是部分病例表达 CD57 和 S100,这需与 MPNST 鉴别。近年来使用的 TLE1 是一个较为特异的标记物。

(6) 血管肉瘤主要标志是内皮细胞标记物(CD31、CD34 和荆豆凝集素),其中 CD31 的敏感性和特异性都较高,而基膜标记(COLIV)大多阴性。Kaposi 肉瘤 CD31 和 COLIV 有一定阳性率,而 CD34 的表达好于血管肉瘤,Kaposi 肉瘤同时还表达 SMA。

(7) 胃肠道间质瘤具有不同程度的恶性潜能,其较为特异的标记是 CD117、DOG1 和CD34,此外,可灶性或弱阳性表达 SMA,但 SOX10 阴性。

(8) 梭形细胞恶性黑色素瘤免疫组织化学诊断并非十分困难,其 vimentin 阳性而不表达 CK 等上皮标志,HMB45 和 S100 是该肿瘤的首选标记物。

(9) 梭形细胞癌是一种低分化上皮源性肿瘤,CK 是较理想的标记物,这类肿瘤一般CEA、EMA 和 ESA 等上皮标记不作为首选。

三、 软组织上皮样细胞恶性肿瘤的免疫组织化学鉴别诊断

上皮样细胞间叶源性肿瘤是指肿瘤由较大、多边形的细胞构成,在形态上与癌有些相似,有的甚至还可表达免疫组织化学上皮性的标记。常见的恶性上皮样肿瘤有:硬化性上皮样纤维肉瘤、上皮样肉瘤、肾外横纹肌样瘤、上皮样血管内皮瘤/血管肉瘤、上皮样平滑肌肉瘤、上皮样横纹肌肉瘤、上皮样炎性肌纤维母细胞肉瘤、上皮样 MPNST、上皮样胃肠道间质瘤、黑色素瘤/透明细胞肉瘤、肌上皮癌和低分化癌(表 11-3)。

表 11-3 软组织上皮样细胞恶性肿瘤免疫组织化学鉴别诊断中的主要标记物

肿瘤类型	CK	CD34	SMARCB1	S-100	HMB-45	DES	SMA	Myo-D1	CD31/Fli-1	CD30	CD117/DOG1	MUC4	MDM2
硬化性上皮样纤维肉瘤												70%+	+
上皮样肉瘤	核周+	部分+	−										
肾外横纹肌样瘤	CK核旁球团状+		−										
上皮样血管内皮瘤/血管肉瘤	+								+				
上皮样平滑肌肉瘤						+	+						
上皮样横纹肌肉瘤						+		核+					
上皮样炎性肌纤维母细胞肉瘤						+/−				+			
上皮样恶性周围神经鞘膜瘤			50%−	+									+
上皮样胃肠道间质瘤		+									+		
恶性黑色素瘤/透明细胞肉瘤				+	+								
肌上皮癌	+			−	+								
低分化癌	+												

（1）硬化性上皮样纤维肉瘤 VIM 呈弥漫强阳性，少数病例 EMA 灶性或弱阳性表达，但其他分化性标记物均阴性。70％病例表达 MUC4，这有助于与其他上皮样肉瘤鉴别。此外，少量高级别黏液纤维肉瘤中肿瘤细胞也可呈上皮样表现，其可表达 MDM2 和 NY-ESO-1。

（2）上皮样肉瘤尤其是近端型上皮样肉瘤表达上皮性标记（CK、EMA 和 E-钙黏着蛋白），常要与癌鉴别。鉴别的免疫组织化学特点是 VIM 和 CK 呈核周强阳性、SMARCB1 核内表达缺失。此外，50％病例 CD34 阳性、偶尔还可表达 SMA、NSE 和 S100。

（3）肾外横纹肌样瘤大多数病例 VIM、EMA 和 CK 阳性，部分病例表达 MSA、CEA、α-SMA、CD99、Syn、CD57、NSE 和 S100，而 HMB-45、CgA、肌红蛋白和 CD34 阴性。这与其他肉瘤和低分化癌重叠，诊断时主要依靠形态学，CK 核旁球团状染色具有一定的诊断价值。SMARCB1 失表达也有助于横纹肌样瘤的诊断，但要注意的是 SMARCB1 的缺失还可见于肾髓质癌、上皮样 MPNST 和部分肌上皮癌、骨外黏液样软骨肉瘤和低分化脊索瘤。

（4）上皮样血管内皮瘤/血管肉瘤、上皮样平滑肌肉瘤、上皮样横纹肌肉瘤、上皮样炎性肌纤维母细胞肉瘤、上皮样 mPNST 除了都可一定程度表达 CK、EMA 等上皮性标记外，而各自具有自己的特异性标志。如上皮样血管内皮瘤/血管肉瘤表达 CD31 和 Fli-1;上皮样平滑肌肉瘤 h-caldesmon、DES 和 SMA 阳性;上皮样横纹肌肉瘤表达 DES,Myo-Dl 和 myogenin 呈特征性胞核着色;上皮样炎性肌纤维母细胞肉瘤不同程度表达 DES,并显示 CD30 阳性(间变大细胞性淋巴瘤 CD30 阳性,还表达 LCA);上皮样恶性神经鞘膜瘤 S100 强阳性,且 50%病例 SMARCB1 失表达;上皮样胃肠道间质瘤表达 CD117、CD34 和 DOG1;黑色素瘤/透明细胞肉瘤 S100、HMB45、Melan-A 和 PNL2 阳性;肌上皮癌和低分化癌 CK 阳性,且肌上皮癌 S100 阳性,SMARCB1 失表达。

四、软组织多形性恶性肿瘤的免疫组织化学鉴别诊断

这是一组组织结构和细胞学形态都呈多样性的间叶恶性肿瘤,其瘤细胞大小不一、形态各异,一般胞质较丰富,临床诊断时有一定难度,免疫组织化学检测具有较好的辅助意义。这组肿瘤常见的有:多形性脂肪肉瘤、多形性平滑肌肉瘤、多形性横纹肌肉瘤、多形性 MPNST、去分化单相梭形细胞滑膜肉瘤、多形性未分化肉瘤、去分化脊索瘤、去分化软骨肉瘤、多形性骨肉瘤(表 11-4)。

表 11-4　软组织多形性细胞恶性肿瘤免疫组织化学鉴别诊断中的主要标记物

肿瘤类型	CK	DES	MSA/SMA	TLE1	Myogenin/Myo-D1	α1-AT/α1-ACT/LY/CD68	S-100	CD56/CD57/MBP	brachyury	SATB2	CD99	OCN/ONN
多形性脂肪肉瘤							+					
多形性平滑肌肉瘤		+	+									
多形性横纹肌肉瘤					+		-	-				
多形性恶性周围神经鞘膜瘤							+	+				
去分化梭形细胞滑膜肉瘤	+			+						+	膜+	
多形性未分化肉瘤						+/-						
去分化脊索瘤	+/-						+		核+			
去分化软骨肉瘤							+		-	+		
多形性骨肉瘤							部分+			+		+

(1)多形性脂肪肉瘤的特点是灶性脂母细胞 S100 阳性,与其他脂肪肉瘤亚型不同,多形性脂肪肉瘤 MDM2 和 CDK4 阴性。此外,此瘤不表达上皮、肌源性和 S100 以外其他施万细胞标记。

（2）去分化平滑肌肉瘤虽然形态多样化,但其免疫组织化学肌源性标记(DES、MSA 和 SMA)结果往往较理想。

（3）多形性横纹肌肉瘤 myogenin 和 Myo-D1 胞核阳性是其特异性的标记,此外,还表达肌源性标记(DES 和 MSA),而肌红蛋白阳性率并不高。多形性横纹肌肉瘤不表达 S100、CD56、CD57 和 MBP,这 4 个标记阳性的话要考虑多形性 MPNST 的可能。后者有时还可能表达 HMB45(黑色素瘤型),该类肿瘤较少见,但要注意与真正黑色素瘤相鉴别。此外,部分腱鞘巨细胞瘤可以出现多量阳性的大细胞容易与横纹肌肉瘤混淆,但 CD68、CD163 和 CD45 阳性可用以鉴别。

（4）去分化单相梭形细胞滑膜肉瘤中 CK 呈灶性散在分布,CD99 多呈膜阳性表达,在与尤文肉瘤/PNET 鉴别诊断方面 TLE1 是一个较为特异的标记物。此外,此瘤Ⅳ型胶原和 E-钙黏着蛋白弥漫阳性,CD34 的阳性率不到 5％,部分病例表达 CD57 和 S100,需与 MPNST 鉴别。

（5）多形性未分化肉瘤以往称为恶性纤维组织细胞瘤,这型肿瘤的形态特点是肿瘤细胞呈明显的多形性,大小和形状各异,常伴瘤巨细胞。免疫组织化学检测虽然报道有 α1-AT、α1-ACT、溶菌酶(lysozyme)和 CD68 阳性,但其真正的特点是仅表达 VIM,其他各种分化标记物均为阴性。

（6）去分化脊索瘤可以表达 S100,其上皮性标记(CK、EMA)阳性较弱。近来报道,75.6％～100％病例 brachyury 胞核阳性,这是一个特异性标记物,可用于脊索瘤与含有相似组织形态肿瘤(软骨肉瘤、转移性癌和肌上皮肿瘤)的鉴别诊断。

（7）去分化软骨肉瘤的形态特点是高分化软骨性肿瘤和高级别间变性肉瘤并存,且两者分界清楚。其软骨分化区 S100 和 SATB2 阳性,而高级别间变性肉瘤的表型则取决于分化趋向(大多数病例为多形性未分化肉瘤)。

（8）多形性骨肉瘤又称恶性纤维组织细胞性骨肉瘤,其表达 OCN、ONN 和 SATB2,软骨分化区还可表达 S100。

第三节　其他软组织肿瘤的免疫组织化学诊断

1. **脂肪细胞源性肿瘤**　脂肪细胞源性肿瘤最为常用的免疫标记物是 S100,但其主要表达于良性脂肪瘤和高分化脂肪肉瘤(包括黏液样脂肪肉瘤),其他类型脂肪肉瘤 S100 的阳性率较低,且常为灶性分布。新近应用的 MDM2 和 CDK4 除多形性脂肪肉瘤外,其他类型的脂肪肉瘤均呈核双阳性。因此,联合检测 MDM2 和 CDK4,并辅以 S100 可用来鉴别高分化脂肪肉瘤(S100 阳性,MDM2 和 CDK4 双阳性)与良性脂肪瘤(S100 阳性,MDM2 和 CDK4 双阴性或单个阳性),尤其是在非典型性成分很少时。同样,3 个标记的联合应用还能用于鉴别去分化脂肪肉瘤(S100 阳性,MDM2 和 CDK4 双阳性)与多形性脂肪肉瘤(50％S100 阳性,MDM2 和 CDK4 阴性)和其他高级别肉瘤(S100 取决于肿瘤类型,MDM2 和 CDK4 阴性),特别是在小的活检样本缺乏高分化成分时更有实用价值。

2. 结节性筋膜炎、增生性筋膜炎、缺血性筋膜炎   这些病变均带有纤维母和肌纤维母细胞分化特点,故 VIM、α-SMA 和 MSA 一般阳性,而 DES 多为阴性,不表达 CK、S100 和 h-caldesmon。散在有一些梭形细胞和破骨细胞样巨细胞 CD68 阳性。缺血性筋膜炎中增大的奇异型成纤维细胞性细胞 CD34 阳性。需要与本组病变相鉴别有:高分化黏液纤维肉瘤中的梭形细胞一般不表达 α-SMA,或仅为灶性、弱阳性;平滑肌肉瘤 h-caldesmon 和 α-SMA均呈阳性;胚胎性横纹肌肉瘤 DES 和 myogenin 阳性;节细胞神经母细胞瘤表达 S100、NSE、NF 等神经标记物。

3. 成纤维细胞/肌纤维母细胞肿瘤   这类肿瘤(还包括纤维组织细胞源性肿瘤)在免疫组织化学上无特异标记物,实际工作中多联合应用 VIM、组织细胞标记(CD68、溶菌酶)、肌源性标记、神经性标记、上皮性标记等以除外与其类似的肿瘤。相关的瘤样病变(纤维瘤病)不同程度表达 α-SMA(A)、Desmin(D)和 VIM(V)。其中以 VA 型最为常见,其次为 VD 型和 VAD 型。

4. 孤立性纤维性肿瘤(SFT)   CD34 和 Bcl-2 双阳性是 SFT 高度特异的标志。SFT 总的 CD34 阳性率达95%~100%,但其在恶性 SFT 和去分化 SFT 中的阳性率较低(83%),不同部位 SFT 中 Bcl-2 阳性率从50%到100%不等,免疫组织化学 CD34 和 Bcl-2 双阴则高度提示非 SFT。近年来发现,肿瘤细胞 STAT6 胞核强阳性是 SFT 的敏感和特异性标志,并可用于 SFT 和形态相似的其他梭形细胞肿瘤的鉴别诊断。

(1) 胸膜是 SFT 最好发部位,该部位的 SFT 要与恶性间皮瘤鉴别,常用免疫组织化学标记有 CK、钙[视]网膜蛋白(calretinin)、WT-1、CK5/6 和 D2-40。

(2) 脑膜(颅内为主)是另一个 SFT 的好发部位,这时 SFT 要与成纤维细胞型脑膜瘤鉴别,SFT 多表达 CD34、CD99 和 Bcl-2,但 EMA、S100 和 claudin-1 阴性,脑膜瘤则相反。此外,脑膜 SFT 与以前诊断的血管外皮瘤不但在形态上相似,两者免疫组织化学检测 Bcl-2、CD34 和 CD99 也大多呈阳性表达,分子遗传学上都存在 NAB2-STAT6 融合基因、STAT6 蛋白阳性表达,提示这两种肿瘤在本质上可能是相同的,在新版《WHO 分类》中已被列为同一类肿瘤,以前的血管外皮瘤可能对应恶性或侵袭性 SFT。

(3) 软组织和骨 SFT 的敏感和特异性标记物是 STAT6,89%SFT 有 GRIA2 过表达,而其他软组织梭形细胞肿瘤 STAT6 大多呈阴性反应,99% GRIA2 阴性。滑膜肉瘤表达 Bcl-2,但 CD34 阴性,上皮标记常阳性;梭形细胞脂肪瘤 CD34 和 Bcl-2 阳性,而其中的脂肪细胞 S100 阳性(梭形细胞阴性);神经纤维瘤 CD34 和 Bcl-2 可能阳性,还表达 S100 和(或)CD57。

(4) 皮肤 SFT 要与隆突性纤维肉瘤和梭形细胞脂肪瘤等肿瘤鉴别,这些肿瘤的组织形态具有明显的相互重叠,且 CD34 阳性。常用的标记物是 CD99 和 Bcl-2。而一般的纤维组织细胞瘤 CD34 阴性和施万细胞肿瘤 S100 和 CD57 阳性可与 SFT 鉴别。

(5) 胃肠道需要与 SFT 鉴别的有 GIST、侵袭性纤维瘤病、平滑肌肉瘤和施万细胞肿瘤。GIST 表达 CD34 和 CD99,而 CD-117 是 GIST 最好的标志;侵袭性纤维瘤病大多表达 SMA,CD34 阴性;平滑肌瘤和施万细胞肿瘤分别表达 SMA 和 S100,这些有助于同 SFT 鉴别。

5. 炎性肌纤维母细胞瘤(IMT)   IMT 的免疫表型为 VIM 弥漫强阳性,梭形细胞

SMA、MSA 和 DES 不同程度阳性,1/3 病例 CK 局灶阳性,myogenin、肌球蛋白、S100 和 CD117 阴性。组织细胞样细胞 CD68 局灶阳性,50％病例瘤细胞胞质显示 ALK 表达,而有 RANBP2－ALK 基因融合的病例 ALK 定位于核膜,这种炎性肌纤维母细胞瘤好发于网膜和肠系膜,具有上皮样表型、黏液样基质、常有中性粒细胞浸润、临床呈持续进展(上皮样炎性肌纤维母细胞肉瘤),免疫组织化学表达 CD30,这种肿瘤可能与间变大细胞淋巴瘤混淆,这时 DES 有助于鉴别,因为后者 DES 阴性。IMT 一般不表达 TP53,但在复发和恶变的病例 TP53 可阳性。肝脏和脾脏的滤泡树突细胞肉瘤要与炎性肌纤维母细胞瘤鉴别,前者瘤细胞表达 CD21、CD23、CD35 和 clusterin,而 SMA 和 DES 阴性。

6. 隆突性皮纤维肉瘤(DFSP) 免疫组织化学显示肿瘤细胞 CD34、低亲和性神经生长因子受体(LANGFR)、腱生蛋白(tenascin)阳性,而 FⅩⅢa 阴性。可与良性的纤维组织细胞瘤、神经纤维瘤、纤维肉瘤和恶性纤维组织细胞瘤鉴别。要注意黏液型和纤维肉瘤型隆突性皮纤维肉瘤 CD34 标记减弱,甚至可以阴性,同时 TP53 表达增强。肿瘤组织内肌样结节或条束状结构 SMA 阳性,DES、S100 和 CK 阴性。

7. 组织细胞源性肿瘤 幼年性黄色肉芽肿与皮肤朗格汉斯细胞组织细胞增生症的区别是前者表达 CD68、FⅩⅢa、CD4 和 CD14,不表达 S100 和 CD1a;后者表达 S100 和 CD1a,而 FⅩⅢa 阴性。

非典型性纤维黄色瘤(AFX)不存在特定的免疫标记物,属排除性诊断,但多标记物的检测对明确诊断常常是必需的。AFX 不表达 S100、CK、CD4、DES 和 h-caldesmon,肿瘤内存在 S100 阳性的树突状细胞会干扰诊断,罕见情况下瘤细胞可非特异性表达 Melan－A、Mart－1 或 HMB45。AFX 中 EMA,甚至 P63 也可灶性表达,但 CK 尤其是高分子 CK 阴性这有助于排除鳞癌。AFX 中 SMA 和肌钙调样蛋白(calponin)常阳性,尤其是在梭形细胞变型,但 DES 和钙调蛋白(caldesmon)阴性可以排除平滑肌肉瘤。偶尔,AFX 中非特异的颗粒状 CD31 阳性可误诊为皮肤血管肉瘤,但 CD34 和 ERG 阴性可与后者鉴别。形态学上分化较好的血管成分与血管肉瘤不同。虽然 AFX 经常表达 CD10、CD99 和 CD68,但这些抗体不具特异性,对诊断没有帮助,因此不提倡使用。

8. 肌上皮瘤和骨外黏液性软骨肉瘤(脊索样肉瘤) 软组织肌上皮瘤少见,常误诊为癌或梭形细胞间叶肿瘤。其免疫表型:＞95％的病例表达广谱 CK、S100 蛋白和肌钙调样蛋白(calponin),2/3 病例表达 EMA,约一半病例表达 GFAP。阳性率较低的标记物有 calponin、SMA、GFAP、DES 和 EMA,部分肿瘤表达 SMA 和 p63,而 CD34 和 brachyury 阴性。

骨外黏液性软骨肉瘤有时 HE 形态与肌上皮相似。免疫组织化学也可表达 S100、CK 和 EMA,但其多为灶性分布。

9. 血管内皮源性肿瘤 血管源性肿瘤形态多样,易于误诊。免疫组织化学主要表现为 CD34 和 CD31 阳性,其中 CD31 的特异性较高。FLI－1 和 ERG 是近年来应用的血管源性肿瘤敏感的特异标记物,只是要注意其在尤文肉瘤/PNET 和淋巴母细胞性淋巴瘤中也阳性。此外,各亚型肿瘤细胞还不同程度表达 PROX1、LYVE1、D2－40、VEGFR3 等淋巴管的标记。25％～30％上皮样型血管肿瘤还可表达 CK。HHV8 的恒定表达是 Kaposi 肉瘤的一个特色。

10. **血管球瘤和肌周细胞瘤** 这2种肿瘤形态不典型时可能误诊为血管外皮细胞瘤和一些圆细胞恶性肿瘤。其免疫表型特点是肿瘤细胞几乎都表达 SMA 和 h-caldesmon，而 CD34、CK、S100 通常阴性，DES 也多为阴性。此外，在细胞周围见大量 Ⅳ 型胶原。

11. **良性外周神经肿瘤** 在形态学上外周良性的神经鞘瘤要与平滑肌瘤相鉴别，神经纤维瘤要与黏液瘤、非色素性色素痣、富于细胞的瘢痕组织相鉴别。外周神经肿瘤 S100、CD57 和 SOX10 阳性（其中 SOX10 的敏感性和特异性均高于 S100），肌源性标记（DES 和 SMA）阴性。HMB-45 一般阴性，但沙砾体型色素性神经鞘瘤可以阳性，与色素痣鉴别有困难时可检测 ⅩⅢa 因子（色素痣阴性）。

神经纤维瘤与神经鞘瘤的区别：后者 S100 强阳性，钙结合蛋白弥漫性阳性，偶尔表达 GFAP 和 EMA，Ⅳ 型胶原和层粘连蛋白(laminin)常弥漫阳性；而前者 S100 强度不一，钙结合蛋白阴性或弱阳性。

神经束膜瘤通常不同程度表达 EMA，GLUT1 和 claudin-1 阳性，其中 claudin-1 具有较高敏感性和特异性，与 EMA 同为神经束膜瘤诊断和鉴别诊断的主要指标。此外，60% 软组织神经束膜瘤表达 CD34，SMA 可局灶阳性，S100、GFAP、CK 和 MSA 阴性。

12. **颗粒细胞瘤** 颗粒细胞瘤 S100、MITF、TFE3 多呈阳性反应，也表达 NSE、VIM、CD68、钙[视]网膜蛋白(calretinin)和 α-抑制素(inhibin)，而 CK、GFAP、NF、HMB-45、MSA、DES 和溶菌酶阴性。婴幼儿好发的先天性颗粒细胞瘤形态与此瘤相似，免疫组织化学则显示 S100 和 NSE 阴性。

13. **腺泡状软组织肉瘤** 此瘤免疫组织化学的特点是 TFE3 胞核中等阳性到强阳性，Myo-D1 胞质颗粒状着色，大约一半病例灶性表达 DES。S100 蛋白可以阳性，不表达 Syn、CgA、NF、CK 或 EMA，但 HMB45 阴性可与 PEComa 鉴别。

部分软组织肿瘤的推荐标志物

肿瘤类型	标志物
结节性筋膜炎	α-SMA、MSA、calponin、DES(阴性)、h-caldesmon(阴性)、KP-1
乳腺型肌纤维母细胞瘤	DES、CD34、α-SMA
血管肌纤维母细胞瘤	DES、MSA、α-SMA、ER、PR
孤立性纤维性肿瘤	CD34、Bcl-2、CD99，STAT6、β-catenin(0～40%)、GRIA2
掌/跖纤维瘤病	MSA、α-SMA、β-catenin(0～50%细胞核着色)
侵袭性纤维瘤病	MSA、α-SMA、β-catenin(细胞核着色)、DES、ER、PR
炎性肌纤维母细胞肿瘤	α-SMA、MSA、DES、ALK(50%～60%)、CK(AE1/AE3)(少数病例)
低度恶性肌纤维母细胞肉瘤	α-SMA、MSA、DES、h-caldesmon(阴性)、myogenin(阴性)
低度恶性纤维黏液样肉瘤/硬化性上皮样纤维肉瘤	MUC4、EMA(局灶)
梭形细胞脂肪瘤/多形性脂肪瘤	S100 蛋白、CD34
高分化脂肪肉瘤/去分化脂肪肉瘤	MDM2、CDK4
梭形细胞脂肪肉瘤	S100 蛋白、CD34、MDM2(阴性)、CDK4(阴性)

续　表

肿瘤类型	标志物
多形性脂肪肉瘤	S100 蛋白、MDM2(阴性)、CDK4(阴性)
腱鞘巨细胞瘤	clusterin、CD68、CD163、CD45、DES
丛状纤维组织细胞瘤	KP1、α-SMA
神经鞘黏液瘤	KP1、CD10、Mi TF、CD63(NKI-C3)
平滑肌瘤/平滑肌肉瘤	α-SMA、MSA、DES、h-caldesmon
血管球瘤/肌周细胞瘤	α-SMA、MSA、h-caldesmon、Ⅳ型胶原、CD34
横纹肌肉瘤	DES、MSA、myogenin、Myo-D1
幼年性血管瘤	GLUT1、CD31、CD34
卡波西肉瘤	CD34、D2-40、HHV8(LNA-1)
中间型血管内皮瘤/血管肉瘤	CD31、CD34、ERG、FLI1
胃肠道间质瘤	CD117、DOG1、CD34、Ki-67、SDHB(SDH 突变型)
富于细胞性/胃肠道神经鞘瘤	S100 蛋白、GFAP、CD57、PGP9.5
神经纤维瘤	S100 蛋白、NF、SOX10、CD34
副神经节瘤	Syn、Cg A、NSE、S100 蛋白、CD34(显示血窦网)、SDHB 表达缺失
神经束膜瘤	EMA、claudin-1、GLUT-1、CD34(0~60%)
颗粒细胞瘤	S100 蛋白、NSE、KP1、Mi TF、TFE3、calretinin、β-inhibin
血管瘤样纤维组织细胞瘤	EMA、DES、CD99、KP-1
骨化性纤维黏液样肿瘤	S100 蛋白、DES
软组织肌上皮瘤/混合瘤	CK(AE1/AE3)、S100 蛋白、calponin、GFAP、α-SMA、p63、SMARCB1(肌上皮癌缺失)
腺泡状软组织肉瘤	TFE3、Myo-D1(胞质着色)、CD34(显示血窦网)
滑膜肉瘤	EMA、CK(AE1/AE3)、BCL-2、CD99、calponin、TLE1
上皮样肉瘤	CK(AE1/AE3)、EMA、CD34(0~70%)、vimentin、SMARCB1(缺失)
恶性横纹肌样瘤	CK(AE1/AE3)、EMA、vimentin、SMARCB1(缺失)
促结缔组织增生性小圆细胞肿瘤	CK(AE1/AE3)、DES、vimentin、Syn、WT1、α-SMA(间质肌纤维母细胞)
骨外尤文肉瘤	CD99、FLI1、Syn、CgA、NKX2.2
软组织透明细胞肉瘤	HMB-45、PNL2、S100 蛋白、Melan-A、Mi TF
骨外黏液样软骨肉瘤	S100 蛋白(0~20%)、CD117(0~30%)、Syn、NSE、SMARCB1(具横纹肌样形态者缺失)
脊索瘤	CK(AE1/AE3)、CAM5.2、EMA、S100 蛋白、brachyury
PEComa	HMB-45、PNL2、Melan-A、MiTF、α-SMA、TFE3、Cathepsin K

(复旦大学附属华山医院病理科　周仲文)

第十二章

女性生殖系统疾病诊断及常用免疫标记物

日常工作中,随着乳腺标本数量的增多,尤其是粗针穿刺活检日益普及,病理诊断医师会面临很多疑难诊断病例,大部分乳腺疾病都发生在终末导管小叶单位(terminal duct-lobular unit,TDLU),某些病例单单通过 HE 组织学容易造成过诊断或低诊断,常常需要免疫组织化学协助诊断。例如,导管内增生性病变的分型、分级,乳头状肿瘤是否合并不典型增生、原位癌或浸润性癌,导管癌和小叶癌的鉴别,乳腺癌的间质浸润,评估前哨淋巴结情况,转移性乳腺癌的诊断等;此外,免疫组织化学还常用于对乳腺癌患者治疗的评估和预后的评估。

第一节　乳腺常用免疫组织化学标记

乳腺的基本构成和功能单位是单个的腺体和复杂的分支导管系统,由两个主要组成部分,即终末导管小叶单位(terminal duct-lobular unit,TDLU)和大导管系统。乳腺的整个腺管系统均被覆腺上皮和肌上皮两层细胞,肌上皮细胞外是基底膜,基底膜外有成纤维细胞和毛细血管围绕。乳腺腺管还存在少量散在的内分泌细胞(嗜铬素免疫组织化学染色阳性)、定向干细胞及其向腺上皮分化和向肌上皮分化的中间型细胞等乳腺小叶及导管各细胞成分免疫标记物见表12-1。

表 12-1　乳腺导管和小叶单位各种细胞表型

抗体	肌上皮细胞	中间型肌上皮	干细胞	中间型腺上皮	腺上皮细胞
CK5/CK14	+/-	+	+	+	-
CK8/18	-	-	-	+	+
P63	+	+	+/-	-	-
SMA	+	+			
Calponin	+	+			

定向干细胞表达 CK5 或 CK5/6,具有多向分化潜能,可分别沿腺上皮细胞系或肌上皮细胞系分化。

腺上皮中间细胞(腺前驱细胞)既表达 CK5/6,也表达 CK8/18/19 和 34βE12。

肌上皮中间细胞(肌上皮前驱细胞)既表达 CK5/6 也表达 SMA。

一、肌上皮标记物

肌上皮细胞位于导管小叶腺上皮细胞和基底膜之间,它的存在被认为是区分浸润与非浸润性肿瘤的重要依据,非浸润性病变有肌上皮细胞围绕,而浸润性肿瘤缺乏肌上皮。常常以肌上皮细胞的存在与否作为下列病变鉴别诊断的参考指标:①非肿瘤性增生与恶性肿瘤(微腺腺病除外)。②乳头状瘤与乳头状癌。③原位癌与浸润癌。④良性假浸润与恶性浸润。

肌上皮细胞免疫组织化学标记物可分为 3 类。①肌源性蛋白抗体:SMA、MSA、SMMHC(平滑肌肌球蛋白重链)和肌钙调样蛋白(calponin)等(均为胞质阳性)。②基细胞/贮备细胞或前驱细胞标记物:CK5、CK14、CK17、CD10、P63 和 34βE12 等。其中 CD10 为膜阳性,P63 为核阳性,其他为胞质阳性。③其他:如 S100、GFAP 等。主要的免疫标记物介绍如下。

1. 肌钙调样蛋白 阳性部位:胞质。Calponin 是一种肌动蛋白结合蛋白,相对分子质量 34 000,可以调节平滑肌收缩单位中肌纤凝蛋白 ATP 酶的活性,是平滑肌细胞特有的成分,主要用于平滑肌肿瘤和乳腺等组织中的肌上皮细胞分布的研究。

对肌上皮细胞有较高的敏感性,对肌纤维母细胞有轻度的交叉反应,极少数浸润性癌的病例可有灶性阳性。

2. 平滑肌肌球蛋白重链(smooth muscle myosin heavy chain,SMMHC) 阳性部位:胞质。平滑肌肌球蛋白重链(SM - MHC)相对分子质量 200 000,是平滑肌细胞质内的结构蛋白。在平滑肌早期发育阶段即有表达,具有对平滑肌发育的特异性,有助于间叶肿瘤的诊断和分类,也可用于乳腺肌上皮细胞的检测,区别原位癌和浸润癌。对肌上皮细胞的敏感性与 SMA 和 calponin 比较基本相同,几乎不与成纤维细胞发生反应,其敏感性和特异性都较好。

3. P63 阳性部位:胞核。p63 基因是 p53 基因家族成员之一,该基因定位于染色体 3q27~28,编码 6 种以上主要异构体分别待遇转录激酶活性、死亡诱导活性(TAP63)和显色失活活性。在胚胎时期,多种上皮和器官发育需要 p63 蛋白。

P63 在乳腺组织中对肌上皮有较高的敏感性和特异性,阳性的肌上皮细胞在良性腺体和原位癌周围呈现不连续的点状线性排列。在肌纤维母细胞和血管中不表达。在基底细胞样癌和有鳞癌分化的癌常表达 P63。

4. 细胞角蛋白 5 (cytokeratin 5,CK5) 阳性部位:胞质。CK5 在正常的组织中可表达于鳞状上皮和导管上皮的基底细胞及部分的鳞状上皮生发层细胞、肌上皮细胞和间皮细胞中,而绝大多数腺上皮细胞几乎不表达。因此,可用于鳞癌和腺癌、间皮瘤和腺癌的鉴别诊断。也可用于乳腺、涎腺、前列腺上皮来源肿瘤良、恶性的鉴别诊断。

5. 细胞角蛋白 5/6(cytokeratin5/6,CK5/6) 阳性部位:胞质。细胞角蛋白 5/6 为高分子量细胞角蛋白(相对分子质量 58 000 和 56 000),能够特异地表达于上皮细胞基底层,与其他细胞角蛋白一样,对于维护上皮细胞的形态完整性起重要作用,临床上主要应用于肿瘤的鉴别诊断及乳腺癌的分子分型,研究表明乳腺癌中 CK5/6 的表达可能与临床预后密切相关。

CK5/6 在 ER、PR 阴性乳腺癌患者中的表达明显增高;CK5/6 在 HER2 强阳性乳腺癌患者中的表达明显高于 HER2 阴性患者,可能与乳腺癌侵袭、转移和预后存在关联性;

CK5/6在三阴性乳腺癌中的阳性表达率明显高于非三阴性乳腺癌,可以较准确地进行分子分型,更好地指导临床治疗及预测患者的预后。

6. 细胞角蛋白14(cytokeratin 14,CK14)　阳性部位:胞质。细胞角蛋白14(CK14)相对分子量为50 000,主要标记鳞状上皮,主要用于复层鳞状上皮和单层上皮的区别以及鳞癌的诊断。

研究显示,高分子CK可以作为肌上皮细胞标记物,尤其是CK5、CK14和CK17能在肌上皮中表达,且具有较高的敏感性。但是它们在干细胞、中间腺细胞和中间肌细胞也表达。因此,乳腺腺上皮、增生的导管上皮和乳腺基底细胞样癌也可有不同程度的表达。

7. 平滑肌肌动蛋白(smooth muscle actin,SMA)　阳性部位:胞质。SMA是一种标记平滑肌的肌动蛋白,可以与平滑肌肌动蛋白α异构体反应,但与骨骼肌、心肌的肌动蛋白无交叉反应。用于标记平滑肌及其来源的肿瘤。也可以标记肌上皮细胞及其来源的肿瘤。在判断乳腺、唾液腺、汗腺恶性病变时观察肌上皮的分布和存在与否,可作为以上疾病诊断的重要参考。也用于平滑肌肉瘤和胃肠间质瘤鉴别。

8. CD10　阳性部位:胞质/胞膜。CD10即共同急性淋巴母细胞性白血病抗原,是一种相对分子质量为100 000的糖蛋白,为滤泡中心细胞的标记物。

乳腺组织中的肌上皮细胞也可表达CD10,主要表达在细胞膜上。肌纤维母细胞也可表达CD10,但程度比SMA弱。

9. S100　阳性部位:胞核/质。S100是一种可溶性酸性蛋白。有3种亚型,有α、β 2个亚单位,形成3种形式即S100ao、S100a和S100b。S100主要存在神经组织、垂体、颈动脉体、肾上腺髓质,唾液腺、少数间叶组织,主要用于星形细胞少突胶质瘤、室管膜瘤、神经母细胞瘤、神经鞘瘤、恶黑、脂肪肉瘤的诊断与鉴别诊断。以前认为S100蛋白是识别乳腺肌上皮细胞最实用的标记,但许多文献相继报道认为蛋白鉴别肌上皮细胞并不可靠,因它在正常乳腺上皮及癌细胞中均可表达。对于标记肌上皮细胞的敏感性和特异性均较差,且结果不稳定。

实际工作中,可选用多种肌上皮标记物。部分肌上皮标记物与肌纤维母细胞有交叉反应,特别是肌纤维母细胞因邻近的瘤细胞巢挤压而变得扁平时,有可能被误判为肌上皮。有些标记物还可显示血管,扁平的血管误认为肌上皮。真正的肌上皮细胞的胞质常稍微凸向上皮细胞,其周围间质内通常没有肌纤维母细胞。一般来说,良性病变的肌上皮细胞容易确定,而浸润性病变缺失肌上皮细胞时难以判断。推荐联合检测核染色和胞质染色的标记物,如特异性和敏感性更高的标记肌上皮细胞的抗体肌钙调样蛋白、SMMHC和P63联合应用,以避免误诊(表12-2～12-3)。

表12-2　p63、SMMHC和肌钙调样蛋白的免疫标记比较

细胞类型	p63	SMMHC	肌钙调样蛋白
肌上皮细胞	+	+	+
肌纤维母细胞	−	−	8.2%
血管平滑肌	−	−	+
管腔上皮细胞	11%	10.6%	−

表 12 - 3　常用肌上皮标记物的优缺点比较

抗体	优点	缺点
p63	肌纤维母细胞和小血管不表达； 存在反应性间质时的最佳标记物	某些 DCIS 病灶周围可能出现不连续染色； 大约 10% 的病例中上皮细胞可能弱＋
SMMHC	肌纤维母细胞很少阳性，或染色明显弱 于 SMA 和肌钙调样蛋白	敏感性稍弱于 SMA 和肌钙调样蛋白，平滑 肌（血管）着色
肌钙调样蛋白	肌上皮强＋； 肌纤维母细胞染色弱于 SMA	小血管＋
SMA	肌上皮强＋； 可清楚地显示小灶增生腺体的结构，如 硬化性腺病	浸润性癌周围的肌纤维母细胞和小血管 强＋； 上皮细胞偶有散在＋
HHF35		上皮细胞强＋
S100	小血管－	肌上皮弱＋； 上皮细胞常＋
CD10	肌纤维母细胞染色弱于 SMA； 血管不表达	敏感性低于其他标记物
CK5	有助于鉴别 UDH＋ 与 ADH/DCIS/ LCIS－	UDH 中上皮细胞＋； 肌上皮染色敏感性低
Maspin		上皮细胞可＋
WT-1		上皮细胞可＋
P-cadherin	导管和小叶的肌上皮细胞强＋； 肌纤维母细胞－	上皮细胞和间质细胞可＋

注：ADH, atypical ductal epithelial hyperplasia, 非典型导管上皮增生；DCIS, ductal carcinoma *in situ*, 导管内原位癌；
LCIS, lobular carcinoma *in situ*, 小叶原位癌；UDH, usual ductal hyperplasia, 普通型导管增生

10. 要注意的是应用肌上皮标记物时的常见陷阱

（1）肌上皮标记物阳性的浸润性癌。某些特殊类型的浸润性癌具有真正的肌上皮分化，包括腺样囊性癌、低级别腺鳞癌、恶性腺肌上皮瘤、恶性肌上皮瘤和化生性（梭形细胞）癌。

腺样囊性癌中，肌上皮细胞与肿瘤性增生的上皮细胞均为肿瘤成分，肌上皮细胞可见于筛状结构的筛孔内。

腺鳞癌的瘤巢周边细胞表达肌上皮标记物。p63、SMA、CD10 和 calponin 都可以显示部分肿瘤腺体和细胞巢周围的肌上皮，这些肌上皮可以呈连续性或间断性或完全缺失，同一病例中以上各种情况都可以出现。SMMHC 和 calponin 免疫染色显示腺体周围间质细胞呈层状分布，管腔上皮细胞的角蛋白表达强度高于基底部细胞。以上均为腺鳞癌特征性表现。

（2）肌上皮标记物阴性的导管原位癌。大约 5% 的导管原位癌病例，特别是乳头状病变背景上的 DCIS，使用任何抗体都无法检测到肌上皮细胞。这种情况下，必需仔细评估组织学切片才能正确诊断。

(3) 肌上皮标记物阴性的良性病变。微腺腺病是目前已知的唯一不含肌上皮细胞的良性病变,仅凭肌上皮染色无法鉴别小管癌和微腺腺病,因为两者腺体周围均无肌上皮细胞层,此时应仔细评估组织学切片并联合检测 S100 和 ER:小管癌(S100－/ER＋)和微腺腺病(S100＋/ER－)(表 12-4)。

表 12-4　小管癌、微腺腺病、管状腺病和硬化性腺病的鉴别诊断

疾病类型	肌上皮	S100	Ⅳ胶原	AE1/AE3	EMA	ER
小管癌	－	－	－	＋	＋	＋
微腺腺病	－	＋	＋	－/弱＋	－	－
管状腺病	＋	－	－	＋	＋	＋
硬化性腺病	＋	－	－	＋	＋	＋

(4) 粗针穿刺活检标本。

粗针穿刺活检标本的特殊诊断难点包括:①在导管周围显著间质反应或重度淋巴细胞浸润的情况下原位癌与浸润性癌的区分。②肿瘤细胞形成圆形细胞巢并呈小叶状结构时原位癌与浸润性癌的区分。③浸润性筛状癌。④硬化性腺病伴或不伴导管原位癌累及。⑤小叶癌化。⑥放射状瘢痕伴间质弹力纤维增生-促结缔组织反应。同时使用包括 SMMHC 和 p63 在内的最佳抗体组合有助于解决上述难题。

二、基底膜物质标记物

1. 层粘连蛋白(laminin)　层粘蛋白相对分子量 1 000 000,是基底膜的重要成分,起到桥连作用,将Ⅳ型胶原和外周基质相连接。在乳腺导管、平滑肌、神经和血管基底膜中呈连续均匀排列,在原位癌与浸润性癌的鉴别诊断中期一定作用。

2. Ⅳ型胶原　Ⅳ型胶原相对分子量 550 000,是基底膜中最主要的成分,Ⅳ型胶原不形成纤维束,呈螺旋状结构,包绕正常乳腺和增生的良性腺体周围。但在与浸润性癌的鉴别中意义不大。导管原位癌和放射状瘢痕周围的Ⅳ型胶原是不连续的,不连续的Ⅳ型胶原并不意味是微浸润的病变。

三、腺上皮细胞标记物

1. 大囊肿性疾病液体蛋白-15(GCDFP-15)　阳性部位:胞质。GCDFP-15 是乳腺囊肿液中的组成蛋白,可在任何具有大汗腺特征的细胞中表达。该抗原在顶泌上皮、泪腺、耵聍腺、Moll 腺、下颌腺、气管支气管腺体、舌下腺、小唾液腺、外阴 Paget 病和前列腺的胞质中均有表达。有 62%～77% 的乳腺癌,以及涎腺和皮肤附属器肿瘤表达 GCDFP-15,其他类型的肿瘤很少表达,可用于乳腺癌,唾液导管癌和顶分泌上皮的判断。除了涎腺、皮肤附属器和前列腺癌以外,GCDFP-15 在乳腺中的阳性表达特异性达 98%～99%,因此可作为乳腺癌与其他肿瘤的鉴别诊断。

2. 乳腺球蛋白(mammaglobin)　阳性部位:胞质。乳腺球蛋白属于上皮细胞分泌蛋白中的子宫球蛋白家族,定位于 11q13,编码与乳腺腺上皮有关的糖蛋白。是一种乳腺特异性蛋白,仅在绝大部分良、恶性乳腺肿瘤组织和正常乳腺组织中表达,比 GCDFP-15 的敏感性高。肺癌呈可靠的完全阴性,可作为原发乳腺癌和乳腺癌转移诊断的重要工具。

3. GATA3 阳性部位:胞核。GATA3 是转录因子 GATA 家族成员,在许多组织中参与激发、引导细胞增殖、成长、分化。但在肿瘤组织中,GATA3 排他性地主要在乳腺癌和泌尿道上皮癌表达,肌上皮细胞不表达。敏感性高,小叶癌 100% 表达,导管癌 91% 表达,ER 阴性乳腺癌 69% 表达。

有报道,GATA3 在乳腺癌的表达与 ER、PR 和 Her2 有相关性,ER 阳性并接受三苯氧胺治疗的乳腺癌患者中 GATA3 表达阳性者,预后均较好。也有研究显示,GATA3 与乳腺癌的分化水平、转移能力相关,并且 GATA3 可作为乳腺癌预后的一个判断指标,GATA3 阳性表达者 5 年总生存率高于 GATA3 阴性表达者。

4. 细胞角蛋白 阳性部位:胞质。CK5 可在鳞状上皮的基底细胞、腺上皮、肌上皮和间皮细胞表达。

CK6 可在鳞状上皮,尤其是高度增生的鳞状上皮细胞表达。

CK5/6 可在乳腺定向干细胞及其向腺上皮分化和向肌上皮分化的中间型细胞表达(表 12-5);普通导管上皮增生表达,非典型性导管上皮增生、导管原位癌和小叶原位癌不表达,因此可作为普通导管上皮增生、非典型性导管上皮增生、导管原位癌和小叶原位癌的鉴别诊断(表 12-6)。

表 12-5 细胞角蛋白在乳腺浸润性癌中的表达

		CK4	CK5	CK7(%)	CK8	CK14(%)	CK18	CK19(%)	CK20(%)
导管癌	Ⅰ级			84.8					0
	Ⅱ级			85.9				+	3
	Ⅲ级			94.8				94.7	11.1
	分级不明			93.7					6.2
	总计			90					6
小叶癌				94					5
筛状癌				+					
小管癌				+					10
黏液癌				85.7					10.5
髓样癌	典型髓样癌	—	25	5.8	+	12.5	+	91.9	4.2
	不典型髓样癌	—	42.9	+	+	14.3	+	+	14.3
乳头状癌				66.7					33.3

续 表

	CK4	CK5	CK7(%)	CK8	CK14(%)	CK18	CK19(%)	CK20(%)
黏液囊腺癌			+					−
非特殊型癌 转移性癌	−	20	8 90	+	20	+	90	−
总计			91				96	6

表 12-6 CK5/6 有助于鉴别良性增生性病变与非典型病变或癌

		导管上皮细胞(%)	肌上皮细胞(%)
正常乳腺组织	终末导管小叶单位	87	38
	终末导管	76	98
	大导管和输乳管	67	+
纤维囊性病变	囊肿	21	87
	大汗腺化生	−	92
良性增生	腺病	50	45
	硬化性腺病	52	88
	普通型导管增生性病变	97	93
	乳头状瘤/乳头状瘤病	50	82
	纤维腺瘤	33	83
	腺肌上皮瘤	67	67
非典型增生	非典型导管增生	7	95
	非典型小叶增生	26	83
原位癌	导管原位癌	4	94
	小叶原位癌	17	83
浸润性癌,非特殊类型		9	肌上皮细胞缺乏

HCK(34βE12)可在乳腺定向干细胞及其向腺上皮分化和向肌上皮分化的中间型细胞、基底膜细胞表达;90%~100%的普通导管上皮增生表达;正常乳腺肌上皮细胞和腺上皮细胞也可表达。

CK7 可在腺腔上皮细胞弥漫阳性表达;绝大多数导管癌及小叶癌 CK7 阳性。

CK8 在 DCIS 和浸润性导管癌中的表达呈胞质弥漫着色。与此相反,在 LCIS 和浸润性小叶癌中呈核周着色。这种不同的表达模式甚至可见于那些没有特征性组织学形态的癌(即,实性或多形性小叶癌)。

CK14 也属于肌上皮标记物,在乳腺定向干细胞及其向腺上皮分化和向肌上皮分化的中间型细胞表达,但正常乳腺中仅少数细胞表达。

CK19 在髓样癌和低分化的导管癌均表达。

CK20 在正常乳腺上皮不表达,弥漫阳性则是排除乳腺癌的有力证据。

5. 激素受体

(1) 雌激素受体(estrogen receptor, ER)。克隆号:SP1。阳性部位:胞核。雌激素受体相对分子质量为 67 000,存在于正常子宫内膜、平滑肌细胞中及正常乳腺的上皮细胞,能够与雌激素特异性结合,形成激素-受体复合物,进入细胞核后发挥生物学效应。ER 有 2 个亚单位,ERα 和 ERβ。在乳腺癌中 ER 阳性主要是 ERα 表达增加,ERβ 可以在 ER 阴性的肿瘤中检测到。

ER 水平与总生存(OS)、无病生存(DFS)、无复发生存(RFS)、5 年生存率、治疗失败时间(TTF)、内分泌治疗反应和复发时间呈正相关,因此 ER/PR 是乳腺癌的常规检查项目之一。研究资料表明,ER(sp1)在乳腺癌中的敏感性、特异性及表达定位优于 1D5 和 6F11。ER 阳性患者可采用激素替代疗法。

(2) 孕激素受体(progesterone receptor,PR)。克隆号:SP2。阳性部位:胞核。孕激素受体是一个雌激素调节的蛋白,是 ER 作用于染色体后,新合成的另一种蛋白质,表达有 2 个异构体 PRA(相对分子质量 94 000)PRB(相对分子质量 114 000),其功能是作为配体活化后转录因子存在于正常子宫内膜及乳腺上皮细胞中,调节乳腺上皮细胞的生长。PR 的合成受 ER 的调控,ER 阳性者 PR 一般也为阳性。

PR 水平与 OS、TTF、内分泌治疗反应和复发时间呈正相关。近来对乳腺癌的大量研究表明,ER 和 PR 阳性的肿瘤大多数内分泌治疗有效,且缓解率高、复发率低、预后好,即使 ER 和 PR 中只有 1 种阳性的患者,其预后也好于两种全阴性的患者,因此 PR 已作为乳癌患者的常规检查项目之一。资料表明,SP2 在乳腺癌中的敏感性、特异性及表达定位均优于鼠单克隆抗体 PR。

常见 ER、PR 阳性表达的乳腺癌:小管癌、筛状癌、小叶癌、黏液癌以及 G1 的乳腺癌,若染色结果判定为阴性时,应在报告中予以提示。

常见 ER 阴性的乳腺癌:大汗腺癌、髓样癌、化生性癌、分泌性癌。

(3) ER、PR 的规范化病理报告需要报告阳性百分比和阳性强度。①ER 及 PR 阳性定义:≥1%的肿瘤细胞呈阳性染色,因激素水平在肿瘤细胞低水平表达(1%)时即与临床疗效显著相关。②染色阳性肿瘤细胞的百分比,应观察所有肿瘤细胞,而且应计数和评估 100 个以上的细胞。③为提高可重复性,建议 10%～100%阳性着色时可归并为每 10%为 1 个等级,即约 10%,20%,30%……而 10%以内的可尽量细化。④当 ER 阳性肿瘤细胞比率在 1%～10%时,应力争更精确的报告,供临床医师与患者讨论,权衡内分泌治疗的利弊以寻求最佳治疗方案。⑤应记录和报告染色强度:弱、中、强。应该对整张切片中的阳性肿瘤细胞的平均染色强度作出评估,以设立阳性对照的染色强度参照。

第二节　乳腺疾病鉴别诊断的免疫标记物

一、导管上皮增生性病变和原位癌的鉴别（包括乳头状病变）

导管上皮增生性病变包括普通型导管上皮增生(UDH)、非典型性导管上皮增生(ADH)

和柱状细胞病变(包括平坦型导管上皮增生)。导管原位癌(DCIS)分为低级别、中级别和高级别。小叶原位癌(LCIS)包括经典性和多形性。导管内乳头状病变包括导管内乳头状瘤和导管内乳头状癌,可伴有不同程度的上皮增生、不典型增生或原位癌。这些病变增生的细胞具有不同的细胞成分,因此,免疫表型也有不同特点。

UDH 增生的细胞包括定向干细胞、腺上皮中间细胞、肌上皮中间细胞、腺上皮细胞和肌上皮细胞,因此 UDH 可表达 CK5/6、CK8/18 和 34βE12。

ADH 和 DCIS 增生的细胞为单克隆的腺上皮细胞,只表达 CK8/18。34βE12 大部分为阴性,CK5/6 几乎不表达,与 UDH 鉴别优于 34βE12。

乳腺旺炽性增生中 34βE12 和 CK5/6 呈强阳性表达,有助于与 ADH 和 DCIS 鉴别。

大部分小叶原位癌表达 34βE12,而不表达 CK5/6。

柱状上皮病变中无论有无不典型性增生 34βE12 和 CK5/6 通常阴性;导管上皮增生伴有大汗腺化生时,CK5/6 通常阴性,这些在与原位癌鉴别时常成为诊断陷阱,需仔细察形态学。

导管内乳头状瘤中 34βE12 和 CK5/6 阳性表达,而导管内乳头状癌则阴性表达。当伴有上皮普通型增生、不典型增生和原位癌时免疫表型等同于导管内增生性病变。

ADH 和 DCIS 几乎所有细胞均高表达 ER,而普通导管增生为异质性表达(表 12 - 7)。

表 12 - 7　高分子 CK 在乳腺上皮增生中的表达

细胞角蛋白	普通型导管上皮增生(UDH)	不典型导管上皮增生(ADH)	导管原位癌	小叶原位癌
34βE12	+++	−/+	−/+	+++
CK5/6	+++	−	−	−

二、导管癌和小叶癌的鉴别诊断

1. E-钙黏着蛋白(E-Cadherin)　阳性部位:胞膜/胞质。Cadherin 是一类介导细胞间粘连作用的跨膜糖蛋白,有 E-、N-和 P-等 30 多种亚型,E-钙黏着蛋白是 Ca^{2+} 依赖细胞黏附分子,主要介导同型细胞间的黏附作用,在调节器官组织形态发育和维持组织结构的完整性中有重要作用。其功能的丧失可引起细胞-细胞连接的破坏。目前,主要用于各种恶性肿瘤细胞侵袭和转移方面的研究。

E-Cadherin 是区分导管癌和小叶癌有价值的标记物。几乎所有的导管癌(原位和浸润)在肿瘤细胞膜上呈线性表达。反之,小叶癌(原位和浸润)通常不表达。

2. P120 联蛋白(catenin)(P120)　阳性部位:胞质/胞膜。连接素家族包括 α-联蛋白、β-联蛋白、r-联蛋白和 p120-联蛋白,p120-联蛋白是与 E-联蛋白有关的酪氨酸激酶蛋白,位于 11q11 染色体上。p120 联蛋白在细胞膜旁的细胞质内同 E-联蛋白相链接,形成复合物,这种复合物稳定紧密连接。

在正常乳腺、乳腺增生和导管癌时细胞都表达 E-联蛋白,p120-联蛋白被结合固定在细胞膜上表达。在不典型小叶增生和小叶癌,缺乏 E-钙黏着蛋白会导致细胞质内 p120-联蛋白蓄积,因此 p120-联蛋白在细胞质中表达。

3. 细胞角蛋白(cytokeratin)　克隆号:34βE12。阳性部位:胞质。高分子量(HMW)

角蛋白抗体与人角蛋白中间丝蛋白1、5、10和14反应。表达于鳞状上皮、导管上皮和其他复层上皮。在乳腺肿瘤中可用于鉴别乳腺导管及小叶上皮来源的肿瘤。但是大家要注意，相当一部分浸润性导管癌可明显表达34βE12，因此，它不能作为浸润性导管癌和浸润性小叶癌的鉴别诊断（表12-8）。

表12-8　乳腺导管癌与小叶癌鉴别

指标	导管癌	小叶癌
E-钙黏着蛋白	膜＋	膜－
P120	膜＋	胞质＋
34βE12	－或弱＋	＋

三、乳腺梭形细胞病变鉴别诊断

乳腺梭形细胞病变包括反应性增生结节、良性、交界性和恶性肿瘤；又可分为单形性及双相型梭形细胞病变。

单形性包括反应性梭形细胞增生、纤维瘤病、结节性筋膜炎、肌纤维母细胞瘤、假血管瘤样间质增生、富于细胞性血管脂肪瘤、孤立性纤维性肿瘤、高分化血管肉瘤、神经鞘瘤、平滑肌瘤、梭形细胞化生性癌、肌上皮癌和转移性肿瘤等。

双相型包括叶状肿瘤、纤维腺瘤、肌上皮癌和化生性癌等。

这些病变其形态学常常相互重叠，仅仅依靠形态学鉴别相当困难，需要通过免疫组织化学帮助（表12-9）。

表12-9　乳腺梭形细胞病变的免疫表型

类型	CK	VIM	SMMHC	calponin	P63	actin	DES	CD34	S100	SOX-10	HMB45
化生性癌	＋/－	－/＋	－/＋	－/＋	－/＋	－/＋	－	－	－/＋	－	－
肌上皮肿瘤	＋	－/＋	－	－	＋	＋	－	－	＋	－	－
纤维瘤病	－	＋	－	－	－/＋	－	－	－/＋	－	－	－
肌纤维母细胞瘤	－	＋	－	－/＋	－	＋/－	＋/－	＋/－	－	－	－
平滑肌肿瘤	－/＋	＋	＋	＋/－	－	＋	＋	－	－/＋	－	－
结节性筋膜炎	－	＋	－/＋	－	－	＋	－	－	－	－	－
叶状肿瘤	－	＋	－	－	－	＋/－	－/＋	＋/－	－	－	－
神经源性肿瘤	－	＋	－	－	－	－	－	＋/－	＋	＋	－(色素性＋)
恶性黑色素瘤	－	＋	－	－	－	－	－	－	＋	＋	＋

四、嗜酸性细胞病变

乳腺病变中常常可以看到嗜酸性细胞,大部分是腺上皮大汗腺化生,也见于一些特殊类型的上皮性恶性肿瘤,这些嗜酸性胞质内含有线粒体、溶酶体、分泌性颗粒或胞质细丝,乳腺肿块活检诊断浸润性癌时需要与颗粒细胞瘤鉴别,尤其是在冷冻切片中容易误诊,需要密切观察组织细胞学特点。

表 12 - 10　乳腺具有嗜酸性胞质肿瘤的免疫表型

类型	CK	GCDFP - 15	VIM	S100	SMA	CgA	SY	淀粉酶	线粒体	AB
大汗腺癌	+	+	−	+	−	−	−	−	−	−
嗜酸细胞癌	+	−	−	−	−	−	−	−	+	−
腺泡细胞癌	+	−	−	−	−	−	−	+	−	−
神经内分泌癌	+	−	−	−	−	+	+	−	−	+/−
肌上皮癌	+	−	−	+/−	+	−	−	−	+	−
肌母细胞样癌	+	+	−	−	−	−	−	−	−	+
颗粒细胞瘤	−	−	+	+	−	−	−	−	−	−

五、透明细胞病变

乳腺部分原发性肿瘤细胞可以出现泡沫状、空泡状、透明样胞质,其胞质内含有糖原颗粒、黏液、脂质颗粒等物质。还有某些透明细胞的转移性肿瘤,如肾透明细胞癌、透明细胞恶性黑色素瘤等(表 12 - 11)。

表 12 - 11　乳腺透明细胞肿瘤的免疫表型

类型	GCDFP - 15	VIM	S100	SMA	PAS	d - PAS	黏液卡红	AB	油红 O
富含糖原的透明细胞癌	+/−	−	−	−	+	−	−	−	−
富脂质癌	−	−	−	−	−	−	−	−	+
大汗腺癌	+	−	−	−	+	+	+	−	−
分泌性癌	−	−	+	−	+	−	+	+	−
组织细胞样癌	+	−	−	−	−	−	+	+	−
腺肌上皮肿瘤	+(大汗腺)	−	+	+	+	+/−	−	−	−
肾透明细胞癌	−	+	−	−	−	−	−	−	−

六、Paget 样细胞病变

乳晕区 Paget 病是乳头鳞状上皮内见恶性的腺上皮细胞,一般都伴有乳腺原位癌或浸润性癌。因有细胞不典型增生、派杰样扩散、色素沉着等现象存在,形态学上与皮肤恶性黑色素瘤、原位鳞癌、透明细胞角化不良(CCD)、Toker 细胞增生(TCH)和 Merkel 细胞癌表皮内播散(PMC)有相似处,需要依靠免疫组织化学帮助鉴别。乳头腺瘤、乳头部的导管内乳头状瘤、输乳管上皮内组织细胞浸润等病变也会造成诊断陷阱(表 12 - 12)。

表 12-12　乳腺 Paget 样细胞病变的免疫表型

类型	CK7	CK20	CAM5.2	HCK	GCDFP-15	HMB 45	S100	CD68	ER	C-erbB-2	CEA
Paget 病	+	−	+	−	+	−	−/+	−	+/−	+	+
黑色素瘤	−	−	−	−	−	+	+	−	−	−	−
原位鳞癌	−	+/−	−	+	−	−	−	−	−	−	−
组织细胞浸润	−	−	−	−	−	−	−/+	+	−	−	−
CCD	−	−	−	+	−	−	−	−	−	−	−
TCH	+	−	−	+	−	−	−	−	−	−	−
PMC	+	+	+	−	−	−	−	−	−	−	−

七、小细胞病变

乳腺原发性小细胞癌极其罕见,肿瘤浸润性生长,细胞形态与肺或其他部位的小细胞癌相类似,常可见挤压假象和 Azzopardi 现象。小细胞癌可与普通导管内癌、浸润性导管癌和浸润性小叶癌并存(表 12-13)。

表 12-13　乳腺小细胞病变的免疫表型

类型	E-钙黏着蛋白	34βE12	CK20	CgA	Syn	CD10	波形蛋白
乳腺原发性小细胞癌	+	−	−	+/−	+/−	−	−/+
伴神经内分泌特征的癌	+	+/−	−	+	+	−	+
浸润性导管癌	+	+	+	+/−	+	+	+
浸润性小叶癌	−	+	−	−	−	−	−

八、转移性肿瘤的鉴别

联合检测 CK7 和 CK20 用于确定癌的原发部位尤其有帮助,见表 12-14。

表 12-14　联合应用 CK7 和 CK20 确定乳腺转移癌原发部位

检测指标	乳腺转移癌原发部位	检测指标	乳腺转移癌原发部位
CK7+/CK20−	乳腺癌 肺腺癌 非黏液性卵巢癌 内膜腺癌	CK7+/CK20+	胰腺癌 黏液性卵巢癌
CK7−/CK20+	结肠腺癌 胃腺癌	CK7−/CK20−	前列腺癌 胃腺癌

GCDFP-15 具有高度特异性(特异性 98%),但敏感性较低(62%～77%)。mammaglobin 敏感性优于 GCDFP-15。GCDFP-15 和 WT1 联合检测有助于区分乳腺癌与非黏液性卵巢癌。CK20 阳性几乎可以排除乳腺原发,TTF1 阳性或 CDX-2 阳性也可以

除外乳腺原发。30%～40%的女性乳腺癌中存在 PSA,男性乳腺癌中也有表达(表 12－15)。

表 12－15　乳腺癌与其他部位转移癌鉴别常用免疫标记

鉴别类型	免疫标记
乳腺癌与其他癌	GCDFP－15＋支持乳腺来源,－无提示意义
乳腺癌与肺癌	TTF－1＋支持肺来源,－无提示意义
乳腺癌与卵巢浆液性或移行细胞癌	WT－1＋提示卵巢来源,－支持乳腺来源
乳腺癌与卵巢黏液性癌	CK20＋提示卵巢来源 CA125－支持乳腺来源,＋无提示意义
乳腺癌与胃癌	ER＋支持乳腺来源 CK20＋支持胃来源 CDX－2＋提示胃来源
乳腺癌与前列腺癌	CK7＋和多克隆 CEA＋支持乳腺来源,－支持前列腺来源 PSA＋无提示意义

第三节　与乳腺癌治疗和预后评估有关的免疫组织化学检测

1. 前哨淋巴结的检测　乳腺癌的淋巴结转移进程有规律性,首先转移至前哨淋巴结,然后再进一步转移至远处淋巴结。目前认为,如果前哨淋巴结阴性,腋窝淋巴结清扫没有必要,但如果前哨淋巴结阳性的患者,腋窝清扫术可以减少将来局部复发的可能性。美国癌症联合委员会(AJCC)将淋巴结微转移癌定义为瘤细胞簇不超过 2mm。工作中需要将前哨淋巴结间隔 2mm 连续切片,进行 HE 染色和 AE1/AE3 联合染色,不建议用 CAM5.2,因它可以显示淋巴结中的树突状细胞。还有一种现象病理医师也应该注意,乳腺穿刺活检后,淋巴结被膜下淋巴窦内可以出现乳腺上皮细胞聚集,这是由于穿刺后细胞机械性地移位到前哨淋巴结。这些"良性输送"的标志是角蛋白阳性与变形的红细胞、含铁血黄素和巨噬细胞混合存在。

2. 激素受体　内容见前文。

3. C－erbB－2　阳性部位:胞膜。C－erbB－2 基因所编码的蛋白定位于染色体 17q12－21、32 上,编码相对分子量为 185 000 的跨膜蛋白,是细胞表面生长因子受体大家族中的成员,可以抑制酪氨酸激酶活性,该基因的过度表达和扩增可见于多种肿瘤,与肿瘤的分化程度和分级有密切关系。C－erbB－2 是乳腺癌预后判断因子,是影响乳腺癌生长与转移的最重要的因素之一,可抑制凋亡,促进增殖;增加肿瘤细胞的侵袭力;促进肿瘤血管新生和淋巴管新生等。

C－erbB－2 在 20%～30%浸润性乳腺癌中有过表达,导管原位癌的阳性率达 40%～70%。其过表达与患者无病生存期(DFS)的缩短及总生存率(OS)的下降息息相关。C－erbB－2 的状态也可预测乳腺癌的药物治疗效果,包括对靶向治疗赫赛汀(herceptin)的反应;对紫杉醇及蒽环类药物治疗的反应及对三苯氧胺的耐药性。研究表明,对 ER、PR 和

C-erbB-2三者同时阳性表达的患者进行三苯氧胺治疗无意义。

应对所有乳腺浸润性癌病例进行C-erbB-2免疫组织化学染色,免疫组织化学染色结果以0、1+、2+、3+报告(表12-16)。

表12-16　乳腺癌C-erbB-2免疫组织化学判读标准

分值	染色形态
IHC 0(阴性)	无着色或≤10%的浸润癌细胞呈现不完整的、微弱的细胞膜着色
IHC 1+(阴性)	>10%的浸润癌细胞呈现微弱、不完整的细胞膜着色
IHC 2+(不确定)	>10%的浸润癌细胞呈现不完整的和/或弱至中等强度的细胞膜着色或≤10%的浸润癌细胞呈现完整的细胞膜着色
IHC 3+(阳性)	>10%的浸润癌细胞呈现强的、完整的、均匀的细胞膜着色

乳腺癌C-erbB-2的FISH评分标准

(1) HER2阴性:双探针HER2/CSP17<2.0,且平均HER2拷贝数<4.0信号因子/细胞;或单探针平均HER2拷贝数<4.0信号因子/细胞。

(2) HER2结果不确定:双探针HER2/CSP17<2.0,且平均HER2拷贝数<6.0和≥4.0信号因子/细胞;或单探针平均HER2拷贝数<6.0和≥4.0信号因子/细胞。

(3) HER2阳性:双探针HER2/CSP17≥2.0,且平均HER2拷贝数≥4.0信号因子/细胞;或双探针HER2/CSP17<2.0,且HER2拷贝数/细胞≥6.0信号因子/细胞;或单探针平均HER2拷贝数≥6.0信号因子/细胞。

4. 表皮生长因子受体(EGFR)　阳性部位:胞膜/胞质。EGFR是上皮生长因子细胞增殖和信号传导的受体,属于酪氨酸激酶型受体。是一种糖蛋白,相对分子量为170 000,位于7p13-p12染色体上。

在许多实体性肿瘤中存在EGFR高表达,其与肿瘤细胞的增殖、血管生成、肿瘤侵袭、转移及细胞凋亡的抑制有关。EGFR表达与乳腺癌恶性程度高有关,高表达提示内分泌治疗差,预后不佳。

5. Ki-67　克隆号:MIB-1或SP6。阳性部位:胞核。Ki-67主要用于判断细胞的增殖活性,表达在所有活动的细胞周期(G1、S、G2和有丝分裂期)中,而在G0期不表达。Ki-67增殖指数高低与许多肿瘤的分化程度、浸润转移及预后密切相关,是目前多种恶性肿瘤,尤其是乳腺癌研究中的热门生物指标,也是乳腺癌的预后的重要参考指标之一。SP6与MIB-1均为优良克隆。需要注意的是:①应对所有乳腺浸润性癌病例进行Ki67检测,并对癌细胞中的阳性染色细胞所占的百分比进行报告。②当Ki67增值指数在10%~30%时,建议尽量评估500个以上的浸润性癌细胞,以提高结果的准确性。③新辅助化疗后,Ki-67的表达变化,可能预测患者的预后。④根据研究,确定Ki-67的阈值为14%,以此值作为预后好、坏的分界,高表达(>14%)提示应在其他治疗的基础上加化疗。⑤2011 年 St. Gallen 共识:确定 Ki-67 作为乳腺癌分子分型的重要标准,是 Luminal A 和 B 型分类诊断的关键,涉及不同的治疗方案和预后评估(表 12-17)。

表 12-17　乳腺癌分子分型与临床治疗

亚型	定义	治疗类型
Luminal　A 型	ER 和(或)PR 阳性 HER2 阴性 Ki67 低表达(<14%)	单纯内分泌治疗
Luminal　B 型	HER2 阴性 ER 和(或)PR 阳性 HER2 阴性 Ki67 高表达(≥14%) HER2 阳性 ER 和(或)PR 阳性 HER2 过表达或增殖 Ki67 任何水平	内分泌治疗 ±细胞毒治疗 细胞毒治疗 +内分泌治疗 +抗 HER2 治疗
Her-2 过表达型	HER2 阳性(非 Luminal) ER 和 PR 缺失 HER2 过表达或增殖	细胞毒治疗 +抗 HER2 治疗
基底样型	三阴性(导管) ER 和 PR 缺失 HER2 阴性	细胞毒治疗

6. 细胞周期素 D1(cyclin D1)　阳性部位:胞核。细胞周期素是周期素依赖激酶的调节因子,不同的细胞周期素控制着细胞周期中不同的特定阶段。周期素 D1(cyclinD1)为细胞周期中 G1 期进入 S 期的一个重要调控因子,通过激活 CdK4 或 CdK6 等作用,促进 DNA 合成,加速细胞增殖,主要用于 B 细胞淋巴瘤、乳腺癌、头颈部鳞癌、食管癌、肝癌和肺癌等恶性肿瘤的研究。克隆号 SP4 在石蜡切片上的表达优于 DCS-6。

大约 20%乳腺癌有 cyclinD1 基因扩增,40%~80%有蛋白的过表达。有研究发现从乳腺正常组织-普通增生-非典型增生-原位癌-浸润性癌,cyclinD1 过表达逐渐增加,并具统计意义。

7. D2-40　阳性部位:胞质/胞膜。D2-40 存在于睾丸生精细胞表面、生殖细胞肿瘤、淋巴管内皮细胞和间皮细胞。

D2-40 淋巴管的染色模式为内皮细胞膜呈细线状的清晰的阳性反应。乳腺癌中淋巴管侵犯可用于预测远处复发和生存时间的缩短。

8. P53　阳性部位:胞核。野生型 P53 基因能抑制细胞转化,并能抑制癌基因活动,而突变型 P53 基因可引起细胞的转化和癌变,使细胞无限增殖。P53 基因突变可以上调促进血管增生的内皮因子,成为调控血管生长的重要因素,并且与淋巴结转移有相关性。

突变型比野生型半衰期长,免疫组织化学通常能检测到。在乳腺癌中 P53 蛋白的阳性率为 20%~60%。P53 阳性的浸润性癌与高级别分级、ER 阴性、C-erbB-2 过表达和

EGFR 表达有关,阳性者预后差。

9. Bcl-2　阳性部位:胞质/胞膜。Bcl-2 是细胞凋亡蛋白家族成员之一,位于 8 号染色体,相对分子质量为 25 000 的线粒体内膜蛋白,在组织内广泛存在。被认为起抑制凋亡,延长细胞存活作用,90%滤泡性淋巴瘤在 18q21 发生易位,使相邻的 Bcl-2 基因变成一种免疫球蛋白。主要用于标记滤泡性淋巴瘤、毛细胞性白血病,及细胞凋亡的研究。

正常乳腺上皮、少数正常乳腺小叶周围间质细胞表达 Bcl-2,乳腺血管瘤样间质增生强阳性表达,乳腺原位癌和浸润性癌均可表达该蛋白。肺和胃肠道罕见阳性,可用于鉴别诊断。乳腺癌表达 Bcl-2 与显示相对预后好的病理形态(低组织学分级、无肿瘤坏死等)相关。

10. 磷酸化组蛋白 H3(phospho-histome H3,PPH3)　阳性部位:胞核。PHH3 是标记细胞有丝分裂的特异性标记物,可用于鉴别细胞凋亡体和核碎片。用于中枢神经系统肿瘤、黑色素瘤、软组织肿瘤、乳腺癌等,提供细胞有丝分裂信息,用于辅助指导肿瘤病理分级、预后判断等。

11. Nm23　阳性部位:胞质。nm23 是一种转移抑制基因,主要用于胃肠道癌、乳腺癌、肺癌的多种恶性肿瘤的研究。大多数研究结果表明,nm23 阳性表达与肿瘤转移负相关,与患者的预后呈正相关,但少数研究报道与转移或预后无相关性,说明其结论仍有争议。

（复旦大学附属华山医院病理科　包　芸）

第十三章

女性生殖系统肿瘤诊断免疫标记物

2014 年第 4 版《WHO 分类》中,女性生殖器官肿瘤独立成册。在这版中,WHO 依据近 10 年妇科肿瘤临床、病理、流行病及分子遗传学研究进展,对女性生殖系统肿瘤的分类进行重新梳理与修订,这些修订将会对中国妇科肿瘤病理诊断产生影响及变化,从而导致妇科肿瘤临床的治疗方案及预后判断指标发生相应变化。分子遗传学研究在未来无疑会非常重要,但目前在常规诊断中尚不适用,所以免疫组织化学依旧是组织病理诊断的非常有价值的辅助手段。女性生殖系统中常见的免疫标记物有如下几种。

1. CK7 阳性部位:细胞质。CK7 是一种相对分子质量 54 000 的细胞角蛋白。存在于大多数正常组织的腺上皮和移形上皮细胞中。卵巢癌浆液性/子宫内膜样腺癌 CK7 表达阳性,而卵巢黏液性腺癌中表达阴性。

2. ER 阳性部位:细胞核。ER 识别人雌激素受体 α 亚型,在子宫内膜、平滑肌细胞、正常乳腺上皮及乳腺癌中均有阳性表达。其主要应用于乳腺癌、子宫内膜癌、卵巢癌的检测,染色结果与患者治疗药物选择方案有关。ER 阳性的肿瘤大多数内分泌治疗有效,且缓解率高,复发率低,预后好。

3. PR 阳性部位:细胞核。PR 表达有 2 个异构体 PRA(相对分子质量 94 000)PRB(相对分子质量 114 000),其功能为是作为配体活化后转录因子存在于正常子宫内膜及乳腺上皮细胞中。在正常的乳腺、阴道的皮肤、子宫内膜、子宫平滑肌及其肿瘤中染色呈阳性,在其他部位的平滑肌染色阴性。PR 阳性的肿瘤大多数内分泌治疗有效,且缓解率高,复发率低,预后好。

4. 糖蛋白 125(CA125) 阳性部位:细胞膜/细胞质。卵巢癌抗原(ovariant cancer antigen)是一种膜表面糖蛋白 CA125,正常卵巢细胞中无 CA125 抗原,但在经期和孕期妇女的卵巢中发现存在此抗原。主要用于卵巢癌及其转移癌的研究。该抗体对鉴别卵巢浆液性和黏液性腺癌具有重要意义:在卵巢浆液性腺癌中 CA125 表达强阳性,而交界性/良性浆液性肿瘤中常常为阴性或弱阳性表达,局部增生活跃区域可阳性表达;而黏液性癌表达阴性或仅有极少数呈微弱表达。

5. CD10 阳性部位:细胞膜。CD10 是一种相对分子质量为 100 000 的细胞表面金属钛链内切酶,能灭活多种生物活性肽,最初曾被认为是急性淋巴母细胞白血病抗原

（CALLA）。通常表达于滤泡中心细胞和未成熟的淋巴细胞。子宫内膜的间质细胞及其肿瘤中 CD10 也呈阳性表达。该抗体主要用于淋巴瘤分类及子宫内膜间质肉瘤的诊断。

6. 抑制素 α(Inhibin α)　阳性部位：细胞质。抑制素 α 是一种糖蛋白类激素。抑制素主要表达于卵巢颗粒细胞、卵泡膜细胞及颗粒细胞肿瘤等。该抗体常用于卵巢颗粒细胞肿瘤与子宫内膜间质肿瘤、软组织肉瘤及低分化或未分化癌的鉴别诊断。

7. 波形蛋白(vimentin)　阳性部位：细胞质。波形蛋白是 4 种原始中间丝蛋白之一，是正常间叶源性细胞及其肿瘤的敏感性标记物。但该抗体特异性较差，在某些上皮细胞及其来源肿瘤中可同时表达波形蛋白和细胞角蛋白，该抗体需与其他抗体联合使用以明确诊断，主要用于间叶源性肿瘤的诊断。

8. 癌胚抗原(carcinoembryonic antigen，CEA)　阳性部位：细胞质/细胞膜。CEA 是一种在胎儿肠道产生的多态性细胞表面糖蛋白，在成人结肠的正常黏膜上皮和其他组织中也有极低的表达，在胃肠道腺癌中高表达。主要用于标记上皮性肿瘤，尤其是腺上皮来源的腺癌，可用于结肠癌和卵巢癌、子宫内膜癌和肾细胞癌的鉴别诊断。

9. 绒毛膜促性腺激素(human chorionic gonadotrapin，HCG)　阳性部位：细胞质。HCG 是正常人胎盘滋养层细胞合成和分泌的一种糖蛋白，妊娠的绒毛滋养细胞染色阳性。其主要应用于绒毛膜上皮癌、葡萄胎(弱阳性)及恶性葡萄胎(强阳性)的诊断，在生殖细胞肿瘤的胚胎性癌、精原细胞瘤等可呈染色阳性。

10. p16　阳性部位：细胞核/细胞质。p16 是细胞周期调节蛋白-依赖酶的抑制剂，又称"有丝分裂抑制因子"，也是肿瘤抑癌基因的产物。在高级别宫颈上皮内肿瘤和高危型人乳头状瘤病毒(HPV)感染的肿瘤中高表达，在宫颈腺上皮内肿瘤和宫颈腺癌中也有表达。卵巢的高级别的恶性的浆液性癌比低度恶性或交界性的阳性更强更弥漫。

11. Pax8　阳性部位：细胞核。Pax8 基因定位于 2q13，由 450 个氨基酸组成，相对分子质量约为 48 000。在甲状腺、肾脏，一部分中枢神经系统，中肾管起源的器官和米勒管相关器官发育中起重要作用。Pax-8 表达与输卵管和卵巢囊肿的非纤毛黏膜细胞，但不在正常卵巢表面上皮细胞表达。Pax-8 在卵巢浆液、子宫内膜中有高表达，但原发性卵巢黏液腺癌很少表达。

12. p53　阳性部位：细胞核。p53 基因全长约 20 kb，定位于人类染色体 17p13，由 11 个外显子组成，编码 393 个氨基酸组成的核内磷酸化蛋白，相对分子质量为 53 000；p53 分为野生和突变 2 种亚型；是目前基因研究最为深入的抑癌基因，约 50% 以上的肿瘤的发生与其有关。野生型极不稳定且半衰期仅数分钟，细胞中野生型 p53 的增加，使细胞停滞在 G1 期，部分还会发生凋亡；而突变型半衰期较长，不能控制细胞增殖和分裂，无细胞发生凋亡。免疫组织化学所检测的主要为突变型 p53。该基因的突变和缺失是导致许多肿瘤发生的原因。p53 同时也是细胞凋亡的调控因子，可作为一种预后指标。p53 阳性者说明预后不良。

13. NapsinA　阳性部位：细胞质。Napsin A 是一种相对分子质量接近 38 000 的单链蛋白。该蛋白在人类的肺和肾中高表达。Napsin A 在卵巢透明细胞癌中阳性表达，可以和 HNF-1β 一起应用于诊断卵巢透明细胞癌。

14. HNF-1β　阳性部位：细胞核。卵巢透明细胞癌是以透亮细胞和鞋钉样细胞为特征的一种上皮性卵巢癌，对铂类化疗耐药，预后较差。HNF-1β在卵巢透明细胞癌中阳性在卵巢透明细胞癌中阳性表达率82.5％，特异性92.1％～95.2％，超过70％的卵巢透明细胞癌组织中有中至强度的HNF-1β的表达。

15. CD30　阳性部位：细胞膜/细胞质。CD30为一种相对分子质量120 000的跨膜单链糖蛋白，在调节细胞生长和活化的淋巴母细胞转化中起重要作用。在淋巴滤泡周围大的淋巴细胞、活化的淋巴细胞(免疫母细胞)阳性，如感染的吞噬细胞、弓形虫淋巴结炎、Kikuchi淋巴结炎；浆细胞也会出现阳性。在增生的淋巴组织中，CD30阳性的细胞会增加。在生殖细胞肿瘤中，胚胎性癌和精原细胞瘤CD30常常染色阳性。因此，CD30可用于胚胎性癌和睾丸精原细胞瘤的鉴别诊断。

16. 甲胎蛋白(α-Fetoprotein，AFP)　阳性部位：细胞质。甲胎蛋白是由胚胎卵黄囊细胞，胚胎肝细胞及胎儿肠道细胞合成的一种糖蛋白。AFP可用于标记生殖细胞肿瘤、内胚窦瘤等。

17. 磷脂酰肌醇蛋白聚糖3(Glypican3，GPC3)　阳性部位：细胞质。GPC3是一个相对分子质量60 000的膜结合蛋白多糖，调控多种细胞增殖过程，定位于人类染色体Xq26，编码产物与BMP7、FGF2、TFP1及Wn5a相结合，大量表达在滋养层细胞和一大部分胚胎组织。GPC3在生殖细胞肿瘤中，高表达于卵黄囊瘤，敏感性高于AFP，在睾丸绒癌中阳性率约为82％。

18. 胎盘碱性磷酸酶(placental alkaline phosphatase，PLAP)　阳性部位：细胞质。PLAP通常存在于正常胎盘中，是相对分子质量70 000膜捆绑碱性磷酸酶的含金属酶。其主要用于诊断各种类型的卵巢、睾丸和性腺外生殖细胞瘤：精原细胞瘤、胚胎癌、性腺母细胞瘤、卵黄囊瘤、绒毛膜癌、管内生殖细胞肿瘤的诊断及鉴别诊断中。而在精母细胞性精原细胞瘤和未成熟型畸胎瘤中PLAP不表达。PLAP主要用于胎盘滋养叶细胞肿瘤，卵巢、睾丸和性腺外生殖细胞瘤的鉴别诊断和辅助诊断。在水泡状胎块(完全或部分)中PLAP阴性，可用于和绒毛膜癌PLAP阳性的鉴别诊断。

19. CD117(c-Kit)　阳性部位：细胞膜/细胞质。c-Kit是原癌基因的蛋白产物，为Ⅲ型跨膜蛋白酪氨酸激酶生长因子受体蛋白，位于造血干细胞、黑色素细胞、肥大细胞、Cajal细胞、皮肤基底细胞和乳腺导管上皮等。c-Kit可作为部分睾丸生殖细胞瘤的标记物。

20. SALL4　阳性部位：细胞核。SALL4是一种新确定的锌指转录因子，负责调节胚胎干细胞的自我更新，是许多肿瘤中的关键基因。SALL4是一种癌胚蛋白，研究表明，SALL4是精原细胞瘤和卵巢原始生殖细胞肿瘤敏感和特异性的标记物。SALL4在精原细胞瘤阳性(100％)，无性细胞瘤阳性(100％)，胚胎癌阳性(100％)，卵黄囊瘤阳性(100％)，畸胎瘤阳性(50％)，绒毛膜癌阳性(71％)。

21. Oct3/4　阳性部位：细胞核。Oct3/4是POU结构转录因子，位于染色体6p21.3上，在胚胎干细胞和生殖细胞中强表达，但而在所有分化后体细胞中减弱，通过八聚体基序同转录位点结合，包括有成纤维生长因子4和血小板衍生物生长因子α受体。其主要应用于精原细胞瘤、中枢神经系统的生殖细胞瘤、卵巢的无性细胞瘤和胚胎癌的诊断。卵巢肿瘤此抗体基本为阴性(透明细胞癌可以阳性,但多发生于老年妇女),所以可同无性细胞瘤鉴别。

22. Ki-67　阳性部位:细胞核。Ki-67 是与细胞周期密切相关的细胞增殖标记物,G1、S、G2、M 期有表达,G0 期无表达。其增殖指数与许多肿瘤的分化程度、浸润转移及预后密切相关。

(复旦大学附属中山医院病理科　曾海英　卢韶华)

第十四章
男性生殖系统及肾脏肿瘤的免疫组织化学诊断

第一节　前列腺病变的免疫组织化学诊断

一、抗原/抗体生物学特征

1. 前列腺特异性抗原(PSA)　PSA 是一种相对分子质量为 34 000,含 237 个氨基酸的单链糖蛋白,几乎全部由前列腺上皮细胞产生。PSA 为丝氨酸蛋白酶,属于激肽释放酶,与人腺激肽释放酶 2 的基因序列具有高度同源性。PSA 具有糜蛋白酶、胰蛋白酶和脂酶样活性。在血清中,多数 PSA 与 α - 1 抗糜蛋白酶结合形成复合物。在精液中,PSA 能够通过蛋白水解作用使新鲜精液中的大凝胶蛋白液化,从而使精液呈液体状。

在正常和增生性前列腺组织中,PSA 均匀地分布于腺上皮的顶部,在低分化腺癌组织中,PSA 的染色强度降低。除前列腺外,PSA 在其他组织和肿瘤会有片状和较弱的阳性表达(表 14 - 1)。

表 14 - 1　前列腺外组织和肿瘤中 PSA 的免疫组织化学

前列腺外组织	前列腺外肿瘤
尿道及尿道周围腺体(男性和女性)	尿道及尿道周围腺体腺癌(女性)
膀胱,包括膀胱黏膜和腺体	膀胱绒状毛腺瘤和腺癌
肛门,包括肛门腺体(男性)	男性外生殖器的 Paget 病
脐尿管残留	涎腺多形性腺瘤(男性)
中性粒细胞	涎腺癌(男性)
	乳腺癌

2. 前列腺特异性膜抗原(PSMA)　PSMA 是一种膜结合抗原,对于良性和恶性前列腺上皮细胞具有高度特异性,其特异性单克隆抗体为 7E11. C5。PSMA 在前列腺组织外的表达是非常有限的,主要在十二指肠黏膜、部分近端肾小管、部分结肠隐窝神经内分泌细胞、泌

乳的乳腺及涎腺中有表达。非前列腺源性的肿瘤 PSMA 通常为阴性。

从前列腺良性上皮组织增生到高级别前列腺上皮内瘤变(PIN)及前列腺腺癌的发展过程中,PSMA 阳性反应细胞的数量不断增加。高级别 PIN 表现为中度免疫组织化学阳性,而在 Gleason 4 或 5 级的肿瘤中,几乎每个细胞均呈阳性反应。PSMA 和肿瘤分化的关联性明显高于 PSA(表 14-2)。

表 14-2　PSA 和 PSMA 表达与前列腺癌分化的相关性

抗原		免疫组织化学呈阳性细胞的百分比＋标准差(范围)	抗原		免疫组织化学呈阳性细胞的百分比＋标准差(范围)
PSMA	良性	69.5＋17.3(20～90)	PSA	良性	81.3＋11.8(20～90)
	高级别 PIN	77.9＋13.7(30～100)		高级别 PIN	64.8＋17.3(10～90)
	肿瘤	80.2＋13.7(30～100)		肿瘤	74.2＋16.2(10～90)

SMA 也存在于正常人的血清中,在前列腺腺癌、肿瘤临床进展期以及激素治疗无效的肿瘤患者中,其血清浓度会升高。

综上,在对前列腺诊断及患者预后预测中,PSMA 比 PSA 更具有优势。

3. 前列腺癌相关蛋白前列腺蛋白(prostein,P501S)　P501S 是一种由 553 个氨基酸组成的蛋白质,定位于高尔基复合体。在良性前列腺组织和前列腺癌中均有表达。典型的 P501S 阳性表现为核旁胞质点状阳性,在低分化和转移性前列腺癌中恒定表达,尽管有时这些肿瘤 PSA 阴性。到目前为止,还没发现在前列腺以外的癌中有表达,因此在鉴别转移性癌的起源中具有重要的作用。

4. α-甲基脂酰辅酶 A 消旋酶(AMACR)/P504S　P504S(AMACR)是一种与侧链脂肪酸 β-氧化有关的酶。P504S 在前列腺癌和高级别 PIN 中恒定表达,不管是未经治疗的转移性前列腺癌,还是激素抵抗性前列腺癌均有强的 P504S 表达。P504S 对前列腺癌总的敏感性和特异性分别为 97% 和 92%。

肿瘤细胞 P504S 染色加上基底细胞标记(P63 和 HCK)阳性对细针穿刺中前列腺癌的诊断起双保险作用。但是 P504S 也在高级别 PIN 和一些和前列腺癌相混淆的前列腺良性疾病,如腺体萎缩、部分萎缩和腺病中表达(表 14-3),因此,P504S 不能单独用于前列腺癌的诊断。只有在 P504S 阳性,而 HCK 和 P63 阴性的情况下才能确诊为前列腺癌。

表 14-3　P504S 在良性及恶性前列腺组织中的免疫组织化学结果

	免疫组织化学阳性比例(%)	免疫组织化学阳性的腺体(%)	染色强度(一,1+,2+,3+)
良性	8	4.6	一～1+
AAH	14	15.1	一～1+
高级别 PIN	88	21.8	1+～2+
恶性肿瘤	97	35	2+～3+

5. 高分子量角蛋白(HCK)　HCK 在显示呈不典型增生的前列腺腺体中是否有基底细

胞的存在中发挥重要作用,克隆号为 $34\beta E-12$ 的 HCK 是当前被广泛单独使用或作为鸡尾酒成分之一。CK5/6 可作为 $34\beta E-12$ 的替代物使用。

所有正常前列腺组织基底细胞 HCK 染色均呈阳性,在大多数情况下,基底细胞层能够形成完整的阳性反应条带,分泌细胞和基质细胞呈阴性。PIN 级别的提高与基底细胞层断裂现象的增加有关,在 56% 的高级别 PIN 中可见基底细胞层的断裂。需要注意的是,除了 PIN 和恶性肿瘤之外,基底细胞层的断裂或缺失还见于炎性腺泡、非典型腺瘤样增生以及萎缩后增生。另外,Cowper 腺体的基底细胞也不表达 HCK。

6. P63 P63 在许多上皮性器官的基底细胞或肌上皮细胞中表达。在前列腺中,P63 只表达于基底细胞,分泌细胞和神经内分泌细胞均不表达。P63 在基底细胞中表达的敏感性要强于 HCK,两者的联合使用可降低单独使用时出现的假阳性和假阴性的概率。另外需要引起注意的是移行部的良性前列腺腺体有时会缺乏基底细胞,还有极个别的前列腺癌癌细胞会表达 P63。遇到这些极端病例时,结合其他免疫组织化学结果和形态学特点就非常重要。

二、 特殊前列腺病变的免疫组织化学诊断

1. 小灶性前列腺不典型腺泡的诊断 用免疫组织化学来帮助明确小灶性不典型腺泡的性质是临床病理经常面临的问题。联合使用 HCK、P63 和 P504S 就能解决绝大所多数的病例。三者的联合使用还能鉴别毗邻高级别 PIN 的小灶性浸润性癌和高级别 PIN 的膨出腺体,因为这两者 P504S 均有阳性表达,但前者缺乏基底细胞,而后者有不连续的基底细胞。当免疫组织化学结果不理想时,前列腺癌的形态特征,如小腺泡结构、单层细胞、僵硬的腔缘、嗜碱性的胞质、异形增大的细胞核、明显的核仁、蓝染的黏液性内容物、浓稠的嗜酸性分泌物、癌性结晶物及黏液性胶原小结,对小灶性癌的确诊有重要的帮助。在形态学和免疫组织化学都不典型的时候,可以采用"灶性不典型腺体,高度疑癌",并建议随访和重新活检。

2. 易和前列腺癌相混淆的良性前列腺组织

(1) 前列腺萎缩:部分萎缩(PTAT)和前列腺增生后萎缩(PAH)是 2 类最容易与前列腺癌相混淆的形态。在前列腺穿刺中,PTAT 为紊乱的腺泡结构,胞质苍白、核增大、核仁可见,特别容易和萎缩型前列腺癌混淆。HCK、P63 和 CK5/6 可显示至少有部分腺泡存在不连续的基底细胞,那些无基底细胞的腺泡不要轻易诊断为前列腺癌,因为这些腺泡和那些有基底细胞的腺泡形态是一致的,因而也是良性腺泡。另外,要注意有些 PTAT 腺泡也表达 P504S。PAH 和单纯性萎缩都有着连续的基底细胞,也不表达 P504S。

(2) 腺病:腺病是由小腺泡增生形成的结节。在结节中有大的伸长腺体伴有乳头状内折和分枝的腔隙,也有更像癌的小腺体,但两者的细胞核和胞质是一致的。而在前列腺癌中,癌性腺泡和背景中的良性腺体有着显著的差别。更重要的是,经 HCK、P63 染色可发现腺病中存在基底细胞,尽管不连续,甚至有的腺泡基底细胞缺乏。根据腺体细胞的一致性,和基底细胞的存在,可以把腺病和腺癌鉴别开来。需要注意的是,P504S 在约 10% 的腺病中有局灶性表达。

(3) 硬化性腺病:硬化性腺病是由完整的腺泡和单个的上皮细胞增生而成的境界清楚的病变,背景为致密的梭形细胞增生。梭形细胞表达 CK 和 MSA。上皮缺乏异形,基底细胞在 HE 中就能观察到。如果出现异形特征比如棒状结晶、分裂象和明显的核仁时,则需要

做免疫组织化学确定基底细胞的存在,才能诊断硬化性腺病。

（4）黄色瘤：镜下表现为境界清楚的实性小结节,有的可表现为浸润性条索状或单细胞结构。黄色瘤细胞形态一致、有大量泡沫样胞质和温和的细胞核、无分裂象。黄色瘤细胞表达组织细胞标记 CD68 和溶菌酶(lysozyme),不表达上皮性标记。

3. 前列腺癌治疗后改变

（1）抗雄激素治疗后改变：经去势治疗后,肿瘤性腺泡萎缩而类似于良性萎缩性腺体。有些前列腺癌经治疗后细胞核呈固缩状伴大量的黄色瘤样胞质而类似于泡沫细胞。在这些病例中 PSA 或广谱 CK 染色能显示其上皮属性。内分泌治疗后,PSA、P501S、PSMA 和 PSAP 的表达下降,呈片状阳性,联合应用 PSA、PSMA 和 P501S 会增加敏感性。特别要注意的是,前列腺的鳞癌和复发或转移的前列腺腺鳞癌低表达前列腺源性标记,如 PSA、PSMA、P501S 和 PSAP,却弥漫表达 HCK。

（2）放射治疗：经放疗后,非肿瘤性前列腺腺体发生萎缩,鳞状化生及明显的细胞异形变,容易与前列腺癌相混淆。HCK 和 P63 能显示基底细胞的存在,从而与前列腺癌相区别。另一种情形是低分化前列腺癌放疗后呈泡沫样组织细胞。此时,广谱 CK 和 CD68 标记能有效地确定其癌的本质。前列腺癌经放疗后仍能表达 PSA、PSAP 和 P504S。经放射治疗的前列腺癌复发或转移病灶会出现肉瘤样变、鳞化,这些肿瘤细胞在表达前列腺上皮标记的同时也表达 HCK。

4. 前列腺导管癌　前列腺导管癌为高柱状肿瘤细胞排列呈乳头状或筛孔状结构,需与由扁平或立方形细胞组成的腺泡癌相鉴别。前列腺导管腺癌可以独立出现,但更多的是伴发于腺泡癌。关键的一点是导管腺癌可出现残留的基底细胞,故 HCK 和 P63 会有表达。

浸润性导管腺癌有时与直肠癌的前列腺侵犯难以鉴别。除了前者可以在多部位的前列腺穿刺组织中发现肿瘤外,还表达 PSA 和 P501S,而后者表达 β-联蛋白(catenin)、CDX2 和绒毛蛋白(villin)。

靠近尿道前列腺部的导管腺癌还要和尿路上皮癌相鉴别,前者表达 PSA、PSAP 及 P501S,后者表达 P63、凝血调节蛋白(thrombomodulin)及 uroplakin。

5. 前列腺的神经内分泌肿瘤

（1）类癌：极其罕见,据已报道的案例显示前列腺类癌的 PSA 和 PSAP 阴性,这些患者的血清 PSA 也不升高,也没有类癌综合征。这些肿瘤显示典型的类癌形态和免疫表型。也有报道在腺癌中存在局灶性的类癌样结构,但这些区域 PSA 和 PSAP 阳性表达,无特殊的临床意义,可表述为“前列腺腺癌伴有神经内分泌分化”。

（2）小细胞癌：形态特点与肺小细胞癌相似。约有一半的小细胞癌伴发于腺癌,其 Gleason 评分根据腺癌的分化程度,而小细胞癌成分不做 Gleason 分级。小细胞癌表达神经内分泌标记的一个或多个(NSE, synaptophysin, chromogranin, CD56),极少部分表达前列腺标记,还有少数表达 HCK 和 P63。前列腺小细胞癌同肺小细胞癌一样也表达 TTF-1。因此,TTF-1 在鉴别前列腺原发或肺转移性小细胞癌中不起作用。

（3）大细胞神经内分泌癌(LCNEC)：LCNEC 在前列腺中极其罕见,而且大多数是从腺泡癌经内分泌治疗转化而来。LCNES 成分强表达 CD56、CD57、嗜铬粒蛋白 A (chromogranin A)和突触小泡蛋白(synaptophysin),局灶性或不表达前列腺标记。

6. 前列腺中的尿路上皮癌 前列腺中的尿路上皮癌源自膀胱的尿路上皮癌累及前列腺和原发于尿道前列腺部的尿路上皮。如果分化良好,通过光镜就能辨认。但如果分化差的肿瘤同时累及前列腺和膀胱,就需要通过免疫组织化学来区分其起源于前列腺上皮或尿道上皮。约95%的低分化前列腺腺癌表达 PSA 和 PSAP;前列腺特异性标记在低分化前列腺癌中阴性的比率为 15%(PSA),12%(PSMA),17%(P501S),5%(NKX3.1);约5%的前列腺癌上述 4 中标记皆阴性。特别要引起注意的是,PSA 和 PSAP 在尿道旁腺体、腺性膀胱炎和囊性膀胱炎中有表达;PSA 和 PSMA 在男性的肛门腺中有表达。尚无 PSA 和 PSAP 在尿路上皮癌中表达的报道,尿路上皮癌强表达 CK7、CK20、HCK、P63、uroplakin 和凝血调节蛋白(thrombomodulin)。

7. 结直肠癌累及前列腺 结直肠癌累及前列腺和前列腺导管癌有时容易混淆,鉴别要点是前者表达 CDX2、β-联蛋白(细胞核)和 CK20,不表达前列腺相关性标记。

8. 前列腺间叶性肿瘤

免疫标记在区别前列腺间质性肿瘤、平滑肌分化肿瘤及横纹肌分化肿瘤的诊断有重要的作用(表 14-4)。

表 14-4 前列腺间叶性肿瘤的免疫组织化学

指标	STUMP	SS	Leiomyosarcoma	Rhabdomyosarcoma	IMT	SFT	GIST
CD34	+	+	N	N	N	+	+
SMA	S	N	+	+	+	N	S
Desmin	S	N	+	+	+	N	S
Myogenin	N	N	N	+	N	N	N
C-kit	N	N	N	N	S	N	+
ALK-1	N	N	N	N	+	N	N
PR	+	+	S	N	N	S	N

说明:STUMP:恶性潜能未定间质肿瘤;SS:间质肉瘤;IMT:炎症性及纤维母细胞瘤;SFT:孤立性纤维瘤;GIST:胃肠间质肿瘤;SMA:平滑肌肌动蛋白;PR:孕激素受体;+:通常阳性;N:阴性;S:有时

第二节 膀胱病变的免疫组织化学诊断

一、主要抗原/抗体的生物学特征

1. CK7/CK20 CK7 表达于多种上皮,包括肺、宫颈和乳腺的柱状和腺上皮、胆管、肾集合管、尿路上皮及间皮细胞,但在大多数胃肠道上皮、肝细胞、肾的近、远曲小管及鳞状上皮中不表达。而 CK20 表达谱相对较窄,在胃肠道上皮、表皮的 Merkel 细胞及尿路上皮中表达。

CK7 在大多数尿路上皮癌中表达,CK20 在尿路上皮癌中的表达率为 15%~97%。大多数尿路上皮癌同时表达 CK7 和 CK20,这在和转移性肿瘤的鉴别中非常有帮助(表 14-5)。

表 14-5 CK7 和 CK20 在尿路上皮癌鉴别诊断中的作用

CK7+/CK20+	CK7-/CK20-	CK7+/CK20-	CK7-/CK20+
尿路上皮癌	肝细胞癌	尿路上皮癌	结直肠癌
胰腺癌	肾细胞癌	乳腺癌	肺非小细胞癌
卵巢黏液性癌	前列腺癌	卵巢浆液性癌	原发性精囊腺癌
鳞状细胞癌		间皮瘤	前列腺癌
神经内分泌癌		前列腺癌	
内膜腺癌			
前列腺癌			

CK20 表达的不同模式可以帮助鉴别扁平型的尿路上皮原位癌和反应性尿路上皮增生。在反应性非肿瘤性病变中,CK20 表达仅局限于表面的伞细胞,而在尿路上皮异型增生和原位癌中至少有局灶性的全层尿路上皮阳性。结合 CK20、Ki67 及 P53 的表达情况可以鉴别尿路上皮的反应性不典型增生和原位癌。

2. Uroplakin(UP) UPs 是在终末分化的表面尿路上皮中表达的特异性跨膜蛋白,因此 UPs 的表达随着肿瘤的进展而减弱,在大多数的非浸润性尿路上皮癌和 2/3 的浸润性和转移性尿路上皮癌中有 UPⅢ 的表达,UPⅢ 表达的消失和不良预后相关。UPⅢ 还在卵巢的良性 Brenner 肿瘤中表达,但在恶性 Brenner 肿瘤和原发性卵巢尿路上皮癌中只有少量的表达。

3. 凝血调节蛋白(thrombomodulin,TM) TM 即 CD141,是一种内皮细胞相关性 C 蛋白激活辅助因子。在 69% 以上的尿路上皮癌中表达,细胞膜着色。TM 在高级别的前列腺腺癌、肾细胞癌、结肠腺癌和子宫内膜中不表达,因此可以鉴别这些肿瘤累及膀胱和膀胱尿路上皮癌。但是 TM 在血管源性肿瘤、间皮瘤及鳞癌中有表达。

4. P63 在正常尿路上皮中超过 90% 的细胞核呈阳性表达,大多数的尿路上皮癌表达 P63,在高级别的浸润性尿路上皮癌中部分细胞表达缺失。联合 P63 和前列腺特异性标记能有效地鉴别尿路上皮癌和侵犯膀胱的高级别前列腺腺癌。

5. HCK 单克隆抗体 34βE12 能特异性地和高分子量角蛋白 CK1、CK5、CK10 和 CK12 结合,是尿路上皮最敏感的标志之一,等同于 P63,优于 TM 和 UPⅢ。HCK 在尿路上皮癌和前列腺癌的鉴别中非常有用,前者阳性表达、后者不表达。但是在前列腺癌治疗后的鳞化上皮中也是阳性表达。HCK 也用于尿路上皮不典型增生和扁平型尿路上皮原位癌的鉴别,前者只在基底层有表达,后者全层表达。在低级别乳头状尿路上皮癌中 HCK 弥漫表达高度提示肿瘤复发。

6. ALK ALK 是一种表达在间变大细胞淋巴瘤细胞膜的络氨酸激酶受体。ALK 在 2/3 的泌尿道炎症性肌纤维母细胞肿瘤(也被称作手术后梭形细胞结节、炎性假瘤和假肉瘤样纤维黏液肿瘤)中有表达。ALK 在炎症性肌纤维母细胞瘤和恶性梭形细胞性膀胱肿瘤的鉴别中起着关键的作用(后者不表达 ALK),从而避免不必要的过度治疗。

7. p53 肿瘤抑制因子 P53 通过调节细胞周期控制因子而对转录进行调控。p53 突变是人类恶性肿瘤中最常见的基因改变。发生突变的 p53 所翻译的蛋白其半衰期明显长于野生型,所以通过免疫组织化学检测到的 P53 蛋白都是突变型的。在 40%~60% 的膀胱癌中有 p53

的突变,并且和不良预后相关。但是,p53 阳性表达的膀胱癌对 DNA 损伤类的化疗药敏感。

P53 在尿路上皮原位癌和反应性尿路上皮增生的鉴别有帮助,前者超过 50% 的细胞 p53 强阳性,后者阴性或仅有少量的 p53 弱阳性。

二、特殊类型膀胱肿瘤的免疫组织化学诊断

1. 结直肠癌累及膀胱　结直肠癌表达 CDX2、β-联蛋白、绒毛蛋白(villin)和 CK7-/ CK20+。原发性尿路上皮癌表达 UPⅢ、TM、HCK、P63 和 CK7+/CK20+。但是要注意膀胱原发性肠型腺癌和转移性腺癌表达是有重叠的,而且尿路上皮标记在不同级别和分期的尿路上皮癌中的表达不一(表 14-6)。

表 14-6　不同分级和分期尿路上皮肿瘤的免疫表型

指标	低度恶性潜能(%)	低级别(%)	高级别(%)	浸润性癌(%)	转移性癌(%)
UPⅢ	86	75	81	39	52
TM	86	100	75	61	60
HCK	93(基底细胞)	63(基底细胞)	69(全层)	88(全层)	96(全层)
CK20	43	50	75	50	40

2. 前列腺腺癌累及膀胱　PSA 和 PSAP 是确认前列腺源性的良好标记,但是在低分化前列腺癌中其敏感性会降低。联合前列腺癌其他标记,如 P501S、PSMA、proPSA 和 NKX3.1,以及尿路上皮源性标记如 TM 和 UPⅢ,基本能鉴别所有的膀胱癌和累及膀胱的前列腺癌(表 14-7)。

表 14-7　尿路和前列腺标记在高级别尿路上皮癌和前列腺癌中的表达

指标	前列腺癌(%)	尿路上皮癌(%)
HCK	8	91
P63	0	83
TM	5	69
PSA	97	0
P501S	100	6
PSMA	92	0
NKX3.1	95	0
pPSA	95	0

3. 肉瘤样癌和发生于膀胱的肉瘤的鉴别　发生于膀胱的肉瘤包括:平滑肌瘤、横纹肌肉瘤和骨肉瘤等。能表达下列标记之一的支持肉瘤样癌诊断:AE1/AE3、CAM5.2、EMA、HCK、P63 和 CK7/CK20。特别要注意的是肉瘤样癌也会表达肌动蛋白(actin),所以不能因肌动蛋白阳性就诊断为平滑肌肉瘤。

4. 膀胱腺癌　膀胱腺癌类型包括:印戒细胞癌、脐尿管腺癌、黏液癌和肠型腺癌,需要和结直肠癌和前列腺癌累及膀胱相鉴别。有小部分的膀胱腺癌表达 P501S 和 PSMA。

P501S 在部分肠型腺癌和黏液癌呈中等强度弥漫胞质着色;与膀胱腺癌中不同的是,在前列腺癌中,P501S 呈核周颗粒状染色。在膀胱腺癌,如印戒细胞癌、脐尿管癌、黏液癌和肠型腺癌中 PSMA 呈弥漫胞质或包膜着色,但所有的膀胱腺癌都不表达 PSA 和 PSAP。

5. 膀胱小细胞癌　膀胱小细胞癌可以作为单一的肿瘤形态存在,也可以伴随原位癌、浸润性尿路上皮癌、鳞癌和腺癌出现。当小细胞作为单一形态时,需要与淋巴瘤鉴别,可采用广谱 CK(AE1/AE3 和 CAM5.2),和神经内分泌标记 synaptophysin、chromogranin 和 CD56 而确诊。

三、易与膀胱癌混淆的良性病变

1. 肾源性腺瘤(nephrogenic adenoma，NA)　典型的 NA 表现为单层立方形上皮细胞覆盖的管状乳头状结构,无分裂活性,易于诊断。不典型时,单个含有细胞内腺腔的浸润性细胞不易与膀胱的印戒细胞癌鉴别;纤维黏液样型 NA 易与膀胱的黏液腺癌混淆。无论哪种类型的 NA 都表达 PAX2 和 PAX8,不表达 HCK 和 P63。需要注意的是,膀胱的透明细胞腺癌和 NA 的表达谱是一致的,但前者有明显的细胞异形和高分裂活性,可以通过 Ki67 指数证实。

2. 炎症性肌纤维母细胞瘤(inflammatory myofibroblastic tumor，IMT)　膀胱的 IMT 可以是自发的,也可继发于先前的器械操作。IMT 是由单一的肌纤维母细胞增生及其炎症性背景构成的,可有明显的分裂活性,但不会出现不典型核分裂。2/3 的 IMTs 有 ALK 重排,表现为 ALK 蛋白表达。IMTs 常常表达广谱 CK(CAM5.2),SMA 和结蛋白(desmin),一般不表达 CD34,S100 和 CD117。

第三节　睾丸肿瘤的免疫组织化学

一、主要抗原/抗体的生物学特点

1. OCT4　也称 OCT3/4、OTF3 和 POU5F1。OCT4 是干细胞转录因子,在维持胚胎干细胞和生殖细胞的多潜能特点中发挥关键作用。研究表明,OCT4 是精原细胞瘤和胚胎性癌既敏感又特异的标记,呈弥漫的细胞核阳性。所有睾丸的体细胞癌都不表达 OCT4。

2. CD117　即 c-Kit 受体,是一种由 c-Kit 原癌基因编码的跨膜络氨酸激酶受体。经 c-Kit 转导的完整信息在生殖细胞、造血干细胞、黑色素细胞、肥大细胞和 Cajal 细胞的发育和存活中起着关键作用,因而成为靶向治疗的热点。CD117 在 77% 的精原细胞瘤和 50% 的畸胎瘤中表达阳性,呈胞膜和(或)胞质着色。

3. podoplanin　podoplanin 是一种表达在胚胎生殖细胞和睾丸生殖细胞肿瘤中的癌胚跨膜黏蛋白。应用其单克隆抗体 D2-40 的阳性结果呈胞膜着色,在原位的精原细胞和转移性精原细胞瘤中均呈弥漫阳性。D2-40 在非精原细胞的生殖细胞肿瘤呈低表达。还可表达于淋巴管、血管内皮和上皮样间皮瘤。

4. 激活蛋白-2γ(Ap-2γ)　Ap-2γ 是一种参与胚胎形态发育的核转录因子,与 c-

Kit、PLAP功能相关。在导管内未分类型生殖细胞瘤(IGCNU)和精原细胞瘤中高表达,呈细胞核着色。也在体细胞恶性肿瘤,如恶性黑色素瘤、乳腺癌及卵巢癌中表达。

5. 胎盘样碱性磷酸酶(PLAP) 人类碱性磷酸酶活性来自3种主要的同工酶,分别由肝组织、骨组织和胎盘组织产生。胎盘来源的碱性磷酸酶是一种膜结合、相对分子质量为120 000的酶,正常情况下由合体滋养层细胞合成,在怀孕第12周时释放入母体血循环。PLAP也可由多种肿瘤组织合成,所以是一种肿瘤标记物。在生殖细胞肿瘤中,98%的精原细胞瘤和小管内生殖细胞肿瘤,97%的胚胎性癌及85%的卵黄囊瘤中PLAP呈阳性表达。大约一半的绒毛膜癌和畸胎瘤呈阳性表达。PLAP的免疫反应定位在细胞膜和细胞质,正常生精小管缺乏PLAP表达。

6. α-胎球蛋白(α-fetoprotein,AFP) AFP由胎儿卵黄囊、肝脏和消化道上皮产生。AFP在非精原细胞瘤型生殖细胞瘤患者中含量上升75%。组织免疫组织化学染色显示AFP在胚胎性癌和卵黄囊瘤中表达,单纯类型的精原细胞瘤不产生AFP。

7. 人绒毛膜促性腺激素(human chorionic gonadotropin,HCG) HCG是一种相对分子质量37 000的糖蛋白,包含一个α和一个β亚基。β-hCG由良性及恶性绒毛膜组织中的合体滋养层细胞合成。作为有活性的滋养层组织的标记物,β-hCG的血清检测在妊娠滋养层疾病和睾丸肿瘤的诊断、分期、治疗监控和患者随访中都起着重要作用。在组织免疫组织化学中,β-hCG定位于精原细胞瘤、胚胎性癌、卵黄囊瘤的合体滋养层巨细胞中。

8. 人胎盘催乳素(human placental lactogen,HPL) HPL是一种相对分子质量为22 000的蛋白质,与生长激素部分同源。HPL由绒毛膜癌和发生在睾丸的一种滋养层细胞肿瘤变型(与子宫胎盘的滋养层细胞肿瘤相似)分泌。

9. 抑制素(inhibin) Inhibin-α是一种相对分子质量为32 000的二聚体糖蛋白,包含一个α亚基和一个β亚基。主要由卵巢颗粒细胞和睾丸Sertoli细胞产生,少量由Leydig细胞产生。它能够抑制尿促卵泡素从垂体释放,从而抑制卵泡的生成。Inhibin-α是卵巢和睾丸性索-间质肿瘤敏感的免疫组织化学标记物,90%的Leydig细胞瘤和66%的Sertoli细胞瘤中呈明显的胞质阳性表达。需要注意的是,尽管在精原细胞瘤中不表达,但是其中伴随的合体滋养细胞是阳性的。

二、睾丸肿瘤的免疫组织化学诊断

见表14-8~14-11。

表14-8 小管内未分类型生殖细胞肿瘤(IGCNU)和生殖细胞肿瘤的免疫组织化学

标记	IGCNU	经典型精原细胞瘤	精母细胞型精原细胞瘤	胚胎性癌	卵黄囊瘤
C-kit	+	+	S	S	S
OCT3/4	+	+	N	+	N
PLAP	+	+	S	+	+
AE1/AE3	N	N	N	+	+
CD30	N	N	N	+	N
AFP	N	N	N	S	+

注:+,几乎全部阳性;S,部分病例阳性;N,阴性

表 14 - 9　生殖细胞肿瘤的免疫组织化学

经典型精原细胞瘤	胚胎性癌	卵黄囊瘤	绒毛膜癌
PLAP+	PLAP+	PLAP+/-	β-hCG+(仅限合体滋养层细胞)
OCT4+	OCT4+	AFP+	AE1/AE3+
C-kit+	C-kit-	AE1/AE3+	CAM5.2+
AE1/AE3-	AE1/AE3+	CAM5.2+	CEA+
CAM5.2-/+	CAM5.2+	CD30-	PLAP+
AFP-	CD30+	EMA-	Inhibin+
β-hCG-	EMA-		
Inhibin-			
EMA-			
CD30-			

表 14 - 10　睾丸性索肿瘤的免疫组织化学

Leydig 细胞肿瘤	Sertoli 细胞肿瘤
抑制素+	Inhibin-A+
波形蛋白+	Vimentin+
CD99+/-	CAM5.2+/-
EMA-	PLAP-
CAM5.2+/-	S100+
PLAP-	Synaptophysin+/-
S100+	Chromogranin-/+
	NSE+
	CD99+/-

表 14 - 11　腺瘤样瘤的免疫组织化学

阳性	阴性
CK+	CEA-
EMA+	Ber-EP4-
波形蛋白+	B72.3-
HBME-1+	LeuM1-
OC125+	VⅧ因子相关抗原-
	CD31/CD34-

第四节　肾肿瘤的免疫组织化学

一、主要抗原/抗体的生物学特征

1. 肾细胞癌抗体(renal cell carcinoma，RCC)　RCC 和肾近曲小管上皮细胞及肾癌细胞中相对分子质量为 200 000 的糖蛋白结合。RCC 在透明细胞型和乳头状型肾癌细胞中表达,在透明细胞肾癌中的表达率为 85%,在乳头状肾癌中几乎全部强表达,而在嫌色细胞癌和嗜酸细胞瘤中不表达。

2. CD10　CD10 表达在正常肾小管上皮的刷状缘。在 94% 的透明细胞肾癌和几乎全部的乳头状肾癌中表达,在嫌色细胞肾癌中无表达,在 1/3 的嗜酸细胞瘤中有表达。

3. PAX2/PAX8　PAX2/PAX8 表达在 Wolffian 管和 Mullerian 管,也表达于源自这两者的肿瘤中,包括肾细胞和卵巢肿瘤。PAX2 在透明细胞肾癌、乳头状肾癌、嫌色细胞肾癌、集合管癌和黏液性管状和梭形细胞癌中均有表达。PAX2 在 85% 的转移性透明细胞肾癌中核呈阳性表达,但 PAX2 并非肾癌特异性标记,在形态类似于透明细胞肾癌的肿瘤,例如甲状旁腺癌和卵巢透明细胞癌中也表达 PAX2;另外,在浆液性卵巢癌、子宫内膜样癌和附睾肿瘤中也有表达。PAX2 是肾源性腺瘤的可靠标记。PAX8 除了在肾肿瘤中和 PAX2 有着一致的表达谱外,还表达于下尿道的透明细胞腺癌。

4. 上皮黏附分子(epithelial cell adhesion molecule,EpCAM)　EpCAM 也称作 KSA、KS1/4 和 17-1 抗原,是一种由 232 个氨基酸组成的相对分子质量为 $(34\sim40)\times10^3$ 的跨膜糖蛋白,作为嗜同种的钙非依赖性的上皮细胞间黏附分子在上皮癌变过程中发挥作用。近年来,因其在上皮性恶性肿瘤中的广泛表达,其作为治疗靶点而被关注。EpCAM 在正常肾的远端肾单位中恒定表达,在透明细胞肾癌中很少表达,半数乳头状肾癌中有表达,在嫌色细胞癌和集合管癌中有强表达,在嗜酸细胞瘤中仅 1/3 病例有单个或小簇细胞表达。

5. 肾特异性钙黏素(Kidney-specific cadherin,Ks-CADHERIN)　也称作钙黏着蛋白-16(cadherin-16),仅表达于成年正常肾脏的上皮细胞,在肾癌中几无表达。

6. 碳酸酐酶 IX(carbonic anhydrase IX,CAIX)　CAIX 是一种维持细胞内外 pH 稳定的酶,在细胞增生、肿瘤发生和肿瘤进展中起着调节作用。常用的 CAIX 克隆号为 M75,在透明细胞肾癌中表达,在不超过半数的乳头状肾癌中表达,在正常肾上皮中无表达。低表达 CAIX 的透明细胞肾癌提示不良预后和对干扰素治疗的低反应性。CAIX 在正常的胃黏膜和胆管系统中也有表达,在鉴别转移性透明细胞肾癌时需留意。

7. 谷胱甘肽转移酶-α(glutathione-transferase alpha,GST-α)　GST-α 通过催化对外源性生物和致癌物的解毒作用而保护细胞。近年研究表明,GST-α 在透明细胞肾癌中有高达 90% 的表达,而在嫌色细胞癌和嗜酸细胞瘤中没有表达,在乳头状肾癌中偶有表达。

二、各种肾肿瘤的免疫组织化学特点

见表 14-12~14-18。

表 14-12　透明细胞肾癌的免疫组织化学

阳性	阴性	阳性	阴性
CAM5.2	HCK	CAIX	
AE1/AE3	CK7	CD10	
EMA	CK20	PAX2	
Vimentin	CEA	PAX8	

表 14-13　乳头状肾细胞癌的免疫组织化学及鉴别诊断

免疫组织化学	鉴别诊断	免疫组织化学	鉴别诊断
AE1/AD3+	集合管癌	HCK+	EMA-
CAM5.2+	Mucin+	AMACR+	WTI+
CK7+	HCK+	EMA+	CK7-
Vimentin+	肾源性腺瘤	CAIX-/+	

表 14-14　嫌色性肾细胞癌的免疫组织化学及鉴别诊断

免疫组织化学	鉴别诊断	免疫组织化学	鉴别诊断
Vimentin-	嗜酸细胞瘤	RCC-	RCC+
CAM5.2	CK7-	EMA+	CD10+
AE1/AE3+	EpCAM-	Parvalbumin+	CD117-
CK7+	Hale 胶体铁染色-	CD117+	CAIX+
HCK-/+	透明细胞肾癌	Alcian blue+	Hale's 胶体铁染色-
CD10-	Vimentin+	EpCAM+	Hale's 胶体铁染色+

表 14-15　集合管癌的免疫组织化学

免疫组织化学	鉴别诊断	免疫组织化学	鉴别诊断
Vimentin+	乳头状肾细胞癌	HCK+	P63+
EMA+	UEA-1-	Mucin+	Uroplakin+
UEA-1+	HCK-	PAX8+	Thrombomodulin+
CAM5.2+	肾盂尿路上皮癌		PAX8-
AE1/AE3+	Vimentin-		HCK+

表 14-16　黏液性管状和梭形细胞癌

免疫组织化学	鉴别诊断	免疫组织化学	鉴别诊断
CK7+	乳头状肾细胞癌	Vimentin+	EMA+
EMA+	CD10+	Alcian blue+	AMACR+
HCK-	RCC+	RCC-	HCK-
AMACR+	CK7+	CD10-	Vimentin+

表 14-17　嗜酸细胞瘤的免疫组织化学

阳性	阴性	阳性	阴性
AE1/AE3	Vimentin	Ksp-Cadherin	EpCam
CAM5.2	CAIX	CD10(部分病例)	RCC
CD117	CK7	Hale 胶体铁染色	

表 14-18　血管平滑肌脂肪瘤的免疫组织化学和鉴别诊断

免疫组织化学	鉴别诊断	免疫组织化学	鉴别诊断
HMB45+	肉瘤样肾细胞癌	Pan-CK−	α-SMA+/−
Melan-A+	AE1/AE3+	RCC−	Desmin−
MiTF+	CAM5.2+	CD10−	HMB45−
α-SMA+	CD10+	PAX2/PAX8−	Melan-A−
Desmin+	RCC+		MiTF−
EMA−	EMA+		

（复旦大学附属华山医院病理科　陈忠清）

第十五章

常见淋巴造血系统肿瘤的免疫标记

血液系统疾病是指原发或主要累及血液和造血器官的疾病,其种类多种多样又互有交叉,极其复杂,包括红细胞疾病(如贫血、红细胞增多症),粒细胞疾病(如粒细胞缺乏症),单核-巨噬细胞疾病(如组织细胞增多症),淋巴和浆细胞疾病(如淋巴系白血病、淋巴瘤),造血干细胞疾病(如再生障碍性贫血、白血病、骨髓异常增生综合征),出血及血栓性疾病(如血小板减少性紫癜),脾功能亢进等多种类型。造血系统的肿瘤,顾名思义,既来源于相关血细胞的持续性克隆性增殖性疾病,其发生后随血液及淋巴系统循环周始,故可分布于全身各处。造血系统肿瘤的界定主要根据异常克隆的增生率、细胞的异型性、独特的分子遗传学改变,以及临床过程等。

WHO关于淋巴造血系统肿瘤分类主要根据细胞系别的不同,分为髓系(如髓系白血病)、淋巴系(如淋巴系白血病或淋巴瘤)、单核-组织细胞系(组织细胞增生症)、树突状细胞(树突状细胞肿瘤)及肥大细胞系(肥大细胞增生症)。每类中,综合了形态学、免疫表型、遗传学及临床综合征界定了一些独立的疾病实体。对于每种肿瘤而言,细胞的起源是假定的,对于多数淋巴系肿瘤,"细胞起源"代表了其分化阶段,而不是最初发生转化的细胞,后者在多数病例中并不清楚;相反,有些髓系肿瘤的细胞尽管处于晚期分化阶段,但已知的"细胞起源"为一种多潜能干细胞。也可能许多造血系统肿瘤起源于早期的祖细胞,并且特异的遗传学异常可确定肿瘤细胞分化到什么阶段;相反,一些肿瘤可能确实起源于晚期阶段,如滤泡中心细胞,它是生理性基因重排与突变产生的一种细胞。每一种疾病实体的命名可反映对某系列及分化阶段较合适的判断,但随着认知的提高,其划分与命名也必然会发生修订。

淋巴造血系统的病理诊断中,形态学是基础,细胞化学简便易行,涂片与细胞化学结合在血液疾病的诊断与治疗中具有重要的实践意义。而对于其免疫表型的分析中,流式细胞术具有独特的敏感性与特异性,精准度与便捷性远优于免疫组织化学(immunohistochemistry,IHC),但缺点是需要新鲜组织且缺乏局部组织学、解剖学及细胞学的对应性。因此,与其他组织病理一样,IHC是评价淋巴造血系统增生性疾病的一个重要办法,在诊断与鉴别诊断、分类、治疗及预后预测等方面具有重要的指导意义。淋巴结、骨髓或其他实体组织活检固定与石蜡包埋后,免疫组织化学(IHC)染色效果好且比较稳定,常用免疫标记物见表15-1。冷冻切片上也可行,但细胞形态的保存常常不太好。另外,组织抗原具有一定脆弱性,在处理过程中可能会导致某些抗原的暴露不充分、丢失,甚至会发生交叉反应。例如,骨髓活检具有组织特殊性,需脱钙处理,这些都影响 IHC 的效果与特异性。因此,其染色后的结果评估要格外当心。另外,同一种肿瘤的免疫表型并非恒定不变,往往是复杂多样的,各种标记物表达可强可弱,或出现细胞定位不一;少数情况下,同一病程也可出现表型的变化,另外治疗前后表型也会出现变化。当然,通常可以通过多重标记,改善处理与实验方法条件,必要时补充其他分子生物学方法(如流式细胞仪、原位杂交技术等)协助解决。本章节对于每种类型肿瘤的分类,主要是基于 WHO-2008 年出版的《第 4 版分类系统》,随着 2016 年 WHO《第 4-revised 版本》的更新,许多分子亚型或疾病实体确立,但仍存在部分争议,另外,鉴于疾病类型众多,分类复杂,诊断、治疗及预后评测中尚不能统一,且并未得到学界完全认同,因此在编写过程中主要侧重于描述常见病、诊断明确者,简略涉及部分新疾病实体。下面对常见的淋巴造血系统肿瘤的 IHC 特点作简要概述(见表 15-1)。

表 15-1 淋巴造血系统疾病常用免疫标记物

抗体	概述	IHC 定位	正常反应的成分	肿瘤表达情况	应用评述
ALK	间变性淋巴瘤激酶,t(2;5)易位相关	浆、核、膜	无	主要表达于间变大细胞淋巴瘤和少部分肺腺癌	IHC 染色定位与其易位特点相关
Bcl-2	B 细胞白血病/淋巴瘤基因-2,线粒体内膜蛋白	浆、膜	非生发中心小 B 细胞,部大分 T 细胞,胸腺髓质;部分造血系统外成分,参与抑制凋亡	主要用于鉴别滤泡性增生或淋巴瘤(97%~75%),大部分弥漫性大 B 细胞淋巴瘤(DLBCL)及黏膜相关淋巴样组织(MALT)都表达(B 淋巴瘤的总体阳性率超过85%,T 淋巴瘤表达率近半数)	多种其他肿瘤均有表达;t(14;18)导致与 IgH 易位
Bcl-6	B 细胞白血病/淋巴瘤基因-6,决定生发中心内 B 细胞活化与增殖	核	正常滤泡中心 B 细胞	滤泡性淋巴瘤,Burkitt 淋巴瘤几乎均表达,DLBCL(包括纵隔)30%~80%表达,少部分间变大细胞淋巴瘤,结节性淋巴细胞为主型 HL 的 L&H 细胞	多与 CD10 联合应用检测 B 细胞分化阶段;与 IgH 的易位
Bob-1	B 细胞 Oct 结合蛋白 1	核、浆	生发中心(与 Oct2 同时强阳性表达)脾脏与外周血中粒细胞	生发中心阶段的 B 细胞淋巴瘤及 L&H 细胞(Bob1 与 Oct2 双阳),少量 T 细胞淋巴瘤	作为共激活因子与 Oct2 一起发挥作用
CD1a		浆、膜	郎格汉斯细胞和指突状细胞,大部分胸腺 T 细胞	郎格汉斯组织细胞增生症,胸腺瘤中 T 细胞,T 淋巴母细胞淋巴瘤	多与 S100 联用

抗体	概述	IHC定位	正常反应的成分	肿瘤表达情况	应用评述
CD2	在CD7分化以后表达	膜	所有T细胞和NK细胞	T细胞淋巴瘤/白血病，NK淋巴瘤	多与其他T细胞标记联合应用
CD3	4个亚单位，与T细胞受体(TCR)组成复合受体结构	膜	所有T细胞和少部分NK细胞	T细胞淋巴瘤/白血病	一般CD3ε标记NK更好
CD4	MHC-Ⅱ类分子	浆、膜	辅助/诱导性T细胞，巨噬细胞、郎格汉斯细胞	多数CD4来源T细胞淋巴瘤(皮肤、外周T等)	与CD8对比应用（正常2:1）
CD5		膜	活化的T细胞	T淋巴瘤,套细胞淋巴瘤及B-SLL/CLL,少部分DLBCL;胸腺癌	
CD7		膜	所有T细胞	T淋巴瘤（比CD2,CD5敏感，但蕈样霉菌病缺失),NK淋巴瘤	冷冻比较好
CD8	MHC-Ⅰ类分子	浆、膜	抑制/毒性T细胞	多数CD8来源T细胞淋巴瘤(皮肤、外周T等),及NK淋巴瘤	多与CD4联用
CD10	急性淋巴母细胞共同抗原/中性内肽酶	浆、膜	部分未成熟B、T细胞及少部分粒细胞,子宫内膜间质、肾小管、肌上皮等细胞	部分淋巴母细胞淋巴瘤、AML、AITL、FL和DLBCL的GCB亚型、Burkitt,其他系统肿瘤	多与Bcl-6联用
CD11c			髓单核细胞	毛细胞白血病,一些髓系白血病(M4、5),郎格汉斯增生症	对毛白敏感
CD15		浆、膜	成熟粒细胞	霍奇金淋巴瘤的R-S细胞,慢性粒细胞白血病	
CD16	IgG的Fc受体		NK细胞,粒细胞	NK细胞增殖性疾病	
CD19		膜	发育早期及成熟B细胞(终末B细胞及浆细胞阴性)	绝大多数B细胞淋巴瘤或白血病	
CD20	最常用标记,与B活化有关	膜	发育中早B细胞到浆细胞之前	绝大多数B细胞淋巴瘤或白血病	
CD21	补体C3d受体	膜	滤泡树突状细胞,部分套区及边缘区B细胞	树突状细胞肿瘤,多数套及边缘区淋巴瘤	在鉴别淋巴增生与肿瘤有意义

抗体	概述	IHC 定位	正常反应的成分	肿瘤表达情况	应用评述
CD22		浆、膜	未成熟 B 细胞胞质、成熟 B 细胞包膜阳性	毛细胞白血病、CLL、及其他 B 淋巴细胞淋巴瘤	
CD23	IgE 受体		成熟 IgD+B 细胞和滤泡树突状细胞	树突状细胞肿瘤,大部分 CLL,纵隔大 B 细胞,部分 RS 细胞及少部分 FL,但套细胞淋巴瘤阴性	多与 CD21,CD35 联合应用
CD25	白细胞介素-2受体	膜	活化性 T、B 或巨噬细胞	无特殊性	
CD30	Ki-1抗原/TNF受体家	浆、膜	活化的 T 和 B 细胞、粒细胞、浆细胞,及部分外胚层	R-S 细胞,T 间变性细胞增殖性疾病,T 和 B 细胞的间变大细胞淋巴瘤,生殖细胞肿瘤、其他肿瘤	众多软组织肿瘤和癌表达
CD33			早期髓细胞和所有单核细胞	多数髓系白血病	与 B 和 T 细胞无反应
CD34			髓和淋巴祖细胞、内皮细胞、干细胞	一些髓系白血病和淋巴母细胞	
CD35	C3b 补体受体		套区、边缘区 B 细胞,树滤泡突状细胞,部分吞噬细胞	套细胞、边缘区淋巴瘤,树突状细胞肿瘤	
CD38			淋巴前体细胞,NK细胞,浆细胞	T 细胞和 B 前体细胞淋巴瘤,浆细胞肿瘤	
CD41	整合蛋白 α 链 2b	膜	血小板、巨核细胞,神经外胚层原始细胞	巨核细胞白血病,神经母细胞肿瘤	与 CD61 协同作用
CD42	一种血小板活化因子	膜	血小板、巨核细胞等	巨核细胞白血病	
CD43		膜	T 细胞,髓系和巨噬细胞,部分浆细胞	淋巴母细胞淋巴瘤,部分髓系肿瘤,T 细胞淋巴瘤,少部分低级别 B 淋巴瘤(所有套,少部分 MALT 和 CLL)	反应性 B 细胞阴性,其他系统也表达(腺样囊性癌 100%)
CD45	白细胞共同抗原(有多种异构体亚型),包括 RA,RO 亚型	浆、膜	淋巴、粒细胞、单核-巨噬细胞(除成熟红细胞及巨核细胞外)	近乎所有淋巴瘤和白血病	少数淋巴母细胞及浆细胞肿瘤、ALCL 无反应

抗体	概述	IHC定位	正常反应的成分	肿瘤表达情况	应用评述
CD45RA		膜	大多数B细胞,少数未成熟T细胞	绝大多数B细胞淋巴瘤,少数T细胞淋巴瘤	
CD45RO UCHL1		膜	T细胞,髓系和巨噬组织细胞	T细胞、组织细胞、髓细胞肿瘤	一旦弥漫胞质阳为非特异性的,特异性不如CD3
CD56	神经细胞黏附分子	膜	NK细胞、少数T细胞,神经外层叶	NK相关增殖性疾病,部分γT细胞和浆细胞肿瘤	反应性浆细胞几乎阴性,神经外胚叶等众多肿瘤表达
CD57	Leu7 髓鞘相关蛋白	膜	NK细胞,少量T细胞	大颗粒淋巴细胞白血病	NK淋巴瘤阴性
CD61	整合素β3	膜	血小板、巨核细胞、单核细胞、巨噬细胞和内皮细胞	巨核系、单核系白血病等	与CD41协同作用
CD68	Kp-1或PGM-1	浆	巨噬、组织细胞,髓细胞	组织细胞肿瘤,众多髓系白血病(包括粒细胞肿瘤),肥大细胞病变	特异性不高,许多软组织病变有反应
CD71	转铁蛋白受体	膜	多种表达(合体滋养层,肌肉,肝,红系前体)	在白血病中主要表达在红系	网织红细胞后失去表达
CD79α		膜	部分未成熟B细胞,成熟B细胞	B细胞淋巴瘤(包括B淋巴母细胞淋巴瘤)	浆细胞仅对MB1型的CD79反应
CD99	MIC2	膜	胸腺T细胞,NK细胞	淋巴母细胞淋巴瘤	在Ewing/PNET阳性
CD103	黏膜淋巴细胞抗原	膜	肠上皮内T细胞	肠病型T淋巴瘤,毛细胞白血病	
CD117	原癌基因c-kit基因编码的酪氨酸激酶受体	浆、膜	肥大细胞,外胚层及实质脏器多有表达	肥大细胞增殖性疾病,部分急性髓系白血病,另外间质瘤,部分生殖细胞肿瘤类型表达	组织特异性差
CD123	白细胞介素-3受体	膜	浆样单核和树突状细胞	母细胞性NK淋巴瘤,浆样树突细胞肿瘤	
CD138	多聚体蛋白多糖1	膜	浆细胞及浆母细胞,部分免疫母细胞	浆细胞肿瘤,少数DLBCL	部分上皮病变表达阳性

抗体	概述	IHC定位	正常反应的成分	肿瘤表达情况	应用评述
CD163	一种清道夫受体蛋白	浆、膜	组织细胞(除外生发中心组织细胞、肉芽肿的类上皮、多核巨)	组织细胞肉瘤,单核细胞白血病	树突状细胞阴性,某些纤维组织细胞瘤可阳性
CXCL-13	趋化因子	浆	生发中心的辅助T细胞、滤泡树突状细胞(FDC)等	血管免疫母细胞性T细胞淋巴瘤,少数外周T细胞淋巴瘤	多与CD10联合应用
Cyclin-D1	B细胞淋巴瘤1基因,又称Bcl-1	核	淋巴细胞均阴性(血管内皮、上皮细胞阳性)	绝大多数套细胞淋巴瘤特异性表达	其过表达多是由于t(11;14)所致
EMA	上皮细胞膜抗原,又称MUC1	浆、膜	浆细胞,大部分腺上皮及少量间叶	部分浆细胞肿瘤、ALCL、HL中的RS细胞,少部分其他多种肿瘤	
Granzyme B	粒酶B,细胞毒蛋白	浆	活化的杀伤性T细胞、NK细胞	细胞毒性T细胞及NK淋巴瘤	
HGAL	丝氨酸蛋白酶抑制剂,GCET2	浆	生发中心及肺	生发中心来源的B细胞淋巴瘤(DLBCL、Burkitt等),MCL/SLL/CLL也可阳性	稍优于CD10和BCL-6
免疫球蛋白	IgM, A, D, G, κ, λ	浆、核旁、膜	B细胞(随B细胞发育阶段与类型,呈现差异表达)	B细胞淋巴瘤,浆细胞肿瘤	轻链染色有助于确定B细胞增生是否为单克隆(限制性表达);IgD有助于鉴别B-CLL/SLL、MCL、边缘区淋巴瘤
Kappa	κ轻链	浆	B细胞只表达κ和λ其一	作为B细胞限制性表达的标记	
Lambda	λ轻链	浆	B细胞只表达κ和λ其一	作为B细胞限制性表达的标记	
LEF-1	淋巴增强因子-1	胞核	前驱B细胞和T细胞	B-CLL/SLL(100%)、滤泡性淋巴瘤G3(50%)、弥漫大B细胞性淋巴瘤(38%)	
LMO2	T细胞易位蛋白2	胞核	生发中心	滤泡性淋巴瘤	
Lysozyme	溶菌酶	浆	巨噬\组织细胞	巨噬\组织细胞肿瘤	特异性差

续　表

抗体	概述	IHC定位	正常反应的成分	肿瘤表达情况	应用评述
MUM-1	干扰素调节因子-4/IRF4	核	部分生发中心B细胞,浆细胞,活化的T细胞	浆细胞肿瘤,生发中心活化的DLBCL,经典RS细胞,部分外周T肿瘤	
c-Myc	原癌基因	核、浆	正常组织极少表达	部分Burkitt淋巴瘤,部分DLBCL,其他众多恶性肿瘤表达	可与Bcl-2/6形成易位双标达
OCT-2	B细胞转录因子	核	B细胞	B细胞淋巴瘤,霍奇金淋巴瘤	与BOB.1协同作用
PAX-2	发育与分化调控因子	核	原始、幼稚及成熟细胞,部分睾丸上皮	B细胞淋巴瘤,部分髓母、肾母细胞瘤	B细胞分化中起作用
PAX-8	发育与分化调控因子	核	B细胞、甲状腺、肾	部分B细胞淋巴瘤,甲状腺、肾癌等	决定甲状腺、肾、苗勒系统发育
PD-1	程序性死亡因子	浆	活化的淋巴细胞、树突状细胞、单核细胞	血管免疫母细胞性T细胞淋巴瘤	
PD-L1	程序死亡因子配体	膜	多种组织	多种肿瘤	肿瘤过表达与免疫逃逸有关
Perforin	穿孔素	浆	毒性T细胞和NK细胞	毒性T细胞和NK细胞淋巴瘤	
PU.1	Ets家族转录因子	核	成熟与未成熟B细胞(浆细胞除外)、组织细胞	NLPHL,大部分B细胞淋巴瘤	调控B细胞发育,影响CD20和CD79的表达
SOX-11	SRY基因家族	核	正常组织一般不表达	套细胞淋巴瘤	与胚胎发育有关
TCRα或β	α和β链构成的受体	浆	胸腺及成熟T细胞	前驱T细胞和成熟T细胞淋巴瘤	约占T细胞95%
TCRγ或δ	γ和δ链构成的受体	浆	固有免疫T细胞(分布于黏膜、皮下等)	部分皮肤T细胞淋巴瘤,肠病T细胞淋巴瘤	约占T细胞5%
TdT	末端脱氧核苷酸转移酶	核	前驱T细胞和B细胞,骨髓多能干细胞	淋巴母细胞淋巴肿瘤,部分急性单核白血病,Merkel癌	
TIA-1	毒性蛋白(T细胞内抗原-1)	浆	毒性T细胞和NK细胞	多数T细胞和NK细胞淋巴瘤	与粒酶B、穿孔素等类似

抗体	概述	IHC 定位	正常反应的成分	肿瘤表达情况	应用评述
TRAP	抗酒石酸酸性磷酸酶	膜、浆		毛细胞白血病、部分边缘区淋巴瘤、肥大细胞增生症	
Zap-70	酪氨酸激酶 Syk 家族	核、浆	T 细胞和 B 细胞(核),组织细胞(质)	多种淋巴瘤	阳性表达预后差

第一节 血液系统肿瘤

白血病是一组以造血干细胞异常的恶性克隆性疾病,以骨髓、外周血受累为主,其他组织也可受累。根据临床病程及细胞分化程度可分为急性和慢性白血病,根据受累细胞类型又可分为髓系白血病和淋巴系白血病及部分少见类型。急性、慢性髓系白血病,急性、慢性淋巴细胞性白血病各自具有独特临床病理学特点,可参考相关资料,在此不作赘述;慢性淋巴细胞性白血病主要是成熟 B 细胞表型,故归入成熟 B 细胞肿瘤中去讨论。白血病分型可根据表 15-2 的免疫标记进行简单初筛。

表 15-2 骨髓、血液细胞免疫表型

类型	免疫标记
造血前体细胞	CD34、TDT、CD45(+/-)、CD117、CD99 和 HLA-DR
髓系	MPO、Lysozyme、CD33、CD13、CD71、CD15 和 CD43
巨核细胞系	CD41、CD61、vWF 和 CD71
红系	Gero、血型糖蛋白 A、血红蛋白 A、CD71
B 细胞系	CD19、CD20、CD79α、sIg、CD138
T 细胞系	CD2、CD3、CD7、CD4、CD8、CD5、CD1α 与 CD99(胸腺细胞)

一、急性髓系白血病

近来一些独特分子遗传学改变的发现(如 AML1/ETO、CBFβ/MYH11、PML/RARα、MLL 和多系发育异常等),独特亚型逐渐识别,对临床具有重要的指导意义。但是大部分依然难以明确分类,统一归为非特殊型,仅能对其骨髓涂片及血涂片形态辨识及细胞与免疫化学简单分为 M0~M7 型,以及无法分类的未定型。按照 WHO 的标准,骨髓原始细胞比例要求达 20% 以上[英美法急性白血病协作组(FAB)限定为 30%]才可以诊断,一般典型病例均在 50% 以上,其分类方法可参考表 15-3。

表15-3　急性髓系白血病-非特殊型的细胞化学与免疫表型特点

亚型	细胞化学	免疫表型
AML-M0	MPO、苏丹黑B(SBB)阳性的原始细胞<3%	CD117+-、CD13+-、CD33+-、CD34+、HLA-DR+、TDT+-、CD7-+、CD19-+
AML-M1	MPO、SBB阳性的原始细胞>3%	CD117+、CD13+、CD33+、CD34+、HLA-DR+
AML-M2	MPO、SBB阳性的原始细胞>3%	CD15+、CD13+-、CD33+-、CD34+-、HLA-DR+-、CD117+-
AML-M3	原始与祖细胞MPO+、SBB+	CD13+、CD33+、CD34-+、HLA-DR-、CD117+、CD2-+
AML-M4	原始细胞MPO+、SBB+;单核细胞NSE+	CD13+、CD33+、CD14+、CD11b+、CD34-+、CD117-+、CD2+-
AML-M5	单核细胞NSE+、MPO-、SBB-	CD13+、CD33+、CD14+、CD11b+、CD34-、CD117-+、CD4+
AML-M6	原始细胞MPO+、SBB+,红系原始细胞PAS+	CD13+、CD33+、CD34+-、HLA-DR+-、Hemoglobin+、Glycophorin+
AML-M7	MPO-、SBB-,巨核细胞PAS+	CD41+、CD33+、CD34+、HLA-DR+、CD61+、CD42+、vWF+

二、髓系肉瘤

是一种由原始粒细胞或不成熟粒细胞形成的肿块,发生于髓外部位,肿瘤可先于或与髓系白血病及其他类型骨髓异常增殖疾病同时发生,也可是急性髓细胞白血病(AML)治疗缓解又复发的最初表现。最常见的类型是粒细胞肉瘤,成熟程度不一。其免疫表型与AML近似,表达MPO,及髓系相关抗原CD13、CD33、CD117、CD43和CD61,呈单核细胞分化时表达CD14、CD116、CD11c、Lysozyme及CD68等。

第二节　淋巴系统肿瘤

淋巴系统肿瘤,是由成熟和不成熟淋巴细胞在不同分化阶段发生的克隆性肿瘤。B和T细胞肿瘤,在很多方面都表现出不同分化阶段的B和T细胞的特征,因此,分类时就以此对应的正常细胞的特征来界定。NK细胞与T细胞有密切关系,且表型和功能相同,因此将2类肿瘤放在一起。了解B和T淋巴细胞各分化阶段免疫表型特点(如图15-1~15-2),有助于了解其肿瘤的生物学特点。

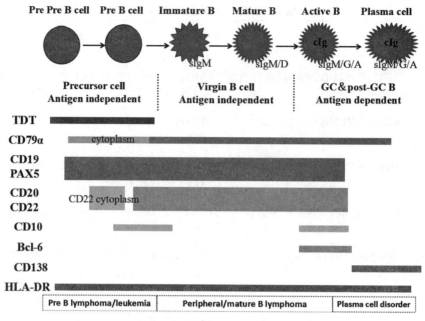

图 15‑1　B 淋巴细胞分化发育过程及相应标记表达特点

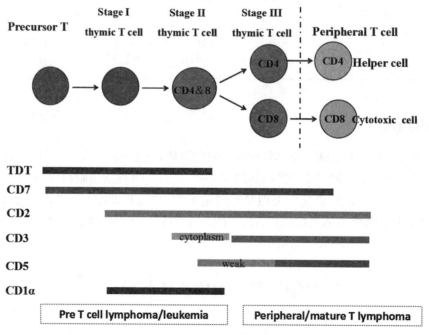

图 15‑2　T 淋巴细胞分化发育过程及相应标记表达特点

一、前体 B 和 T 细胞肿瘤

1. B 和 T 淋巴母细胞性白血病/淋巴瘤　以往称为前体 B 和 T 急性淋巴细胞性白血病/淋巴母细胞性淋巴瘤,是一组定向于 B 或 T 细胞系的淋巴母细胞(原始淋巴细胞)肿瘤,广泛累及骨髓和外周血时称之为急性淋巴细胞性白血病(ALL),原发于淋巴结或结外部位的肿块形式且骨髓及外周血受累不明显时,称为淋巴母细胞淋巴瘤(LBL),实际上是同一疾病的不同表现而已,ALL往往细胞更幼稚原始。在ALL中以B淋巴母细胞白血病最常见,比例超过80%,而在LBL中T-LBL比例最高,也超过80%。淋巴母细胞特异性表达TDT和CD99。近年来随着分子遗传学的进展,逐渐认识到一些伴有重复性遗传学改变,尤其是B淋巴母细胞白血病/淋巴瘤,如t(9;22)/BCR-ABL1,t(v;11q23)/MLL重排等,具有独特的临床意义。

　　B淋巴母细胞性白血病/淋巴瘤呈HLA-DR、CD79α等B系标记物阳性,以CD19和PAX5最恒定,大多数病例[排除伴t(4;12)的ALL]即分化中期以后表达CD10和CD24,但CD22(胞质表达具有特异性)、CD20、CD45和CD34表达不一,阴性为多,表面SIg阴性,部分病例可有髓系抗原CD13和CD33的表达,往往CD43呈阳性表达,但MPO阴性。

　　T淋巴母细胞性白血病/淋巴瘤除表达TDT外,T系标记物CD7最恒定(IHC效果以冷冻为好),但CD3、CD5、CD2和CD1α阳性程度不一,以CD7和胞质CD3最常见(早期是CD7、CD2、胞质CD3,继而是CD5、CD1α,然后是膜型CD3),CD4和CD8表达不一,可单阳、双阳或双阴,此时CD10也为阳性,少数情况下可有个别髓系或B系标记的表达(如CD13,CD33,CD79等),往往CD43呈阳性表达,CD117与MPO均阴性。

二、成熟B细胞肿瘤

　　也称为外周B细胞淋巴瘤,对应于B细胞分化相对成熟各阶段的淋巴瘤,包括virgin/naïve B细胞,滤泡/生发中心细胞和生发中心后的细胞,及记忆性B细胞等的淋巴瘤。

　　1. B细胞慢性淋巴细胞性白血病/小淋巴细胞性淋巴瘤(B cell chronic lymphocytic leukemia/small lymphocytic lymphoma,B-CLL/SLL)　一种发生于外周血、骨髓和淋巴结,非活化的成熟的小B细胞性惰性淋巴瘤,少数可合并或转化为侵袭性淋巴瘤,多见于老年人。形态上由规则单一的深染小圆细胞组成,周围散在淡染"假滤泡"。B系标记物阳性,CD20与SIg(通常IgD和IgM)表达弱,CD5和CD23阳性,CD43常常阳性,CD10和细胞周期蛋白(cyclin)D1阴性,Ki67增殖指数偏低(常常低于20%)。

　　2. 毛细胞白血病(hairy cell leukemia,HCL)　一种少见的小B细胞性淋巴瘤,主要累及骨髓和脾脏,多表现为中老年人的脾大及全血细胞计数减少。在骨髓和外周血涂片中可见中等偏小的带有发丝样突起的瘤细胞,核稍规则均质状,组织化学上细胞胞质透亮界清,呈"煎蛋样",部分病例可见变异型。耐酒石酸酸性磷酸酶细胞化学染色(TRAP)呈弥漫阳性,B系标记物阳性,CD11c、CD25、CD103、FMC7和膜联蛋白(annexin)-A1阳性具有一定诊断价值(尤其是在流失细胞术更敏感,变异型往往阴性),DBA.44呈阳性表达(亦可见于其他淋巴瘤),一般CD5、CD10、CD23阴性。

　　3. 淋巴浆细胞性淋巴瘤(lymphoplasmacytoid lymphoma,LPL)　一种少见的惰性小B细胞性淋巴瘤,通常累及骨髓、淋巴结和脾脏,大多数病例有血清单克隆蛋白伴黏滞血症或巨球蛋白血症。由小淋巴细胞组成,伴不同程度浆细胞分化,无假滤泡,结节样或弥漫性分布,是一排除性诊断(须排除其他低级别呈浆样B细胞的淋巴瘤)。B系标记物阳性,胞质Ig(常为IgM)强阳,CD38阳性不一,CD5、CD10、CD23常常阴性,55%病例Bcl-10核阳性。

4. **套细胞淋巴瘤**(mantle cell lymphoma,MCL)　这是一种来源于套区生发中心前分化的侵袭性小 B 细胞性淋巴瘤,中老年男性多见,占 NHL 的 3%~10%。呈弥漫性或结节性生长模式(套区增宽、融合、嵌入生发中心),细胞形态均一似单核样,胞质稀少,核有切迹;需注意其形态变异型与原位套细胞淋巴瘤,肠道型可以有多发性息肉为表现形式。B 系标记物阳性,表面免疫球蛋白(SIg)以 IgM 及 IgD 表达,CD5、Bcl-2 常常阳性,FMC-7 和 CD43 弱阳性,特征性表达细胞周期蛋白 D1(cyclinD1)(达 90% 以上,阴性者往往细胞周期蛋白 D2 或 D3 表达上调),累及胃肠道者可表达 α4β7 归巢受体。CD10、CD23 和 Bcl-6 阴性,Ki67 指数不高。

5. **边缘区淋巴瘤**(marginal zone lymphoma,MZL)　包括脾边缘区淋巴瘤(SMZL),黏膜相关淋巴组织边缘区淋巴瘤(MALT),及结内边缘区淋巴瘤(MZL)。3 种小 B 细胞性惰性淋巴瘤既有相似性又有差异性。SMZL,极少见,以脾脏及周围淋巴瘤和骨髓受累为主,组织学上主要包围或取代白髓生发中心的结节性模式,破坏套区与周围融合,细胞类似边缘区细胞。MALT 较常见,结外实质脏器均可受累,以胃肠道最常受累。镜下可见包绕或植入滤泡的结节性模式,也可呈现完全破坏后的弥漫性模式。周围上皮受累形成所谓的"淋巴上皮病变",细胞类似生发中心细胞,核稍不规则,胞质丰富透亮,可呈浆样分化,部分病例可向大细胞性侵袭性淋巴瘤转化(主要是 DLBCL)。MZL 形态类似 SMZL 和 MALT,单核细胞样 B 的特征更显著,但没有结外及脾的病变。它们的免疫表型相似,B 系标记物阳性,SIg(主要是 M)阳性,轻链限制性表达,Bcl-2、Bcl-6 和 MUM1 等阳性,但 CD5、CD10、CD23、CD103 和细胞周期蛋白(cyclin)D1 均阴性(具有鉴别价值),CD43 常阴性(MALT 近50% 病理呈阳性),Ki67 指数不高(超过 20%~30% 时,注意有否转化或其他类型可能)。

6. **滤泡型淋巴瘤**(follicular lymphoma,FL)　这是一种由滤泡中心的细胞组成的 B 细胞淋巴瘤,生物学行为偏惰性,发病率仅次于弥漫大 B 细胞淋巴瘤,东西方发病率略有差异,在非霍奇金淋巴瘤中比例超过 20%。通常显示 t(14;18)(q32;q21)导致 BCL-2 基因异位蛋白高表达(正常生发中心阴性)。FL 主要累及淋巴结,儿童型、胃肠型及皮肤型 FL 为其特殊类型。组织学上以套区消失的滤泡性结构为特征,背靠背排列,极性及吞噬现象消失,主要由中心细胞和中心母细胞 2 个成分,细胞及核大小多样且不规则。FL 依据高倍镜下中心母细胞的数量分为 1~3 级(0~5/HPF 为 Ⅰ 级,6~15/HPF 为 Ⅱ 级,>15/HPF 为 Ⅲ 级,Ⅲ 级又可进一步分为 Ⅲa 级,中心细胞可见,而 Ⅲb 级中心细胞几乎见不到)。FL 可有弥漫性成分,以其百分比来量化,滤泡>75% 称为滤泡为主型,25%~75% 为混合型,<25% 为弥漫为主型,这可能是肿瘤的进展现象,提示预后不良。部分 FL 病例可进展转化为高侵袭性的弥漫性大 B 细胞性淋巴瘤(DLBCL)。另外,注意一部分形态变异及原位 FL。免疫表型显示 B 系标记物阳性,SIg 以 IgM 和 IgD 阳性多见,CD10、Bcl-6 和 Bcl-2 通常阳性,Bcl-2 在鉴别 FL 和反应性滤泡方面具有诊断意义,但随着级别的升高表达可减低(Ⅲ级 FL 阳性率可不及 75%)。儿童型和皮肤型通常低表达或阴性;CD10 和 Bcl-6 可见滤泡外的散落(浸润性生长的瘤细胞),CD21、CD35 和 CD23 可显示滤泡树突网散乱(正常或反应性生发中心,圆润完整)。MUM1 和 CD43 表达不一,CD5 和细胞周期蛋白(cyclin)D1 阴性,Ki67 指数不定(常常低于 30%),但低于反应性滤泡增生(一般 60%~100%)。

以上几种淋巴瘤通常称为小细胞性 B 细胞淋巴瘤,免疫表型的鉴别见表 15-4。

表 15 - 4　常见小细胞性 B 细胞淋巴瘤的免疫表型特点

肿瘤	CD5	CD10	IgD	CD43	cyclinD1	CD23	CD103
CLL/SLL	+	−	+	+	−/+	+	−
FL	−	+	−/+	−	−	−/+	−
MCL	+	−	+	+	+	−/+	−
nodal MZL	−	−	+/−	+/−	−	−	−
LPL	−	−/+	−	−/+	−	−/+	−
HCL	−	−	+	−	−	−	+

7. 弥漫性大 B 细胞性淋巴瘤(diffuse large B cell lymphoma, DLBCL)　这是一组发生于淋巴结内外 B 细胞源性的大细胞弥漫性增生形成的异质性肿瘤,具有高度侵袭性生物学行为,最常见的非霍奇金淋巴瘤,约占 40%。发病年龄谱跨度大,但以老年人多见,结内外任何系统均可受累,约 40% 原发于结外(胃肠最常见);少部分可由低级别淋巴瘤转化而来。组织学上,表现为大淋巴细胞(通常核大于或等于巨噬细胞核,或为淋巴细胞核 2 倍以上)弥漫性破坏性生长,细胞的形态多样,可类似生发中心细胞、中心母细胞和免疫母细胞,抑或间变样,核奇异多形性。随着对其临床病理学特点与分子生物学改变的认识加深,各种独特类型不断发现并确立起来,2016 年,《WHO 修订版分类》,DLBCL 在原有基础上增至了 10 多种新亚型,包括 GCB 型、ABC 型、富含 T 或组织细胞型、CNS 型、纵隔型、皮肤型、血管内型、ALK 阳性型、EBV 阳性型和 HHV8 阳性型等,无法进一步分类的统称为非特指型 NOS。

普通型 DLBCL/NOS,表达 CD45(LCA)及各种 B 系标记物(可有部分丢失),50%～70% 表达 SIg 和或 CIg(IgM＞IgG＞IgA),30%～60%Bcl - 2 和 P53 阳性,生发中心分化阶段相关抗原表达不一,CD10(20%～60%),Bcl - 6(40%～90%),MUM1(40%～65%);c - myc 阳性不一,少数病例 CD5 阳性(约 10%),Ki67 通常＞40%,往往高达 80%～90%。现有研究显示,CD5 阳性 DLBCL 预后差;c - myc 基因重排,伴/不伴 Bcl - 2 或 Bcl - 6 重排 DLBCL 预后差;c - myc/Bcl - 2 免疫组织化学双表达的 DLBCL 预后差。

基于基因芯片技术,DLBCL 可分为生发中心来源的 GCB 亚型,活化 B 细胞的 ABC 亚型和无法分类型(后两者合称 non - GCB 亚型),GCB 亚型预后明显优于 non - GCB 亚型。可以利用 IHC 标记模拟此分类,方法众多,但仍以 Hans 系统应用较广泛,具体如图 15 - 3 所示。

富含 T 或组织细胞的 DLBCL,其特征是大量 T 细胞和较多组织细胞的背景中,散在不典型的大 B 细胞,且比例往往不超过细胞总数的 10%。易与结节性淋巴细胞为主型霍奇金淋巴瘤 NLPHL 混淆。瘤细胞 Bcl - 2 和上

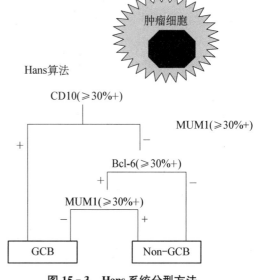

图 15 - 3　Hans 系统分型方法

皮膜抗原(EMA)可不同数量阳性,而 CD15、CD30 和 CD138 阴性,缺乏 IgD 阳性的残存套区和滤泡树突状细胞(FDC)树突网结构,可以帮助鉴别 NLPHL。

纵隔 DLBCL,起源于胸腺 B 细胞,组织学类似普通型 DLBCL,除 B 系标记物外,通常不表达 Ig、CD5 和 CD10,CD30 通常弱阳性,大多数病例 MUM1(75%)、Bcl - 6(50%~100%)、Bcl - 2(50%~80%)和 CD23(近 70%)阳性。

原发中枢神经系统 DLBCL,首先要排除继发和脑膜等附属组织病变的情况,特征性围绕血管套袖样生长模式,绝大多数(超过近 90%)呈现非生发中心(non - GC)免疫表型。

原发皮肤 DLBCL,大多数发生于腿部,故称腿型,绝大多数病例呈现非生发中心(non - GC)免疫表型。

EBV 阳性 DLBCL,多见于 50 岁以上,70% 发生于结外,无免疫缺陷。组织学上常见大的转化细胞/免疫母细胞,或类似 R - S 细胞,地图样坏死常见。通常 CD10 和 Bcl - 6 阴性,MUM1 阳性,EBV 病毒原位杂交 EBER 显示阳性。

血管内 DLBCL,特征性表现是瘤细胞在血管腔内生长,尤其是毛细血管,推测是瘤细胞归巢受体(如 CD29 和 CD54)缺失所致。

ALK 阳性 DLBCL,细胞呈免疫母细胞样,中位红核仁,ALK 表达类似 ALCL,往往 EMA 和浆细胞标记(VS38 和 CD138)阳性,而 CD3、CD20 和 CD79α 阴性,CD45 弱阳或阴性,CD30 一般阴性,超过 50% 病例表达轻链限制性胞质 IgA,PAX 大部分不同程度的阳性。Ig 基因重排支持 B 细胞本质。

8. Burkitt 淋巴瘤(burkitt lymphoma, BL)   这是一种高度侵袭性的 B 细胞淋巴瘤,BL 多见于儿童和中青年,部分病例与 EBV 和 HIV 感染有关,常累及结外,临床进展迅速;具有特征性染色体易位 C - MYC 基因易位至 14 号、2 号或 22 号染色体 Ig 基因。组织学上,高增殖的中等大的单一圆细胞构成呈"铺路石样"外观,核粗砂状,组织细胞吞噬的"星空"现象常见;少数情况可出现浆细胞样或多形性变异,并且非典型性的 BL 与一些高级别/侵袭性的淋巴瘤常常有组织学重叠。免疫表型显示,B 系标记物和 sIgM 阳性,CD10 和 Bcl - 6 阳性,c - myc 呈核强阳性,CD5、CD23、TDT 和 Bcl - 2 阴性,地方性 BL 的 CD21 可阳性,p53 阳性率近 50%,Ki67>90%。最新文献报道亲脂素(adipophilin)表达于 Burkitt 淋巴瘤,呈细胞质阳性。

9. 浆细胞肿瘤(plasmacytic lymphoma)   这是一组 B 细胞分化终末阶段的细胞(包括浆细胞和淋巴细胞)克隆性增生,分泌单克隆 Ig(副蛋白或 M 蛋白)可在血清或尿液中检出,称为单克隆 γ 球蛋白病;包括意义不明的单克隆 γ 球蛋白病(瘤前病变),浆细胞骨髓瘤,浆细胞瘤(孤立性病变),免疫球蛋白沉积病,骨硬化性骨髓瘤,Waldenström 巨球蛋白血症和重链病等。浆细胞骨髓瘤又称多发性骨髓瘤,以血清单克隆 IgM 升高和多灶性骨髓受累为特征,常累及老年人,镜下示成熟浆细胞,少数情况下呈浆母样分化或多核样,形态与髓内外浆细胞瘤类似。免疫表型也类似,胞质 Ig(IgG 或 M)阳性(κ 或 λ 轻链限制性表达/单克隆性),CD138、CD38、MUM1、EMA、Oct2 和 Bob.1 阳性,约 50% 的病例 CD79α 阳性,LCA 阳性不一,而 CD19、CD10、CD20 和 PAX - 5 阴性,CD56 和细胞周期蛋白(cyclin)D1 表达率在 70% 和 20% 左右(髓外病例表达率较低),少数病例表达 CK 和 CD31 易引起误诊。

浆母细胞性淋巴瘤是一种高度侵袭性淋巴瘤,好发于 HIV 患者空腔等结外部位,免疫母样的瘤细胞,核偏位,核仁显著,表达浆细胞免疫表型,CD138、CD38、Vs38c 和 MUM1 阳性,CD45、CD20 和 PAX-5 阴性(少数弱阳性),50%～85%病例表达 CD79α 和 cIg,大部分呈 IgG 和 κ 与 λ 轻链限制性。EMA 和 CD30 常阳性,CD56 表达不一,Ki67 指数一般＞90%,EBER 阳性率 60%～75%。

10. **淋巴瘤肉芽肿(lymphoma granuloma)**　这是一种 EBV 诱导的淋巴组织增殖紊乱性疾病,罕见。潜在免疫功能缺陷者是高危人群,几乎只发生结外,尤以肺部多见;病程多样,少部分消退,大多呈现进展,预后不良。其组织学特征为多形性淋巴样细胞围绕并破坏血管,坏死,其中见 EBV 阳性的成熟 B 细胞,类似免疫母细胞,偶见多核,常混杂其他炎症细胞;根据此多形性小淋巴细胞背景中异形的 EBV 阳性的大 B 细胞数量,可分为 1～3 级(1级＜5 个/HPF,2 级 5～20 个/HPF,3 级大细胞聚集成灶＞50 个/HPF),免疫组织化学显示 EBV 阳性细胞 CD20 阳性,CD30 弱阳性,CD15 阴性,背景中小淋巴细胞多为 T 细胞(CD4 阳性数量多于 CD8)。

11. **最近提出的新概念及新的 B 细胞淋巴瘤类型**　高级别 B 细胞淋巴瘤,包括具有母细胞样特征的淋巴瘤,以及介于 DLBCL 与 BL 之间的难以分类的 B 细胞淋巴瘤(即 DLBCL 与 BL 之间的灰区淋巴瘤),还包括一部分是"双/三打击"淋巴瘤,其余的统称为高级别 B 细胞淋巴瘤/非特指型。

"双/三打击"高级别淋巴瘤是近年来新发现的具有独特遗传学特点的高度侵袭性的 B 细胞淋巴瘤,通常以 MYC 基因与 Bcl-2、Bcl-6 或 Bcl-1 中之一或二发生重排,形态学及免疫表型类似 BL 与 DLBCL 间的灰区淋巴瘤,或者普通型 DLBCL。

伴有 IRF4/MUM1 重排的大 B 细胞淋巴瘤,EBV 阳性的黏膜皮肤溃疡等新疾病体可参考《第 4-revised 版 WHO(2016)分类系统》。

三、成熟 T 细胞肿瘤和 NK 细胞肿瘤

成熟 T 细胞肿瘤,起源于成熟 T 细胞或胸腺后 T 细胞(αβT 和 γδT 细胞),NK 细胞与 T 细胞关系密切,具有部分相同的表型与功能,因此合并介绍。T 细胞淋巴瘤相对 B 细胞淋巴瘤少见,仅占非霍奇金淋巴瘤的 12%左右,且有明显的地区分布差异性,亚洲地区多见。

1. **皮肤 T 细胞淋巴瘤**

(1)蕈样霉菌病/Sézary 综合征:这是一种嗜表皮性皮肤 T 细胞淋巴瘤,临床上少见,却是最常见的皮肤淋巴瘤。镜下由小-中等大细胞组成,核呈脑回状,侵蚀表皮(形成 Pautrier 微脓肿)及真皮,临床表现为多发性皮损斑疹,可进展成斑块或肿瘤,若表现为红皮病,淋巴结肿大,外周血中出现异常 T 细胞则称为 Sézary 综合征。典型的免疫表型为 CD2、CD3、TCRβ、CD5 和 CD4 阳性,CD7 阴阳性结果不一,CD8 一般阴性。

(2)皮下脂膜炎样 T 细胞淋巴瘤:一种可能来自毒性 αβT 细胞的惰性淋巴瘤,肿瘤浸润脂肪小叶,特征性形成围绕脂肪细胞的花环结构,通常不累及小叶间隔和真皮及皮下组织,瘤细胞异型明显,核不规则,浓染。具有成熟 αβT 表型,CD8、βF1 和毒性标记阳性,CD56 阴性。

罕见新拟定的亚型,包括 γδT 细胞淋巴瘤,CD8 阳性侵袭性嗜表皮性毒性 T 细胞淋巴瘤,CD4 阳性小-中等 T 细胞淋巴瘤,极罕见,且形态与免疫表型复杂,可参考相关文献归纳

总结。

（3）原发性皮肤 CD30 阳性 T 细胞增殖性疾病：一组来源于转化或活化 CD30 阳性的皮肤归巢 T 细胞疾病谱系(组织学及免疫表型相互交叉重叠)，第二常见皮肤 T 细胞淋巴瘤，包括 3 种类型：原发性皮肤间变大细胞淋巴瘤(C‑ALCL)、淋巴瘤样丘疹病 LyP 和交界性病变。

1）C‑ALCL：主要累及躯干、面部和四肢皮肤，大多表现为单发或局部结节/肿块，可消退。形态上真皮内成片状浸润的 CD30 阳性大细胞(非嗜表皮性)，可累及皮下，瘤细胞具有间变特征，核圆或不规则，明显嗜酸性核仁，胞质丰富(似系统性 ALCL)，反应性炎症细胞可见。瘤细胞通常 CD4 阳性(偶尔 CD8 阳性)，CD2、CD3 和 CD5 丢失情况不定，毒性标记物阳性，75％以上病例 CD30 阳性，LCA 阳性而 EMA 和 ALK 阴性(区别于系统性 ALCL)，CD15 阴性。

2）LyP：一种复发性自愈性皮肤丘疹或结节，其形态多样，大量炎症背景中见异型大细胞，有时呈 RS 样，可分为 A、B 和 C 型。免疫表型与 C‑ALCL 类似，而 B 型中的异型小细胞呈 CD3 和 CD4 阳性，CD8 和 CD30 阴性。

3）交界性病变：介于 C‑ALCL 和 LyP 的特征之间，临床与组织学特点不符(如临床表现为 LyP，而镜下示似 ALCL)。

2. 结外 NK/T 细胞淋巴瘤　之所以称为 NK/T 是因为尽管大多数为 NK 细胞来源，呈现 NK 表型，但少部分具有毒性 T 细胞表型。几乎总是发生于结外，成年人为主，鼻型病例占 2/3，鼻外胃肠、皮肤也可见，且与 EBV 的感染直接相关。各部位形态类似，典型特点有溃疡形成，血管中心分布与破坏现象常见，片状凝固性坏死及凋亡；细胞大小多变，核不规则颗粒状，伴有反应性炎症细胞。免疫表型示 CD2、胞质 CD3ε 和 CD56 阳性(少数情况 CD56 阴性)，细胞毒的 TIA‑1、粒酶 B 和穿孔素阳性，EBV 病毒检测阳性，CD95 常常阳性，CD7 和 CD30 少数阳性，表面膜型 CD3、TCR、CD5、CD4、CD8、CD57、CD43、CD45RO 和 CD16 一般阴性。

3. 肠病相关 T 细胞淋巴瘤　这是一种来源于肠上皮内 T 细胞的肿瘤，与肠病有密切关系。多数病例携带乳糜泻相关基因，以小肠多灶性溃疡为特点。组织学显示弥漫浸润肠壁，瘤细胞中等偏大，核形多变，胞质丰富，亲上皮性，常伴明显炎症细胞浸润，及绒毛继发改变，可依据形态特点分为 2 型(经典型和 II 型)，而 II 型在《新版 WHO 系统》中更名为“单形性嗜上皮肠 T 细胞淋巴瘤”。T 系标记阳性，CD103 和细胞毒性标记阳性，CD30 通常散在弱阳性，CD4 和 CD5 常阴性，II 型 CD56 和 CD8 阳性。

4. 肝脾 T 细胞淋巴瘤　这是一种来源于毒性 T 细胞的肿瘤，通常为 γδT 细胞。临床罕见，多见于少年及青年，表现为肝脾肿大(淋巴结不明显)，累及骨髓。镜下示细胞形态单一，中等大小，核致密不规则，肝脾窦内浸润为主，汇管区和白髓残留。肿瘤 CD3 阳性，TCRδ 常阳性，TCRαβ、CD4、CD8、CD5 和毒性标记阴性，CD56 表达不一。

5. 血管免疫母细胞性 T 细胞淋巴瘤(angioimmunoblastic T cell lymphoma，AITL) 这是一种可能起源于 CD4 阳性滤泡辅助 T 细胞的淋巴瘤，相对常见，占 NHL 的 1％～2％，以老年人全身淋巴结肿大，高 γ 球蛋白血症为主要表现，可累及肝、脾、骨髓，生物学行为不一。组织学显示淋巴结窦开放，副皮质区弥漫性病变，瘤细胞中等大，胞质透亮，包膜清晰；

伴有大量反应性成分,以滤泡树突状细胞、B免疫母细胞及增生的高内皮静脉为显著,此类B细胞可恶性转化。免疫表型示 T 系标记阳性(CD7 往往阴性),CD4、CXCL13、PD－1、CD10 和 Bcl－6 阳性,滤泡外小静脉周围不规则 CD21 或 CD23 阳性的树突网,散在反应性B母细胞往往 EBV 检测阳性(EBER)。

6. 间变大细胞性淋巴瘤(anaplastic large cell lymphoma,ALCL) 这是一种成熟 T 细胞的肿瘤,可能起源于细胞毒性 T 细胞,少部分呈裸细胞性。多数病例存在 2 号染色体 ALK 基因的异常,可检测到 ALK 蛋白的表达,据此可分为 ALK 阳性和阴性两种亚型,两者之间临床病理学特点有一定差异。ALCL 具有发病年龄双峰性,结内外均可受累,约占 NHL 的 3%,在年轻人中比例更高;原发于皮肤者,具有独特生物学特点,归入皮肤型 ALCL 介绍。ALK 阳性者,多见年轻人(往往年龄在 30 岁以下),预后较好;ALK 阴性者,以老年人为主,预后较差。组织学上,ALCL 部分病例具有窦性或副皮质区侵犯、片巢分布的特征类似转移瘤,也可弥漫分布。具有广阔的细胞形态谱,细胞较大,明显的间变特点,偏位马蹄或者肾形核的瘤细胞(hallmark cell)具有特征性,多核或 RS 样细胞可见,胞质丰富,常见核旁嗜酸性区,易伴有多种反应细胞(纤维化、炎症细胞等);体积大的瘤细胞常围绕血管分布。超过 30% 的 ALCL 病例常出现多种形态变异:具有 hallmark cell 的单一形态型;淋巴组织细胞型,小淋巴细胞和组织细胞丰富,类似免疫母细胞的瘤细胞,零散分布,易导致漏诊;小细胞型,大部分瘤细胞体积小,仅个别大细胞具有典型免疫表型;另外,尚可见一些细胞消减型、巨细胞型等。ALK 阳性与阴性,形态上区别不大,难以仅凭形态来进行区分。免疫表型上呈 T 细胞表型,但 CD3(近 70%)、CD5 和 CD7 往往阴性,需多种标记(CD2、CD4、CD43 和 CD45RO)联合证实,少数裸细胞型不表达任何 T 细胞和 B 细胞标记;绝大多数 CD30 阳性(小细胞型中仅个别大细胞表达),EMA 仅 80% 病例阳性,细胞毒性标记大多数阳性,但 CD8 一般阴性,LCA 阴阳性结果不一;50%～80% 病例 ALK 阳性,且细胞定位各异,有一定的遗传学指示意义,最常见的 t(2;5)有核和胞质着色,t(1;2)时仅胞质加胞膜(膜着色更强),而 t(2;3)、inv(2)(p23;q35)和 CLT－ALK 融合者常显示弥漫胞质颗粒状着色;少数情况可有 CK 的表达,易误解。

7. 外周 T 细胞淋巴瘤,非特指型(peripheral T cell lymphoma,PTCL－NOS) 这是指不能归入其他任何确定类型的一组异质性的成熟 T 细胞淋巴瘤,在 NK 和 T 细胞淋巴瘤中最多见的一类,成人(老年者)居多,任何部位可受累,淋巴结最常受累。镜下肿瘤里弥漫性破坏性生长,细胞变化多样,以中等-大细胞为主,核多形不规则,核仁明显,周围高内皮静脉增多,常伴有炎性背景。包括一些形态变异型,如上皮样组织细胞丰富,类似肉芽肿,其间散在小异型瘤细胞称为 Lennert 型。另外,印戒样的,局限于副皮质区的,单形性等较少见;以往称为滤泡变异型,在新版《WHO(2016)系统中》更名为"滤泡 T 细胞淋巴瘤"。免疫表型显示,T 系标记阳性(但往往表型异常,即一种或多种 T 抗原的丢失,如 CD7 和 CD5),CD3 在大细胞时表达可有减低,CD4 比 CD8 阳性多见,不同程度表达 CD25、CD30 和 CD134(多与 CD30 互斥),大多数表达 TCRαβ;EBV 阳性可见于反应性细胞中;结外病变可表达毒性标记和 CD56,有人认为是 NK 样的 T 细胞淋巴瘤,极罕见有单个 CD20 阳性,易误导。几种常见 T/NK 细胞淋巴瘤的免疫表型鉴别见表 15－5。

表 15-5 常见 T/NK 细胞淋巴瘤的免疫表型特点

指标	鼻型 NK/T	EATL	HSTL	MF/SS	CD30 阳 LPD	AITL	PTCL-NOS	ALCL (ALK+)	ALCL (ALK-)
CD3	ε+	+	+	+	+	+	+	-/+	+/-
CD4	-	-	-	+	+	+	+/-	+/-	+/-
CD8	-/+	-/+	-/+	-/+	-	-	-/+	-/+	-/+
CD7	-	+	+	-/+	-	+	-/+	-/+	-/+
CD5	-	-	-	+	+/-	+	+	+	+
CD2	+	+	+	+	+	+	+	+	+
TIA-1	+	+	+	-	+	-	-	+	+/-
CD30	-	-/+	-	-	-	-	-/+	++	++
CD25	-	-/+						++	++
CD56	+	-/+	+					+	+/-
CD16	-	-	-	-	-	-	-	-	-
CD57	-	-	-	-	-	-	-	-	-
Bcl-6	-	-	-	-	-	+/-	-	+	-
CD10	-	-	-	-	-	+-	-	-	-
EBV	+	-	-	-	-	+(B cell)	-	-	-
EMA	-	-/+	-	-	+/-	-	-	+	+

8. 几种罕见类型的 T/NK 细胞白血病及新疾病实体

(1) T 细胞幼淋巴细胞白血病,一种可能起自胸腺皮质 T 向成熟 T 分化阶段,小细胞性侵袭性淋巴瘤。母细胞标记 TdT 等阴性,CD2 和 CD7 阳性,CD3 胞膜弱阳,CD52 强阳性,60% 病例 CD4 阳性,且 CD8 阴性,25% 呈双阳,少部分 CD8 单阳。

(2) T 细胞大颗粒性淋巴细胞白血病,以外周血大颗粒 T 细胞增多[(2~20)×10⁹]6 个月以上为特征,T 细胞胞质中等偏多,内教案嗜苯胺蓝颗粒。主要表达 CD3、CD8 和 TCRαβ 及细胞毒性标记为主,CD5 和 CD7 表达下降或丢失,超过 80% 病例表达 CD57 和 CD16。

(3) 侵袭性 NK 细胞白血病,与 EBV 感染密切相关,细胞类似大颗粒细胞,但核更不规则且异形。免疫表型类似 NK/T 细胞淋巴瘤,但常常 CD16 阳性(75%),CD57 阴性。

(4) 成人 T 细胞白血病/淋巴瘤,由人体嗜 T 淋巴细胞病毒(HTLV)感染引起,可能源自调节性 T 细胞,除外周血及淋巴结外常累及皮肤。形态复杂,从小细胞到多形性大或间变细胞均可见到,核多形,浓染,核仁明显。T 细胞系标记阳性,但 CD7 阴性,绝大多数 CD4 阳而 CD8 阴性,CD25 阳性,FOXP3 和 CCR4 通常阳性,转化的大细胞 CD30 可呈阳性,细胞毒性标记阴性。

新版《WHO(2016)分类系统》,对成熟 T 细胞淋巴瘤作了少许更新与补充,如胃肠道惰性 T 细胞增殖性疾病,原发肢端皮肤 CD8 阳性 T 细胞淋巴瘤,及乳腺假体相关间变大细胞淋巴瘤等,这新实体尚未完全认知,具体请参考文献资料。

四、霍奇金(Hodgkin)淋巴瘤(HL)

一种古老性疾病,逐步认识到 HL 是起源于淋巴细胞(推测可能起源自生发中心的 B 细胞),主要累及淋巴结,以复杂多样的背景中找见霍奇金 Reed-Stemberg 细胞(HRS)为特征的恶性肿瘤,约占多有淋巴瘤的 30%。主要由 2 种独立疾病体组成:结节性淋巴细胞为主霍奇金淋巴瘤 NLPHL 和经典型霍奇金淋巴瘤 CHL(CHL 又可分为 4 种亚型)。由于 HL 形态常有变异,注意与 NHL 的鉴别,具体参见表 15-6。

表 15-6　几种大细胞 NHL 与 HL 免疫表型特点

指标	NLPHL	TCRLBCL	CHL	DLBCL	ALCL	LYG
CD30	−	−	+	−/+	+	−/+
CD15	−	−	+/−	−	−	−
CD45	+	+	−	+	+/−	+
CD20	+	+	−/+	+	−	+
PAX-5	+	+	+	+	−	+
J chain	+/−	+/−	−	−/+		0
Ig	+/−	+/−	−	+/−		0
OCT-2	++	++	−/+	+	0	+
BOB.1	+	+	−	+	0	+
CD3	−	−	−	−	−/+	
CD2	−	−	−	−	−/+	
TIA-1	−	−	−	−	+	−
CD43	−	−	−	−	+/−	
EMA	+/−	+/−	−/个+	−/间变+	+/−	−/+
ALK	−	−	−	−	+/−	
EBER	−	−	−	−/+	−	+

1. **结节性淋巴细胞为主霍奇金淋巴瘤**(nodular lymphocyte predominant Hodgkin lymphoma,NLPHL)　推测起源生发中心单克隆 B 细胞肿瘤,占所有 HL 的 5%,以 30～50 岁男性为主,多表现为颈部淋巴结肿大。组织学特征为部分或全部结节或结节与弥漫混合病变,复杂的淋巴细胞及组织细胞背景中见少数巨大的瘤细胞,核大,重叠或分叶或呈爆米花样,核仁多个,称为 LP 细胞(既往称为 L&H 细胞)。偶尔在结节边缘有滤泡反应性增生伴进行性转化,它与 NLPHL 的关系尚难定;罕见病例合并非霍奇金淋巴瘤。LP 细胞呈 CD20、CD79α、CD75、CD45 和 Bcl-6 阳性,部分 EMA 阳性,OCT-2、BOB.1 和活化诱导联胺活化诱导胞苷脱氨酶(AID)总是一起表达,Ig 轻或重链阳性,而缺乏 CD15 和 CD30 表达(偶尔 CD30 个别呈弱阳性),EBV 检测阴性,LP 周围细胞示 CD4 阳性 T 细胞,CD21 可显示其结节模式。其发展缓慢,预后佳。

2. **经典型霍奇金淋巴瘤**(classical Hodgkin lymphoma,CHL)　发病年龄具有双峰性(15～35,老年),EBV 感染在其发病过程中起了重要作用,常累及颈部、纵隔等处淋巴结,CHL 治疗反应佳,预后较好。诊断最具特征性的是单核的霍奇金细胞及多核 HRS 细胞,核大(单个、2 个,或多个),空泡状,嗜酸性大核仁,另外可见"干尸"细胞,周围明显炎性反应性背景,HRS 细胞周围围绕 T 细胞形成花环样结构。几乎所有 HRS 细胞 CD30 均阳性,75%～85% 的 CD15 阳性,且呈现胞膜加高尔基区着色(核旁),通常 CD45、CD75、CD68 和

J链阴性；CD20在30%～40%病例个别细胞弱表达，大多数PAX-5弱表达，MUM1往往阳性，CD79、EMA往往阴性，近90%OCT2和BOB.1阴性；EBV检测结果在各亚型间有差异。下面分布介绍其4种亚型。

(1) 结节硬化型CHL：最常见的亚型，约占CHL70%，以15～35岁纵隔占位为主要表现。镜下示结节性生长模式，周围纤维带明显，HRS可类似陷窝样，嗜酸性粒细胞及组织细胞多见，EBV检出率在10%～40%。

(2) 混合细胞型CHL：约占CHL的20%，典型双峰发病年龄。镜下瘤细胞弥漫性侵犯，可见纤维反应，除典型HRS外，混杂背景突出，嗜酸性、中性粒细胞，组织细胞和浆细胞等丰富，EBV检出率在70%左右。

(3) 淋巴细胞丰富型CHL：少见，约占CHL的5%，累及浅表淋巴结。以结节性生长多见，弥漫性少见。结节由大量小淋巴细胞组成，其内生发中心退化，结节间T区消失，散在少量HRS，形态可有变异，易误诊为NLPHL。小淋巴细胞具有套细胞表型，EBV检出率较低。

(4) 淋巴细胞消减型CHL：罕见，以中年男性为多，常累及后腹膜。其形态多变，但HRS相对多于背景中其他细胞，有时呈肉瘤样，有时明显纤维化。部分病例可有HIV和EBV的感染。

五、组织细胞和树突状细胞相关肿瘤

组织细胞和树突状细胞肿瘤在临床上较为罕见，主要来源自两大类型的细胞成分：单核/巨噬细胞（抗原处理）和树突状细胞（抗原呈递），推测其可能由骨髓原始干细胞分化而来（滤泡树突状细胞可能源自原始间充质干细胞），具体特征及相应病变见表15-7。

表15-7　组织细胞和树突状细胞及对应病变的类型

分类	单核巨噬细胞	树突状细胞系统		
疾病类型	单核细胞（血和骨髓） 组织细胞（各脏器） 窦组织细胞（淋巴结） 上皮样组织细胞	郎格汉斯细胞 未定类细胞	指状树突状细胞 质样树突状细胞 面纱细胞（淋巴管）	滤泡树突状细胞
酶谱系	ATP酶（弱或无） 溶菌酶 酸性磷酸酶 抗胰蛋白酶	ATP酶（强） 其他酶（弱或无）	ATP酶（强） 其他酶（弱或无）	ATP酶（无） 其他酶（无）
免疫表型	CD68+ CD163+ S100− CD1a− CD4+ HLA-DR不一 Fascin−/+ CD123−	CD68/163− S100+ CD1a+ Langerin+ CD4+/− HLA-DR+ Fascin− CD123−	CD68−（活化+）/163− S100+ CD1a− Langerin− CD4+/− HLA−DR+ Fascin+ CD123（浆样树突+）	CD21/23+ CD35+ CD68/163− S100−/+ CD1a− CD4+/− Fascin+ CD123−

续　表

分类	单核巨噬细胞		树突状细胞系统	
疾病类型	单核细胞(血和骨髓) 组织细胞(各脏器) 窦组织细胞(淋巴结) 上皮样组织细胞	郎格汉斯细胞 未定类细胞	指状树突状细胞 质样树突状细胞 面纱细胞(淋巴管)	滤泡树突状细胞
反应性疾病	窦组织细胞增生 Rosai-Dorfman 病 噬血综合征 感染/异物组织细胞反应 储积性疾病		皮病性淋巴结病	滤泡树突状细胞 过度生长
肿瘤性疾病	单核细胞白血病/肉瘤 组织细胞肉瘤 恶性组织细胞增生症 ALK＋组织细胞增生症	郎格汉斯细胞增 生症 浆样单核细胞 聚集	指状树突状细胞肉瘤 其他树突状细胞肉瘤	滤泡树突状细胞 肉瘤

1. Rosai-Dorfman 病　即窦组织细胞增多症伴巨大淋巴结病,一种特发性组织细胞增生疾病,以青年多见,结内外均可受累。组织学显示,大量淋巴浆细胞聚集或散在,而组织细胞与其交错分布,形成明暗(淡与深染)相间,组织细胞体巨大,极丰富淡然的胞质,内见吞噬的淋巴细胞、红细胞和粒细胞(伸入现象),并且 S100、CD68 和溶菌酶阳性,其他组织细胞和树突状细胞标记一般阴性。

2. 组织细胞肉瘤　传统上的恶性组织细胞增生症,绝大多数后来鉴定为淋巴瘤,仅少数存在,区别于组织细胞肉瘤之处在于瘤细胞分散,不成肿块或实质结构不破坏。

组织细胞(实质脏器内)的恶心增殖性疾病,区别于单核细胞白血病(或累及髓外者),已报道的纯正病变仅为个例,累及肠道及皮肤等,严重性的系统性症状。镜下示弥漫生长的大细胞(直径＞20 μm),可分布于窦内,细胞常为圆形,少数呈梭形,核大偏位,空泡状,胞质丰富,可见吞噬现象,常伴有丰富炎症细胞;易与其他大细胞肿瘤混淆。免疫表达,CD45、CD4、HLA-DR、CD163、CD68 和溶菌酶阳性,CD1a 和 Langerin 阴性,CD21、CD35、CD33、CD13 和 MPO 阴性,S100 往往少量弱阳性。

3. 朗格汉斯(Langerhans)细胞肿瘤　起源于郎格汉斯细胞并保有其特点的肿瘤,可分为 2 类,即朗格汉斯组织细胞增生症和朗格汉斯细胞肉瘤。

朗格汉斯组织细胞增生症,根据受累病灶特点及多寡又称为嗜酸性肉芽肿,Hand-Schuller-Christian病和 Letterer-Siwe 病。常见于儿童及青年,多累及骨、皮肤、肺及周围软组织。典型的形态特征是大量嗜酸性粒细胞及组织细胞背景中,见片状圆或卵圆形上皮样细胞,核折叠或凹陷,核沟,染色质细腻,核膜薄。胞质丰富,略嗜酸性;若形态更多形性,细胞间变,呈显著恶性改变时称为朗格汉斯细胞肉瘤。呈 S100、CD1a 和 Langerin 阳性,CD4、CD68、HLA-DR、CD45 阳性(阳性强度不一),溶菌酶常阴性,其他标记多为阴性。

4. 其他树突状细胞肿瘤

(1) 指突状树突状细胞肉瘤,极罕见,多累及淋巴结,副皮质区的梭形或卵圆细胞丛状、席纹状排列,呈现 S100 阳性,CD1a、Lagnerin、CD21、CD35、CD23、CD34、MPO、CD30、EMA 及 T 和 B 系标记等阴性,CD68 和 CD45 常弱阳性,P53 和 Fascin 阳性。

(2)滤泡树突状细胞肉瘤,罕见,多累及颈部淋巴结,也可累及结外。镜下见梭形或卵圆细胞束状、席纹状、漩涡状或片状分布,核空泡或细颗粒样,核融合易见;发生于肝、脾的炎性假瘤样变异型,有显著的淋巴浆细胞背景,且与 EBV(EBER 阳性)感染相关。免疫组织化学显示 CD21、CD23、CD35、KiM4P 和簇蛋白(clusterin)阳性,也可 fascin 和 HLA - DR 阳性,但 EMA、S100、CD68 表达不一,CD45 基本不阳性,其他组织细胞及淋巴相关标记阴性。

(3)其他少见树突状细胞肿瘤及浆样树突状细胞病变不再赘述,可参考相关专著及文献。

五、肥大细胞增生症

一个或多个器官出现肥大细胞增多或聚集为特征的一组异源性疾病,其表现是多样的,可以皮肤病变为主,呈现自愈性,也可累及多脏器,呈现高侵袭性,常涉及 KIT 基因的点突变。儿童及成人均可发病,约 80% 患者仅有皮肤受累,多脏器受累称为系统性肥大细胞增生症。根据受累范围、临床病理特点可分为:皮肤肥大细胞增生症、系统性肥大细胞增生症(惰性型、合并克隆性造血系统非肥大细胞疾病、侵袭性型)、肥大细胞白血病、肥大细胞肉瘤和皮肤外肥大细胞瘤等 7 类,具体诊断标准可参考《第 4 - revised 版(2017)WHO 分类》。从组织学角度看,在排除继发反应性肥大细胞增多与浸润的情况下,组织活检中见多灶性或弥漫或密集浸润的肥大细胞,数量多,是共同特点。其细胞学特点有差异,核常呈圆或卵圆形,染色质粗,胞质丰富,富含细小颗粒。可见梭形改变,核伸长,两端细,胞质颗粒感不明显,似成纤维细胞,髓内病灶常伴有网状纤维增生纤维化。骨髓涂片中肥大细胞占有核细胞比例超过 20% 时称为白血病。肉瘤极罕见,细胞高度不典型,难以辨认,需凭借免疫组织化学才能确定其肥大细胞表型。而病变局限呈肿块样时称为肥大细胞瘤。肥大细胞病变具有共同的免疫表型,共表达 CD9、CD33、CD45、CD68 和 CD117,不表达粒单核系抗原(CD14、CD15 和 CD16)及 T 细胞和 B 细胞系抗原,肿瘤性肥大细胞往往同时表达 CD2 和 CD25(正常者不表达),但要注意与 T 细胞鉴别。细胞化学在肥大细胞的识别中具有重要意义,如 Giemsa、甲苯胺蓝及糜蛋白酶染色。

(复旦大学附属华山医院病理科 杜尊国 唐 峰)

第十六章

头颈部肿瘤

第一节 头颈部肿瘤常用抗体

1. CK5/6 为高分子量细胞角蛋白(相对分子质量 58 000 及相对分子质量 56 000),阳性部位为细胞质,主要存在于鳞状上皮、多种基底细胞(前列腺、支气管)、肌上皮细胞(乳腺、涎腺),腺上皮不表达。可应用于鳞癌、皮肤基底细胞癌、尿路上皮癌、淋巴上皮癌等肿瘤的诊断。另外,可根据 CK5/6 是否阳性,来区分乳腺浸润性癌和原位癌及前列腺是否癌变。另外,在间皮瘤中呈阳性表达,可用于间皮瘤与腺癌的诊断。

2. CK14 为相对分子质量 50 000 的细胞角蛋白,主要用于标记鳞状上皮、肌上皮及基底细胞。阳性部位为细胞质,主要用于鳞癌、肌上皮肿瘤的诊断。另外,在甲状旁腺中,嗜酸性腺瘤阳性率较高,而在嗜酸性腺癌呈阴性。在滑膜肉瘤中也有较高的阳性率。

3. CK7 相对分子质量为 57 000,阳性部位为细胞质。主要标记腺上皮及移行上皮,在乳腺癌、肺腺癌、胰腺癌、卵巢浆液性癌中阳性,而在胃肠道癌、卵巢黏液性癌、肝细胞癌、前列腺癌中呈阴性。另外,和 EMA(MUC1 黏蛋白)联合应用于滑膜肉瘤的诊断,具有很高的特异性。

4. CK8 阳性部位为细胞质,主要标记非鳞状上皮,鳞癌一般不表达,主要用于腺癌的诊断。

5. EMA(epithelial membrane antigen) 上皮膜抗原,也称作(MUC1 黏蛋白),是一种常用的上皮标记物,广泛存在于各种上皮细胞中,对腺上皮的标记优于 CK。在脑膜细胞及脑膜瘤、浆细胞、神经束膜细胞、脊索瘤、滑膜肉瘤、间皮瘤和卵巢颗粒细胞瘤中阳性表达。

6. P63 是 p53 基因家族成员之一,p63 在胚胎外胚层分化、各种上皮组织的正常发育与分化,以及维持细胞形态等方面都发挥重要的作用。

阳性部位为细胞核,在鳞状上皮、移行上皮、乳腺、汗腺、涎腺及前列腺等腺体的肌上皮细胞和基底细胞中阳性表达,腺上皮阴性,在肌纤维母细胞中不表达。主要应用于鳞癌、尿路上皮癌的诊断。在乳腺肿瘤的诊断中,通过 P63 标记的肌上皮是否消失,来判断肿瘤的良恶性及原位癌是否浸润;在前列腺癌的诊断中,与 P504S 联合应用,可以判断是否癌变。

7. 肌钙调样蛋白(calponin)　是一种肌动蛋白结合蛋白,具有抑制平滑肌细胞收缩的功能,阳性部位为细胞质,在正常平滑肌及肌上皮细胞中表达,增生的结缔组织中肌纤维母细胞也会有阳性表达。主要用于平滑肌肿瘤及肌上皮肿瘤的诊断,也可用于乳腺癌等组织中肌上皮分布的诊断,检测肌上皮是否缺失。另外,在血管球瘤、肌纤维肉瘤及部分滑膜肉瘤中局灶表达。

8. CD10　相对分子质量为 100 000 的细胞表面金属钛内切酶,着色于细胞膜,最初被认为是急性淋巴母细胞白血病抗原,通常表达于滤泡中心细胞和未成熟的淋巴细胞,用于多种淋巴瘤的诊断。另外,CD10 表达于乳腺、涎腺等腺体的肌上皮、肾小管上皮、肠黏膜上皮、子宫内膜间质细胞及部分成纤维细胞。通常在子宫间质肿瘤、肾细胞癌、胆管和肝细胞癌、胰腺实性假乳头状肿瘤阳性表达,一些尿路上皮癌、前列腺腺癌、胰腺腺癌、恶性黑色素瘤及少部分横纹肌肉瘤、神经鞘瘤中 CD10 也有阳性表达。在肾透明细胞癌(阳性)和肺透明细胞癌(阴性)的鉴别诊断中有辅助作用;在皮肤肿瘤中,CD10 在皮脂腺肿瘤和毛鞘周围表达,而在汗腺均不表达,因此,CD10 有助于基底细胞癌和毛发上皮瘤、毛母质细胞瘤的鉴别诊断,因为前者表达于肿瘤细胞内,后者表达于肿瘤周围的间质中。

9. S100　一种相对分子量为 20 000 的酸性蛋白,分为 α、β 2 个亚型,多克隆抗体包含 2 个亚型。阳性部位为细胞质,主要存在于神经组织、垂体、颈动脉体、肾上腺髓质、涎腺及少数间叶组织中。主要应用于恶性黑色素瘤、星形细胞瘤、室管膜瘤、神经鞘瘤、树突状细胞肿瘤及脂肪肉瘤的诊断。另外,肌上皮细胞阳性可用于乳腺肿瘤、涎腺肿瘤的诊断,软骨细胞 S100 阳性可用于软骨肿瘤的诊断。在脊索瘤、脂肪源性肿瘤、皮肤附件肿瘤、乳腺、涎腺、偏良性的神经鞘瘤和颗粒细胞瘤中,S100 阳性。此抗体敏感性高,特异性较差,常与其他抗体联合应用。

10. SMA　即 α-平滑肌肌动蛋白,阳性部位为细胞质,广泛分布于平滑肌细胞中,而横纹肌、骨骼肌呈阴性。在肌纤维母细胞及含有肌纤维母细胞的软组织肿瘤中都有阳性表达,如结节性筋膜炎和纤维组织细胞瘤等。部分胃肠道间质瘤、子宫内膜间质肿瘤也呈阳性。SMA 在肌上皮细胞中染色阳性,可用于肌上皮瘤、肌上皮癌、含肌上皮细胞的组织和肿瘤的诊断,如乳腺、涎腺等肌上皮染色。在所有血管球瘤中强阳性着色,部分间皮瘤阳性。

11. 肌动蛋白(actin)(smooth muscle)　是一种标记平滑肌的肌动蛋白,可以与平滑肌蛋白 α 异构体反应,与骨骼肌、横纹肌无交叉反应。阳性部位为细胞质,用于标记平滑肌及其来源的肿瘤,也可以标记肌上皮及其来源的肿瘤,主要用于乳腺、涎腺及汗腺等疾病的诊断。

12. GFAP(glial fibrillary acidic protein)　神经胶质纤维酸性蛋白,为中间丝蛋白之一,在脑胶质瘤、室管膜瘤中阳性表达,在外周神经中,部分神经鞘瘤阳性表达,而在恶性周围神经鞘膜瘤呈阴性。在乳腺及涎腺的肌上皮细胞中阳性表达,可用于肌上皮细胞及肿瘤的检测。

13. MyoD1　肌调节蛋白,是肌源性转录因子,阳性部位为细胞核,在非成熟的横纹肌细胞中表达,而在成熟的横纹肌细胞中呈阴性。主要用于横纹肌肉瘤的诊断,在多形性横纹肌肉瘤阳性较弱,着色部位为细胞质。

14. EBER(EBV－encoded RNA)　EB病毒编码的小mRNA,是EB病毒的表达产物,采用原位杂交方法检测。定位于细胞核。在EB病毒相关疾病,如鼻咽癌、淋巴上皮癌、霍奇金淋巴瘤、Burkitt淋巴瘤中阳性表达,其阳性对于提示是否诊断鼻咽原发癌有重要意义。

15. LMP1　即EB病毒潜伏膜蛋白1,为EB病毒编码的基因产物,阳性部位为细胞质/核,用于多种疾病的EB病毒检测。在鼻咽癌、淋巴上皮病变、霍奇金淋巴瘤、Burkitt淋巴瘤中EBV呈阳性。

16. CDX2　是一种肠道特异性转录因子,在肠发育的早期表达,参与调节肠上皮的增生和分化,阳性部位为细胞核,主要用于转移性胃肠道肿瘤的鉴别诊断。

17. CD44　是细胞黏附分子家族的一种糖蛋白,阳性部位为细胞膜,为广泛分布的细胞表面跨膜糖蛋白。主要参与异质性黏附,即肿瘤细胞与宿主细胞和宿主基质的粘附,在肿瘤细胞侵袭转移中起促进作用。CD44的表达与肿瘤的浸润、转移相关。对于区别内翻性乳头状瘤中癌的成分,CD44染色有帮助,在内翻性乳头状瘤中弥漫表达,而在癌中表达明显减少。

第二节　头颈部肿瘤的免疫表型

一、鼻腔及副鼻窦肿瘤

1. **鳞状细胞癌**　鼻腔或鼻窦黏膜上皮的恶性肿瘤,包括角化和非角化2种。角化型鳞癌组织学上类似于其他部位的鳞状细胞癌;非角化型与泌尿道的移行细胞癌相似,其中低分化者难以诊断,需和鼻腔嗅神经母细胞瘤和神经内分泌癌等鉴别,联合应用广谱CK和P63可诊断。某些变异型如梭形细胞鳞癌(肉瘤样癌)常Vim阳性,CK散在阳性或缺如,CK阳性病例30%～50%不等,取决于所使用的抗体。联合P63有助于诊断。

2. **淋巴上皮癌(鼻咽癌未分化型)**　一种低分化的鳞癌或未分化癌,伴有明显的淋巴浆细胞浸润,组织学类似于鼻咽癌。研究显示,肿瘤发生与EBV感染有关。肿瘤表达CK和EMA,大部分细胞EB病毒编码RNA(EBER)阳性表达。需与鼻咽的未分化癌鉴别,EBV有助诊断。与恶性黑色素瘤鉴别,后者CK阴性,S100及HMB45阳性;与霍奇金淋巴瘤鉴别,后者R－S细胞CK阴性,CD15及CD30阳性。

3. **鼻腔及鼻窦的未分化癌**　组织来源未定,伴有或不伴有神经内分泌分化,但无鳞状或腺体分化的证据。肿瘤表达广谱CK和CK7、CK8、CK19,不表达CK4、CK5/6及CK14(表16－1)。

表16－1　鼻窦及鼻咽部不同类型鳞癌CK表达情况

疾病类型	AE1/AE3	CK5/6	CK7	CK8	CK13	CK14	CK19
鳞癌	＋	＋	＋	＋	＋	＋	＋
非角化型鳞癌	＋	＋	－	＋	＋	＋	＋
鼻窦部未分化癌	＋	－	＋	＋	－	－	＋
淋巴上皮癌	＋	＋	－	＋	＋	－	＋

鼻旁窦未分化癌的鉴别诊断包括淋巴上皮癌、嗅神经母细胞瘤、小细胞未分化癌、神经内分泌癌、黏膜黑色素瘤、横纹肌肉瘤、原始(外周)神经外胚层肿瘤(primitive neuroectodermal tumor,PNET)/骨外 Ewing 肉瘤等(表 16-2)。

表 16-2 鼻窦恶性肿瘤免疫表型

疾病类型	CK	NSE	ChroA	SY	S100	HMB45	LCA	CD56	CD99	Vim	Des	Myogenin	GFAP	EMA
鳞癌	+	-	-	-	-	-	-	-	-	-	-	-	-	+
鼻窦未分化癌	+	V	-	-	-	-	-	R	V	-	-	-	-	+
嗅神经母细胞瘤	-	+	V	V	+	-	-	+	-	-	-	-	+	-
小细胞癌	+	+	+	+	+	-	-	+	-	V	-	-	-	-
黏膜黑色素瘤	-	-	-	-	+	+	-	-	-	+	-	-	-	R
鼻型 NK/TX 细胞淋巴瘤	-	-	-	-	-	-	V	+	-	+	-	-	-	-
横纹肌肉瘤	-	-	-	-	-	-	-	+	-	+	+	+	-	-
PNET	R	V	-	V	V	-	-	v	+	+	-	-	V	V

注:R,罕见;V,阳性程度不定

4. 腺癌 这部分腺癌是指除涎腺型癌以外的鼻腔及鼻窦腺癌,分为肠型腺癌和非肠型腺癌。

(1)肠型腺癌:组织学类似于肠道的腺癌和腺瘤,个别类似于小肠黏膜。肿瘤细胞上皮标记如全 CK、EMA 阳性,CK20 和 CK7 不同程度表达,CDX-2 与肠上皮分化有关,在肠型腺癌中弥漫表达,也可出现绒毛蛋白(villin)的表达。

(2)非肠型腺癌:组织学分化程度不等,可表现为腺样、实性、乳头状、透明细胞性和嗜酸细胞性等,各种形态常并存。CK7 阳性表达,不表达 CK20、CDX2、绒毛蛋白及 claudins。鼻腔及鼻窦部腺癌的免疫表型见表 16-3。

表 16-3 鼻腔及鼻窦部腺癌的免疫学表型

疾病类型	免疫表型
鼻窦肠型腺癌	CK、EMA、CEA(不定)、CK7(不定)、CK20(不定)、CDX2、Villin、多种激素肽、CgA、syn 散在分布
鼻窦非肠型腺癌	CK7(强)、CK、EMA
低级别鼻咽乳头状癌	PAS、CK、EMA、CEA(灶性)
涎腺型癌	肌上皮:CK、Vim、P63、Calponin、S100、SMA、GFAP、CK5/6 导管上皮:CK、EMA、CEA
转移性甲状腺癌	CK、CK19、TTF-1、TG、半乳凝素(galectin)-3

5. 涎腺型腺瘤/腺癌 鼻腔鼻窦的涎腺腺瘤、腺癌与涎腺肿瘤相似,主要由上皮及肌上皮、基底细胞构成,常用的免疫指标见表 16-4,详细分型及介绍见涎腺肿瘤。

表 16－4　涎腺型肿瘤常用免疫标记

部位	免疫标记
腺上皮	CK、CEA、CD117、CK14、CK7、CK、EMA、CEA、galectin－3
肌上皮、基底细胞	CK、Vim、P63、Calponin、S100、SMA、GFAP、CK5/6

6. 神经内分泌肿瘤　鼻腔、鼻窦及鼻咽部的神经内分泌肿瘤少见,包括类癌、不典型类癌及小细胞神经内分泌癌。常用的免疫学标记有 CK、EMA、CEA、syn、CgA、CD56、NSE,以及多种激素肽类如 5－羟色胺、降钙素、生长激素释放抑制因子、促肾上腺皮质激素等。详细介绍见"神经内分泌肿瘤"章节。此部位的神经内分泌肿瘤需要与未分化癌、嗅神经母细胞瘤、横纹肌肉瘤、PNET、淋巴瘤、横纹肌肉瘤等鉴别,见表 16－2。

7. Schneiderian 乳头状瘤　包括内翻性乳头状瘤、外翻性乳头状瘤和嗜酸性乳头状瘤。其中内翻性乳头状瘤中可有癌的成分,CD44 染色有帮助,在内翻性乳头状瘤中弥漫表达,而在癌中表达明显减少。

8. 鼻腔、鼻窦的软组织及骨肿瘤　鼻腔、鼻窦部分发生的软组织肿瘤可分为肌源性、神经源性、血管源性、脂肪源性及未知来源等肿瘤,包括良性、恶性及潜在恶性。鼻腔及鼻窦部软组织肿瘤常用的免疫标记物见表 16－5。详细介绍见"软组织及骨肿瘤"章节。

表 16－5　鼻腔鼻窦部软组织常用抗体

类型	常用抗体
成纤维细胞、肌纤维母细胞源性	Vim、CD68、CD10、CD99、SMA、Des
血管源性	Vim、CD34、CD31、Ⅷ因子、D2－40、CK
神经源性	Vim、S100、NF、EMA、CD56
平滑肌源性	Vim、Des、SMA、
横纹肌源性	Vim、Des、SMA、MSA、myoglobin、MyoD1、myogenin
软骨、成骨细胞源性	Vim、S100、骨连素
破骨细胞源性	Vim、CD68
脑膜瘤	Vim、EMA、PR
恶性黑色素瘤	Vim、S100、HMB45、Melan－A、Melanomapan

其中鼻窦型血管外皮细胞瘤与软组织的血管外皮瘤免疫表达不同,Vim、SMA、Ⅷa 因子及 VEGF 阳性,CD34 局灶表达,CK、NSE、KP－1、CD99 和 CD117 阴性,见表 16－6。

表 16－6　鼻窦型血管外皮瘤及软组织血管外皮瘤的免疫表型

类型	CD34	Vim	Bcl－2	CD99	CD117	Ⅷ因子	Actin	Des
鼻窦型	局灶＋	＋	－	－	－	＋	＋	＋
软组织	弥散＋	＋	＋	＋	－	－	－	－

9. 淋巴造血细胞肿瘤　鼻腔或鼻窦原发性的非霍奇金淋巴瘤,成人最常见的为鼻型结外 NK/T 细胞淋巴瘤和弥漫大 B 细胞淋巴瘤,儿童最常见的为 Burkitt 淋巴瘤。鼻腔、鼻窦

部位淋巴造血系统肿瘤免疫表型见表16-7。详细介绍见"淋巴造血系统肿瘤"章节。

表 16-7　鼻腔、鼻窦部位淋巴造血系统肿瘤免疫表型

疾病类型	免疫表型
鼻型结外 NK/T 细胞淋巴瘤	CD3＋、CD20－、CD56＋、GrB＋、TIA1＋、CD43＋、CD5－、CD57－、EBER＋
弥漫大 B 细胞淋巴瘤	CD20＋、CD3－、CD10＋/－、CD79＋、PAX5＋、Bcl－6＋/－、MuM1＋/－
Burkitt 淋巴瘤	CD20＋、CD3－、CD10＋、Bcl-6＋、Bcl-2－、Ki67＋、MUM1－
滤泡性淋巴瘤	CD3－、CD20＋、CD21＋、Ki67＋、CD10＋、Bcl-6＋、Bcl-2＋
黏膜相关淋巴瘤	无特异性标记，目前用排除法 CD5－、CD10－、CD23－、部分 CD43＋
髓外浆细胞瘤	CD3－、CD20－、CD38＋、CD138＋、MUM1＋、EMA＋、Kappa＋/－、Lambda＋/－
髓外髓细胞肉瘤	MPO、CD68、CD117、CD43＋、CD33、Lyso＋
组织细胞肉瘤	CD68＋、Lyso＋、CD20－、CD3－、CD1a－、CD21－、部分 S100＋
Rosai-Dorfman 病	S100＋、CD68＋、CD1a－

10. 神经外胚层肿瘤　鼻腔、鼻窦部位的神经外胚层病变包括 Ewing/原始神经外胚层肿瘤(EWS/PNET)、嗅神经母细胞瘤、婴儿黑色素性神经外胚瘤、黏膜恶性黑色素瘤、鼻胶质瘤、异位垂体腺等。各肿瘤的免疫表型见表16-8。

表 16-8　鼻腔、鼻窦部位的神经外胚层肿瘤免疫表型

疾病类型	免疫表型
EWS/PNET	CD99＋、Vim＋、CK(灶性＋),部分病例 Syn、S100、NSE、NF、GFAP、CgA 阳性)
嗅神经母细胞瘤	NSE＋、syn＋、NF＋、S100(支持细胞＋),部分病例 CgA＋、GFAP＋、CD56＋
婴儿黑色素性神经外胚瘤	大细胞：CK＋、Vim＋、HMB45＋、EMA＋、NSE、CD56、CD57；小细胞：syn＋、GFAP(灶＋)、Des(＋)、NSE、CD56、CD57
黏膜恶性黑色素瘤	Vim＋、S100＋、HMB45＋、Melan-A＋、Melanomapan＋、部分病例 NSE＋、CD117＋、CD99＋、syn＋、CD56＋、CD57
异位垂体腺瘤	CK＋、syn＋、NSE＋及各种激素如 PRL、ACTH、GH、FSH、LH、TSH

11. 生殖细胞肿瘤　鼻腔、鼻窦部分的未成熟性畸胎瘤和恶变的畸胎瘤好发生于婴幼儿,卵黄囊肿瘤和畸胎癌肉瘤仅发生于成年人,其组织学特点和性腺起源的生殖细胞肿瘤类似。常有的免疫学标记物有 CK、Vim、S100、syn、GFAP、CD99、AFP、PLAP、CD30、D2-40、Des 和肌红蛋白(myoglobin)等,用以显示未分化及肿瘤不同的分化方向。详细介绍见"生殖细胞肿瘤"章节。

12. 继发性肿瘤　转移到鼻腔、鼻窦部位的肿瘤罕见,包括肾、肺、乳腺、甲状腺、前列腺等。对诊断转移性肿瘤有帮助的抗体见表16-9。

表 16-9　鼻腔、鼻窦转移性肿瘤抗体选择

疾病类型	可选择抗体
肾细胞癌	CK，Vim，RCC，CD10
肺腺癌	TTF1，NapsinA，CK7
乳腺癌	ER，PR
前列腺癌	PSA，P504S
甲状腺癌	TTF1，TG，CK19

第三节　鼻咽部肿瘤

1. **鼻咽癌**　包括鳞癌、非角化型癌(分化型和未分化型)、基底样鳞癌。与 EBV 密切相关,表达 EBV 的 DNA 或 RNA。免疫染色显示 LMP-1 弱阳性或灶性阳性,而最简单可靠的途径是原位杂交检测 EBV 编码的早期 RNA(EBER),几乎全部肿瘤细胞核均阳性。另外,肿瘤全 CK,HCK 强烈表达,而低分子角蛋白(CAM5.2)等表达弱阳性或小灶阳性。不表达 CK7 和 CK20,局灶性表达 EMA,部分病例表达 P63。临床诊断中,肿瘤内反应性的免疫母细胞和血管内皮细胞常被怀疑为癌细胞,鉴别诊断见表 16-10。

表 16-10　鼻咽癌内癌细胞、免疫母细胞及血管内皮细胞的鉴别诊断

类型	CK	HCK	P63	Vim	EMA	CD34	LCA
癌细胞	+	+	+	−	+	−	−
免疫母细胞	−	−	−	+	−	−	+
血管内皮细胞	−	−	−	+	−	+	−

2. **鼻咽乳头状腺癌和涎腺型癌**　乳头状腺癌呈乳头状和腺样结构,以外生性生长为特征的低级别腺癌。胞质内有耐淀粉酶的高碘酸希夫染色(PAS)阳性物质,免疫组织化学染色显示上皮标记物(如 CK、EMA)表达阳性,与 EBV 无关,与其他肿瘤的鉴别见表 16-3。涎腺型癌发生率较低,包括腺样囊性癌、黏液表皮样癌、上皮-肌上皮癌、腺泡细胞癌和多形性低度恶性腺癌,免疫标记见表 16-4,详细介绍见"涎腺肿瘤"章节。

3. **涎腺始基瘤**　为先天性的多形性腺瘤,由含有胚胎发育早期 4~8 周阶段的唾液腺混合性上皮及间叶成分组成。肿瘤细胞 Vim、CK、actin 混合性表达,一般 S100 和 GFAP 阴性,间质结节中新生管腔及导管 EMA 阳性,分化的上皮成分全 CK 和 CK7 阳性,EMA 在管状结构中阳性表达。

4. **鼻咽部血管纤维瘤**　组织学表现为纤维间质中大量鹿角样的薄壁血管。血管壁 Vim 和 SMA 阳性,肿瘤周围大血管 Des 阳性,间质和内皮细胞 AR、ER、PR 表达不稳定,内皮细胞Ⅷ因子、CD34、CD31 阳性,间质细胞以上指标均不表达,CD117 也不表达。

5. 鼻咽部淋巴造血系统肿瘤　鼻咽部淋巴造血系统肿瘤同鼻腔或鼻窦部淋巴造血系统肿瘤，包括霍奇金淋巴瘤、弥漫大 B 细胞淋巴瘤、NK/T 细胞淋巴瘤、Burkitt 淋巴瘤、套细胞淋巴瘤、MALT 型结外边缘区淋巴瘤、树突状细胞肉瘤等。免疫表型及鉴别诊断见表格7。详细介绍见"淋巴造血系统肿瘤"章节。

6. 鼻咽部骨及软骨肿瘤　鼻咽部骨及软骨肿瘤中脊索瘤是比较特殊的类型，呈分叶状生长，组织学呈现多角或卵圆形细胞分散于黏液样基质中。主要与黏液腺癌、唾液腺肿瘤、软骨肉瘤相鉴别，见表 16-11。

表 16-11　脊索瘤与含黏液肿瘤的鉴别

疾病类型	免疫表达
脊索瘤	CK+，Vim+，EMA+，S100+，CK8+，LCK+，肌上皮标记-，CEA-
黏液腺癌	CK+，EMA+，CEA+，Vim-
软骨肉瘤	Vim+，S100+，骨外黏液性还表达 NSE、syn，CK-
混合瘤/肌上皮瘤/副脊索瘤	CK+，Vim+，S100+，Calponin+、GFAP+，SMA+，Des+，EMA+

7. 继发性肿瘤　其他部位肿瘤转移到鼻咽部，极其罕见。报道过的有恶性黑色素瘤、肾细胞癌、肠癌、肺腺癌、乳腺癌和宫颈癌。相关的免疫指标见表 16-9。

第四节　口腔及口咽部肿瘤

1. 口腔及口咽部上皮性肿瘤　来源于内衬上皮或涎腺上皮，其中鳞癌及淋巴上皮癌等参见鼻腔及鼻咽部论述，免疫学特征也相同。

2. 涎腺肿瘤　涎腺肿瘤中，发生在此部位的近一半为恶性，多种类型的涎腺肿瘤均可发生在此部位。详细介绍见"涎腺肿瘤"章节。

3. 先天性颗粒细胞龈瘤　起源于新生儿牙槽嵴的良性肿瘤，由颗粒性胞质的细胞巢组成。肿瘤细胞 Vim、NSE 阳性，CK、CEA、Des、S100 及激素受体阴性。

4. 淋巴造血系统肿瘤　发生在口腔及咽部的淋巴造血系统肿瘤种类与鼻咽部的相同，免疫表型见免疫表型及鉴别诊断见表 16-7。详细介绍见"淋巴造血系统肿瘤"章节。

5. 恶性黑色素瘤及继发性肿瘤　见鼻腔及鼻咽部肿瘤所述。

第五节　涎腺肿瘤

涎腺肿瘤由导管上皮、基底细胞、肌上皮细胞构成，导管上皮表达除 CK20 外的上皮标记，正常导管上皮不表达 CD117，肿瘤上皮可表达；肌上皮细胞的功能是其收缩时唾液分泌，基底细胞为准备细胞，两者的免疫组织化学特点如下，表 16-12。

表 16 - 12　肌上皮及基底细胞的免疫组织化学特点

类型	肌上皮细胞	基底细胞
阳性标记物	CK14、P63、S100、SMA、CD10、Calponin、GFAP	CK14、p63、Bcl - 2
阴性标记物	Bcl - 2，ck8/18（肿瘤时可阳性）	S100

1. **腺泡细胞癌**　浆液性腺泡细胞分化是其主要特点，可呈现腺泡样、闰管样、空泡状、微囊性及滤泡等形态结构。细胞 PAS 染色阳性，但不一致，有时斑片状表达，弱阳性或阴性。免疫学表现无特异性，癌细胞对 CK、CK8/18、转铁蛋白、乳铁蛋白、α_1 抗胰蛋白酶、CEA、淀粉酶、血管活性肠肽呈阳性反应。不表达 HCK、CK5/6 及 EMA，S100 部分阳性。

2. **黏液表皮样癌**　由黏液细胞、中间细胞和表皮样细胞构成。肿瘤中 3 种细胞的比例可有变化。中间细胞占多数，可出现透明样、柱状、嗜酸性。3 种细胞的免疫表型见表 16 - 13。黏液细胞 PAS 阳性，表皮细胞可为类似鳞状上皮的多边形，但角化罕见。免疫化学染色在与鳞癌的鉴别中有帮助，与鳞癌不同，黏液表皮样癌 CK7 常阳性。

表 16 - 13　黏液表皮样癌中各种细胞的免疫表型

部位	CK7	EMA	CEA	S100	P63	SMA	PAS	actin
黏液细胞	＋	＋(不定)	＋(不定)	＋(不定)	－	－	＋	－
表皮细胞	＋	＋(不定)	＋(不定)	＋(不定)	鳞状＋	－	－	－
中间细胞		＋(不定)	＋(不定)	＋(不定)	＋	－	－	－
							透明型＋	

3. **腺样囊性癌**　由导管上皮及变异的肌上皮构成，具有包括管状、筛状和实性型等多种形态。神经侵犯是其突出特点。免疫组织化学染色证实基底细胞样细胞主要为肌上皮分化，这些细胞表达 CK、Vim、S100（常片状染色）、actin 和 P63。散在的导管上皮表达 CK、CEA、EMA、CD117 和 galectin - 3。Ki67 可能对区分多形性低度恶性腺癌和腺样囊性癌有帮助。

4. **多形性腺瘤**　多形性腺瘤主要指镜下结构的多形性而非细胞的多形性，最常见的是由导管上皮和变异的肌上皮成分与黏液或软骨样成分混合而成，是腮腺中最常见的肿瘤。免疫组织化学染色主要目的是诊断有疑问时，需要确定上皮和肌上皮同时存在。S100 在多形性腺瘤中强表达，各成分的免疫表型见表 16 - 14。

表 16 - 14　多形性腺瘤中各成分的免疫表型

部位	CK	CEA	EMA	Vim	P63	Calponin	S100	GFAP
导管上皮	＋	＋	＋	－	－	－	＋	－
变异肌上皮	＋	－	－	＋	＋	＋	＋	＋
软骨样组织内陷窝细胞	－	－	－	＋			＋	＋
软骨样组织内非陷窝细胞	＋	－	－	＋			＋	＋

与腺样囊性癌的鉴别中，检测 Ki67、Bcl - 2 和 P53 有一定帮助，三者在腺样囊性癌的表

达中更强。

5. Warthin 瘤　又称腺淋巴瘤,是腮腺第 2 常见肿瘤。其上皮成分有 2 种,内衬的嗜酸性柱状细胞,由嗜酸性基底细胞支持,两者形成囊性结构,间质内含淋巴组织。形态学上较特殊,诊断上无须凭借免疫组织化学帮助,研究显示 CK7 在柱状细胞和基底细胞均阳性,而 CK5/6 和 P63 仅在基底细胞阳性。而间质内的淋巴细胞组成与反应性的淋巴结相似。

6. 肌上皮瘤/癌　全部由肌上皮构成,诊断需要 CK 和至少 1 种肌上皮标志阳性,包括 SMA、GFAP、CD10、calponin、S100、P63、CK14 等。肌上皮癌还需与各种肉瘤(如恶性周围神经鞘膜瘤、纤维肉瘤、平滑肌肉瘤)、指突状树突状细胞肉瘤、黑色素瘤相鉴别,见表 16 - 15。

表 16 - 15　肌上皮癌与其他肿瘤的鉴别标记

疾病类型	免疫表达
肌上皮癌	CK+、Vim、CK7+、CK14+、P63+、Calponin+、SMA+、GFAP、CD10+
纤维肉瘤	Vim+、CK−、KP-1+、SMA+
肌源性肉瘤	Vim+、CK−、KP-1+、SMA+、Des+、Myogenin+、Myo D1+
恶性神经鞘膜瘤	Vim+、CK−、S100+、CD56+、CD57+、P63−、Calponin−、KP-1−
滑膜肉瘤	CK(双向型)+、CK7+、Vim+、Bcl-2+、肌上皮标记−、EMA+、CD99+、CD34−
恶性纤维组织细胞瘤	Vim+、KP-1+、CK−、P63−、Calponin−
透明细胞肉瘤	S100+、HMB45+、melan-A+、CK−、Vim+
恶性黑色素瘤	S100+、HMB45+、CK−、Vim+、melan-A+

7. 基底细胞腺瘤/癌　由基底细胞构成的肿瘤,基底细胞腺瘤与癌的区别主要在于后者具有浸润性生长的特征,免疫组织化学染色在区分良恶性中无太大帮助。免疫表达情况不一,腔面细胞上皮标记 CK 阳性,常有 S100、EMA、和 CEA 的灶性阳性。周围基底样细胞可不同程度表达肌上皮标记(P63、calponin、actin、GFAP 和 S100)。

8. 多形性低度恶性腺癌　多形性低度恶性腺癌以细胞学的一致性、组织学的多样性及浸润性生长为特征,神经浸润常见。肿瘤细胞对以下抗体有免疫反应:EMA(部分病例+)、CK、S100、Vim、CEA(部分病例+)、SMA(部分病例+),GFAP 一般阴性,偶尔出现阳性细胞。部分细胞可能表达 P63,呈杂乱分布,肌上皮标记物(SMA、calponin)阴性。研究证实,Bcl-2 蛋白过度表达。多形性低度恶性腺癌主要与多形性腺瘤和腺样囊性癌相鉴别,见表 16 - 16。

表 16 - 16　多形性低度恶性腺癌与多形性腺瘤和腺样囊性癌的鉴别

指标	多形性低度恶性腺癌	多形性腺瘤	腺样囊性癌
GFAP	−	上皮巢周围细胞+	+
S100	部分病例+	强+	片状+
Ki67	较低		较高
EMA	弥漫+	导管上皮+	腺腔+
P63	部分+	肌上皮+	基底样细胞+

续　表

指标	多形性低度恶性腺癌	多形性腺瘤	腺样囊性癌
calponin	－	肌上皮＋	基底样细胞＋
Bcl－2	强＋	较弱	强＋

9. 上皮-肌上皮癌　由上皮及肌上皮构成，内衬导管上皮细胞，外层为透明的肌上皮细胞。周围肌上皮显示 SMA、P63 阳性，腔面细胞 CK 阳性。需要与其他透明细胞鉴别，见表 16－17。

表 16－17　含透明细胞涎腺肿瘤鉴别诊断

	透明细胞嗜酸细胞瘤	透明细胞癌	黏液表皮样癌	上皮-肌上皮癌	透明细胞肌上皮瘤/癌	腺泡细胞癌	转移性肾细胞癌
透明细胞染色特征	PATH＋线粒体抗体＋	CK＋EMA＋肌上皮标记－	中间透明细胞 PAS＋，黏液－	S100＋肌上皮标记＋	S100＋肌上皮标记－	PASD＋淀粉酶＋	PAS＋CK＋EMA＋CD10＋肌上皮标记－

注：PATH，磷钨酸苏木精；肌上皮标记，actin、Calponin、P63

10. 嗜酸细胞瘤/癌　嗜酸细胞瘤/癌由大的嗜酸性颗粒性胞质的细胞构成，构成癌的细胞异型明显。Ki67 在区分良恶性肿瘤中有一定作用。

11. 非特异性透明细胞癌　非特异性透明细胞癌是一种单形性细胞构成的恶性上皮性肿瘤，CK 阳性表达，其他研究结果不一，组织学上和免疫组织化学上有肌上皮分化的应归类于肌上皮瘤/癌的透明细胞亚型。与其他肿瘤的鉴别见表 16－17。

12. 涎腺导管癌　涎腺导管癌在细胞和组织学上相似于乳腺的浸润性导管癌。免疫表型见表 16－18。

表 16－18　涎腺导管癌的免疫表型

阳性标记	阴性标记
HCK、LCK、CEA、EMA、AR、GCDFP－15（局灶）	S 100、P63、Calponin、CD10、CK14、CK5/6、ER、PR

与转移性乳腺癌的鉴别诊断中，ER、PR 阳性及 AR 阴性支持转移性乳腺癌诊断。

13. 其他　鳞癌、小细胞癌、大细胞癌、淋巴上皮癌、软组织肿瘤、淋巴造血细胞肿瘤见鼻咽部肿瘤及相关章节。

第六节　牙源性肿瘤

牙源性肿瘤来源于成牙器官的上皮、外胚间充质、和(或)间充质成分。大部分牙源性肿瘤为良性，其发病率是恶性的 100 倍。一般来说，牙源性恶性肿瘤是其良性肿瘤的恶性型(原发性骨内鳞癌除外)。牙源性的恶性肿瘤可分为牙源性癌和牙源性肉瘤。牙源性癌主要分为成釉细胞癌、原发性骨内鳞状细胞癌、牙源性透明细胞癌、牙源性影细胞癌。牙源性肉瘤主要分为成釉细胞纤维肉瘤、成釉细胞纤维-牙本质肉瘤和成釉细胞纤维-牙肉瘤。大部分疾病为病例报道,免疫组织化学研究较少,各种癌成分主要表现为 CK 阳性,其中表现为透明细胞的成釉细胞癌及牙源性透明细胞癌要与其他透明细胞肿瘤鉴别(见表 16-16)。

第七节　耳部肿瘤

耳部的鳞癌、软组织肿瘤(如胚胎性横纹肌肉瘤、纤维结构不良、血管瘤、淋巴管瘤、施万细胞瘤)、淋巴造血系统肿瘤、继发性肿瘤见相关章节。以下简述耳部特有的几种肿瘤的免疫表型:

1. 耵聍腺肿瘤　大部分外耳肿瘤起源于被覆鳞状上皮,所发生的肿瘤与其他部位相似。只有耵聍腺为外耳道特有腺体,其发生的肿瘤罕见。研究显示,耵聍腺腺瘤腺腔细胞 CK7、CD117 弥漫强阳性,基底细胞 CK5/6、S100 和 P63 阳性。

2. 中耳胆脂瘤　胆脂瘤为被覆表皮的囊肿,囊腔内为脱落的角化物,被覆上皮免疫标记显示鳞状上皮的特征,如 CK、HCK 和 P63 阳性。

3. 中耳腺瘤　中耳腺瘤由规则的小腺体"背靠背"排列,无肌上皮层,CK 阳性,Vim 阴性,肌上皮标记 P63、calponin、CD10、CK14、CK5/6 阴性,肿瘤均有神经内分泌标记物的表达,通常 NSE、ChroA、SY 及各种多肽阳性。

4. 中耳侵袭性乳头状瘤　中耳侵袭性乳头状瘤组织学表现为由单层或柱状上皮形成复杂的乳头状结构,周围为疏松的纤维结缔组织,有时会出现甲状腺滤泡样区域。免疫表型为 CK、EMA、S100 阳性,而甲状腺球蛋白阴性,可以与甲状腺乳头状癌鉴别;CK7、CK20、CEA 阴性有助于排除肺癌及肠癌的转移。

5. 内淋巴囊肿瘤　内淋巴囊肿瘤由单层立方上皮排列成乳头状-腺状结构,某些区域类似脉络丛乳头状肿瘤或甲状腺样区域,肿瘤细胞表达 CK、某些表达 GFAP,甲状腺球蛋白阴性可与转移性甲状腺乳头状癌相鉴别,PSA 阴性可排除转移性前列腺癌。

第八节　副神经节瘤

副神经节系统起源于神经嵴,由肾上腺髓质和散在分布于肾上腺外的副神经节组成。肾上腺外的副神经节分为交感和副交感两型。两者虽然细胞形态相似,但分布的部位和激素不同。头颈部发生的主要是副交感神经节瘤,主要发生于颈动脉分支、中耳和迷走神经沿线。此外,还发生在眶内、鼻腔、鼻窦、鼻咽部、喉、气管和甲状腺。组织学上由主细胞和支持细胞构成,主细胞 Syn、Chg、NSE 阳性,CK、CEA、S100 和降钙素阴性。支持细胞 S100 和GFAP 阳性。头颈部副节瘤的鉴别诊断见表 16-19。

表 16-19 头颈部副节瘤的鉴别诊断

指标	副节瘤	类癌	甲状腺髓样癌	恶性黑色素瘤	肾细胞癌	低分化癌
Sy	+	+	+	−	−	−
CK	−	+	+	−	+	+
HMB45	−	−	−	+	−	−
RCC	−	−	−	−	+	−
降钙素	−	+/−	+	−	−	−
TTF-1	−	−	+	−	−	−
刚果红染色	−	−	+	−	−	−

（复旦大学附属华山医院病理科　李海霞）

第十七章

内分泌器官肿瘤诊断免疫标记物

第一节　内分泌细胞来源肿瘤免疫组织化学检测常用抗原

1. 铬粒素 A(chromogranin A，CgA)　阳性部位：细胞质。CgA 是由 439 个氨基酸组成的酸性、亲水蛋白质，相对分子量为 48 000。它是神经肽类家族中的一员，最初在肾上腺嗜铬细胞的分泌颗粒中发现，因其半衰期长而成为评估整个神经内分泌系统活性的强有力指标，是诊断神经内分泌肿瘤的标志物。广泛表达在神经组织及内分泌细胞组成的分泌腺，如甲状旁腺、肾上腺髓质、垂体前叶腺、胰岛细胞和甲状腺 C 细胞。

2. 突触素(synaptophysin，Syn)　阳性部位：细胞质。Syn 是一种位于突触囊泡膜上，相对分子质量为 38 000 的钙结合蛋白。在中枢和周围神经系统的神经终末内均发现有该物质存在，同时在非神经性的垂体前叶细胞、肾上腺嗜铬细胞、胰岛内分泌细胞、甲状腺细胞、良性和恶性神经内分泌肿瘤中存在。CgA 联合 Syn 主要应用于神经内分泌细胞肿瘤(APUD 系统肿瘤)的诊断及鉴别诊断。

3. CD56　阳性部位：细胞膜。一种细胞细胞表面糖蛋白，作为黏附分子是神经细胞和 NK 细胞的标志物。在胚胎发生、发育和由接触介导的神经细胞相互作用中起作用。该蛋白阳性表达于甲状腺滤泡上皮、肝细胞、肾小管、子宫肌层(弱＋)、NK 细胞、NK 样 T 细胞及神经外胚层起源的细胞，如神经细胞及神经内分泌细胞。肺的小细胞癌、食管小细胞癌、胶质细胞肿瘤、髓母细胞瘤，以及 Merkel 细胞癌 CD56 阳性。

4. CD57(Leu7)　阳性部位：细胞膜/质。CD57 糖蛋白，也被称作 HNK－1，相对分子质量为 110 000，在淋巴细胞、NK 细胞、正常神经纤维、少突胶质细胞、前列腺组织中 CD57 染色阳性。在神经内分泌肿瘤中 CD57 阳性表达，如 50％的肺小细胞癌、85％支气管类癌，甲状腺肿瘤(尤其是乳头状癌)等。

5. CD99　阳性部位：细胞膜。CD99 是 MIC2 基因的产物，是相对分子质量为 32 000 的糖蛋白，在未成熟的 T 细胞(包括胸腺皮质细胞)、胰岛细胞、膀胱上皮、内皮细胞、睾丸支持细胞，以及卵巢颗粒细胞中阳性表达。肺的小细胞癌(Merkel 细胞癌 CD99 阴性、胰岛细胞瘤、类癌等肿瘤)CD99 常为阳性,对诊断有辅助作用。

CD99 的着色方式也有一定诊断意义。在胰腺实性假乳头状瘤中其表达方式为核旁点状阳性,而其他神经内分泌肿瘤通常为细胞膜着色。

6. Cam5.2　阳性部位:细胞质。Cam5.2,即 CK8/18,是一种相对分子质量分别为 525 000 和 45 000 的细胞角蛋白。Cam5.2 在神经内分泌肿瘤(包括小细胞癌、Merkel 细胞癌)中阳性率较高。

7. 神经纤维细丝蛋白(neurofilament,NF)　阳性部位:细胞质。NF 是神经元特异性中间丝蛋白,由 3 个不同相对分子质量(68 000、160 000 和 200 000)的亚单位构成的多聚体,正常表达于神经元及神经内分泌细胞中。NF 在节细胞神经瘤、副神经节瘤、神经母细胞瘤、髓母细胞瘤、视网膜母细胞瘤、松果体瘤、Merkel 细胞癌、类癌、小细胞癌、肾上腺瘤和嗜铬细胞瘤、畸胎瘤等肿瘤中染色阳性。

8. 神经元特异性烯醇化酶(neuron specific endolase,NSE)　阳性部位:细胞质。NSE 是参与糖酵解途径的烯醇化酶中的一种,存在于神经组织和神经内分泌组织中。在阳性细胞中表现为弥漫性胞质染色。在与神经内分泌组织起源有关的肿瘤中发现,特别是小细胞肺癌中有过量的 NSE 表达,导致血清中 NSE 明显升高。血清 NSE 增高还可见于神经母细胞瘤、少数非小细胞肺癌、甲状腺髓样癌、嗜铬细胞瘤、转移性精原细胞瘤、黑色素瘤、胰腺内分泌瘤等。由于平滑肌、肌上皮细胞、肾小管细胞、淋巴细胞等正常组织及大量的肿瘤组织也可以表达 NSE,因此此抗体必须和其他指标联合使用。

9. S100　阳性部位:细胞核/细胞核及浆(细胞核染色强)。S100 蛋白是一种酸性钙结合蛋白,相对分子质量 21 000,主要存在于神经组织、垂体、肾上腺髓质及少数间叶组织中,因其在饱和硫酸铵中能够 100% 溶解而得名。S100 蛋白由 α 和 β 2 种亚基组成 3 种不同的形式:S100β(S100b)主要存在于神经胶质细胞和施万细胞,S100α(S100a)主要存在于神经胶质细胞,S100αβ(S100ab)主要存在于横纹肌、心脏和肾脏。一般认为,当中枢神经系统细胞损伤时,S100 蛋白从细胞中渗出进入脑脊液,再经受损的血脑屏障进入血液。因此,脑脊液和血液中 S100 蛋白增高是中枢神经系统损伤特异和灵敏的生化标志。

S100 主要应用于恶性黑色素瘤、室管膜瘤、神经鞘瘤、树突状细胞肿瘤及脂肪肉瘤等的诊断与鉴别诊断中。S100 对于郎格汉斯组织细胞增生症、Rosai-Dorfman 病(特征性的大窦组织细胞呈强阳性表达)的诊断有帮助。肌上皮细胞 S100 阳性,可有助于乳腺肿瘤、涎腺肿瘤以及上皮/肌上皮肿瘤的诊断与鉴别诊断。软骨细胞 S100 阳性表达,可用来对软骨瘤、软骨母细胞瘤及软骨肉瘤的诊断。在脊索瘤、脂肪细胞及肿瘤、皮肤附件肿瘤、乳腺、涎腺、50% 周围神经鞘瘤、良性和恶性的颗粒细胞肿瘤、50% 卵巢粒层细胞瘤中 S100 阳性。

此抗体的敏感性较高、特异性差,建议与其他特异性较高的抗体联合使用,以防出现误诊。

10. 神经胶质纤维酸性蛋白(glial fibrillary acidic protein,GFAP)　阳性部位:细胞质。GFAP 是一种Ⅲ型中间丝状蛋白,以单体形式存在,主要分布于中枢神经系统的星形胶质细胞,参与细胞骨架的构成并维持其张力强度。其在软骨细胞、成纤维细胞、肌上皮细胞、淋巴细胞、肝星形细胞也有表达。但外周系统所表达的 GFAP 不能被中枢神经系统的 GFAP 单克隆抗体检测出,提示 2 个来源的 GFAP 可能在结构上存在差异。

主要应用在星形细胞胶质瘤、混合性胶质瘤,以及胶质肉瘤的诊断及鉴别诊断中,脑膜瘤染色阴性。室管膜瘤 GFAP 阳性,尤其是在黏液乳头型室管膜瘤的诊断方面;也应用于脉络丛乳头状肿瘤的诊断及鉴别诊断。在外周神经系统中,30%～50%的施万瘤及真性黏液性神经鞘瘤 GFAP 阳性,而在外周恶性神经鞘瘤 GFAP 阴性。其在乳腺及涎腺的肌上皮细胞阳性表达,可用于肌上皮细胞及肿瘤的检测。一些软骨细胞及软骨肿瘤、唾液腺及汗腺的混合瘤 GFAP 阳性。

11. CD68　阳性部位:细胞质。CD68 是一个相对分子质量为 110 000 的细胞内糖蛋白,在正常的组织细胞和单核细胞染色阳性,包括浆细胞样单核细胞。主要用于组织细胞及单核细胞肿瘤的辅助诊断,包括浆细胞样单核细胞性淋巴瘤、真性组织细胞肿瘤。

第二节　垂体肿瘤免疫诊断指标

一、应用于垂体肿瘤的功能性分类的主要抗原

1. 生长激素(growth hormone,GH)　阳性部位:细胞质。GH 是由垂体前叶生长激素细胞合成和分泌的激素,其主要生理功能是促进神经组织以外的所有其他组织生长;促进机体合成代谢和蛋白质合成;促进脂肪分解;对胰岛素有拮抗作用;抑制葡萄糖利用而使血糖升高等作用。血清生长激素测定有助于巨人症、肢端肥大症、遗传性生长激素生成缺陷所致的生长激素缺乏症诊断。GH 与 PRL、TSH、LH、FSH 等激素有微弱的交叉反应。

2. 泌乳素(prolactin,PRL)　阳性部位:细胞质。PRL 是垂体前叶嗜酸性细胞中泌乳素细胞分泌的一种激素,可以促进乳腺发育和乳汁分泌。

3. 促甲状腺激素(thyroid stimulating hormone,TSH)　阳性部位:细胞质。TSH 是垂体前叶嗜碱性细胞分泌的一种相对分子质量为 28 000 的糖蛋白,具有促进甲状腺滤泡上皮细胞增生、甲状腺激素合成和释放的作用。

4. 促肾上腺皮质激素(adrenocorticotropin,ACTH)　阳性部位:细胞质。ACTH 是垂体前叶细胞分泌的一种多肽类激素,它具有刺激肾上腺皮质发育和功能的作用。主要作用于肾上腺皮质束状带,刺激糖皮质类固醇的分泌。ACTH 还能通过肾上腺皮质来调节抗体的生成,与生长激素起相反的作用。

5. 卵泡刺激素(follicle-stimulating hormone,FSH)　阳性部位:细胞质。FSH 是垂体前叶细胞分泌的一种激素,调控人体的发育、生长、青春期性成熟,以及生殖相关的一系列生理过程。在女性,可以促进卵泡的发育、成熟;在男性,可以促进精子的发生。

6. 黄体生成素(luteinizing hormone,LH)　阳性部位:细胞质。LH 是垂体前叶嗜碱性细胞分泌的一种蛋白质激素,在有卵泡刺激素存在下,与其协同作用,刺激卵巢雌激素分泌,使卵泡成熟与排卵,使破裂卵泡形成黄体并分泌雌激素和孕激素。刺激睾丸间质细胞发育并促进其分泌睾酮,故又称间质细胞促进素。

二、免疫组织化学在垂体肿瘤诊断与鉴别诊断中的应用

1. 垂体腺瘤免疫表型

垂体腺瘤呈突触素（Syn）持续免疫阳性，而铬粒素 A（CgA）和低分子量角蛋白（keratin）免疫阳性率较低。

表 17 - 1　2 091 例无选择手术标本活检的垂体腺瘤类型

腺瘤类型	发生率	男/女率	免疫表型
疏颗粒型泌乳激素（PRL）细胞腺瘤	27.0	1/2.5	PRL
密颗粒型泌乳激素（PRL）细胞腺瘤	0.4	—	PRL
疏颗粒型生长激素（GH）细胞腺瘤	7.6	1/1.2	GH、α - SU、PRL
密颗粒型生长激素（GH）细胞腺瘤	7.1	1/0.7	GH、α - SU、PRL、TSH、(LH、FSH)
混合性（GH 细胞＋PRL 细胞）腺瘤	3.5	1/1.1	GH、PRL、α - SU、TSH
泌乳生长激素细胞腺瘤	1.2	1/1.1	GH、PRL、α - SU、TSH
嗜酸性干细胞腺瘤	1.6	1/1.5	PRL、GH
促肾上腺皮质激素细胞腺瘤	9.6	1/5.4	ACTH、(LH、α - SU)
促甲状腺激素（TSH）细胞腺瘤	1.1	1/1.3	TSH、α - SU、(GH、PRL)
促性腺激素细胞腺瘤*	9.8	1/0.8	FSH、LH、α - SU、(ACTH)
静止性促肾上腺皮质激素腺瘤，亚型 1	2.0	1/0.2	ACTH
静止性促肾上腺皮质激素腺瘤，亚型 2	1.5	1/1.7	β-内啡肽、ACTH
静止性腺瘤，亚型 3	1.4	1/1.1	没有
零细胞腺瘤*	12.4	1/0.7	FSH、LH、α - SU、TSH
瘤细胞瘤*	13.4	1/0.5	FSH、LH、α - SU、TSH
未分类	1.8	NA	NA

注：NA，没有可适用的；α - SU，促性腺激素的 α 亚单位；* 由于不同的分类标准，这些肿瘤类型的发病率在不同的系列报道中各不相同

2. 垂体不典型腺瘤免疫表型　一般在大多数垂体腺瘤，核分裂象是不常见的。Ki - 67 标记指数通常不足 3％。一些腺瘤（特别是功能性腺瘤）含不典型细胞形态（多形性、核异型性、核分裂象增多），提示侵犯性生长的侵袭性生物学行为（肿瘤累及骨、神经、血管等），其他特征还包括 Ki - 67 标记指数＞3％及核呈 p53 免疫阳性，如无转移的证据，可做出"不典型"腺瘤的诊断。

3. 垂体癌免疫表型　垂体癌是被限制在腺垂体细胞的恶性肿瘤，显示脑脊液和（或）全身的转移，原发垂体的癌非常罕见，大多是腺瘤恶变。超过 75％的病变是内分泌功能性的。产生 PRL 或 ACTH 的肿瘤最为常见，其次是 GH 和 TSH 癌。细胞一般具有不典型形态（多形性、核异型性、核分裂象增多，坏死）和侵袭性生物学行为（肿瘤累及骨、神经、血管等），Ki67 标记指数和 TP53 表达增加。垂体癌必须与良性腺瘤、其他转移灶和发生在蝶鞍区域的其他肿瘤进行鉴别。垂体腺瘤或不典型腺瘤的病史是很有帮助的。用免疫组织化学方法（Syn、CgA）可以确定肿瘤的内分泌性质，原发于垂体的肿瘤可用垂体激素和相关的内分泌资料来鉴定。此外，腺垂体肿瘤可呈 CK 和 EMA 阳性，但 S100、CEA、Vimentin、NF、GFAP、LCA 和免疫球蛋白轻链阴性。

4. 神经节细胞瘤免疫表型　由肿瘤性成熟的神经节细胞构成的肿瘤，常与垂体腺瘤伴

发,并有激素分泌过高的证据。

神经节细胞对 Syn、CgA 和 NF 免疫阳性,可确定神经元的形状和轴突,对 S100 和 GFAP 免疫阳性,后者可特异性地标出神经胶质成分。神经节细胞还可以含不同表达强度的下丘脑和垂体激素。

5. 颗粒细胞瘤免疫表型　来源于垂体细胞、漏斗部的变异神经胶质细胞和垂体后叶细胞。颗粒细胞呈 CD68、NSE 免疫阳性,偶尔 GFAP 免疫阳性。与周围神经系统来源的颗粒细胞瘤不同的是蝶鞍颗粒细胞瘤对 S100 蛋白大多数呈免疫阴性反应。

6. 脑膜瘤免疫表型见神经系统章节相关章节

7. 间叶组织来源的垂体肿瘤的免疫表型　类似于机体其他部位的肿瘤(表 17 - 2)。

表 17 - 2　蝶鞍区报道的间叶组织肿瘤

类型	免疫表型
软骨瘤	S100、SMA、CD34、vimentin
脊索瘤	EMA、CK、CK19、S100、vimentin
纤维瘤	SMA、vimentin、CD34、S100、CD99、Bcl - 2
血管球瘤	vimentin、CD34、SMA
血管母细胞瘤	CD34、CD31、EGFR、vimentin、VEGF、Inhibin - α、D2 - 40
脂肪瘤	vimentin、S100、Leptin
黏液瘤	vimentin、S100
血管外皮瘤	vimentin、CD34、State6、CD99、Bcl - 2
横纹肌肉瘤	MyoD1、Myogenin、Desmin、SMA、S100、CD99、vimentin
软骨肉瘤	S100、vimentin
纤维肉瘤	SMA、vimentin、CD34
平滑肌肉瘤	SMA、Desmin、EMA、CD34、S100、vimentin、MSA
骨肉瘤	vimentin、SMA、Desmin、S100、EMA、osteocalcin、CD99

8. 鞍区转移性肿瘤的鉴别　见表 17 - 3。

表 17 - 3　鞍区转移性肿瘤免疫表型

类型	免疫表型
乳腺癌	ER、PR、CerbB - 2、E - Cadherin、CK、CK7、GCDFP - 15
肺癌	CK7、TTF - 1、Napsin - A、P63、P40、CK5/6、CK
食管癌	CK、CK7、TP53、P63、P40、CK5/6
胃肠癌	CK7、CK20、Villin、CEA、CDX - 2、GST - π、β - catenin
前列腺癌	CK、PSA、PSMA、P501S、P504S、AR
胰腺癌	CEA、CDX - 2、GST - π、Villin、CK7、CK19、CA19.9
肝癌	CK8、CK18、Hep - 1、AFP、CEA
胆管癌	CK7、CK19、CEA、vimentin
肾癌	CK、EMA、Inhibin - α、Melan - A、CK7、vimentin、CA IX、CD10、RCC
膀胱尿路上皮癌	CK7、CK20、P53、EMA、P63、E - cadherin、UP Ⅲ
宫颈癌	P63、P40、HPV、TP53、P16
子宫内膜癌	vimentin、CK、ER、PR、Inhibin - α、P16、CEA

续 表

类型	免疫表型
卵巢癌	CA125、CK7、EMA、Cam5.2、vimentin、ER、PR、CK、β-catenin、Villin、CEA、CDX-2
绒毛膜癌	hCG、hPL、SP、Inhibin-α、p63、PLAP、CK、CK18、EMA
甲状腺癌	TG、TTF-1、CK19、HMBE-1、galectin-3、TPO、CT、CD56、CD57、Syn、CgA、CEA
黑色素瘤	HMB45、S100、melan-A、MAGE-3、vimentin、NSE、NF
小细胞癌	CD56、CD57、Syn、CgA、CK、CK8/18
淋巴瘤	CD3、CD5、CD20、CD45RO、CD79α、CD15、CD30、cyclinD1、TdT、Bcl-2、CD56、EBV
浆细胞瘤	CD38、CD138、EMA、κ、λ
间质瘤	CD34、CD117、Dog-1、vimentin、SMA、S100
生殖细胞瘤	CD30、PLAP、CD117、Oct-4、vimentin、Desmin、GFAP、S100、CEA

第三节 甲状腺肿瘤免疫诊断

一、主要应用于甲状腺肿瘤诊断的免疫标记物有

1. 甲状腺球蛋白(thyroglobulin，TG) 阳性部位：细胞质。TG 是由甲状腺滤泡上皮细胞合成的一种大分子糖蛋白，是甲状腺滤泡内胶质的主要成分，合成的甲状腺激素以球蛋白形式储存在滤泡腔中。TG 阳性表达于甲状腺滤泡上皮、胶质、滤泡癌、乳头状癌、Hürthle 细胞肿瘤、50％甲状腺间变性和未分化癌及一些甲状腺髓样癌。联合 TTF-1 可以区分原发性甲状腺和肺肿瘤。TTF-1 染色阳性的分化好的甲状腺肿瘤，其 TG 染色也可能阳性。

2. 甲状腺转录因子 1(thyroid transcription factor-1，TTF-1) 阳性部位：细胞核。TTF-1 是相对分子质量为 $(38\sim40)\times10^3$ 的核蛋白，是一种甲状腺转录因子，参与胚胎性甲状腺发育调控作用的核蛋白。通常表达于脑部(间脑)、副甲状腺、腺垂体、甲状腺滤泡细胞、肺泡Ⅱ型上皮细胞、细支气管细胞等。其主要应用于肺肿瘤和甲状腺肿瘤的诊断及鉴别诊断。

甲状腺肿瘤中，甲状腺滤泡性肿瘤、乳头状癌、低分化甲状腺癌及髓样癌中 TTF-1 阳性，但间变性癌常常为阴性表达。肺肿瘤中，肺腺癌(70％)、鳞状细胞癌(10％)、大细胞未分化癌(20％)、小细胞癌(90％)、神经内分泌癌(30％)、非典型神经内分泌癌及大细胞神经内分泌癌(80％)、肺泡上皮腺癌(100％)和硬化性血管瘤(100％)TTF-1 阳性。

TTF-1 还可表达于非肺部小细胞癌(44％)，以及偶尔阳性表达在一些肺外肿瘤中会，如腺癌(除外甲状腺)、黑色素瘤、脑肿瘤、滑膜肉瘤、肾母细胞瘤、卵巢甲状腺肿样瘤、鼻咽部甲状腺样乳头状瘤、子宫内膜腺癌中。TTF-1 会出现强的非特异性粒状胞质染色(如肝细胞癌中)，须特别注意。

3. 细胞角蛋白 19(CK19) 阳性部位：细胞质。CK19 是一种相对分子质量为 40 000

的细胞角蛋白,分布于各种单层上皮包括腺上皮,主要用于腺癌的诊断。在甲状腺肿瘤中,甲状腺乳头状癌 CK19 常常阳性,而在其他癌中很少表达,特别是甲状腺滤泡性癌基本阴性表达。CK19 还用于区别乳头状癌和乳头状增生,其在乳头状癌中呈强或中等阳性,而在乳头状增生是为阴性或弱阳性。

4. 人骨髓内皮细胞标记物 1(human bone marrow endothelial cell‐1,HBME‐1) HBME‐1 是一种间皮细胞及部分上皮细胞的膜抗原,存在正常间皮细胞、支气管、子宫颈上皮细胞以及软骨细胞中。在甲状腺滤泡和乳头状肿瘤中,HBME‐1 强阳性表达支持病变为癌的证据,但染色阴性并不能排除癌。

5. 半乳糖凝集素 3(galectin‐3) 阳性部位:细胞质。galectin‐3 是一种能结合含半乳糖成分的糖结合物的可溶性凝集素,广泛表达于上皮细胞和免疫细胞,参与多种生物学过程如细胞生长、黏附、分化、血管生成和凋亡。在甲状腺癌中其表达较甲状腺良性病变显著增高,特别是对于诊断甲状腺乳头状癌是可靠的,但对鉴别滤泡性癌和滤泡性腺瘤则不是一个很灵敏的标记。在肺癌中,galectin‐3 在非小细胞肺癌中的表达率较小细胞肺癌高。

6. 甲状腺过氧化物酶(thyroid peroxidase,TPO) 阳性部位:细胞质。TPO 是催化甲状腺激素的重要酶。TPO 由甲状腺滤泡细胞合成,它是由 933 个氨基酸残基组成的相对分子质量为 103 000 的 10% 糖化的血色素样蛋白质,在滤泡腔面的微绒毛处分布最为丰富。它参与了 TG 酪氨酸残基的碘化和碘化酪氨酸的偶联作用,与自身免疫性甲状腺疾病的发生、发展密切相关。在良性甲状腺结节中,TPO 阳性率达 80% 以上,而恶性结节阳性率不足 20%。

7. 降钙素(calcitonin,CT) 阳性部位:细胞质。CT 是由甲状腺滤泡旁细胞合成的一种肽类激素,相对分子质量为 3 400,由甲状腺旁细胞(C 细胞)分泌。主要功能是降低血钙。CT 主要应用于甲状腺 C 细胞增生、甲状腺髓样癌的诊断,在部分神经内分泌细胞肿瘤有阳性表达。此外,CT 升高也见于肺小细胞癌、胰腺癌、乳腺癌和前列腺癌等,特别是出现肿瘤骨转移时,某些异位内分泌综合征、严重骨病、肾脏疾病、嗜铬细胞瘤等也可出现。

8. 癌胚抗原(carcinoembryonic antigen,CEA) 阳性部位:细胞膜/质。CEA 是一种由胎儿结肠产生的多态性细胞表面糖蛋白,广泛存在于内胚叶起源的消化系统癌,在成人结肠正常黏膜上皮和多种其他正常组织中也发现极低水平表达。甲状腺髓样癌 CEA 常强且弥漫性阳性,接近 100% 的细胞上都有表达。CEA 染色程度一般与肿瘤的分化程度相关,肿瘤细胞分化程度越低,CEA 染色程度越强。

二、 免疫组织化学在甲状腺肿瘤诊断与鉴别诊断中的应用

见表 17‐4~17‐5。

表 17‐4 甲状腺癌免疫表型

类型	免疫表型
乳头状癌	CK、TG、TTF‐1、CK19、galectin‐3、HBME‐1
滤泡癌	CK、TG、TTF‐1、CK19、galectin‐3、HBME‐1、CD15、CD44V6、Bcl‐2

续　表

类型	免疫表型
低分化癌	TG、TTF-1、TP53
未分化(间变性)癌	CK、EMA、CEA、TP53
鳞状细胞癌	CK19、CK7、CK18、EMA
黏液表皮样癌	CK、CEA、TG、TTF-1、P-cadherin
伴嗜酸细胞增多的硬化	CK、TTF-1、CEA
型黏液表皮样癌	CK、TG、TTF-1、MVC2
黏液癌	CT、CEA、CgA、Syn、TTF-1、CK、CD56、CD57、多种神经肽
髓样癌	
混合性髓样和滤泡细	CK、TG、TTF-1、CK19、galectin-3、HBME-1、CT、CEA、CgA、Syn
胞癌	
伴胸腺样分化的梭形细	CK
胞肿瘤	
显示胸腺样分化的癌	CK、CK19、CD5、CD117、CK5/6、P63、P40、CK20

表 17-5　其他甲状腺肿瘤免疫表型

类型	免疫表型
滤泡性腺瘤	CK、TG、TTF-1、TPO
透明变梁状肿瘤	TG、TTF-1、galectin-3
畸胎瘤	S100、GFAP、NSE、NF、MyoD1
原发性淋巴瘤和浆细胞瘤	CD20、CD45RO、CD79α、Bcl-2、CD43、CD38、CD138、EMA、κ、λ
异位胸腺瘤	CK、CK19、CD5、CD117、P63、P40、TdT、CD20
血管肉瘤	ⅧR-Ag 因子、CD31、CD34、CK
平滑肌肿瘤	SMA、desmin、vimentin、MSA
周围神经鞘瘤	S100、vimentin、CD34
副神经节瘤	NSE、CgA、Syn、支持细胞 S100
孤立性纤维性肿瘤	Vimentin、CD34、S100、CD99、Bcl-2、ER、PR
滤泡树突状细胞肿瘤	CD21、CD23、CD35、vimentin、EMA、S100、CD68、CD45RO、CD20
朗格汉斯细胞性组织细胞增	S100、CD1a、CD68
生症	
继发性肿瘤	参照表 17-2 和表 17-4

三、甲状腺滤泡性肿瘤的鉴别诊断

　　甲状腺滤泡性肿瘤缺乏乳头状癌的特征性结构,区分癌与腺瘤的唯一标准是滤泡癌具有血管和(或)包膜侵犯。出现以下特征很可能是滤泡癌:①厚的纤维性包膜;②细胞密集,具有实性、梁状或微滤泡生长方式;③弥漫的核异型性;④核分裂象易见。免疫组织化学染色对甲状腺滤泡癌和滤泡性腺瘤的鉴别诊断价值是有限的。

　　显示普遍的核异型性、巨细胞或特殊组织学结构(如梭形细胞束),但经仔细取材仍缺乏血管/包膜浸润的滤泡性肿瘤被称为非典型腺瘤。

第四节　甲状旁腺肿瘤诊断及免疫标记

一、主要应用于甲状旁腺肿瘤诊断的免疫标记

1. 甲状旁腺激素(parathyroid hormone，PTH)　阳性部位：细胞质。PTH 是甲状旁腺主细胞分泌的碱性单链多肽类激素，由 84 个氨基酸组成，它的主要功能是调节脊椎动物体内钙和磷的代谢，促使血液中钙离子水平升高、磷离子水平下降。PTH 升高见于原发性或继发性甲状旁腺功能亢进。

2. 细胞角蛋白 14(CK14)　阳性部位：细胞质。CK14 是一种相对分子质量为 50 000 的细胞角蛋白。在肌上皮及基底细胞中 CK14 阳性。在甲状旁腺中，嗜酸性腺瘤 CK14 阳性率为 92%，嗜酸性癌为阴性表达。有文献报道，在甲状腺 Hürthle 细胞瘤和唾液腺 Warthin 瘤中 CK14 有免疫反应性。

二、免疫组织化学在甲状旁腺肿瘤诊断与鉴别诊断中的应用

甲状旁腺癌和甲状旁腺腺瘤的鉴别诊断主要依靠临床表现和病理形态学观察，PTH 分泌增多的症状(高血钙、血浆碱性磷酸酶活性升高、肾结石和 PTH 相关骨病等)在甲状旁腺癌比腺瘤更加明显，且恶性肿瘤体积大并与周围组织粘连。甲状旁腺癌应该观察到血管侵犯、周围神经侵犯、穿透包膜并在邻近组织中生长和(或)转移。核的非典型性、核分裂像与 Ki67 标记指数对甲状旁腺癌和甲状旁腺腺瘤的鉴别诊断价值是有限的。

1. 甲状旁腺恶性肿瘤(甲状旁腺癌)的组织学诊断标准

(1) 恶性的绝对标准。

只要具备下述任何一条即可诊断为恶性。

1) 侵犯周围组织：甲状腺、食管、神经、软组织。

2) 组织学证明有局部或远处转移。

2. 与恶性相关的特征　缺乏恶性绝对标准的情况下，具备以下至少 2 条、最好 3 条或 3 条以上的特征才可以确诊恶性。

1) 侵犯包膜。

2) 侵犯脉管。

3) 核分裂象易见(>5/10HPF)。

4) 肿瘤内宽大的纤维条索分割实性和膨胀性结节。

5) 肿瘤凝固性坏死(需要与梗死鉴别，梗死可见于甲状旁腺腺瘤)。

6) 弥漫成片的单一细胞，核浆比很高。

7) 弥漫的细胞非典型性。

8) 许多肿瘤细胞出现巨大核仁。

需要注意的是，对于少数显示某些非决定性恶性特征的病例，可以采用"甲状旁腺非典型性腺瘤"的诊断术语。

2. 甲状旁腺肿瘤免疫表型　见表 17 - 6。

表 17 - 6　甲状旁腺肿瘤免疫表型

类型	免疫表型
甲状旁腺癌	PTH、Ki67、CgA、Syn、Galectin - 3、NF、NSE、CK19
甲状旁腺腺瘤	PTH、CgA、CK8、CK18、CK19、NF、NSE、CK14
继发性肿瘤	参照表 17 - 2 和表 17 - 4

第五节　肾上腺肿瘤

一、主要应用于肾上腺肿瘤诊断的免疫标记

1. 抑制素-α(inhibin - α)　阳性部位：细胞质。inhibin - α 是卵巢颗粒细胞分泌的一种多肽类激素，可选择性地抑制垂体 FSH 的释放，促进卵巢雌二醇的合成。inhibin - α 存在于人睾丸、附睾、卵巢、胎盘、垂体、肾上腺、肾脏等器官，主要在卵巢颗粒细胞及睾丸 Leydig 间质细胞呈阳性表达，其次在卵巢黄体细胞、胎盘合体滋养细胞表达。在肾上腺皮质 inhibin - α 阳性表达，对肾上腺肿瘤(inhibin - α＋)与肾癌(inhibin - α—)的鉴别诊断有帮助。

2. Melan - A　阳性部位：细胞质。Melan - A 常在皮肤、视网膜和恶性黑色素瘤的黑色素细胞表达，此外唯一能表达 Melan - A 的细胞存在于血管肌肉脂肪瘤中。表皮内的黑色素细胞、黑色素痣、黑色素瘤、肾上腺皮质、睾丸和卵巢间质、血管肌肉脂肪瘤、透明细胞肿瘤及淋巴血管平滑肌瘤病等 Melan - A 阳性。主要用于转移性黑色素瘤和肾上腺皮质肿瘤的鉴别诊断。

3. 钙视网膜蛋白(calretinin，CR)　阳性部位：细胞核/质。CR 是一种相对分子质量 31 500 的细胞内钙结合蛋白，主要存在于神经组织中，此外还存在于视网膜、毛囊的角化浅层、外分泌腺、肾曲小管、子宫内膜高分泌期、子宫肌层的肥大细胞、肾上腺皮质、睾丸的支持间质细胞、胸腺的角化上皮细胞、脂肪细胞。肾上腺皮质肿瘤常常 CR 阳性。

4. 酪氨酸羟化酶(tyrosine hydroxylase，TH)　阳性部位：细胞质。TH 是单胺递质去甲肾上腺素(norepinephrine，NE)、多巴胺(dopamine，DA)合成的重要酶之一，是儿茶酚胺生物合成的限速酶。TH 主要分布于神经组织，特别是中枢和外周神经系统中富含多巴胺能、去甲肾上腺素能神经元的区域及肾上腺髓质中，是一种组织特异性酶。

5. 苯氨基乙醇- N -甲基转移酶(phenylethanolamine-N-methyltransferase，PNMT)阳性部位：细胞质。PNMT 是儿茶酚胺生物合成的终点酶，能催化去甲肾上腺素合成为肾上腺素。PNMT 是肾上腺素能神经元的特异性标志酶。

二、免疫组织化学在肾上腺肿瘤诊断与鉴别诊断中的应用

（1）肾上腺皮质腺瘤和皮质腺癌免疫组织化学染色均显示 inhibin - α、melan - A、CR、

vimentin、NSE、Syn 和 NF 等阳性,其鉴别诊断主要依据临床表现、大体检查和显微镜特征。肾上腺皮质肿瘤对 CgA 免疫阴性,这是区分肾上腺髓质肿瘤最可靠的标记。由 Weiss 提出、经 Aubert 改良的肾上腺皮质良、恶性肿瘤的组织学鉴别标准,具有 3 项或 3 项以上病变考虑恶性。

1) 高度核异型。

2) ＞5 个核分裂象/50HPF。

3) 病理性核分裂。

4) 透明细胞占全部肿瘤细胞＜25％。

5) 弥漫性结构(＞33％肿瘤组织)。

6) 坏死。

7) 静脉侵犯(壁内有平滑肌)。

8) 窦隙侵犯(壁内无平滑肌)。

9) 包膜侵犯。

(2) 恶性肾上腺嗜铬细胞瘤和良性肾上腺嗜铬细胞瘤的鉴别诊断主要依据临床表现、大体检查和显微镜特征表 17-7～17-9。恶性嗜铬细胞瘤的组织学标准包括:①包膜侵犯。②血管侵犯。③扩散到肾上腺周围组织中。④膨胀的、大的、融合性细胞巢。⑤弥漫性生长。⑥坏死。⑦细胞成分增加。⑧肿瘤细胞呈梭形。⑨细胞和核的重度多形性。⑩瘤细胞的单一性(通常是小细胞和高的核浆比率)。⑪核深染。⑫大核仁。⑬核分裂象增多。⑭任何非典型核分裂象。⑮缺乏透明球。

表 17-7 肾上腺嗜铬细胞瘤免疫表型

类型	免疫表型
恶性嗜铬细胞瘤	CgA、Syn、Ki67、TP53、多种神经肽、NSE、TH、PNMT
良性嗜铬细胞瘤	CgA、Syn、支持细胞 S100、多种神经肽、NSE、TH、PNMT
混合性嗜铬细胞瘤/副神经节瘤	CgA、Syn、多种神经肽、NSE、TH、PNMT、S100、NF

表 17-8 其他肾上腺肿瘤免疫表型

类型	免疫表型
腺瘤样瘤	CK、CK5/6、CR、WT-1、HMBE-1、vimentin
性索-间质肿瘤	CD99、inhibin-α、vimentin、S100、SMA、CK、CR、Cam5.2、CD68
髓脂肪瘤	vimentin、S100、leptin、MPO、CD235α、CD61、Lyso
血管瘤	ⅧR-Ag 因子、CD31、CD34、D2-40、SMA、vimentin
平滑肌瘤	SMA、desmin、vimentin、MSA
囊性淋巴管瘤	CD31、CD34、D2-40、SMA、vimentin
神经鞘瘤	S100、vimentin、CD34
节细胞神经瘤	NF、S100、vimentin、Syn
神经纤维瘤	S100、CD57、vimentin、SMA、EMA
畸胎瘤	S100、GFAP、NSE、NF、MyoD1
血管肉瘤	ⅧR-Ag 因子、CD31、CD34、CK

续　表

类型	免疫表型
平滑肌肉瘤	SMA、desmin、EMA、CD34、S100、vimentin、MSA
恶性周围神经鞘膜瘤	S100、CK、HMB45、desmin、SMA、MyoD1、CD57、MBP
原始神经外胚层肿瘤	CD99、S100、Syn、CgA、CD56、CD57、GFAP、vimentin、CK
黑色素瘤	HMB45、S100、melan - A、MAGE - 3、vimentin、NSE、NF
继发性肿瘤	参照表 17 - 2 和表 17 - 4

表 17 - 9　肾上腺外副神经节瘤免疫表型

类型	免疫表型
肾上腺外副神经节瘤：颈动脉体、颈鼓室的、迷走神经的、喉的、主动脉-肺	CgA、Syn、支持细胞 S100 和 GFAP、TH
肾上腺外副神经节瘤：神经节细胞的、马尾的，眼眶的，鼻咽的	CgA、Syn、CK、多种神经肽、SS、insulin、glucagon、gastrin、NF、PGP9. 5、S100、NSE
肾上腺外交感神经的副神经节瘤：主动脉旁上面和下面的	CgA、Syn、TH、支持细胞 S100
肾上腺外交感神经的副神经节瘤：颈的、胸内的和膀胱	CgA、Syn、TH、支持细胞 S100、多种神经肽

第六节　胰腺内分泌部肿瘤

一、胰腺内分泌肿瘤诊断的免疫标记物

1. 胰岛素（insulin）　阳性部位：细胞质。insulin 是由胰岛 β 细胞分泌的一种激素，可以降低血糖浓度，同时促进糖原、脂肪、蛋白质合成。

2. 高血糖素（glucagon）　阳性部位：细胞质。glucagon 是由胰岛 α 细胞分泌的一种激素，与 insulin 的作用相反，具有促进糖原分解和糖异生作用，使血糖升高。glucagon 还可促进 insulin 和生长抑素（SS）的分泌。

3. 生长抑素（somatostatin，SS）　阳性部位：细胞质。SS 是一种由下丘脑释放的脑肠肽，可以抑制 GH、TSH、insulin、glucagon 和 gastrin 等的分泌。在胃肠道内，SS 主要由黏膜内的 D 细胞释放，通过旁分泌方式对胃酸分泌产生抑制作用。

4. 促胃液素（gastrin）　阳性部位：细胞质。gastrin 是由胃窦部及十二指肠近端黏膜中 G 细胞分泌的一种胃肠激素，主要刺激壁细胞分泌盐酸，还能刺激胰液和胆汁的分泌，也有刺激主细胞分泌胃蛋白酶原等作用。

5. 血管活性肠肽（vasoactive intestinal peptide，VIP）　阳性部位：细胞质。VIP 是神经递质的一种，存在于中枢神经和肠神经系统中，也可由胰岛 D1 细胞分泌。能舒张血管、促进糖原分解、抑制胃液分泌、刺激肠液分泌和脂解作用。

6. 5 - 羟色胺(5-hydroxytryptamine，5 - HT)　阳性部位：细胞质。5 - HT 最早是从血清中发现的，又名血清素，广泛存在于哺乳动物组织中，特别是在大脑皮质及神经突触内含量很高，它是一种抑制性神经递质。在外周组织，5 - HT 是一种强血管收缩剂和平滑肌收缩刺激剂。

7. 生长激素释放激素(GHRH)　阳性部位：细胞质。GHRH 由下丘脑弓状核神经元合成并释放入垂体门脉系统后，与垂体生长激素细胞表面的生长激素释放激素受体(GHRHR)结合后，活化非选择性离子通道，使细胞膜去极化，促进 Ca^{2+} 内流和 GH 分泌。

8. 促肾上腺皮质激素释放激素(corticotropin releasing hormone，CRH)　阳性部位：细胞质。CRH 为神经垂体及下丘脑含有的能刺激 ACTH 释放的肽类激素，与腺垂体促肾上腺皮质激素细胞膜上的 CRH 受体结合，通过增加细胞内 cAMP 和 Ca^{2+} 促进 ACTH 的释放。

9. 甲状旁腺激素相关肽(parathyroid hormone-related peptide，PTHrP)　阳性部位：细胞质。PTHrP 是一种肿瘤衍生蛋白，主要存在于恶性体液性高钙血症患者的血液中，在皮肤、甲状旁腺等多种正常组织中有表达。

10. 胰多肽(panoreatio polypeptide，PP)　阳性部位：细胞质。PP 是由胰腺的 PP 细胞分泌的一种激素，抑制胃肠运动、胰液分泌和胆囊收缩。

11. PGP9.5　阳性部位：细胞质。PGP9.5 是一种神经纤维中的特异性泛素羧基末端水解酶，广泛分布于中枢与周围神经系统神经元、神经纤维、多种神经内分泌细胞，以及卵细胞等少数其他细胞中，可特异性的标记神经元和神经纤维。

12. α - 1 抗胰蛋白酶(α - 1 - antitrypsin，AAT)　阳性部位：细胞质。AAT 是存在于正常人血清中的糖蛋白，具有抗蛋白溶解活性，主要由肝细胞合成分泌，也可以标记组织细胞和网状组织细胞。AAT 阳性表达于颗粒细胞瘤、皮肤非典型黄色瘤、胰腺的实性-假乳头肿瘤等。

13. α - 1 抗糜蛋白酶(α - 1 - antichymotrypsin，ACT)　阳性部位：细胞质。ACT 是由肝脏合成的一种糖蛋白，可抑制多种酶如胰蛋白酶、糜蛋白酶、纤维蛋白溶酶、凝血酶、胶原酶、白细胞蛋白酶、弹力蛋白酶等活性。ACT 为巨噬细胞，组织细胞的标记，肝细胞和星形胶质细胞阳性表达，主要用于纤维组织细胞源性肿瘤和胰腺实性-假乳头肿瘤等诊断与鉴别诊断。

二、 免疫组织化学在内分泌胰腺肿瘤诊断与鉴别诊断中的应用

见表 17 - 10～17 - 13。

表 17 - 10　胰腺内分泌肿瘤的免疫表型

类型	指标
一般的神经内分泌标记	Syn、PGP9.5、CD56、MAP18
分泌颗粒基质的标记	CgA
激素(细胞类型)——特异性标记	Insulin、Glucagon、SS、Gastrin、VIP、PP、5 - HT、ACTH、CT

表 17-11　胰腺内分泌肿瘤分级

分级	表现
G1 高分化	低级别,核分裂象数 1/10 高倍视野或 Ki67 指数≤2%
G2 高分化	中级别,核分裂象数 2-20/10 高倍视野或 Ki67 指数 3%～20%
G3 低分化	高级别,核分裂象数>20/10 高倍视野或 Ki67 指数>20%

表 17-12　高分化胰腺内分泌肿瘤不利的预后因素:

不利因素	表现	不利因素	表现
转移	局部淋巴结、肝	核分裂象	>2 个/10HPF
肉眼侵犯	邻近器官	Ki67 增殖指数	>2%
肿瘤直径	2 cm 或更大	坏死	
血管侵犯	静脉,淋巴管	胰岛素瘤以外的	
神经束衣侵犯	胰腺内神经	功能性肿瘤	

表 17-13　胰腺内分泌肿瘤的鉴别诊断

类型	免疫表型
实性-假乳头肿瘤	CD56、NSE、Syn、vimentin、AAT、ACT、CD10、CK
腺泡细胞癌	AAT、ACT、淀粉酶、NSE、CgA、CK
胰母细胞瘤	CK、CK8、CK18、CK19、AAT、ACT、CEA
低分化管状腺癌	CK、MUC1、CEA、CK7、CK19、CA19.9
上皮样胃肠间质肿瘤	CD34、CD117、Dog-1、vimentin、SMA、S100
原始神经外胚层肿瘤	CD99、S100、Syn、CgA、CD56、CD57、GFAP、vimentin、CK
继发性肿瘤	参照表 17-2 和表 17-4

第七节　其他部位的神经内分泌肿瘤

一、应用于其他部位内分泌肿瘤诊断的主要免疫标记物

1. Bcl-2　阳性部位:细胞膜/浆。Bcl-2 是一种细胞凋亡的抑制因子,参与细胞凋亡的调控,可用于各种肿瘤细胞凋亡的研究。在胸腺中,髓质的大多数细胞呈阳性表达,而皮质只有部分细胞呈弱阳性表达。Bcl-2 在肺的神经内分泌肿瘤上常常染色阳性,尤其是小细胞癌。

2. CDH17　阳性部位:细胞膜。CDH17 又称为肝肠钙粘蛋白,强表达于十二指肠,回肠,阑尾和结直肠的上皮细胞(不表达于十二指肠腺),弱表达于肝内胆管上皮细胞,胰腺导管。CDH17 是发生于中肠道(远端十二指肠,小肠,阑尾和右半结肠)高分化神经内分泌肿瘤的敏感标志物,CDH17+/CDX2-/TTF1-表型在后肠道(左半结肠和直肠)高分化神经内分泌肿瘤中的敏感性和特异性分别为 92% 和 91%。

3. **细胞角蛋白 20(CK20)** 阳性部位:细胞质。CK20是一种相对分子质量为46 000的细胞角蛋白。在正常的胃肠道上皮、尿道上皮、Merkel细胞中染色阳性,肝细胞、乳腺、肺上皮细胞染色阴性。CK20主要应用于胃肠道腺癌、卵巢黏液性肿瘤、Merkel细胞癌的诊断。

在移行细胞癌(非腺癌)、胆道系统和胰管的一些腺癌,唾液腺小细胞癌、小肠类癌、

前列腺癌及间皮瘤中CK20阳性。在鳞状细胞癌(肺、喉、膀胱、子宫颈等部位)、甲状腺肿瘤、精原细胞瘤、胸腺瘤中CK20阴性。

二、免疫组织化学在其他部位神经内分泌肿瘤诊断与鉴别诊断中的应用

表 17 – 14 其他部位神经内分泌肿瘤分类

部位	分类
乳腺	神经内分泌肿瘤(分化好)、分化差的神经内分泌癌(小细胞癌)、伴有神经内分泌分化的浸润性癌(非特殊类型、黏液性癌、实性乳头状癌)
支气管、肺、胸腺	小细胞癌、大细胞神经内分泌癌、类癌
胃肠道、阑尾	高分化神经内分泌肿瘤(G1和G2)、低分化神经内分泌癌(G3)、混合性腺神经内分泌癌、产生特异激素神经内分泌肿瘤
肾脏、膀胱、前列腺	高分化神经内分泌肿瘤(类癌和不典型类癌)、低分化神经内分泌肿瘤(小细胞神经内分泌癌和大细胞神经内分泌癌)、副节瘤
皮肤	Merkel细胞癌

表 17 – 15 其他部位神经内分泌肿瘤免疫表型

部位	免疫表型
乳腺	CK7、ER、PR、GCDFP – 15、E – cadherin、CgA、Syn、NSE
支气管、肺	CK、CgA、Syn、CD56、CD57、NSE、CD117、P63、TTF – 1、Bcl – 2
胸腺	CgA、Syn、CD56、CD57、NSE、CK、Cam5.2、多种激素
胃肠道	CgA、Syn、CD56、CD57、NSE、CK、Cam5.2、多种激素、CDH17、S100
阑尾	CgA、Syn、NSE、多种激素、CD56、CD57、S100、CK
肾脏	CK、CgA、Syn、CD56、CD57、NSE、S100
膀胱	CK、Cam5.2、CgA、Syn、NSE、S100、5 – HT
前列腺	CgA、Syn、NSE、多种激素、VEGF、CD56、CD57、CK
皮肤	CK、Cam5.2、EMA、CK20、CgA、Syn、NSE、CD117、CD99、多种激素

(复旦大学附属华山医院病理科　王文娟)

第十八章

 神经系统疾病诊断及免疫标记

2016 版 WHO《中枢神经系统肿瘤分类》(第四版增补版)对神经系统肿瘤在组织学分型基础上增加了分子分型,建立了中枢神经系统肿瘤分子诊断概念。许多新的免疫组织化学指标,不仅用于组织学的诊断及鉴别诊断,还用于分子分型的诊断及肿瘤患者预后判断。

一、弥漫性星形细胞源性和少突胶质源性肿瘤

基于 IDH1 和 IDH2 基因突变,新 WHO 分类将弥漫性星形胶质细胞瘤,包括 Ⅱ 级弥漫型星形细胞瘤,Ⅲ 级间变型星形细胞瘤及 Ⅳ 级胶质母细胞瘤各自分为 IDH 突变型,IDH 野生型和 NOS(NOS 分类表明没有分子检测结果或没有足够的证据分到其他特定的诊断中)3 类。对于 Ⅱ 级和 Ⅲ 级肿瘤,绝大部分病例存在 IDH 基因突变。弥漫型星形细胞瘤 IDH 野生型少见,需要与更低级别病变鉴别,如节细胞胶质瘤。

新版分类中少突胶质细胞瘤和间变少突胶质细胞瘤的确诊,需要 IDH 基因突变和染色体 1p/19q 共缺失证实。当无确切的基因结果时,组织学上典型的少突胶质细胞瘤分类归入到 NOS。

根据组织学诊断为少突星形细胞瘤的混合肿瘤,应用基因检测均可分类至星形细胞瘤或少突胶质细胞瘤中的一种。

儿童和成人胶质瘤组织学相似,但生物学行为却完全不同。新版中,由于儿童弥漫型胶质瘤具有明确的特殊基因异常使得一些亚型与成人亚型分开。以组蛋白 H3F3A 基因或更为少见的相关 HIST1H3B 基因的 K27M 位点突变为特征的一个狭义的儿童原发肿瘤组(偶见于成人),呈弥漫型生长,且位于中线结构(如丘脑、脑干和脊髓)。2016 年,WHO 将该组重新命名为弥漫型中线胶质瘤,H3K27M 突变。这些肿瘤分子表型的鉴别为靶向治疗治疗提供了理论基础。

弥漫性胶质瘤的免疫标记物有以下几种。

1. 胶质纤维酸性蛋白(glial fibrillary acidic protein,GFAP) 一种Ⅲ型中间丝蛋白,主要存在于中枢神经系统的星形胶质细胞,参与细胞骨架的构成并维持其张力强度。主要用于胶质源性肿瘤、包括星形细胞瘤、胶质母细胞瘤、少突细胞瘤和室管膜瘤等胶质细胞起源的中枢神经系统肿瘤的诊断和鉴别诊断。阳性表达于胶质细胞和胶质瘤细胞的胞质和突起

部位。但也可表达于神经系统以外少数病变组织中。

2. Olig2　一种与少突胶质细胞发生和成熟有关的转录因子 OLIG 蛋白家族成员,表达于正常少突胶质细胞核。少突胶质细胞肿瘤细胞核呈弥漫强阳性,星形源性肿瘤也可呈不同程度的阳性表达。室管膜瘤基本不表达。

3. p53　TP53 是一种抑癌基因,分为野生型和突变型 2 种亚型,其基因的表达产物 p53 蛋白存在于多种肿瘤组织中。TP53 基因突变或缺失是导致肿瘤发生的原因之一。同时,p53 蛋白也是细胞凋亡的调控因子。p53 蛋白免疫组织化学在细胞核上呈阳性,表示发生 TP53 基因突变。

4. 异柠檬酸脱氢酶 1/2(isocitrate dehydrogenase,IDH1/2)　基因突变 R132H 是胶质瘤中最常见的基因改变,约 80% 的星形细胞瘤,少突胶质细胞瘤,少突星形细胞瘤可见突变。IDH 基因突变状态可辅助鉴别诊断低级别胶质瘤(WHO Ⅱ级)和胶质增生,并可用于原发及继发性胶质母细胞瘤鉴别。IDH1/2 基因突变状态对胶质瘤预后的影响被认为优于组织学分级,发生 IDH1 突变的弥漫型星形细胞瘤具有更好的总生存期(OS)及无瘤进展生存期(PFS),其可以作为一个独立的预后指标。胶质瘤中 IDH1/2 基因突变可以作为一个诊断、判断预后标志物。

IDH1 R132H 抗体针对 IDH1 R132H 突变位点设计的 IDH1 R132H 突变型抗体,其主要表达于瘤细胞的胞质,阳性表示发生 IDH1 R132H 位点突变。要切记,IDH1 R132H 抗体阴性的病例,尤其是年龄低于 50 岁的患者还需进一步的 IDH 基因测序来明确其他位点突变可能。

5. ATRX(alpha thalassemia/mental retardation syndrome X－linked)　ATRX 基因是 ATP 依赖性重塑染色体蛋白 SNF2 家族中的一员,在染色体重组,核小体装配,以及端粒长度的维持方面具有重要作用。ATRX 基因功能的丧失(蛋白表达缺失)与肿瘤的发生相关。

ATRX 突变在 WHO Ⅱ/Ⅲ级星形细胞瘤中发生最为普遍(达 90% 左右),其次是继发性胶质母细胞瘤(GBMs,57%)。然而,在少突胶质细胞瘤,毛细胞型星形细胞瘤,以及原发性 GBMs 中 ATRX 突变率很低。此外,ATRX 突变常与 IDH(92%～99%)和(或)TP53 突变同时存在,但与染色体 1p/19q 缺失相互排斥。ATRX 可用于上述多种胶质瘤的鉴别诊断。

ATRX 蛋白抗体免疫组织化学在正常神经元和胶质细胞的细胞核中呈阳性表达。在毛细胞型星形细胞瘤,少突胶质细胞瘤,以及原发性 GBMs 中细胞核呈阳性表达,而弥漫型星形细胞瘤(Ⅱ/Ⅲ级)及继发性 GBM 中细胞核通常为阴性。

6. O6－甲基鸟嘌呤－DNA－甲基转移酶(O6-methylguanine-DNA methyltransferase,MGMT)　MGMT 是一种 NDA 修复酶,可将烷基化物使 DNA 鸟嘌呤 O6 位发生烷基化,从而形成 O6-鸟嘌呤加合物并从 DNA 上移除,保护染色体免受烷化剂的致突变作用、致癌作用和细胞毒作用的损伤,但在肿瘤细胞中发挥抵抗烷基化药物的作用。正常组织中,MGMT 启动子具有富含 CpG 序列的 CpG 岛结构,一般处于非甲基化状态。许多肿瘤可观察到 MGMT 启动子区异常甲基化,导致 MGMT 蛋白表达的缺失,从使得肿瘤细胞对烷基化药物治疗的敏感性增加。研究发现,具有 MGMT 启动子甲基化的 GBM 病例接受替莫唑胺(TMZ)方案治疗具有较长无瘤进展疾病生存期(PFS)和总生存期(OS),预后较好。

利用免疫组织化学检测 MGMT 抗体,正常未发生甲基化的细胞细胞核呈阳性表达,发生 MGMT 基因甲基化的胶质瘤细胞核呈阴性。但是,MGMT 抗体免疫组织化学检测缺乏特异性,对有条件的单位应进行 MGMT 启动子甲基化检测(焦磷酸测序)与免疫组织化学相结合,结果更可靠。

7. H3K27M 组蛋白 H3.3(基因 H3F3A)和组蛋白 H3.1(基因 HIST1H3B)可发生突变,其位于第 27 个氨基酸的赖氨酸可被蛋氨酸替换(K27M)。新版 WHO 的《中枢神经系统肿瘤分类》增加了儿童弥漫型胶质瘤的分类:弥漫型中线胶质瘤(diffuse midline glioma)、H3K27M 突变和 WHO Ⅳ级。

弥漫型中线胶质瘤儿童原发,偶见于成人,位于丘脑、脑干和脊髓等中线结构,呈弥漫型生长,预后差;成人脑干胶质母细胞瘤含有 K27M H3.3 病例同样具有较差的预后。但是,目前发现一些其他低级别的胶质瘤中也存在 H3K27M 突变。

H3K27M 突变型抗体是针对 H3K27M 突变设计的特异性抗体,采用免疫组织化学染色检测儿童或成人中线部位胶质瘤,有助于弥漫中线型胶质瘤的诊断与预后判断。H3K27M 突变抗体在儿童中线胶质瘤的瘤细胞细胞核表达阳性,则可诊断为弥漫型中线胶质瘤(diffuse midline glioma),H3K27M 突变,WHO Ⅳ级。

8. INA(the neuronal intermediate filament alpha-internexin) INA 基因是一种神经元相关基因,编码大小相对分子质量66 000的中间丝蛋白,广泛存在于中枢和外周神经系统的神经元中。发现在少突胶质细胞瘤中,INA 特异性的表达于少突瘤细胞的胞质和胞膜上,而不表达其他类型胶质瘤的胞质中。INA 的胞质表达阳性与发生染色体 1p/19q 共缺失密切相关。从而具有鉴别少突胶质细胞瘤与其他类型胶质瘤的作用。

9. Nestin 巢蛋白是一个相对分子质量200 000第Ⅵ类中间丝蛋白,主要在早期胚胎发生的神经上皮干细胞及肌腱和神经肌肉关节发育过程中表达。在胶质瘤基本都有 Nestin 表达,但存在强弱差异表达,少突胶质瘤中表达较弱,在星形细胞瘤中表达比较强;并且肿瘤级别越高,表达越强。

10. S100 一种可溶性酸性蛋白。有3种亚型,即S100ao、S100a 和 S100b。S100 主要存在神经组织、垂体、颈动脉体、肾上腺髓质、唾液腺、少数间叶组织。在神经肿瘤中,S100 呈弥漫阳性。

11. 波形蛋白(vimentin) 特异性相对较差,所以在鉴别诊断的应用中受到限制。在神经上皮和非上皮肿瘤中弥漫阳性表达。

综上所述弥漫性星形细胞源性和少突胶质源性肿瘤相关抗体的应用见表18-1。

表 18-1 弥漫性星形细胞源性和少突胶质源性肿瘤相关抗体的应用

类型	GFAP	Olig2	p53	IDH1 R132H	ATRX	Nestin	INA	H3K27M	MGMT
弥漫性星形细胞瘤,IDH 突变型	++~ +++	+~+ ++	+	+	−	++~ +++	−	−	−/+
弥漫性星形细胞瘤,IDH 野生型	++~ +++	+~ ++	−/+	−	−/+	++~ +++	−	−	−/+

类型	GFAP	Olig2	p53	IDH1 R132H	ATRX	Nestin	INA	H3K27M	MGMT
间变性星形细胞瘤,IDH 突变型	++~ +++	+~ ++	+	+	−	++~ +++	−	−	−/+
弥漫性星形细胞瘤,IDH 野生型	++~ +++	+~ ++	−/+	+	−/+	++~ +++	−	−	−/+
胶质母细胞瘤,IDH 突变型	++~ +++	−~ ++	+	+	−	+++	−	−	−/+
胶质母细胞瘤,IDH 野生型	++~ +++	−~ ++	−/+	−	+	+++	−	−	−/+
弥漫性中线胶质瘤,H3K27M 突变	++~ +++	+~ ++	+	−	−/+	++~ +++	−	+	−/+
少突胶质细胞瘤,IDH 突变和 1p/19q 共缺失	+~ ++	+++	−	+	−	+	+	−	−/+
间变性少突胶质细胞瘤,IDH 突变和 1p/19q 共缺失	+~ ++	+++	−	+	+	+~ ++	+	−	−/+

二、其他星形源性肿瘤

是一类比较少见,一般认为起源于星形源性的肿瘤,具有一些特殊形态或发病部位等特征的一组胶质瘤。包括毛细胞型星形细胞瘤、毛细胞黏液型星形细胞瘤、室管膜下巨细胞型星形细胞瘤、多形性黄色星形细胞瘤和间变性多形性黄色星形细胞瘤。还有一些起源未定的肿瘤,包括三脑室脊索样胶质瘤、血管中心型胶质瘤和星形母细胞瘤。

1. GFAP 弥漫阳性表达于胶质细胞和胶质瘤细胞的胞质和突起部位。

2. Olig2 蛋白在大多数星形源性肿瘤中存在不同程度的阳性表达。但在三脑室脊索样胶质瘤和血管中心型胶质瘤两种可能具有室管膜起源的肿瘤中表达阴性。

3. BRAF V600E 突变抗体 BRAF 基因在多种肿瘤中发生体细胞突变,其中 BRAF V600E 突变是最常见的突变位点。起初发现在黑色素瘤、结肠癌和甲状腺乳头状癌中具有较高的 BRAF V600E 突变发生率。目前,在中枢神经系统肿瘤中,特别是在低级别的胶质神经元混合性的肿瘤中发现具有较高的 BRAF V600E 基因突变率。采用 BRAFV600E 抗体免疫组织化学检测发现约 50% 的胚胎发育不良性神经上皮肿瘤(DNTs),50% 的多形性黄色星形细胞瘤(PXAs),40% 的室管膜下巨细胞星形细胞瘤(SEGAs),45% 的节细胞瘤/节细胞胶质瘤(GGs),15% 的毛细胞型星形细胞瘤(PAs,主要是发生在小脑外的 PAs),以及大部分上皮样胶质母细胞瘤病例。BRAF V600E 突变与这些神经肿瘤的预后没有相关性,但具有一定的鉴别诊断作用。

4. CD34　是一种相对分子质量为 110 000 的单链穿膜蛋白,主要标记造血干细胞髓样细胞和血管内皮细胞。CD34 在多种软组织肿瘤中有不同程度的阳性表达。在中枢神经细胞肿瘤中,特别是在部分低级别的胶质神经元混合性的肿瘤中呈阳性表达,具有一定的鉴别诊断作用。在部分病变的脑皮质中可呈斑片状阳性表达,提示脑皮质发育不良。

5. 突触素蛋白(synaptophysin)　是一种糖蛋白,存在于神经元突触囊泡膜上,肾上腺髓质细胞和神经内分泌细胞的胞质内。在一些恶性神经上皮肿瘤中和低级别的胶质神经元混合性的肿瘤中呈不同程度的阳性表达。可用来鉴别胶质细胞源性肿瘤和神经细胞源性肿瘤。

6. NFP　是一种神经元特异性中间丝蛋白,由 3 个不同相对分子质量的亚单位构成的多聚体,以不同比例分布于中枢、外周神经元及肿瘤中。在低级别的胶质神经元混合性的肿瘤中存在一定程度的阳性表达,以及在副神经节瘤、小脑胚胎性肿瘤和外周神经母细胞瘤中呈不同程度表达。

7. TTF-1　是相对分子质量为 $(38\sim40)\times10^3$ 的核蛋白,在胎儿肺组织和成人Ⅱ型肺泡上皮中存在。TTF-1 在成人组织中主要分布在内胚层分化的甲状腺滤泡细胞,间脑局部和呼吸道上皮中。在中枢神经系统中,发现与间脑部位邻近或相关部位发生的神经上皮肿瘤部分存在 TTF-1 的阳性表达,具有一定诊断和鉴别诊断作用。

弥漫性星形胶质细胞瘤外其他星形源性肿瘤相关抗体应用见表 18-2。

表 18-2　弥漫性星形胶质细胞瘤外其他星形源性肿瘤相关抗体应用

类型	GFAP	Olig2	BRAF V600E	CD34	Synapotosin	NFP	EMA	TTF1
毛细胞型星形细胞瘤	++~+++	+~++	+/-	-	-	-	-	-
毛细胞黏液型星形细胞瘤	++~+++	+~++	-	-	-	-	-	-
室管膜下巨细胞星形细胞瘤	++~+++	-	+/-	-	-/+	-/+	+	-
多形性黄色星形细胞瘤	++~+++	+~++	+/-	+	-/+	-/+	-/+	-
上皮样胶质母细胞瘤	++~+++	+/-	+	-	-	-	-	-
三脑室脊索样胶质瘤	++~+++	-	-	-	-	-	+	+
血管中心型胶质瘤	++~+++	-	-	-	-	-	+	-
星形母细胞瘤	++~+++	+/-	-	-	-	-	+	-

三、室管膜源性肿瘤

一组室管膜起源的肿瘤,好发于侧脑室和四脑室。WHO分级上有Ⅰ级、Ⅱ级和Ⅲ级3个级别。包括室管膜下瘤、黏液乳头型室管膜瘤、室管膜瘤、含有RELA基因融合的室管膜瘤和间变性室管膜瘤(表18-3)。

表18-3 室管膜源性肿瘤相关抗体应用

类型	GFAP	Olig2	P53	EMA	CK	L1CAM
室管膜下瘤	+~++	−	−	−		−
黏液乳头型室管膜瘤	++~+++	−	−	+	−/+	−
室管膜瘤	++~+++	−	−	+		−
室管膜瘤,RELA基因融合	++~+++	−	−	+		+
间变性室管膜瘤	++~+++	−	−/+			−

1. GFAP 弥漫阳性表达于室管膜瘤细胞的胞质和突起部位。

2. Olig2 在室管膜源性肿瘤细胞基本不表达。但会见到在室管膜细胞周围散在的一些小胶质细胞等细胞存在一定的阳性表达。

3. EMA 是一组糖蛋白,广泛分布在各种正常上皮细胞膜和其起源的肿瘤中。在部分中枢神经系统肿瘤中,EMA可呈阳性表达。在室管膜源性肿瘤,EMA具有特征性的阳性表达发生,多呈核旁点状或圈状阳性,具有一定的诊断和鉴别诊断作用。

4. L1CAM 儿童的幕上室管膜瘤中,约有70%的病例发生C11orf95-RELA基因融合。在成人的幕上室管膜瘤中,RELA基因融合发生率较低。发生在后颅窝和脊髓的室管膜瘤基本不发生RELA基因的融合。发生RELA基因融合的病例相对预后较差。L1CAM室管膜瘤中阳性表达提示发生C11orf95-RELA基因融合。

5. Nestin 在室管膜肿瘤中有不同程度的阳性表达,随着肿瘤级别的增高,表达越强。

四、脉络丛肿瘤

这是一组起源于脑室脉络丛组织的一组肿瘤。包括脉络丛乳头状瘤,非典型脉络丛乳头状瘤,和脉络丛乳头状癌。

1. CKpan 是一种广谱型细胞角蛋白,联合其他指标可作为上皮性肿瘤与非上皮性肿瘤的鉴别诊断。在脉络丛肿瘤呈阳性表达。

2. CK7 相对分子质量为54 000,主要标记腺上皮和移形上皮。大多数脉络丛肿瘤呈阳性表达。

3. CK20 相对分子质量46 000,主要标记胃肠道上皮,尿道上皮和Merkel细胞,在脉络丛肿瘤中基本不表达。联合CKpan、CK7等指标具有鉴别诊断作用。

4. GFAP 在脉络丛肿瘤中呈现不同程度的阳性表达。

5. 突触素蛋白(synaptophysin) 在脉络丛肿瘤中呈现不同程度的阳性表达。

6. EMA 在脉络丛肿瘤中基本不表达,或较弱的灶性表达。如果呈强阳性表达,可能更倾向转移性肿瘤(表18－4)。

表 18－4　脉络丛肿瘤相关抗体应用

类型	CKpan	Vim	CK7	CK20	GFAP	Synaptophysin	EMA
脉络丛乳头状瘤	＋	＋	＋	－	＋	＋	－
非典型脉络丛乳头状瘤	＋	＋	＋	－	＋	＋	－
脉络丛乳头状癌	＋	＋	＋	＋	＋	＋	－

五、神经元肿瘤和胶质神经元混合性肿瘤

一大类神经元起源的肿瘤或者既有神经元成分又有胶质成分的一组肿瘤。包括胚胎发育不良性神经上皮肿瘤、节细胞瘤/节细胞胶质瘤、小脑发育不良性节细胞节细胞瘤、乳头型胶质神经元肿瘤、弥漫性软脑膜胶质神经元肿瘤、中枢神经细胞瘤、脑室外神经细胞瘤、小脑脂肪神经细胞瘤和副神经节瘤。

1. **突触素蛋白**(synaptophysin)　在胶质神经元混合性肿瘤呈不同程度的阳性表达。

2. **NeuN** 神经元特异性核蛋白,可以与中枢神经系统多种类型的神经细胞反应,如来自小脑、大脑皮质、海马体、丘脑和脊髓的神经细胞;也可以与外周神经系统的神经元反应,包括来自脊神经节、交感神经节和肠壁神经丛。该抗体染色主要是神经元的核染色,同时伴随着细胞质的浅染。主要表达于成熟的神经元细胞,在多种神经元起源的肿瘤中呈不同程度的表达。

3. **GFAP 蛋白**　在胶质神经元混合性肿瘤中存在一定的阳性表达,但表达较弱。大多胶质神经元混合性肿瘤含有少突样区域,该区域 GFAP 基本不表达,仅在星网状胶质细胞区域有阳性表达。GFAP 在中枢神经细胞瘤中也有不同程度表达,表达越强,预后相对越差。

4. **Olig2**　除了中枢神经细胞瘤,脑室外神经细胞瘤,小脑脂肪神经细胞瘤外,Olig2 蛋白在胶质神经元混合性肿瘤中存在一定的阳性表达,特别是在少突样区域表达较好。

5. **BRAF V600E 突变**　采用 BRAFV600E 抗体免疫组织化学检测发现约 50％的胚胎发育不良性神经上皮肿瘤(DNTs)和 45％的节细胞瘤/节细胞胶质瘤(GGs)呈阳性表达(表18－5)。

表 18－5　神经元肿瘤和胶质神经元混合性肿瘤相关抗体应用

类型	Syn	NeuN	GFAP	Olig2	BRAF V600E	CD34	TTF－1	CK
胚胎发育不良性神经上皮肿瘤	散在＋	散在＋	散在＋	＋	＋/－	＋	－	－
节细胞瘤/节细胞胶质瘤	散在＋	散在＋	散在＋	散在＋	＋/－	＋	－	－
小脑发育不良性节细胞节细胞瘤	散在＋	散在＋	散在＋	－	－	－	－	－

类型	Syn	NeuN	GFAP	Olig2	BRAF V600E	CD34	TTF-1	CK
乳头型胶质神经元肿瘤	散在+	散在+	散在+	+	—	—	—	—
弥漫性软脑膜胶质神经元肿瘤	—	—	散在+	+	—	—	—	—
中枢神经细胞瘤	弥漫+	弥漫+	散在+	—	—	—	+	—
脑室外神经细胞瘤	弥漫+	弥漫+	散在+	—	—	—	+	—
小脑脂肪神经细胞瘤	弥漫+	弥漫+	散在+	—	—	—	—	—
副神经节瘤	弥漫+	—	—	—	—	—	—	+/-

六、松果体源性肿瘤

一组起源于松果体实质细胞的肿瘤,包括松果体细胞瘤,中间分化型松果体实质性肿瘤,松果体母细胞瘤。松果体区乳头状肿瘤是一种起源不明,发生部位位于松果体区的肿瘤。

1. 突触素蛋白(synaptophysin)　标记在松果体源性肿瘤呈不同程度的阳性表达。

2. 神经元特异性烯醇化酶(NSE)　标记在松果体源性肿瘤呈不同程度的阳性表达。

3. NF　标记在松果体源性肿瘤呈不同程度的阳性表达。

4. NeuN　在正常松果体细胞和起源肿瘤细胞均不表达 NeuN。

5. CK　松果体区乳头状肿瘤可阳性表达 CK 和 CK18。

表 18-6　松果体源性肿瘤相关抗体应用

类型	Syn	NSE	NF	NeuN	CK	vimentin	EMA	GFAP
松果体细胞瘤	+	+	+	—	—	+	—	灶+
中间分化型松果体实质性肿瘤	+	+	+	—	—	+	—	灶+
松果体母细胞瘤	+	+	+	—	—	+	—	灶+
松果体区乳头状肿瘤	灶+	+	+	—	+	+	灶+	灶+

七、胚胎性肿瘤

(一) 髓母细胞瘤

根据新版 WHO 的中枢神经系统肿瘤分类,不仅将髓母细胞瘤按组织学分为经典型、促纤维增生/结节型、伴有广泛结节形成型、大细胞型/间变型 4 种类型;还按照不同的基因分子异常分为 4 种分子亚型:WNT 型、SHH 型、Group C 型和 Group D 型。

1. Wnt 型　Wnt 信号通路作为一种在进化中高度保守的信号通路,在生长、发育、代谢和干细胞维持等多种生物学过程中发挥着重要作用。经典型 Wnt 通路的调控过程,主要围绕β-联蛋白和 TCF 2 个关键调节因子进行,从而在转录水平上影响着大量与生长和代谢相关的靶基因表达。Wnt 信号通路激活是以β-联蛋白在细胞核内异常聚集为其特征。Wnt分子信号通路激活,约占髓母细胞瘤的 10％左右,发病年龄 6～13 岁(平均年龄 10 岁),传统的病理形态学类型,所有组织学形态均有该分子亚型,但以经典型髓母细胞瘤形态居多,临床预后良好。Wnt 型髓母细胞瘤的分子生物学特征是染色体 6 缺失、CTNNB1 基因突变[编码β-联蛋白(catenin)],当 Wnt 信号通路激活时,细胞质内的β-联蛋白(catenin)不能被磷酸化,转移至细胞核内聚集,并激活 c-myc、细胞周期蛋白(cyclin)D1 和 Axin2等致癌基因。最近,在一个大样本髓母细胞瘤的回顾性研究显示,β-catenin 蛋白表达和β-catenin 编码基因-CTNNB1 突变的髓母细胞瘤患者,都具有较好的临床预后。目前,在临床上可通过免疫组织化学方法,来检测β-catenin 在细胞核内的聚集状况,用于 Wnt 型髓母细胞瘤的筛查。但是,就β-catenin 免疫组织化学检测的可靠性等问题,至今还没有达成共识。

2. Shh 型　Sonic Hedgehog(Shh)分子是一种分节极性基因,因突变的果蝇胚胎呈多毛团状,酷似受惊刺猬而得名。Shh 分子信号通路与哺乳动物胚胎发育和组织发生都有密切关系,Shh 分子信号通路激活对髓母细胞瘤的发生和发展起着促进作用。Shh 分子信号通路激活,约占髓母细胞瘤的 30％左右,发病年龄大多在 3 岁以下的婴幼儿或成年人,传统的病理形态学类型,以促纤维增生/结节型髓母细胞瘤最常见,其次是伴有广泛结节形成型髓母细胞瘤及大细胞型或间变型髓母细胞瘤。Shh 型髓母细胞瘤因发病年龄和病理形态学类型的不同,其临床预后大相径庭。如婴幼儿发生的促纤维增生/结节型或伴有广泛结节形成型髓母细胞瘤,临床预后较好,如果是大细胞型或间变型髓母细胞瘤,或是发生 P53 基因突变的病例则临床预后差。Shh 型髓母细胞瘤的分子遗传学特征是染色体 9 缺失,PTCH、SMOH 和 SUFU 基因突变,当 Shh-PTCH 分子信号通路激活时,导致 GLI 转录因子活化,使 GLI 蛋白通过抑制或激活靶基因,进一步调控细胞的增殖和分化。

3. 非 Wnt/Shh 型(Group C 型和 Group D 型)　约占髓母细胞瘤的 60％左右,其中Group C 型约占 20％,Group D 型约占 40％。好发于儿童,平均发病年龄约为 8 岁。传统的病理形态学类型,大多属于经典型髓母细胞瘤或部分属于大细胞型或间变型髓母细胞瘤,容易发生播散或转移,临床预后差。非 Wnt/Shh 型髓母细胞瘤的分子遗传学特征是染色体 17、18 异常和女性患者 X 染色体缺失。Group C 型可发生 c-myc 基因扩增,Group D 型发生 MYCN 基因扩增。采用 FISH 来检测 MYCC 和 MYCN 基因扩增状况,由于检测髓母细胞瘤样本量较少等原因,MYCC 和 MYCN 基因扩增频率分别约占 5％。然而,有回顾性研究显示,伴有 c-MYC 扩增的髓母细胞瘤患者,临床预后较差;伴有 p53蛋白阳性表达的患者,容易发生播散或转移。因此,有学者建议 c-MYC 扩增的髓母细胞瘤患者应纳入高风险组,c-MYC 基因扩增状态可作为一项判断临床预后的生物学标记。

一般认为,髓母细胞瘤起源于小脑皮质表面外颗粒细胞层的祖细胞,因此,首先激活的是 Wnt 分子信号通路,其次是 Shh 分子信号通路,使经典型髓母细胞瘤向促纤维增生/结节型髓母细胞瘤或髓母肌母细胞瘤方向发展,如果有 c-myc、n-myc 异常扩增或过度表达,染色体 17p 缺失,hTERT 异常扩增或过度表达等分子参与,那么经典型髓母细胞瘤有可能向大细胞型或间变型髓母细胞瘤转化。虽然,根据分子遗传学特征提出了髓母细胞瘤的分子亚型,但在临床诊断和处理过程中,应综合考虑临床、病理形态学及分子表型等多方面因素。目前,在临床上采用多种抗体,通过免疫组织化学方法,来进行髓母细胞瘤的诊断和鉴别诊断。

1. NeuN 在髓母细胞瘤细胞中有不同程度的核阳性表达,主要在相对分化成熟的瘤细胞中表达。在促纤维增生/结节型中,特征性的表达于分化成熟的结节中的瘤细胞(苍白岛)。

2. 突触素蛋白(synaptophsin) 该标记在髓母细胞瘤中呈不同程度的阳性表达。肿瘤分化成熟的区域,表达越强。

3. NSE 是一种胞质内蛋白,在哺乳动物中是二聚体,有 3 个亚基,分布于中枢神经系统中的是 γ 亚基,在髓母细胞瘤中可阳性表达,表现为不同程度的弥漫性胞质染色。

4. β-联蛋白(catenin) 一种细胞骨架蛋白,具有信号传导和细胞黏附两大功能。发现在多种肿瘤中存在 CTNNB1 基因突变,可导致 β-catenin 蛋白过表达。WNT 型髓母细胞瘤病例中存在 CTNNB1 基因突变。在临床上可通过免疫组织化学方法,来检测 β-catenin 在细胞核上阳性表达,提示该病例属于 WNT 型髓母细胞瘤,具有较好的预后。

5. 丝蛋白(filamin)A 一种肌动蛋白结合蛋白,相对分子质量为 280 000,由 FLNA 编码基因,是一种广泛表达蛋白,调节肌动蛋白细胞骨架的重组与整合蛋白交互、跨膜受体复合物。发现 filamin A 蛋白在 WNT 型和 SHH 型的髓母细胞瘤中高表达,但在非 WNT/SHH 型中弱表达,对髓母细胞瘤的分子分型具有一定鉴别诊断作用。

6. GAB1 一种适配器蛋白,通过激活受体激酶在细胞内的信号级联过程中发挥作用。参与 FGFR1 信号通路,和表皮生长因子受体(EGFR)和胰岛素受体信号通路。GAB1 蛋白在 SHH 型髓母细胞瘤中表达,但不表达 WNT 型和非 WNT/SHH 型瘤细胞,对髓母细胞瘤的分子分型具有一定鉴别诊断作用。

7. YAP1 一种转录调控蛋白,作为 Hippo 信号通路中关键的下游调控靶点参与调控器官发育,并且具有抑制细胞增殖和促进细胞凋亡的作用。在 WNT 型和 SHH 型的髓母细胞瘤中高表达,但在非 WNT/SHH 型中弱表达,对髓母细胞瘤的分子分型具有一定鉴别诊断作用。

8. SFRP1 一种 Wnt 信号通路调控蛋白,在特定细胞类型中,具有调节细胞生长和分化的功能。SFRP1 可以降低细胞内 β-联蛋白(catenin)水平。在 SHH 型的髓母细胞瘤中高表达,但在 WNT 型和非 WNT/SHH 型中弱表达,对髓母细胞瘤的分子分型具有一定鉴别诊断作用。

9. NPR3 利钠肽家族成员,具有调节多种血管,肾脏和内分泌,维持血压和细胞外液体积的重要作用。通过绑定特定的多肽与血管,肾、肾上腺和大脑细胞表面受体结合来发挥调节作用。在 Group C 型的髓母细胞瘤中高表达,但在类型中弱表达,对髓母细胞瘤的分子分型具有一定鉴别诊断作用。

10. KCNA1 一种选择性的钾离子通道蛋白。在 Group D 型的髓母细胞瘤中高表达,但在类型中弱表达,对髓母细胞瘤的分子分型具有一定鉴别诊断作用(表 18 - 7)。

表 18-7 髓母细胞瘤相关抗体应用

类型	β-catenin	Filamin A	GAB1	YAP1	SFRP1	NPR3	KCNA1	P53
髓母细胞瘤,WNT型	核+	浆+	—	核/浆+	—	—	—	-/+
髓母细胞瘤,SHH 和 TP53 突变型	浆+	浆+	浆+	核/浆+	浆+	—	—	—
髓母细胞瘤,SHH 和 TP53 野生型	浆+	浆+	浆+	核/浆+	浆+	—	—	+
髓母细胞瘤,Group C 型	浆+	—	—	—	—	浆+	—	-/+
髓母细胞瘤,Group D 型	浆+	—	—	—	—	—	浆+	-/+

(二) 伴 C19MC 改变,含有多层菊形团的胚胎性肿瘤(ETMR)

是一组含有多层菊形团,同时发生位于 19q13.42 位点的 C19MC 基因扩增或者融合的恶性胚胎性肿瘤。在出现相同的 ETMR 组织学形态时:①若有 C19MC 改变,诊断为伴有多层菊形团的胚胎性肿瘤(ETMR),C19MC 变异。②若无 C19MC 改变,诊断为伴有多层菊形团的胚胎性肿瘤,NOS。髓上皮瘤的诊断仍然按照组织学特征(因髓上皮瘤无 C19MC 扩增)。

(三) 非典型畸胎样/横纹肌样肿瘤(atypical teratoid rhabdoid tumor,AT/RT)

是一种罕见的、高度恶性的小儿胚胎性肿瘤,绝大多数发生在 5 岁以下的儿童,其病理形态和构成成分复杂,免疫表型多样化,容易发生播散或颅内转移。AT/RT 具有独特的分子遗传学特征,表现为染色体 22 单体或缺失,位于 22q11 的 SMARCB1(INI1/hSNF5)基因杂合性缺失,导致 INI1 蛋白丢失。其免疫标记物有以下几种。

1. LIN28A 一种保守细胞质蛋白,但能被转运到细胞核中,具有调节 mRNA 转录和稳定的作用。可结合小 RNAs,对具有抑制肿瘤作用的 MicroRNAs 和 let-7 家族产生负调节作用。在 ETMRs 中的多层菊形团瘤细胞的胞质表达强阳性,具有诊断和鉴别诊断作用。

2. INI-1 INI-1 基因编码一个功能未知的 HSWI/SNF 染色质重塑复合物蛋白。在外周恶性横纹肌样肿瘤和脑内 AT/RT 等肿瘤中容易发生突变或缺失。在临床上可采用 BAF47/INI1 抗体,通过免疫组织化学方法,来确诊 AT/RT。因此,INI1 蛋白是一项可靠的诊断性生物学标记物。

3. 突触素蛋白(synaptophsin) 在胚胎性肿瘤分化相对较成熟的神经毡区域阳性表达,但在多层菊形团区域基本不表达,或弱表达。

4. NF 在胚胎性肿瘤分化相对较成熟的神经毡区域阳性表达,但在多层菊形团区域基本不表达,或弱表达。

5. NeuN 在胚胎性肿瘤分化相对较成熟的神经毡区域阳性表达,但在多层菊形团区域基本不表达,或弱表达。

6. 巢蛋白(nestin) 在胚胎性肿瘤分化相对较原始的多层菊形团区域表达,但在分化较成熟的神经毡区域阳性基本不表达,或弱表达。

7. Vim　在胚胎性肿瘤中呈弥漫强阳性表达。

8. CK　在一些胚胎性肿瘤的原始小细胞或真性菊形团区域有灶性的阳性表达。

9. EMA　在一些胚胎性肿瘤的原始小细胞或真性菊形团区域有灶性的阳性表达(表18-8)。

表18-8　其他胚胎性肿瘤相关抗体应用

类型	LIN28A	INI-1	Syn	NF	NeuN	Nestin	Vim	CK	EMA
伴有多层菊形团形成的胚胎性肿瘤,C19MC改变	+	+	+	+	+	+	+	+/-	+/-
伴有多层菊形团形成的胚胎性肿瘤,NOS	+	+	+	+	+	+	+	+/-	+/-
胚胎性肿瘤,NOS	+/-	+	+	+	+	+	+	+/-	+/-
非典型畸胎样/横纹肌样肿瘤	+/-	-	+	+	+/-	+/-	+	+/-	+/-

八、颅神经和脊柱旁神经肿瘤

一组起源于颅神经和脊柱旁外周神经的肿瘤。

1. Sox10　一种神经嵴转录因子,在施万细胞和黑色素细胞的分化、成熟和功能维持方面发挥重要作用。在肿瘤中,主要用于神经鞘瘤和黑色素瘤的诊断和鉴别诊断。

2. S100　在施万细胞和黑色素细胞的来源的肿瘤细胞核阳性表达,但在恶性外周神经鞘膜瘤中表达较弱。

3. EMA　在神经束膜瘤中阳性表达,可以起到区别于神经鞘瘤和神经纤维瘤的作用。

4. NFP　在神经纤维瘤中存在阳性表达,具有一定诊断和鉴别诊断作用。

5. TTF-1　在神经鞘瘤中,部分病例存在核阳性表达,具有一定诊断和鉴别诊断作用(表18-9)。

表18-9　颅神经和脊柱旁神经肿瘤相关抗体应用

类型	S100	Vim	EMA	NFP	TTF-1	HMB45	IV型胶原	Sox10
细胞性神经鞘瘤	+	+	-	-	+	-	-	+
丛状神经鞘瘤	+	+	-	-	-	-	-	+
色素性神经鞘瘤	+	+	-	-	-	+	+	+
神经纤维瘤	+	+	-	+	-	-	-	+
神经束膜瘤	-	+	+	-	-	-	-	-
混合性神经鞘膜肿瘤	+	+	-	-/+	-	-	-	+
恶性外周神经鞘膜肿瘤	-/+	+	-	-	-	-	-	-/+

九、脑膜瘤和孤立性纤维肿瘤

脑膜瘤是一组起源于蛛网膜颗粒的肿瘤,包括9种I级脑膜瘤,3种II级脑膜瘤,和3种

Ⅲ级脑膜瘤。临床病理中,脑膜瘤和脑膜相关的孤立性纤维肿瘤常需鉴别诊断。

1. SSTR2a 一种生长激素抑制素受体,在不同类型的脑膜瘤中阳性表达,甚至比EMA抗体指标特异性更好。

2. Stat6 孤立性纤维肿瘤/血管外皮瘤发生NAB2-STAT6基因融合,导致stat6蛋白在肿瘤细胞核中异常聚集。采用Stat6抗体免疫组织化学,细胞核呈阳性表达,提示为孤立性纤维肿瘤/血管外皮瘤,具有诊断和鉴别诊断作用。

3. EMA 在各型脑膜瘤中均存在阳性表达,在恶性脑膜瘤的病例中,EMA的阳性强度相对良性脑膜瘤要弱。

4. 波形蛋白(Vimentin) 在各型脑膜瘤均弥漫阳性表达。

5. PR 在大多数良性脑膜瘤及部分Ⅱ级脑膜瘤病例中均存在不同程度的细胞核阳性表达。在Ⅲ级的脑膜瘤中基本不表达(表18-10)。

表 18-10 脑膜瘤和孤立性纤维肿瘤相关抗体应用

类型	EMA	Vim	PR	CD34	CEA	SSTR2a	Stat6
纤维型脑膜瘤	+	+	+	+/-	-	+	-
上皮型脑膜瘤	+	+	+	-	-	+	-
过渡型脑膜瘤	+	+	+	-	-	+	-
砂粒体型脑膜瘤	+	+	+	-	-	+	-
血管瘤型脑膜瘤	+	+	+	-	-	+	-
微囊型脑膜瘤	+	+	+	-	-	+	-
分泌型脑膜瘤	+	+	+	-	+	+	-
淋巴浆细胞型脑膜瘤	+	+	+	-	-	+	-
化生型脑膜瘤	+	+	+	-	-	+	-
脊索样脑膜瘤	+	+	-/+	-	-	+	-
透明细胞型脑膜瘤	+	+	-/+	-	-	+	-
非典型脑膜瘤	+	+	+/-	-	-	+	-
乳头型脑膜瘤	+/-	+	-	-	-	+	-
横纹肌样脑膜瘤	+/-	+	-	-	-	+	-
间变性脑膜瘤	+/-	+	-	-	-	+	-
孤立性纤维肿瘤	-	+	-	+	-	-	+

十、鞍区肿瘤

发生于鞍区的肿瘤,主要包括颅咽管瘤、垂体腺瘤、腺垂体梭形细胞嗜酸细胞瘤、神经垂体颗粒细胞瘤和垂体细胞瘤。

1. CK 该标记在颅咽管瘤和垂体腺瘤中呈阳性表达。

2. 突触素蛋白(synaptophsin) 该标记在垂体腺瘤和腺垂体梭形细胞嗜酸细胞瘤中呈阳性表达。具有诊断和鉴别诊断作用。

3. GFAP 该标记在垂体细胞瘤中弥漫阳性表达,在部分颗粒细胞瘤中存在一定程度的表达。具有诊断和鉴别诊断作用。

4. TTF1　在腺垂体梭形细胞嗜酸细胞瘤,垂体细胞瘤,颗粒细胞瘤以及正常垂体后叶组织中存在不同程度的核阳性表达。

5. 半乳凝素(galectin)-3　一个同型细胞粘附凝集素,参与细胞间的黏附相关。在梭形细胞嗜酸细胞瘤中阳性表达,但不是特异性指标。

6. S100　该抗体在腺垂体梭形细胞嗜酸细胞瘤,垂体细胞瘤,颗粒细胞瘤中呈阳性表达。

7. EMA　该抗体在腺垂体梭形细胞嗜酸细胞瘤,垂体细胞瘤中存在不同程度的阳性表达(表18-11)。

表 18-11　鞍区肿瘤相关抗体应用

类型	CK	Syn	GFAP	TTF-1	半乳凝素-3	S100	EMA
颅咽管瘤	+	-	-	-	-	-	-/+
垂体腺瘤	+	+	-	-	-	-	-
梭形细胞嗜酸细胞瘤	-	+	-	+	+	+	+
垂体细胞瘤	-	-	+	+	-	+	+/-
颗粒细胞瘤	-	-	-/+	+	-	+	-

(复旦大学附属华山医院病理科　熊　佶)

第十九章

免疫性疾病的免疫标记物

　　免疫反应是机体一种重要的保护性反应,以达到消灭入侵病原、排斥异体器官或组织、清除衰亡或突变细胞等,而异常的免疫反应又是机体一个重要的致病因素,如过敏反应、移植器官的排异反应和自身免疫性疾病等。本章重点介绍适用于检测免疫反应异常的常用免疫组织化学试剂、免疫性损伤的类型、变态反应性疾病和移植物的排异反应。

一、免疫标记物

(一)免疫球蛋白类

1. 抗人免疫球蛋白、补体类抗体

　　(1)抗人免疫球蛋白抗体:包括 IgG、IgA、IgM、IgE 及 IgG 的亚类(IgG$_1$、IgG$_2$、IgG$_3$、IgG$_4$)和 IgG 的 Fab′、F(ab)$_2$、λ 链、κ 链等类型。抗人补体类抗体包括 Clq、Cls、C2、C4、C3 和备介素等类型。它们用于检测组织、细胞中存在的抗体类型,从而确定体液免疫性损伤在疾病发生和诊断中的作用。目前,应用较多者有肾小球疾病的诊断、皮肤狼疮带、大疱性皮肤病、器官移植的排异反应及因体液免疫机制参与的许多结缔组织疾病,如系统性红斑狼疮(SLE)、硬皮病、混合性结缔组织病、皮炎、结节性多动脉炎等。除此之外,还有某些特殊的抗体,如 anti-dsDNA、anti-Sm(Smith)、anti-ANCA、anti-HBsAg、anti-HBeAg 和 anti-HBcAg 等可作为以上疾病的辅助诊断。

　　(2)抗动物免疫球蛋白类抗体:抗动物免疫球蛋白类抗体的种类繁多,尤以抗兔、羊、大鼠、小鼠等动物的 IgG 为多见,它们被广泛应用于人类疾病动物模型的研究,如实验性肾小球肾炎、小鼠自发性狼疮样肾炎、大鼠自发性糖尿病等动物组织和细胞培养的研究。然而,更常用的是它们作为特异性单克隆抗体的后续第二抗体,如羊抗小鼠、马抗小鼠类 IgG 等,在其标上荧光素或底物酶等物后,可用于对人类某些疾病的诊断和研究。

　　2. 免疫活性细胞标记物　　参与人体免疫反应的免疫活性细胞主要包括 T 细胞、B 细胞、巨噬细胞、树状突细胞和天然杀伤细胞,其标记物主要属白细胞分化抗原,后者指白细胞(包括血小板和血管内皮细胞)在分化成熟为不同谱系和不同阶段及在它们在活化过程中出现的细胞标志。这种细胞标志大多是完整的跨膜蛋白或糖蛋白,根据其功能段可分为细胞外区、跨膜区和细胞内(胞质)区。用单克隆抗体可将相同分化抗原的细胞划归为同一分化群,标其为 CD(cluster designation)抗原。目前,已知的 CD 抗原已接近 200 种,现简要介绍下列免疫活性细胞的 CD 抗原。

(1) T 细胞类标志:T 细胞是在进入胸腺组织后发育成熟。未成熟 T 细胞,即早胸腺细胞和普通胸腺细胞在其发育过程中先后具有 CD2、CD5、CD7、CD1、CD4 和 CDs 等抗原标志。成熟的 T 细胞则可分为 2 类,一是 Th 细胞,具有 CD2、CD3 和 CD4 抗原者,又称 CD4$^+$细胞;二是 Ts 和 Tc 细胞,表达 CD2、CD3 和 CD8 抗原者,又称 CD8$^+$细胞。静止的 T 细胞若被致敏原或抗原激活,则可表达 CD9(J2)、CD25(IL-2R)及 Ia(HLA-D)抗原。目前已知,CD4$^+$细胞的功能可影响免疫系统其他细胞,如 CD8$^+$细胞、B 细胞、巨噬细胞、NK 细胞的功能,这可从因人类免疫缺陷病毒(HIV)引起的艾滋病中得到验证。近年来,根据 CD4$^+$细胞功能的不同,已确定有两种亚型,即 Th1 和 Th2 细胞,前者合成和分泌白细胞介素 2(IL-2)和 γ 干扰素(INF-γ),而后者则可生成 IL-4 和 IL-5。Th1 亚型参与迟缓性变态反应、巨噬细胞活化和 IgG$_{2b}$抗体的合成,而 Th2 亚型则有助于其他类型(包括 IgE)抗体的生成。而 CD8$^+$细胞也能像 CD4$^+$细胞(特别是 Th1 亚型)一样分泌细胞因子,但其功能主要是扮演对靶细胞的毒性作用。T 细胞标志的检测对于判断机体的免疫状态、淋巴瘤分类等具有重要意义。

(2) B 细胞标志:B 细胞是在进入骨髓或淋巴结内发育成熟。未成熟 B 细胞(早 B 细胞前身、早 B 细胞)曾具有 CD9、CD10(又称 Calla 抗原)等抗原标志。成熟 B 细胞除保持 CD19、CD20、CD21、CD22、CD24 和 Ia 抗原外,还具有表面球蛋白(SIg)标志。活化 B 细胞则可丧失 SIg、CD21 和 CD22 抗原标志。一旦 B 细胞转化为浆细胞,则独具 CD38 抗原。研究证实,CD21 作为 B 细胞的补体受体 2,也是 EBV(Epstein-Barr virus)的受体,而 B 细胞的 CD40 分子则是肿瘤坏死因子(TNF)受体家族,在 Th 和 B 细胞的相互作用中起重要作用,而这种相互作用对于 B 细胞的突变及 IgG、IgA 和 IgE 抗体的分泌确定十分必要的。B 细胞标志的检测对于确定急性淋巴细胞性白血病和淋巴瘤的病理组织学分类具有重要应用价值。

(3) 巨噬细胞标志:巨噬细胞的标志种类较多,通常 CD14 存在于血单核细胞,CD11b/CD18 即 MAC-1 抗原,可用于对巨噬细胞标志的检测,其他标志还有 CD68(KP-1)溶菌酶、α$_1$ 抗胰蛋白酶、α$_1$ 抗糜蛋白酶等。巨噬细胞对于免疫反应的诱导(抗原的处理和递呈)和效应(迟缓性变态反应)均起重要作用。

(4) NK 细胞标志:NK 细胞不具备 T 细胞受体和 B 细胞表面球蛋白标志,但具有某些 T 细胞标志,如 CD2 不含 CD3 抗原,然 CD16 和 CD56 常被视为其特异性标志而用作免疫组织化学检测,其中 CD16 具有功能意义,是 IgG 的 Fc 受体,可使 NK 细胞溶解被 IgG 包裹的靶细胞。目前认为,NK 细胞不仅具有溶解肿瘤细胞、病毒感染细胞或少数正常细胞,而且也可分泌某些细胞因子,如 TNF-α、粒细胞巨噬细胞集落刺激因子(GM-CSF)和 γ 干扰素(IFN-γ)等,影响 T 细胞和 B 细胞的功能,尤其是 IFN-γ,则有助于 Th1 细胞的分化。

3. 免疫性损伤 根据免疫反应发生机制及参与免疫反应成分的不同,免疫性损伤可分为细胞免疫性损伤和体液免疫性损伤。

(1) 细胞免疫性损伤:细胞免疫性损伤是由 T 细胞介导的,其作用的靶子通常是异种或异体抗原及其呈递细胞,如带有胞内细菌(或其他病原体)的巨噬细胞、病毒感染细胞、肿瘤细胞和同种异体或异种组织。根据其反应的不同,可分为两大类。

1) 迟缓型变态反应(delayed type hypersensitivity, DTH):参与该变态反应的T细胞主要是CD4$^+$细胞和CD8$^+$细胞。这2种细胞分别受人体主要组织相容性复合体(MHC)抗原,即MHCⅡ类抗原和MHCⅠ类抗原所限制。CD4$^+$细胞被激活后可释放各种淋巴因子,如细胞白介素2(IL-2)、IFN-γ等,故这种变态反应又称淋巴因子介导反应(lymphokine mediated reaction)。这些淋巴因子不仅能进一步活化CD4$^+$细胞,还可促进CD8$^+$细胞的分化、增殖、迁移和细胞毒性作用及巨噬细胞的聚集、吞噬作用等,而激活的CD8$^+$细胞则能对靶细胞发挥直接杀伤和溶解作用。由迟缓型变态反应引起的组织病理学改变,包括血管通透性增加、纤维蛋白沉积、血管损伤、组织坏死及肉芽肿形成等,最终可引起组织纤维化。皮肤结核菌素反应、结核样麻风等病变就属于迟缓型变态反应。

2) 溶细胞性T细胞反应(cytolytic T cell reaction):T细胞直接作用于带有先前致敏抗原的靶细胞,在人类通常见于肿瘤和同种异体器官移植反应中。参与的细胞为CD8$^+$的Tc细胞,后者具有识别和溶解表达MHCⅠ类抗原靶细胞的功能。然而也有报道,CD4$^+$细胞也可像Tc细胞一样与表达MHCⅡ类抗原的靶细胞直接发生这类反应。由Tc细胞反应所引起的组织病理学改变,可表现为组织内淋巴细胞浸润及靶细胞的溶解,属于这类反应者包括乙型肝炎病毒感染导致的肝细胞损伤、移植物抗宿主反应等。

然而,细胞免疫性损伤的上述2种反应在大多数疾病中并不能绝然加以分开,两者常同时存在。例如,在迟缓型变态反应中,Tc细胞的迁移、溶细胞作用也常合并存在。

在细胞免疫性损伤中,静止的T细胞常被激活,即除通常表达CD2、CD3、CD4或CD8标记外,还表达CD9(J2)、CD25(IL-2R)及Ia(HLA-D位点)等活化T细胞所具有的抗原标志,它们常可通过冷冻切片或石蜡切片的免疫组织化学染色加以证实。

(2) 体液免疫性损伤:体液免疫性损伤通常是由B细胞及其衍生细胞(浆细胞)所生成的抗体介导引起的,通常可分为3类。

1) Ⅰ型变态反应:Ⅰ型变态反应是过敏原通过它所引起的特异性抗体(在人类通常为IgE)的Fc片段结合至肥大细胞或血液嗜碱性粒细胞相应受体所发生的反应。上述细胞的脱颗粒能释放大量活性物质,如组胺、嗜酸性粒细胞趋化因子A、中性粒细胞趋化因子、中性蛋白酶、血小板活化因子及白三烯、前列腺素等,可引起血管扩张、通透性增加和组织水肿、嗜酸性粒细胞浸润和平滑肌痉挛等改变。按其涉及范围,可表现为局部反应或全身反应2种类型。局部反应者如过敏性鼻炎、支气管哮喘、过敏性肠炎等。全身性反应者如异种血清、药物过敏等引起的过敏性休克等。

2) Ⅱ型变态反应:Ⅱ型变态反应是由抗体直接作用于靶细胞表面或靶组织抗原而引起,通常有以下几种方式:①补体介导性细胞毒反应(complement-mediated cytotoxicity, CMC)即抗体结合抗原后激活补体,后者攻击靶细胞膜或通过C3b与巨噬细胞相应受体的亲和作用,通过调理化机制而吞噬或破坏靶细胞。溶血性贫血、粒细胞减少症、血小板减少性紫癜、血型不符输血所引起的急性溶血、Rh阳性胎儿的溶血性贫血等症即属此类。②抗体依赖性细胞介导的细胞毒反应(antibody dependent cell mediated cytotoxicity, ADCC),即抗体作用于靶细胞,通过Fc片段,靶细胞可结合于表面具有Fc受体的K细胞、NK细胞和巨噬细胞表面而被这些细胞杀伤,此类反应见于肿瘤或病毒感染。③抗体介导的靶细胞功能异常，又称受体病，即自身抗体作用于靶细胞表面的相应受体，使靶细胞增生伴功能亢进（如甲状腺功能亢进）或功能抑制（如重症肌无力症）。

3）Ⅲ型变态反应：此型又称免疫复合物型变态反应，如免疫复合物在血循环中形成者即为Ⅲ A 型，而在组织原位形成者则为Ⅲ B型。鉴于复合物一旦形成，即可激活补体，故形成的最终产物 C5b-9 为攻膜复合物，可直接损伤靶细胞。C5a、C567 等片段均是白细胞趋化和活化因子，可通过白细胞溶酶体酶和超氧离子释放而引起细胞坏死、血管损伤和组织水肿，其中血管壁纤维蛋白样坏死、中性粒细胞浸润等常是本型变态反应的典型病理改变，人类的狼疮性肾炎、抗肾小球基膜病分别是Ⅲ A 和Ⅲ B 型变态反应的代表。

在体液免疫性损伤中，各种免疫球蛋白和补体成分是免疫组织化学染色的主要检测对象。

二、变态反应性疾病

1. 肾小球肾炎　肾小球肾炎是一类由不同抗原所引起的变态反应性疾病，大多由免疫复合物引起。近30余年来，由于临床肾穿刺活组织检查的广泛开展，对肾脏疾病，尤其是肾小球疾病的诊断取得了重大进展，其中肾穿刺组织的免疫组织化学检查通常为免疫荧光法，对该病诊断具有极其重要的参考价值。

（1）检测成分：对肾穿刺组织的免疫组织化学检查，通常采用直接免疫荧光染色法，其检测成分主要是各种不同类型的免疫球蛋白（如 IgG、IgA、IgM 等）、补体（包括 C3、C1q、C1s、C2、C4 等）、纤维蛋白或纤维蛋白原及免疫球蛋白 λ、κ 轻链等，偶尔也为寻找致炎抗原而检测沉积于肾小球的 HBV 抗原（HBsAg、HBcAg 和 HBeAg）、CEA、Ⅲ 型胶原、dsDNA 等。除此之外，为研究肾小球肾炎发病机制或肾小球纤维化过程，还可采用免疫酶标法检测浸润于肾组织（或肾小球）的各种免疫活性细胞、肾小球基膜或系膜基质成分，以及肾小球固有细胞（上皮细胞、系膜细胞和内皮细胞）的多种细胞标志。

（2）免疫荧光在肾组织内的分布：各种不同原因引起的肾脏疾病，其免疫荧光在肾组织内的分布部位及其形态特点不尽相同，免疫沉积物可分布于肾小球、肾小管、血管和间质中。①肾小球：不同类型的肾小球疾病，其免疫复合物在血管襻和系膜区的分布和形态不同，可分为血管襻型（如膜性肾炎）、系膜型（如 IgA 肾病、IgM 肾病）、血管襻-系膜混合型（如膜增生型肾炎、狼疮性肾炎）和局灶节段型（局灶节段性肾小球硬化），如为抗基底膜型肾小球肾炎则可表现为沿毛细血管襻分布的线型荧光。②肾小管：可分布于肾小管基底膜、上皮细胞和管腔，如狼疮性肾炎。③血管：累及血管的肾脏疾病有高血压病、糖尿病肾病（以血浆蛋白浸润为表现），全身性血管损害为主的疾病如系统性红斑狼疮、硬皮病、结节性多动脉炎及肾移植等。④间质：通常见于小管或血管壁受损而引起的疾病，如狼疮性肾炎、自身免疫反应性间质性肾炎等。

（3）免疫荧光检查的意义：肾活检组织的常规免疫荧光检查对肾脏疾病的诊断具有重要价值。①确定免疫反应发生机制，即免疫复合物性（颗粒状免疫荧光）、抗基底膜型（线状免疫荧光）或非体液免疫反应性（无免疫球蛋白沉积）。②进行免疫学分类，如 IgG 沉积为主的肾小球疾病（感染后肾炎、膜性肾炎、膜性增生性肾炎等）、IgA 肾病、IgM 肾病、C1q 肾病、Ⅲ 型胶原肾小球病和免疫球蛋白轻链（κ、λ）性肾病等。③检测免疫原，如 HBV 相关抗原

（HBeAg、HBsAg、HBcAg 等）、肿瘤相关抗原（CEA）、自身抗原（dsDNA、甲状腺球蛋白抗原）等。

2. 自身免疫性疾病　自身免疫性疾病是由于针对机体自身抗原成分形成的自身抗体和（或）致敏 T 细胞而发生免疫反应导致免疫损伤所致。自身免疫性疾病大致有 2 种类型：①全身性或系统性自身免疫性疾病，如系统性红斑狼疮、类风湿关节炎、硬皮病、多发性肌炎、结节性多动脉炎、Wegener 肉芽肿病等，通常因抗原抗体复合物广泛沉积于血管壁所致。②局限性或器官特异性自身免疫性疾病，如自身免疫性甲状腺炎、甲状腺功能亢进、胰岛素依赖性（青少年型）糖尿病、慢性溃疡结肠炎等，多因自身抗体或致敏 T 细胞直接作用于某一靶器官引起病变或功能障碍。现将上述两型自身免疫性疾病各举一例加以说明。

（1）系统性红斑狼疮：系统性红斑狼疮的病因和发病机制尚未阐明，一般认为是同患者 CD8$^+$ 细胞功能受抑制，Th2 及 B 细胞功能明显亢进有关。因此，可在患者体内形成多种高滴度自身抗体如抗核抗体及抗 DNA、组蛋白、非组蛋白和核糖核蛋白（Sm）抗体等。此外，还可形成抗血细胞、抗淋巴细胞抗体，从而表现为Ⅲ型变态反应引起的血管病变及因特异性抗血细胞抗体的Ⅱ型变态反应而导致的贫血，血管的病变以全身细小动脉纤维蛋白样坏死、管壁淋巴细胞浸润和基质增多为特征，随后可发生血管内膜纤维化和血管外膜胶原纤维沉积，并形成洋葱样结构等病变。应用免疫组织化学法可在病灶内发现免疫球蛋白、补体、DNA 抗原等。这些成分常在肾脏病变，即狼疮性肾炎的肾小球、肾小管和肾血管组织及皮肤基底膜或真皮小动脉壁等部位得到证实。

（2）自身免疫性甲状腺炎：属于本型的甲状腺疾病有慢性淋巴细胞性甲状腺炎、桥本（Hashimoto）病和局限性甲状腺炎。自身免疫性甲状腺炎的病因和发病机制不明。患者血清中往往存在多种自身抗体，包括促甲状腺激素（TSH）受体抗体、甲状腺球蛋白抗体和甲状腺滤泡上皮细胞微粒体抗体等。其病变的共同特点是甲状腺组织内出现大量呈片状分布的淋巴细胞和浆细胞浸润，甚至伴有淋巴滤泡和生发中心形成，尤以桥本病为最严重，而甲状腺滤泡上皮细胞萎缩、破坏，且伴有纤维组织增生。浸润于甲状腺组织中的淋巴细胞越多，其自身抗体的发生率及其效价也越高。在上述病变的甲状腺标本中，应用免疫组织化学可证实能合成和分泌 IgG 的浆细胞浸润，甲状腺滤泡的间质小血管壁也可有 C3 和 Ig（IgG、IgM、IgA 等）沉积，而且也有人从甲状腺引流淋巴管中证实有抗甲状腺球蛋白抗体的存在。由此说明，患者血浆中的自身抗体来自浸润于甲状腺组织内的浆细胞。近年来又通过免疫组织化学证实，甲状腺病变组织中也有大量 CD4$^+$ 细胞，主要浸润于呈阳性表达Ⅰa抗原的甲状腺滤泡上皮周围。故目前认为，自身免疫性甲状腺炎的发生是由甲状腺自身抗原所引起的。由此可见，免疫组织化学技术在病变甲状腺组织中的应用，对于阐明自身免疫性甲状腺炎的发病机制具有重要意义。

3. 移植物排异反应　移植物受者的免疫系统对同种异体器官或组织的移植，常发生保护性排异反应，其中既有抗体介导，又有细胞参与，其作用的靶子主要是移植物的主要组织相容性复合体（MHC）抗原。以肾移植为例，依排异反应的类型及其病理形态改变的不同，通常可分为下述 4 种：①超急性排异反应，主要由体液免疫反应介导，是因受者血清中预先存在抗供者移植物 MHC 或 ABO 血型抗原等抗体引起，其病理改变是肾血管内皮受损，引起血管腔内血小板聚集和血栓形成，免疫荧光法可证实肾细小动脉壁及肾小球内常有免疫球蛋白、补体和纤维蛋白沉积。②加速性排异反应,实际上是加速性急性排异反应,以体液免疫性损伤为主,肾血管壁常有大量免疫球蛋白、补体和纤维蛋白的沉积。③急性排异反应,早期往往以细胞型免疫反应为主,后期则有体液免疫反应参与,通常是因移植物的 MHC Ⅰ 类抗原细胞(如移植肾肾小管上皮)刺激 CD8[+] 前身细胞、B 细胞和 MHC Ⅱ 抗原细胞(如移植物中的巨噬细胞)刺激 CD4[+] 细胞而引起的。早期形态上表现为间质内大量单核细胞浸润,伴肾间质充血、水肿和出血,肾小管上皮细胞溶解、坏死。经免疫组织化学证实肾组织内有 CD4[+]、CD8[+] 细胞,且常表达 IL－2 受体、Ia 抗原等。后期则以血管病变为主,表现为肾细、小动脉的坏死性血管炎,且伴有血管腔内血栓形成。免疫荧光证实有免疫球蛋白、补体和纤维蛋白的沉积。④慢性排异反应,常是急性排异反应反复发作的结果,故它是细胞免疫和体液免疫反应性损伤共同作用所致,病理形态表现可与慢性硬化性肾小球肾炎大致相似。上述排异反应类型的确定,常对临床决定治疗方案和预后评估具有指导意义。

(复旦大学基础医学院病理系　刘　颖)

第二十章

细胞外基质的研究

一、细胞外基质（extracellular matrix，ECM）

是指存在于细胞间的大分子物质，其由细胞所分泌，存在于机体的所有器官和组织，虽然在数量和形态结构上各不相同，但基本上都由具有特定形态结构的纤维和无定形的凝胶样基质所组成，其生化性质为蛋白质与碳水化合物组成的复合性生物大分子。主要的有：胶原蛋白（collagen）、弹性蛋白（elastin）、连接糖蛋白[包括纤连蛋白（fibronectin）和层粘连蛋白（laminin）]、蛋白聚糖（proteoglycan）和糖胺聚糖（glycosaminoglycan），在 ECM 中富含着组织液和由细胞分泌或由血管滤过的许多生物活性物质。因此，ECM 不仅仅是细胞间的填充、器官或组织的支架，其通过细胞膜上的 ECM 受体与细胞相联系，对细胞的分化、增殖、迁移及细胞间信号的传递都起重要作用。

1. 胶原蛋白　胶原是 ECM 中最丰富的成分。构成胶原分子的基本结构单位是 a 肽链。至今已分离克隆了 34 种不同的肽链，肽链的氨基序列系甘氨酸-X-Y 重复顺序，其中甘氨酸占 1/3，此外，还含有丰富的脯氨酸和羟脯氨酸。3 条同源或异源性 a 肽链相互缠绕、折叠成螺旋的胶原分子。现已发现的胶原分子有 19 种之多，根据其结构、功能、分布特点，可将胶原分为五大类：①纤维形成胶原，主要有 I、II、III、V、XI 型胶原。这类胶原中各型胶原分子高度有序排列，组成不同类型的间质胶原纤维。其中 I 型胶原在电镜下呈现明显的横纹周期，主要分布于皮下等结缔组织，具有较强的抗拉性能。III 胶原较细，常与 I 型胶原相伴存在，III 型胶原还以网状纤维形式，分布于实质细胞和毛细血管周围。V 型胶原则多围绕细胞存在，参与了上皮细胞与其他胶原的连接。②基膜型胶原，主要是 IV 胶原，这型胶原分子的三肽螺旋区含有若干个非螺旋的间断区，使 IV 型胶原聚合成网格状结构，并维持了基膜的柔顺易弯曲的特性。③间断 3 股螺旋纤维结合胶原，包括 IX、XII、XIV、XVI、XIX 型胶原，参与纤维骨架的形成。④多股螺旋胶原，即 XV 和 XVIII 型胶原，主要分布于基底膜；⑤未分类胶原，包括有 VI、VII、VIII、X、XIII 和 XVII 型胶原，其中 VII 型胶原参与了基膜锚定纤维（anchoring fibrils）的形成，XVII 型胶原则参与了上皮细胞半桥粒（hemidesmosome）的组成。

2. 弹性蛋白　弹性蛋白在电镜下由中央无定形的弹性蛋白（elastin）和周边细丝状的微

原纤维(microfibrils)构成。弹性蛋白的基本亚单位是原弹性蛋白,其富含甘氨酸和丙氨酸,此外还含有较多的赖氨酸和缬氨酸残基,但极少脯氨酸。原弹性蛋白肽链形成一些特殊类型的螺旋,螺旋区间插有含赖氨酸和丙氨酸残基的小区段,螺旋区具有拉伸和收缩弹性。微原纤维则由肌原纤维蛋白组成。在结缔组织中,丰富的弹性纤维与胶原纤维交织在一起,构成弹性结缔组织,其主要分布于皮肤、肺脏、韧带和大动脉中,使这些器官或组织既具有一定的抗拉力,又具有丰富的弹性。

3. 连接糖蛋白　在 ECM 中除胶原蛋白外,还有一组非胶原性粘合蛋白,这些粘合蛋白分子是由多个功能区组成,每个功能区都含与其他基质大分子或细胞表面受体专一结合的位点。因此,这些连接糖蛋白对细胞及 ECM 的其他成分有特异性粘连的作用。已知的连接糖蛋白有以下几种。

(1) 纤连蛋白:纤连蛋白是由两个亚基组成的二聚体,两个亚基间通过靠近羧基端一对二硫键相连,形成"V"型结构。每个亚基多肽链折叠成 5～6 个功能区,后者由 3 种,即Ⅰ、Ⅱ、Ⅲ型重复序列组合而成。其中主要是Ⅲ型重复序列,其含有一个专一的三肽(Arg-Gly-Asp, RGD)序列。纤连蛋白分子可通过多个功能区与纤维蛋白、胶原、肝素等基质成分结合,促进血凝和创伤愈合;也可通过细胞表面的受体——整合素(integrin)与细胞结合,从而影响细胞的游走、吞噬、生长和分化。纤连蛋白有多种异构体,如可溶性的血浆纤连蛋白、高度不溶性的细胞表面纤连蛋白和细胞外基质纤连蛋白。血浆型纤连蛋白亚基中缺少两个Ⅲ型重复序列,而细胞和基质的纤连蛋白都含有Ⅲ型重复序列。

(2) 层粘连蛋白:层粘连蛋白是由 3 条长肽链(分子质量为 805 KD,由 1 个 400 KD 的 α 链和 2 条 200 KD 左右的 β 链组成)组成的大分子,肽链间通过二硫键连成一个不对称的十字架形。其分子中有多个功能区,分别与Ⅳ型胶原、硫酸类肝素及其他糖蛋白内联蛋白和细胞表面的层粘连蛋白受体相结合。层粘连蛋白可以通过臂末端相连,形成片状结构,并通过长、短臂间的内联蛋白分子实现层粘连蛋白网与Ⅳ型胶原网之间的连接。层粘连蛋白是基膜中主要的非胶原糖蛋白,促进细胞与基膜Ⅳ型胶原的黏附作用,维持基膜的正常结构和功能。

(3) 其他连接糖蛋白:包括巢蛋白(entactin, Et/nidogen, Nd)。其为高度硫酸化的糖蛋白,存在于基膜中,属副层连蛋白,以其一端与层粘连蛋白十字形交叉的中心相接触形成复合物,该复合物对其相互聚集并与Ⅳ型胶原结合以维持基膜结构甚为重要。实验证明若无乙基(Et),单纯层粘连蛋白不能与Ⅳ型胶原结合。另外,Et 还能修饰层粘连蛋白的细胞接触特性。玻连蛋白(vitronectin, Vn),与层粘连蛋白有类似性,亦分为血浆型和组织型,参与启动凝血过程、调节免疫系统、介导血小板与血管壁相互作用。腱生蛋白(tenascin, Tn),又称 cytotactin 或 hexabrachio,与层粘连蛋白活性有关,能调节白细胞的黏附性,在胚胎间叶及浸润性肿瘤的侵袭部高度表达。波浪蛋白(undulin, Ud),主要在分化性结缔组织中,与Ⅰ、Ⅲ、Ⅴ、Ⅵ型胶原有亲和性,可能与维持胶原纤维的正常结构有关。血小板反应蛋白(thrombospondin, Ts),又称血栓黏合素,与血小板的凝聚有密切关系,能与纤连蛋白、层粘连蛋白、Ⅴ型胶原和纤维蛋白原相互反应,正常组织中表达量少,细胞分裂时增多,可能有防止细胞分散的作用。软骨粘连蛋白(chondronectin, Cn),可使软骨细胞附着于Ⅱ型胶原纤维上。

4. **蛋白聚糖**（proteoglycan，PG） 蛋白聚糖是由糖胺聚糖（又称氨基多糖，glycosaminoglycan，GAG），与少量蛋白质核心所组成的糖肽复合物。GAG 过去曾称为黏多糖（mucopolysaccharide），根据其糖残基的性质、连接方式、硫酸基的数量及存在部位，GAG 可分为：①透明质酸（hyaluronan）；②硫酸软骨素（chondroitin sulfate）和硫酸皮肤素（dermatan sulfate）；③硫酸类肝素（heparan sulfate）和肝素（heparin）；④硫酸角质素（keratan sulfate）4 类。除透明质酸外，其他 3 类 GAG 都可与蛋白质（核心蛋白）共价结合，形成高分子量的复合物，即蛋白聚糖，蛋白聚糖还可以透明质酸为中轴结合成巨大的复合物。由于其核心蛋白及结合的 GAG 的不同，可以形成无限种类的蛋白聚糖，其中较为常见的有：聚集蛋白聚糖（aggrecan），β-蛋白聚糖（betaglycan），饰胶蛋白聚糖（decorin），纤调蛋白聚糖（fibromodulin），基膜蛋白聚糖（perlecan），丝甘素（serglycin），粘结蛋白聚糖-1（syndecan-1）等。

蛋白聚糖的功能取决于其核心蛋白和 GAG 的构成，主要有：①分子筛作用，ECM 中的蛋白聚糖和胶原等大分子结合，形成三维空间结构，起分子筛作用，如基膜蛋白聚糖等组成的肾小球基底膜可以阻止大分子的滤过，维持着内环境的恒定。②参与细胞间化学信号的传递，如成纤维细胞生长因子（fibroblast growth factor，FGF）与硫酸类肝素结合后才能激活 FGF 受体，而饰胶蛋白聚糖等的核心蛋白与 TGF-beta 结合，可以抑制 TGF-beta 的活性。③与蛋白酶和蛋白酶抑制剂等分泌蛋白结合，调节其迁移、释放、储存、降解等活性。④某些蛋白聚糖（如粘结蛋白聚糖）可以整合于细胞质膜，其本身或与整合素一起构成 ECM（如胶原、纤连蛋白等）的受体，介导细胞骨架与 ECM 的结合及细胞对生长因子的反应。⑤GAG 具有高度的亲水性，且其糖残基上有羧基或硫酸基，故 GAG 带有大量负电荷，可以吸引许多阳离子，从而维持组织的渗透压，保证基质中的大量水分，并使其具有很强的耐压性。

二、细胞外基质的生成和降解

1. **ECM 的生成** ECM 的各种成分主要均由细胞合成，包括上皮细胞、成纤维细胞、平滑肌细胞、骨和软骨细胞、内皮细胞等，其中最重要的细胞来源是成纤维细胞。正常人结缔组织中的成纤维细胞很少分裂，但组织损伤修复时，成纤维细胞分裂增殖，蛋白合成和分泌旺盛，进入功能活跃状态；处于功能休止状态的纤维细胞此时也可转化为成纤维细胞，另外，在损伤等刺激因素作用下，正常时少量存在于组织中的未分化间叶细胞，可以分化为功能活跃的成纤维细胞和成肌纤维细胞，合成并而分泌大量的 ECM。

细胞合成 ECM 时，一般均经基因转录、蛋白翻译而合成多肽，再分泌到细胞外。此外，在细胞内、外还要经历一系列的加工、修饰和装配的过程。如胶原合成时，胶原分子的多肽链由内质网上的核糖体合成，最初合成的是前体肽链（前 a 链），其进入内质网，完成脯氨酸和赖氨酸的羟化、羟赖氨酸残基和端肽中天门冬酰胺基的糖化及肽链间的二硫键形成等一系列蛋白修饰，3 条前 a 链通过由羟基形成的氢键相结合，构成 3 股螺旋的前胶原分子，到达高尔基体后完成装配的前胶原分子，通过分泌小泡输送到细胞外。前胶原分子经水解酶切除两侧端肽后，胶原分子在细胞质膜的凹陷处进一步交联，形成稳定的胶原纤维。弹性蛋白的合成是先合成原弹性蛋白，而后被释放到细胞外，原弹性蛋白中赖氨酸在赖氨酰氧化酶的催化下形成锁链素（desmosine）和异锁链素（isodesmosine），多条原弹性蛋白通过锁链素交连,聚合成弹性蛋白。并在细胞外附着于微原纤维上,装配成弹性纤维。纤连蛋白有众多的异构体,而所有的异构体均由一个大的基因编码,其含有 50 个大小相同的外显子。在纤连蛋白的合成时。其转录为一大的 RNA 分子,经剪接后形成不同的 mRNA,从而翻译成不同的纤连蛋白异构体。成年人的纤连蛋白基因 RNA 剪接方式与胚胎时不同,但当组织受损后则可重返胚胎时的类型,合成的基质成分能促进细胞的迁移和增殖,并诱导胶原的沉积。血浆型纤连蛋白主要由肝细胞合成,而细胞表面纤连蛋白和细胞外基质纤连蛋白可由上皮细胞、成纤维细胞、内皮细胞、软骨细胞等细胞合成。纤连蛋白在粗面内质网上合成后,连接的糖基是不成熟的寡糖,在分泌时,其中的甘露糖被代之以 N-乙酰氨基葡萄糖、半乳糖、唾液酸和岩藻糖,成为纤连蛋白单体,并通过单体间的二硫键,结合成二聚体或多聚体。成熟的纤连蛋白可分泌到细胞外间质,也可存留于细胞表面。蛋白聚糖的生成则是由粗面内质网上的核糖体合成核心蛋白肽链,其进入内质网腔,到达高尔基体与寡糖结合,并在特异的糖基转移酶的作用下,糖基逐个转移至肽链上,使 GAG 糖链延长,并在高尔基体内完成硫酸化和差向异构化后,以蛋白聚糖单体的形式分泌出细胞,在细胞外与透明质酸等聚合成大分子复合物。

ECM 生成细胞的增生和活化直接受到多种可溶性因子,特别是细胞因子的调节。如转化生长因子-β(TGF-β)可以使处于静止期的细胞活化,并向成肌纤维细胞分化,ECM 合成和分泌增加;血小板源性生长因子(PDGF)则具有促进细胞增生的作用。此外,单核巨噬细胞、内皮细胞和间质细胞产生的许多因子,如表皮生长因子(EGF)、成纤维细胞生长因子(FGF)、白细胞介素-1(IL-1)和肿瘤坏死因子(TNF)等都能通过旁分泌或自分泌作用,调节 ECM 生成的速度和数量。

2. ECM 的降解　正常组织内的 ECM 处于不断更新的动态平衡状态,即一方面细胞不断产生新的 ECM,同时 ECM 也以一定的速度降解、蜕变。一般说来,无定形的基质成分(如蛋白聚糖)代谢相当迅速,体液和细胞溶酶体中水解酶就可使之裂解,酶解过程包括切断 GAG 糖链,脱去糖链上的硫酸基团,水解糖肽链,降解肽链。而结构精细的胶原纤维等则降解缓慢,需经历一系列的解聚、切割和变性胶原降解等过程。

ECM 的降解实质上就是一系列酶解的过程,ECM 降解的酶系至少有六大类:①脯肽酶(prolinase),以脯氨酸和羟脯氨酸为酶切位点。②丝氨酸蛋白酶,其活性中心含有丝氨酸残基,包括胰蛋白酶(trypsin)、糜蛋白酶(chymotrypsin)、凝血酶(thrombin)、纤溶酶(plasmin)、弹性蛋白酶(elastase)和纤溶酶原激活因子(包括 uPA、tPA)等,此类酶能降解蛋白聚糖和糖蛋白,而 α1-抗胰蛋白酶、卵白蛋白、抗凝血酶、血小板活化抑制因子等丝氨酸蛋白酶抑制剂(serine proteinase inhibitors)对丝氨酸蛋白酶具有抑制作用。③半胱氨酸蛋白酶,其酶活性中心含有半胱氨酸残基,如组织蛋白酶(cathepsin B, D, L),也能降解糖蛋白和蛋白聚糖。④天冬酰胺蛋白酶。⑤糖苷酶,如透明质酸酶、肝素酶等,能降解 ECM 中的糖胺多糖。⑥基质金属蛋白酶(matrix metalloproteinases, MMPs),此组酶对 ECM 具有广泛的降解作用。

MMPs 是一组锌离子依赖性的内肽酶家族,至今发现的至少有 20 种,构成 MMP 超家族。根据其结构特点及其对作用底物敏感性的不同,MMP 可分为 5 类。①间质胶原酶:包括间质胶原酶(MMP-1)、多形核细胞胶原酶(MMP-8)、胶原酶Ⅲ(MMP-13)。作用底物主要是Ⅰ型、Ⅱ型、Ⅲ型胶原。②基质溶解素：包括间质溶解素-1(MMP-3)、间质溶解素-2(MMP-10)、基质溶素(MMP-7)等成员。作用底物主要是层粘连蛋白、纤连蛋白、蛋白聚糖的核心蛋白等，也可以降解纤维性胶原。此外，还有巨噬细胞金属弹性蛋白酶(MMP-12)，作用底物主要是弹性纤维，近年发现其还可作用于 FN、LN、Ⅳ型胶原等。③明胶酶：包括明胶酶 A(MMP-2)和明胶酶 B(MMP-9)两个成员，作用底物主要是Ⅳ型和Ⅴ型胶原。④膜型基质金属蛋白酶(membrane-type MMPs，MT-MMPs)，是最近陆续发现的 MMP 家族新成员。包括 MT1-MMP(MMP-14)、MT2-MMP(MMP-15)、MT3-MMP(MMP-16)和 MT4-MMP(MMP-17)4 个成员。除已知 MMP-14 的作用底物为明胶酶 A 前体外，其他 3 个成员的作用底物尚不清楚。⑤其他：间质溶解素-3(MMP-11)，其作用底物为 α_1-抗胰蛋白酶及层粘连蛋白、纤连蛋白、蛋白聚糖等。MMP-18 和 MMP-19 存在于乳腺和肝组织，但其底物尚不明了，釉质溶解素(MMP-20)存在于牙组织，其作用底物是牙釉基质(dental amelogenin)。

　　金属蛋白酶活性调节表现在 3 个水平上：即基因转录的调节、酶原的活化及活化酶的抑制物。许多因素可改变基质金属蛋白酶的基因转录，但其中最主要的是生长因子和细胞因子，如白细胞介素 1(IL-1)、肿瘤坏死因子(TNF-α)、血小板衍生生长因子(PDGF)、上皮细胞生长因子(EGF)、促成纤维细胞生长因子(bFGF)等可促进该酶系基因表达，而维甲酸和可的松起抑制作用。转化生长因子(TGF-beta)则可促进 MMP-2 的基因表达，但抑制基质溶解素和间质胶原酶的基因表达。上述这些作用大多是通过促进或抑制 c-fos 和 c-jun 的表达而起作用的，这些原癌基因的产物可形成异二聚体，即活化蛋白-1(AP-1)，作为转录激活因子促进金属蛋白酶基因的转录。基质蛋白降解产物或它们的类似物也可通过细胞膜受体反馈刺激金属蛋白酶的表达，如 FN 的降解产物有刺激成纤维细胞间质胶原酶和基质溶解素表达的作用。近年来发现肿瘤细胞及部分正常人体细胞可以表达基质金属蛋白酶诱导物(matrix metalloproteinase inducer，EMMPRIN)，这是一种膜蛋白，属于免疫球蛋白超家族，其可诱导成纤维细胞等间叶细胞表达 MMPs。

　　基质金属蛋白酶合成后以无活性的酶原形式分泌至细胞外间隙中，与其激活剂、抑制剂及其作用底物伴存。只有被活化后才具有降解基质蛋白的活性，这是控制细胞外基质降解的重要调节机制。MMPs 酶原的体外激活至少有 4 种方式：通过有限蛋白水解、构象变化、巯基转换和氧化活化。MMPs 酶原体内细胞外激活机制尚不完全清楚，现普遍认为间质胶原酶和基质溶解素的激活是通过纤维蛋白溶酶系统的瀑布式蛋白水解过程。即纤溶酶原在纤溶酶原激活剂(PAs)，主要是尿激酶型纤溶酶原激活剂(uPA)作用下形成纤溶酶，后者再催化间质胶原酶和基质溶解素的活化。纤溶酶原抑制因子(PAIs)可抑制 PAs 对 MMPs 的活化作用。许多细胞因子可通过纤溶酶/PAs/PAIs 系统来调节 MMPs 活性。MMP-2 的活化是通过一种膜依赖激活机制，该过程需要 MT1-MMP 和 TIMP-2 的参与。MT1-MMP 则被认为通过细胞内前体转换酶 furin(属丝氨酸蛋白酶)对 MT1-MMP 酶原与催化基团间的 RXKR 序列的识别，经水解而活化。也有报道刀豆素 A(Con A)可以通过聚集细胞表面糖蛋白及酪氨酸的磷酸化作用来激活 MT1-MMP。

　　在组织中许多产生 MMPs 的细胞同时也可合成 MMP 的特异性组织抑制因子(TIMPs)。TIMPs 能特异地与 MMPs 催化活性中心的锌离子结合，而封闭其催化活性。在

ECM 代谢调节中,TIMPs 是与 MMPs 对应的负调节剂。目前,已知的 TIMPs 至少有 4 种,它们可以阻止 MMP 酶原的激活,也可直接抑制活化的 MMPs 的活性。TIMPs 的合成受到多种因素的调节,有趣的是许多调节基质金属蛋白酶基因表达的细胞因子同样可调节TIMPs 的基因表达,如表皮生长因子(EGF)和碱性成纤维细胞生长因子(b‐FGF)同时使TIMP 和 MMP 表达增强,TGF‐β可抑制成纤维细胞和巨噬细胞间质胶原酶的合成,但加强其 TIMP 的合成。此外,巨噬细胞和肝细胞产生的巨球蛋白被认为是一种重要的 MMP清除剂,其对间质胶原酶和基质溶解素的活性具有广泛的抑制作用。

3. 细胞外基质的原位检测方法 ECM 的原位检测方法除了常规的 HE 染色外,常用的方法有特殊染色法、组织化学法、免疫组织化学法和杂交组织化学法等。

(1) 特殊染色:传统病理学技术中有许多常用的特殊染色法,以多种染料组合应用,可在一张切片上对不同成分染成不同的颜色,其方法简便、成本低廉、结果可靠,而且大多数染色方法都适用于甲醛固定(Masson 三色染色法以 Bouin 液固定为佳)的石蜡切片。

1) ECM 中的纤维成分因其理化特性,能与某些染料、金属等相结合或吸附而着色,如胶原纤维能被酸性染料显示,网状纤维能被银盐浸染。目前较为常用于检测 ECM 中纤维成分的方法有以下几种。

● Van Gieson 苦味酸‐酸性品红法:主要染料有酸性品红、苦味酸、铁苏木素。染色结果胶原纤维呈红色,肌纤维、神经胶质、细胞质及红细胞呈黄色,细胞核呈黑色。本法常用于区分胶原纤维、肌纤维和神经纤维。

● Masson 三色染色法:主要染料为丽春红、酸性品红、橘黄 G、亮绿、磷钨酸、苏木素等。染色结果胶原纤维呈绿色,细胞核染深蓝色,而细胞质和神经胶质纤维呈红色。

● 天狼猩红(sirius red)染色法:主要试剂为天狼猩饱和苦味酸染液和天青石蓝染液。染色结果胶原纤维呈红色,细胞核呈绿色,其他为黄色。天狼猩染色后能增强胶原的双折光属性,用偏振光显微镜观察时,可以区分Ⅰ、Ⅲ型胶原,即Ⅰ型胶原双折光强,呈亮红或橘黄色,而Ⅲ型胶原呈绿色。

● Gordon‐Sweet 网状纤维染色法:用双氨氢氧化银染液(含硝酸银、氨和氢氧化钠)浸染切片,具有嗜银性的网状纤维吸附银离子,再经甲醛还原、氯化金调色,组织内的网状纤维呈黑色。

● Weigert 弹性纤维染色法:该法以间苯二酚染液使弹性纤维呈蓝黑色,而佐以 Van Gieson 染液使胶原纤维呈红色,肌纤维等为黄色。

2) ECM 中非纤维性糖蛋白的检测常采用的特殊染色有以下 2 种。

● 过碘酸‐希夫反应(periodic acid schiff, PAS)技术:本法的原理是强氧化剂过碘酸破坏糖分子中的碳链,形成二醛(CHO‐CHO),后者与希夫试剂反应生成紫红色反应物。染色结果含糖类的 ECM、基底膜、黏液及糖原呈阳性紫红色,而肌纤维和红细胞呈橙黄色,细胞核为蓝褐色。

● 六胺银染色法(periodic acid-silver methenamine, PASM):本法是用银溶液与经过碘酸处理所暴露的醛类作用,经氯化金调色后产生棕黑色反应物,背景为淡黄色。常用于对基底膜的染色。

(2) 免疫组织化学染色:由于 ECM 的化学组成几乎均为糖蛋白,上述特殊染色尽管较为简便、可靠,但难以区分 ECM 如此多的类型。随着基质免疫化学技术的发展,已相继获得了多种特异性抗体,使采用免疫组织化学技术来显示 ECM 不同组分成为可能。然而与实质成分的免疫组织化学检测相比,ECM 的免疫组织化学研究在方法学上有许多困难之处,这主要是因为:①许多 ECM 成分的分子量大,但其免疫原性较差,且种系间有明显的交叉反应性,由此造成抗体制备的困难,表现为抗原的用量大,所获抗体的成分混杂。②ECM 组分种类繁多,且在化学构成上有许多相似之处,各组分间具有明显的共同抗原决定簇,使得采用多克隆抗体结果特异性差,而采用单克隆抗体时则因能识别的抗原决定簇少而敏感性不够。③ECM 各组分的分布广泛,往往重叠、相伴而存,使染色后的观察分析,特别是开展定量技术的难度增大。④胶原纤维等固定后蛋白结构发生交联,造成抗原决定簇的封闭,而用多量的蛋白酶修复又常造成脱片或组织结构的不完整。⑤胶原纤维由于其理化特性,是免疫组织化学染色时非特异性吸附着色的常见原因。

因此,在采用免疫组织化学技术研究 ECM 时特别要考虑或注意以下几点:①所用组织要新鲜,及时固定,但固定时间不宜过久,蛋白聚糖的检测则常采用新鲜组织,冷冻切片。②抗原修复时多采用胃蛋白酶,并要很好掌握消化酶的浓度和作用时间。③胶原分型时多采用型特异性抗体(即抗一型胶原抗血清制备后,经多个其他型胶原抗原亲和层析柱纯化),或采用抗同型胶原的多个单克隆抗体混合物,以增加敏感性。④加一抗前要注意采用 BSA 或二抗动物正常血清,以减轻背景着色。⑤强调设置阴性对照的重要性,对阳性结果的分析也需慎重排除非特异性着色之可能。⑥鉴于胶原具有较强的自发荧光,用免疫组织化学观察胶原时一般不采用免疫荧光法。

免疫组织化学染色除用于检测细胞外的 ECM 成分外,还可用抗原胶原等抗体检测 ECM 生成细胞的数量和分布。此外,也可利用相应的抗体,对 ECM 合成、降解的相关细胞成分(如细胞表面的整合素及细胞因子受体的表达)、蛋白水解酶类及细胞外活性因子的分布、表达量进行研究。

(3) 杂交组织化学:杂交组织化学常用来检测各种细胞 ECM 基因转录水平的变化,这项技术已十分成熟,在冷冻切片和石蜡切片上均有大量成功的报道。与免疫组织化学相比,杂交组织化学检测的是细胞内 mRNA 的变化,因此,结果的分析和定量均较为容易。

4. 细胞外基质原位检测的应用　ECM 的现代组织化学研究是一个十分热门的领域,大量的文献报道主要可分为 3 个方面,即损伤的修复、组织器官的纤维化和硬化和肿瘤的浸润和转移。研究的内容涵盖了 ECM 的合成、在组织局部沉积及降解等过程的调节。

(1) 组织损伤与修复:在创伤造成组织缺损后,血浆型纤连蛋白即随出血和炎性渗出而出现于创伤局部,其作为调理素而促进吞噬细胞吞噬组织碎片,作为趋化物质而使炎细胞、成纤维细胞和上皮细胞向伤口移动。随后的修复过程中,除上皮组织再生外,主要是结缔组织的再生,即在炎性介质和各种细胞因子的作用下,创伤周围的成纤维细胞和血管内皮细胞增生,并向损伤处迁移,形成肉芽组织,其中的成纤维细胞则开始合成 ECM,早期以非结构性蛋白聚糖和粘连蛋白为主,此时创伤处组织型纤连蛋白的类型及其数量常被法医用于鉴定身前伤、死后伤及创伤的时间的有效手段。以后肉芽组织中的血管逐渐减少,成纤维细胞也转向成熟型纤维细胞,并辅以不断增多的胶原和弹力纤维,而逐渐转化为纤维结缔组织瘢痕。

(2) 器官纤维化和硬化:器官纤维化和硬化是由于多种机制引起的组织慢性、持续性损伤,特别是器官和组织的纤维支架结构受到破坏后导致的进行性纤维组织增生,胶原等ECM沉积,最后组织器官变硬,功能丧失,严重损害人类健康的一组疾病。尽管临床上,多数器官纤维化、硬化病例呈慢性经过,但其病程多呈进行性,至今缺乏有效的防治方法,预后很差。

器官纤维化的发病机制虽经前人大量的探索,但至今尚未完全明了。目前,研究的重点在于2个方面:一个是组织的损伤,这种损伤即包括上皮和内皮等实质细胞的损伤,但更为重要的可能还是持续的基底膜等纤维支架的损伤;另一个是以成纤维细胞为代表的间质细胞增生和ECM在局部的沉积。一般认为,器官纤维化、硬化是组织损伤后的一种异常的修复过程,是ECM合成与降解不平衡的结局。

肺纤维化时,肺部的最早期的形态学改变是肺泡上皮细胞肿胀、脱落,而使基底膜裸露,毛细血管内皮细胞肿胀,与基底膜分离,肺泡壁间质水肿。同时基膜IV型胶原和肺泡壁弹性纤维断裂、溶解、消失。以后出现II型肺泡上皮细胞和肺内固有的原始间叶细胞增生,后者不断向成纤维细胞和成肌纤维细胞分化,伴有纤连蛋白、IV和V型胶原的分泌和沉积,但终于不能恢复正常的基底膜结构,后期则表现为大量I、III型胶原增生,肺组织弥漫性纤维化。近来研究发现,肺纤维过程中肺泡基底膜的损伤与组织降解酶,特别是基质金属蛋白酶密切相关。其中MMP-12来自肺泡巨噬细胞,MMP-2则主要来自增生的成纤维细胞,在实验性肺纤维病程中,MMP-2的表达是持续增高的,而II型肺泡上皮细胞可以合成MT1-MMP,其参与了MMP-2的活化。用蛙毒素(batimastat),即哥伦比亚箭毒抑制MMP活性后,可以阻止肺纤维化的发生。

肝纤维化时,肝细胞损伤处即出现纤连蛋白,其与增多的IV型胶原一起形成基底膜样结构,而导致血窦毛细血管化,严重地影响肝细胞与血液之间的交换。且可因Disse间隙中过多的ECM沉积而使血窦受压,窦内门脉高压。随着纤维化病程的进展,纤连蛋白逐渐减少,而胶原成分逐渐增多,早期增多的主要是III型胶原,而后I型胶原增多,I/III型胶原比例显著升高,最终造成汇管区的扩大和纤维间隔的形成。与此同时,肝组织中星状细胞(HSC,又名贮脂细胞)增生、活化,并向成肌纤维细胞和成纤维细胞转化,合成并发泌ECM。近来研究也发现MMP在肝纤维化发病中起着重要的作用。其中MMP-2主要来源于HSC,而MMP-9则来自库普否细胞。在病程早期由于MMP-2的合成和分泌,使肝窦旁正常基质成分降解,并激活HSC,使ECM合成增多,后期则由于组织特异性基质金属蛋白酶抑制剂(TIMP)的增多,MMP活性下降,ECM的降解减少。

肾硬化时,主要表现为肾小球上皮和内皮细胞的损伤、系膜细胞增生和系膜区ECM沉积,其中早期主要为IV型胶原、纤连蛋白、层连蛋白和硫酸肝素等成分,稍后则有I、III型胶原的沉积。而在糖尿病、肾淀粉样变等代谢性疾病时,肾小球中常有V型、VI型胶原分泌增多。此外,一些肾小球病变的发生与ECM成分的性质改变有关,其中研究较多的并有临床意义的是IV型胶原α链的表达改变和分布异常。肺出血肾炎综合征(Goodpasture综合征)中的Goodpasture抗原(GA抗原)由IV型胶原α链的非胶原区构成,其抗原决定簇平时陷含在非胶原区六聚体中,在酸性条件下才暴露其抗原性。然而,对肾硬化发生发展中基质金属蛋白酶及其组织抑制剂的研究结果显示不同种系、不同的疾病间没有固定的模式。

除上述组织损伤和 ECM 沉积外,关于器官纤维化的防治研究中,对成纤维细胞等的 ECM 受体,即整合蛋白的表达和功能;对细胞因子,如转化生长因子- b(TGF - beta)、血小板源性生长因子(PDGF)、成纤维细胞生长因子(FGF)等的作用及其信号传递途径;对部分 ECM 成分,如装饰素、小分子肝素,以及纤连蛋白降解产物等对 ECM 生成细胞功能的影响等,均有一定的研究进展。

(3) 肿瘤的浸润与转移:浸润和转移是恶性肿瘤的生物学特征之一。其机制自然与肿瘤细胞的侵袭能力有关,这种侵袭能力包括:肿瘤细胞的不断增生、肿瘤细胞间粘着性低下、肿瘤细胞的迁徙性移动、肿瘤细胞对 ECM 的降解能力等。肿瘤转移的步骤至少有:肿瘤细胞与原发肿瘤群体脱离,降解周围 ECM,并与局部毛细血管或淋巴管内皮细胞黏附;穿透管壁,进入管腔;激活血小板,形成瘤栓,随血液或淋巴被转运到新的部位;黏附并穿越内皮细胞和基底膜;浸润周围间质,并不断生长,形成新的继发瘤。

近年来,对肿瘤浸润转移的大量研究报道显示,肿瘤局部 ECM 中纤连蛋白能促进肿瘤细胞迁移及与Ⅳ型胶原粘连,而影响肿瘤的浸润和转移。高转移的肿瘤细胞系往往能合成和分泌较多的 MMP,其对 ECM 的降解,使肿瘤得以向外迁移。实验中以 TIMP - 1 或 TIMP - 2 基因转染肿瘤细胞株可以降低其侵袭和转移潜能。文献中与肿瘤浸润和转移关系最多的是 MMP - 2,而 MMP - 2 除由肿瘤细胞产生外,主要来自于肿瘤局部的成纤维细胞。肿瘤细胞可以合成 MT1 - MMP 和 MMP 诱导物(EMMPRIN),前者可以活化肿瘤局部成纤维细胞分泌的 MMP - 2,而后者可以促进肿瘤局部成纤维细胞 MMP 的合成。目前一些人工合成的 MMP 抑制剂正处于肿瘤治疗的临床试验中。此外,肿瘤细胞的侵袭能力与其细胞表面的细胞黏附分子(cell adhesion molecules,CAM)有关,如肿瘤细胞表面的整合素 alpha 亚单位的表达异常、钙粘蛋白呈低表达或不表达、选择素及透明质酸受体 CD44v 的高表达均可促进肿瘤的转移。而且,CAM 的表达情况可能与某些肿瘤好发于某些脏器转移有关。

(复旦大学基础医学院病理系　刘　颖)

第二十一章

病原生物体的检测

现代组织化学从发展一开始即与组织内病原体及相关产物的检测紧密相连。早在 20 世纪 40 年代初,Coons 首次用免疫荧光法检测Ⅲ型肺炎双球菌。随着免疫酶标、PAP、ABC 等方法的建立,从 70～80 年代,免疫组织化学已被广泛用于检测组织中各种病原体,研究材料也从冷冻切片发展为常规固定包埋的石蜡切片,使大量的回顾性研究成为可能。80 年代后期至 90 年代,因分子生物学技术飞速发展,杂交组织化学和原位 PCR 也逐步应用到病原体基因及其表达产物的检测。组织中病原体的检测一方面可为临床的病因诊断服务;另一方面,可用于疾病发病机制的研究。以下就一些重要的病原体的检测作简要介绍。

一、病毒核酸及表达产物的定位

病毒因普通光镜无法观察到,临床诊断常依靠病毒分离或免疫学方法,耗时费工,敏感性差。现在用免疫组织化学、原位分子杂交、原位 PCR 和液相 PCR 技术对病毒感染患者的脱落细胞、血液和其他体液、组织刮片、切片或压印片等标本进行检测,比传统的方法省时、灵敏。提高了病毒感染的诊断水平。并且在探讨一些疾病尤其是肿瘤的病因和发病机制方面作出重要贡献。

1. 嗜肝病毒 目前,公认的嗜肝病毒有甲、乙、丙、丁、戊型,近来又发现己型和庚型。用免疫组织化学和原位分子杂交研究最多的是乙型和丙型肝炎病毒。

(1) 乙型肝炎病毒(HBV):其基因组为 3.2 kb,含 4 个开放阅读框架,其中 2 个编码非结构蛋白(P 基因编码病毒 DNA 聚合酶;X 基因编码反式激活因子 HBx 蛋白);另 2 个编码结构蛋白(S 基因编码 PreS1、PreS2、HBs 蛋白;C 基因编码 HBc、HBe 和 PreC)。HBV 感染有复制性和非复制性两种状态,前者在患者肝和血中可见完整的病毒—Dane 颗粒及 HBV DNA、DNA 聚合酶、HBeAg;后者仅释放 20 nm 的球形和管形 HBs 颗粒,无复制的标志,但血中抗 HBe 阳性。有关 HBV 原位研究的常用方法有免疫荧光、免疫酶标、PAP、ABC、原位分子杂交、原位 PCR 及免疫组织化学和原位杂交双标记等。被检物有 HBV - DNA 及蛋白表达产物,如 HBsAg、PreS1、PreS2、HBcAg、HBeAg 和 HBxAg 等。HBVDNA 主要位于肝细胞胞质内,部分为核质共存,然而肝癌细胞中以核内分布为主;HBsAg 在胞质内,可分为全胞质型、包涵体型和胞膜型,HBsAg 阳性细胞常呈散在、局灶或弥漫分布。除了肝细胞,库普否细胞或胆管上皮细胞也可阳性。HBsAg 除了用免疫组织化学外,还可用地衣红或维多利亚蓝等组织化学方法来显示。PreS1 和 PreS2 主要也位于胞质内,分布形态与 HBsAg 相似。HBcAg 则主要位于肝细胞核内,少数胞质阳性或核质共同阳性,也有位于胞膜者。胞质中 HBcAg 阳性表示病毒复制活跃,与肝细胞病变密切相关。HBeAg 多数位于肝细胞核内,并常与 HBcAg 共存,但也有位于胞质内的。HBxAg 具有广泛的转录激活作用,在慢性肝炎和肝细胞癌中,位于肝细胞胞质内(有全胞质、膜下或膜型),也可见于核内。核内 HBxAg 阳性常见于不典型增生肝细胞内,且 HBxAg 常与 HBV - DNA 相伴(占 86.3%)。

根据肝组织中 HBV 抗原的表达情况,HBV 肝炎可分为 4 种类型:①急性自限性肝炎,此时通过带有病毒抗原的肝细胞发生点状坏死或凋亡清除了 HBV,故除了很少量的肝细胞可出现 HBcAg 和膜型 HBsAg 阳性外,肝组织 HBV 标志常为阴性。②广泛 HBc 型,肝细胞广泛出现 HBcAg 阳性,并常伴膜型 HBsAg 阳性。胞质型 HBsAg 常稀少或呈小灶性。临床上常表现为慢性持续性肝炎、轻微肝炎或无肝炎征象,此类患者免疫功能常有缺陷,病毒复制活跃,有高度传染性。③局灶 HBc 型,肝细胞 HBcAg 阳性呈灶性分布,伴有灶性或弥漫的膜型 HBsAg 阳性,胞质 HBsAg 阳性常呈灶状。肝内炎症与 HBcAg 的表达常为负相关,炎症轻者,HBcAg 表达明显;反之则 HBcAg 表达减少。患者肝内有病毒复制,故也有传染性。临床上常表现为慢性活动性肝炎。④无 HBcAg 的 HBs 型,肝细胞有广泛的胞质型 HBsAg 阳性,而几乎没有 HBcAg 和膜型 HBsAg 阳性出现。肝组织常很安静、无炎症、无肝细胞病变。这种慢性带毒状态有病毒的不完全复制,故仅有低度传染性,然而 HBVDNA 有可能整合到宿主肝细胞基因组 DNA 中,与 HCC 的发生有关。需要说明的是,此 4 种类型是一个动态变化的过程,在一定条件下,可相互转化。

国内外学者对各种肝病组织中 HBVDNA 及其表达产物进行了免疫组织化学和杂交组织化学的大量研究,得到一些重要结果:①我国一组大系列尸检材料研究表明,HBsAg 在肝硬化的肝组织中检出率为 76.6%,提示我国肝硬化的发生其主要原因是 HBV 感染。推广使用 HBV 疫苗,必将大大减少我国肝硬化的发病率。②在 HBV 抗原和 HBVDNA 阳性的肝硬化肝脏中,常伴有肝细胞不典型增生(LCD),其发生率在 80% 以上,与不伴有 LCD 者相比差别有显著意义($p<0.01$),说明 LCD 与 HBV 慢性感染密切相关。③肝癌及癌旁组织中 HBsAg 阳性率可达 82.5%。结合分子生物学研究,发现 HBVDNA 可随机通过非同源性重组整合到肝细胞基因组中,说明 HBV 感染与肝细胞癌的发生有密切关系。④HBV 主要感染肝细胞,但也可存在于肝外其他组织。如淋巴样组织、肾脏、生殖道等用免疫组织化学均可检出 HBV 抗原。

(2)丙型肝炎病毒(HCV):在病毒分类上,HCV 是黄病毒科中的一种 RNA 病毒,其基因组为 10 kb 左右的正链 RNA。世界不同地区分离的 HCV 其核苷酸序列略有差异,依同源性的大小,HCV 病毒株可分为 6 个不同的基因型(Ⅰ～Ⅵ),Ⅰ型以 HCV - I 和 HCV - H 为代表;Ⅱ型以 HCV - J 和 HCV - BK、Ⅲ型以 HCV - J6、Ⅳ型以 HCV - J8、Ⅴ型以 HCV - Eb1 和 HCV - Ta、Ⅵ型以 HCV - Tb 为代表。Ⅰ型主要分布在欧美,而亚洲(中、日、韩等)则以Ⅱ型为主。HCV 的编码框架由 9 033 个核苷酸组成,负责编码核衣壳蛋白、病毒包膜蛋白和 5 种非结构蛋白(NS1 - NS5)。目前认为,1～570 位核苷酸编码 HCV 核衣壳蛋白;571～1 140 位核苷酸编码包膜蛋白。体外蛋白表达系统产生的 HCV 蛋白前体,经酶切降解后,可产生一种相对分子质量为 33 000 的糖蛋白(GP33),和另一种相对分子质量为 $(19～21)×10^3$ 的蛋白(P21)。据推测,GP33 是 HCV 的包膜蛋白,P21 则是核衣壳蛋白。第 1 代临床检测血中抗 HCV 抗体的抗原 c - 100 则属于非结构蛋白。20 世纪 90 年代开始,陆续有报道用免疫荧光、PAP、ABC 等方法研究 HCV 及表达产物在肝病组织中的定位,所用抗体有抗 HCV 阳性患者的血清,抗 HCV 核心、抗 HCV 包膜蛋白、抗非结构蛋白 NS3、NS4 和 NS5 的抗体,以及抗 CP - 10(人工合成的相当于核衣壳蛋白 5～23 位氨基酸的 19 肽)抗体等。因各种抗体阳性病例检出的敏感性常大相径庭,低者仅 20%～30%,高者可达 92%;且检出的阳性细胞数也有差异,敏感性低的抗体在大多数阳性病例中检出阳性细胞数的比例常低于 5%～10%,而敏感性高的抗体在相当多的阳性病例中可超过 20%。除此,固定剂对敏感性也有一定影响。冷冻切片用 1% 的缓冲甲醛固定可很好地保存肝细胞中的 HCV 抗原,免疫荧光染色阳性强,背景淡,10% 的缓冲甲醛固定后,阳性强度虽能保持,但背景明显增深,常影响观察;而其他一些固定剂如丙酮、氯仿、四氯化碳等常大大降低阳性强度和阳性肝细胞数。另外,石蜡切片的检出率常低于冷冻切片。鉴于以上原因,各家报道 HCV 在各种肝病肝组织中的分布形态和检出率常有所不同。HCV 的阳性颗粒可在肝细胞的胞质内,也可在细胞核内。如 Hiramatsu 用单克隆抗体在慢性肝病组织中观察 HCV 的核心、包膜和 NS3 的分布,发现阳性染色均位于肝细胞胞质内;Ballardini 用抗 HCV 阳性的患者血清 IgG 为第一抗体检查 HCV 慢性肝病患者肝活检组织,见阳性颗粒也位于肝细胞胞质内,且阳性率高达 82%(41/50),而孙毅等发现慢性肝炎组织中 HCAg 的表达有核型和胞质型两种形式,胞质型的表达与肝细胞损伤往往呈正相关;刘本春等用抗 CP - 10 抗体发现肝癌和癌周组织中 HCAg 的表达,胞质型占 60%,核型占 24%,其余为核质混合型;除了免疫组织化学方法,还有用原位分子杂交检测肝病组织中 HCV 基因 RNA。结果也不一致,Nouri Aria 用地高辛标记的针对 NS5 的 cDNA 探针检查了 20 例慢性肝病,8 例急性肝炎和 5 例无明显病变的肝穿组织的石蜡切片,结果发现慢性肝病的阳性率为 70%(14/20),急性肝炎为 87.5%(7/8),杂交阳性信号位于肝细胞胞质和核或核仁内,也可见于胆管上皮细胞和单核细胞中,且胆管上皮细胞 HCVRNA 的表达与胆管的损伤相关;然而 Kojima 用 RTPCR 方法制备针对 HCV - J4 株核区(nt 342～701)的探针,同样用非放射性核素法,观察 21 例 HCV 慢性肝病肝活检冷冻切片,阳性率为 95.2%(20/21),阳性信号仅见于肝细胞,且仅位于胞质内,阳性细胞与浸润的单核细胞有关。慢性肝病时,HCV 标志与 HBsAg 和(或)HBcAg 常可重叠。以上研究表明,HCV 单独感染或与 HBV 重叠感染是部分慢性肝病的病因。HCV 与肝细胞癌的关系也日益得到证实,肝细胞癌癌周的阳性率为 36%(35/69),肝癌为 4.4%(3/69);日本和欧美报道的肝细胞癌肝中的阳性率常高于中国。HCV 相关性肝细胞癌与 HBV 相关性肝细胞癌比较,似乎有其一定的特点,有人认为,前者分化中等或较好,常有较高比例的透明细胞型,癌周肝组织中可见胆管破坏伴有较多的淋巴细胞浸润或形成淋巴滤泡样结构。由于病例数不多,有待进一步研究。

(3) 甲型肝炎病毒(HAV):是无包膜的小 RNA 病毒,基因组为单链线形正链 RNA。早在 20 世纪 80 年代初,就有学者用免疫荧光在急性肝炎患者肝穿刺材料检测 HAV 抗原,发现其定位于肝细胞和库普否细胞的胞质。以后又用原位分子杂交进一步证实了胞质的定位。然而 HAV 肝炎的诊断主要还是依赖患者血清中抗 HAV 抗体 IgM 的存在。

（4）丁型肝炎病毒（HDV）：是一种复制缺陷性 RNA 病毒，本身虽可在肝细胞内存活，但其从肝细胞中释放出来以及它的致病作用必须依赖 HBsAg 的帮助。HDV RNA 编码的 HDAg 有 2 种，一种是由 195 个氨基酸组成的相对分子质量为 24 000 的短蛋白（P24），常位于核仁内；另一种是相对分子质量为 27 000 由 214 个氨基酸组成的长蛋白（P27），后者是前者的转录停止信号发生规则突变后产生的。HDAg 是一种磷蛋白，与 RNA 有很强的结合力，而且相当稳定，很容易在肝脏的常规石蜡切片上用免疫荧光或免疫酶组织化学检测到 HDAg（δ 抗原）。HDAg 主要分布在肝细胞核内，少数可位于胞质内。原位分子杂交的结果与免疫组织化学颇为符合。免疫荧光显示，HDAg 在核内的分布有 3 种形式：①核仁阳性，核质为弱阳性。②核仁阴性，核质阳性。③全核强阳性。肝细胞内 HDAg 的表达可与 HBsAg 或 HBcAg 分离，也可与它们共同表达。如果是共同表达，则常与 HBsAg 而不是与 HBcAg。有人发现淋巴细胞可与 HDAg 阳性肝细胞密切接触，而且这种现象常发生在胞质 HDAg 阳性的肝细胞，提示 HDV 引起肝细胞损伤除了直接的细胞毒作用外，可能还有宿主的免疫机制参与。

（5）戊型肝炎病毒（HEV）：HEV 的基因组是 7.5 kb 的单正链 RNA，在 3′ 端带有 poly(A) 尾，共有 3 个开放读码框架（ORF1、ORF2、ORF3）。其中 ORF1 最长，约 5 kb，含有依赖 RNA 的 RNA 聚合酶和结合三磷酸核苷酸（NTP）的基因；ORF2 长约 2 kb，编码 N-端的信号肽及一个衣壳蛋白，富含碱性氨基酸；ORF3 与 ORF1 和 ORF3 重叠，仅有 369bp，所编码的多肽含有一个免疫反应决定簇（表位）。已有报道用该基因组 3′ 端的片段作为探针，对感染 HEV 的肝组织进行 Northern 印迹杂交以寻找其转录体，结果可见 2 个分别为 3.7 kb 和 2.0 kb 的带有 poly(A) 尾的转录体。但其免疫组织化学和杂交组织化学的研究很少报道。

另外几型嗜肝病毒（己、庚型）免疫组织化学或杂交组织化学的研究尚未见报道。

2. 人乳头瘤病毒（human papilloma viruses，HPVs） HPVs 属于乳多空病毒（papovavirus）族，为无包膜的 DNA 病毒，其基因组约为 8 kb 的环状双链 DNA，相对分子质量约 5 000 000 HPV 所有的开放阅读框架（ORF）均于一条 DNA 链上，其基因组包括早基因（E），约 4.5 kb；晚基因（L），约 2.5 kb；和非编码区（NCR），约 1 kb。早基因编码的蛋白共有 8 种（E1～E8）。不同的 HPV 含有的早基因蛋白的阅读框架略有差异，一般说，所有的 HPV 均有 E1、E2、E4、E6 和 E7；E8 则仅存在于 HPV1a 和 HPV6b；除了一种牛乳头病毒（BPV-1）外，其他种系的乳头瘤病毒，包括 HPV 均不含 E3 阅读框架。这些早基因蛋白与控制病毒基因组维持游离状态、调控转录的激活和抑制及转化功能等均有密切关系。与早基因不同，无论何种 HPV，其晚基因均编码 L1 和 L2 这 2 种衣壳蛋白，其功能与 HPV 的成熟和安装有关。NCR 含有病毒 DNA 复制起始点及能与病毒或人的转录因子结合的顺式调控元件。

由于 HPV 很难在常规的培养细胞中复制，无法得到大量的 HPV 病毒进行分类研究，因此 HPV 的分类主要依靠分子生物学技术，进行基因组 DNA 序列的比较，一种 HPV 的 E6、E7、L1 的 ORF 与已知 HPV 的相应的 ORF 进行比较，如果序列的同源性小于 90%，则可认为此 HPV 是一种新的 HPV；如果＞90%，则认为是某型 HPV 的亚型。目前，已经有 70 多种 HPV，根据 HPV 专一感染的组织类型，可分为"皮肤型"和"黏膜型"，属于前者的有

HPV-1、HPV-2、HPV-3、HPV-4、HPV-7和HPV-10等；属于后者的包括常感染生殖道的HPV-6、HPV-11、HPV-16、HPV-18、HPV-31等和感染呼吸道、口腔、食管、眼结膜的HPV。皮肤和生殖道的HPV又根据致瘤性的不同，分为"高危"和"低危"2组，属于前组的有HPV-5、HPV-8、HPV-16、HPV-18、HPV-33、HPV-52等；属于后组的有HPV-1、HPV-2、HPV-6、HPV-11等。

HPV与人肿瘤的关系很早以前就被注意。早在1907年，Ciuffo就已证实人疣可通过无细胞浸取液传播。1949年，首次用电镜观察到人疣细胞内的病毒颗粒，以后的研究进一步确立了HPV与人皮肤肿瘤的关系。随着HPV基因的结构和DNA序列逐个被揭示，从20世纪80年代末到90年代初，学者们开始用原位分子杂交广泛研究了其他组织器官的肿瘤与HPV的关系。方法有用荧光标记的探针和使用生物素或地高辛标记探针的非放射性核素法原位分子杂交(NISH)。因HPVDNA相当稳定，在常规石蜡切片上用NISH可得到满意结果，故可作大量的回顾性调查。HPVDNA杂交信号位于细胞核内。Cooper等根据杂交信号的形态，将其分为3种型式：①Ⅰ型，信号颗粒弥漫分布于核内，表示病毒DNA为游离状态。②Ⅱ型，核内杂交信号呈标点状，表示病毒DNA为整合状态。③Ⅲ型，兼有Ⅰ型和Ⅱ型。除此，少数细胞胞质内可出现阳性杂交信号，可能代表了HPVDNA的转录产物HPVmRNA的存在。对石蜡组织而言，NISH的敏感性甚至高于PCR，每个细胞只要有2.5～20个病毒DNA拷贝即可检测到，而PCR每份模板至少需要400个拷贝才能得到阳性结果。但近来，用原位PCR检测石蜡切片中HPVDNA比NISH更为敏感，在10例经NISH检测为阴性的尖锐湿疣组织切片中，有3例经原位PCR扩增和原位杂交检测后呈阳性结果。

用NISH并结合PCR、Southern印迹杂交等方法对HPV感染与人类肿瘤发生的关系作了大量的研究，涉及宫颈癌、肺癌、膀胱癌等，现将主要结果分述如下。

(1) 宫颈癌：早在1976年，Zur Hausen就提出HPV可能是性传播致癌因素。经20世纪80年代后期至90年代的大量研究，证实HPV与宫颈上皮内新生物(CIN)、宫颈癌的发生相关。在CIN可以看到细胞内有整合型的HPV16、18、33、35；宫颈鳞状上皮癌(宫颈鳞癌)和腺癌可见整合型的HPV16、18、33，国内报道，宫颈鳞癌HPV16阳性率为44%(21/48)，HPV18为8%(4/48)；宫颈腺鳞癌则与HPV16、18、31的感染有关；而HPV18与宫颈小细胞癌有很强的相关关系；宫颈腺样囊性癌(adenoid cystic carcinoma)是一种罕见的宫颈癌，用NISH发现其整合型HPVDNA阳性率高达73%(8/11)，主要为HPV16，仅1例是HPV31。国内用核酸杂交结合改良PCR对人宫颈湿疣、宫颈炎、CIN及宫颈癌组织中HPV基因进行检测，发现我国妇女宫颈癌与HPV16关系密切，核酸杂交阳性率平均为58.7%；但存在地区差别，新疆可高达77%，而贵州仅45%，且农村高于城市；有趣的是，HPV16DNA阳性率在正常宫颈组织为8.3%，慢性宫颈炎为17.9%，宫颈湿疣为25.9%，CIN为50%，宫颈癌为58.7%，这种动态过程进一步表明HPV16与中国妇女宫颈癌的发生密切相关。相反，宫颈良性病变则与HPV6、11关系密切。

(2) 肺癌：虽然一般认为肺癌与吸烟和大气污染有关，但近来HPV感染与肺癌，尤其是肺鳞状上皮癌(肺鳞癌)的关系却日益受到重视。1990年，Bejui-Thivolet等报道，用ISH在人肺鳞癌和支气管鳞形化生上皮的石蜡切片中检测HPVDNA，阳性率为16%。Yousen

等用同样方法在 16 例肺鳞癌中发现有 1 例 HPV6 和 HPV11 阳性(6%);2 例为 HPV16 和(或)HPV18 阳性(12.5%);另 2 例为 HPV31 和(或)HPV33 阳性(12.5%);总阳性率为31%。Hirayasu 等报道,用 NISH 显示冲绳群岛居民中肺鳞癌组织中 HPVDNA,阳性率高达 53%,其中主要为 HPV6、16、18,且多为整合型的 HPVDNA。目前,这方面的研究还在继续,要下结论似乎还为时过早。

(3) 膀胱癌:膀胱移行细胞癌的病因一直没有完全搞清,近来,用 PCR 方法在尿沉渣中查到 HPVDNA,有关膀胱癌与 HPV 关系的研究也逐步增多,用 ISH 方法检查膀胱移行细胞癌组织中 HPVDNA,各家报道的阳性率却相差颇大,高的可达 62%,50%;低的仅31.1%,15.7%,9.2%甚至 0。检出的 HPVDNA 主要为 HPV16、18,少数为 HPV33。这可能与所研究的组织处理方法和所用原位分子杂交方法的敏感性不同有关。

(4) 其他:分化好的和中等分化的头,颈部鳞状上皮癌 HPVDNA 的阳性率可高达 60~90%;我国台湾地区口腔上皮样癌组织中 HPVDNA 阳性率也高达 76%。

3. Epstein-Barr 病毒(EBV)　EBV 是 γ-疱疹病毒属中淋巴隐伏感染病毒(lymphocryptovirus)的一个成员。病毒由 1 个包绕有 DNA 的核心蛋白、1 个由 162 个壳粒组成的衣壳蛋白、1 个联结衣壳蛋白和包膜的蛋白壳,以及最外层的包膜组成。其基因组为线形的双链 DNA,大小为 172 kb,富含 G、C(占 60%以上)。两端为 0.5 kb 同向有序重复序列(TR),中间可有数个 3 kb 同向有序重复序列(IR1-4),后者将基因组分成长的和短的大部分为特异序列的结构域(largely unique sequence domains,U1-U5)。

EBV 特异的宿主是灵长类的 B 细胞,常以潜伏感染(latent infection)或溶细胞感染(lytic infection)的形式存在于细胞中。在潜伏感染时,EBV 至少可表达 9 种基因,包括 2 种EBV 编码的无聚腺核苷酸尾的小 RNA(EBV Encode small nonpolyadenylated RNAs,EBER1,EBER2)、6 种核心蛋白(EBNA-1、-2、-3A、-3B、-3C 或-LP)和 1 种潜伏感染膜蛋白(latent membrane protein-1,LMP-1)。在溶细胞感染时,EBV 表达最早基因、早基因和晚基因。LMP-1 由 386 个氨基酸组成,为跨膜 6 次的膜分子,其 N、C 端均在胞质内,LMP-1 通过自身聚合,在无生长信号时也可激活 NF-κB 或 JNK 途径,使细胞不断活化、增生,导致细胞转化。LMP-1 还可上调 p53 的表达,阻碍 p53 诱导的凋亡。LMP-1 是已肯定的具有致瘤作用的病毒蛋白。EBNA-1 由 641 个氨基酸组成,是一种 DNA 结合蛋白,除了能转化细胞外,还能抑制抗原处理及受 MHC-I 类分子限制的抗原递呈,从而逃避细胞毒 T 细胞介导的细胞免疫。EBNA-2 是一种反式转录因子,在 EB 病毒感染后首先表达,它与 DNA 结合蛋白 RBP-J1 结合后,阻碍了后者对启动子的抑制作用,激活病毒 Cp 启动子,调控病毒其他核心蛋白的表达。目前,有关 EBV 与人类肿瘤相关性研究的常用方法是非放射性核素法原位分子杂交(NISH)和免疫组织化学。检测细胞中潜伏感染 EBV 所用的探针常是针对 EBER1 和 EBER2 的寡核苷酸探针,这些探针用于石蜡切片是最为敏感的,可获得满意结果;所用抗体有抗 LMP-1 的混合单克隆抗体(CS1-4)。检测溶细胞感染EBV 时,常使用针对 BHLF-1(属于一种早基因)的寡核苷酸探针。这些探针和抗体最大的优点是可用于常规甲醛固定的石蜡切片,适用进行大量的回顾性研究。EBER 和 BHLF-1的杂交信号位于细胞核内,EBNA 的免疫组织化学阳性染色多见于细胞核内,而 LMP-1 的阳性染色则定位于胞膜和胞质。近年,又发展制备了不少针对 EB 病毒的新抗体,如针对

BamH1Z - EB病毒复制激活因子(Bam H1Z-Epstein-Barr Replication Activator,ZEBRA)、弥漫性早期抗原(diffuse early antigen,EA - D)、病毒外壳抗原(viral capsid antigen,VCA)和膜抗原(membrane antigen,MA)的抗体。以上这些抗体的免疫组织化学染色均表现为细胞质阳性。

EBV与人类多种肿瘤有关,包括淋巴系统肿瘤,有Burkitt淋巴瘤、其他B细胞淋巴瘤、霍奇金病、免疫缺陷相关性淋巴瘤和少数T细胞淋巴瘤;鼻咽癌;以及身体其他部位(胸腺、唾腺、肺、胃等)的淋巴上皮瘤样癌。现择主要的分述如下。

(1)淋巴瘤:淋巴瘤中与EBV关系密切并较早被认识的当首推Burkitt淋巴瘤,但Burkitt淋巴瘤中EBV的检出率有很大的地理分布差异。在流行区的赤道非洲高达95%;西方发达国家仅15%,我国香港为28%,日本13%;处于中间的是北非75%~85%,南美60%。这种差异的原因不清,可能与高发区儿童早期感染EBV有关,也可能与一个国家的社会经济状况有联系。近年,霍奇金病与EBV的关系也引起人们极大关注,在西方发达国家,霍奇金病肿瘤组织中EBV的阳性率为40%;而发展中国家,如南美的秘鲁、洪都拉斯等地可高达100%;大陆外中国人为60%,国内的报道为52.5%(LMP1阳性率);日本则<30%。另外艾滋病合并的霍奇金病也高达100%。EBV是一种嗜B细胞的病毒,照理B细胞性淋巴瘤应有较高的EBV检出率,但事实上,B细胞性淋巴瘤EBV的阳性率并不高,仅5%左右,国内有报道为6.3%;相反,某些T细胞性淋巴瘤EBV的检出率可高达60%,属于B细胞性淋巴瘤的CD30$^+$未分化大细胞淋巴瘤(anaplastic large cell CD30+ lymphoma)其EBV的检出率各家报道相差甚远,低的只有5%,高的可达65%,平均在20%~30%。由此可见,EBV与淋巴瘤的关系中尚有很多问题有待进一步澄清。

(2)鼻咽癌:EBV与鼻咽癌的关系很早就被认识。早在20世纪70年代初,Zur Hausen等已发现鼻咽癌组织中存在EBVDNA。以前,根据血清学抗EBV抗体的检测得出的结论认为,EBV仅与非角化性鼻咽癌(NKC)和未分化癌(UC)关系密切,与鳞状细胞癌(SCC)关系不大。但近年,原位核酸杂交和免疫组织化学的研究发现,事实并非如此。在1 800例鼻咽癌活检(来自中国和东南亚)中,有320例(17%)为SCC,对其中31例进行了EBER的ISH分析,9例进行了LMP - 1免疫组织化学染色。结果,所有SCC的肿瘤组织中都可见EBER阳性杂交信号(100%),另89例NKC和UC也有100%阳性;但LMP - 1免疫组织化学染色结果却不同,分化好的SCC其阳性率为50%,中等分化的为75%,分化差的最高为100%,LMP - 1在SCC中的总阳性率为67%,而41例NKC和UC中,LMP - 1的阳性率为73%。国内用EBV基因组的BamHIW片段为探针,检测12例NKC、30例UC和3例SCC,也发现所有45例鼻咽癌(包括3例SCC)中均可见到肿瘤细胞核中有阳性杂交信号(100%)。以上结果表明,无论是何种类型的鼻咽癌都与EBV的感染有密切关系。但是EBV在鼻咽癌中的阳性率在世界各地区也有不同,如在日本的鹿儿岛,鼻咽癌EBER杂交信号的阳性率仅10.5%,提示各地区鼻咽癌的发病机制不尽相同。

(3)鼻窦癌:鼻窦癌中一种少见的类型——鼻窦淋巴上皮癌(sinonasal lymphoepithelial carcinoma,SNLEC)在形态学上与鼻咽癌中的NKC非常相似,尽管发病率远低于鼻咽癌,但在我国,其发病的地理分布与鼻咽癌有重叠。为了证实SNLEC是否也与EB病毒感染有关,宗永生等用ISH和LSAB方法对20例SNLEC做了研究。杂交用的探针是FITC标记的EBERs,杂交后用非放射性核素法(标记碱性磷酸酶的抗FITC的抗体)显示杂交信号。

LSAB 所用的第一抗体除了抗 EBNA - 1 和 LMP - 1 外,还有抗 ZEBRA、EA - D、VCA、MA 的诸抗体。结果表明:潜伏感染期时,EBERs 和 EBNA - 1 的阳性率在 SNLEC(20/20)和鼻咽癌(36/36)均为 100%,LMP - 1 的阳性率在 SNLEC 为 15%(3/20),鼻咽癌为52.8%(19/36)。溶细胞感染期时,EA - D、VCA、MA 和 ZEBRA 的阳性率在 SNLEC 分别为 95%(19/20)、75%(15/20)、65%(13/20)和 10%(2/20);而鼻咽癌则分别为 86%(31/36)、50%(18/36)、38.9%(14/36)和 0(0/36)。因此,在我国,SNLEC 与鼻咽癌一样,也与EB 病毒感染密切相关。但关于鼻窦癌与 EB 病毒的关系也有不同的报道,在意大利,ISH显示未分化癌 EBVDNA 的阳性率为 38%(5/13)。亚洲人鼻窦未分化癌 EBVRNA 阳性率为 63.6%(7/11),而西方人为 0(0/11)。另外鼻窦癌中非淋巴上皮癌类型 EB 病毒核酸及蛋白抗原的阳性率明显低于 SNLEC,推测两者致癌机理可能不同。

(4) 其他:近年,自从报道在肺淋巴上皮瘤样癌(lymphoepithelioma-like carcinoma,LELC)中能检到 EBVDNA 以来,EBV 与肺癌的关系开始引起注意。目前,这方面的文献尚不多,且结果也有矛盾之处。用 EBER - 1 和 EBER - 2 探针对 66 例肺癌进行原位核酸杂交,结果 7 例淋巴上皮瘤样癌几乎所有的肿瘤细胞都有强阳性杂交信号,而其他肺癌,包括26 例鳞癌、23 例腺癌、5 例未分化大细胞癌、3 例小细胞癌、1 例腺鳞癌和 1 例不典型类癌,则全部阴性。然而,国内用 BamHIW 片段探针在 87 例肺癌中,发现 33 例癌组织中有阳性杂交信号(37.9%),其中鳞癌 16 例(41%),腺癌 9 例(34.6%),肺泡细胞癌 6 例(54.5%),小细胞癌 2 例(40%)。

1991 年,Shibata 报道,EBV 与胃的 LELC 有关,此后这方面的研究日益增多。从现有的资料看,胃癌中 EBV 的阳性率为 6%~18%,阳性主要集中在淋巴上皮瘤样癌。但最近的报道表明,胃腺癌中 EBV 的检出率也不低,从 2%~27%,并发现癌周正常胃黏膜中浸润的淋巴细胞内可出现 EBER 阳性杂交信号。

4. 流行性出血热(epidemic hamorrhagic fever, EHF)病毒 1978 年,由韩国的李镐汪等首先从黑线姬鼠肺组织中分离成功,EBV 属有包膜的 RNA 病毒,平均直径为 122 nm。1983 年,我国洪涛等利用 Vero - E6 细胞从患者血清中分离到 EHF 病毒,根据免疫电镜形态,认为本病毒为布尼亚(Bunya)病毒科的汉坦(Hantaan)病毒。至少有 6 个血清型(Ⅰ~Ⅵ),其中Ⅰ型为原型株,特指汉坦病毒 76~118 株,其基因为单负链 RNA,含大(L)、中(M)和小(S)3 个基因片段,分别编码 L 蛋白(依赖 RNA 的 RNA 聚合酶)、外膜糖蛋白 G1 和 G2及核蛋白。我国学者曾用免疫组织化学方法对 EHF 进行过卓有成效的研究。凭借 ABC 法或间接免疫荧光法,观察到感染有 H - 8205 病毒株的 Vero - E6 的传代细胞中,病毒抗原有2 种形态:颗粒型和斑块型,前者在胞质内表现为散在分布的细颗粒;后者表现为占据胞质大部分的圆形或椭圆形斑块。利用这种含病毒抗原的细胞片可检测患者血清抗体的滴度,以获该病的早期诊断。在 EHF 动物模型的研究中,用间接免疫荧光发现,小鼠乳鼠脑内接种病毒后,荧光阳性细胞主要分布在海马、大脑皮质神经细胞。另外,脉络丛、室管膜上皮、脑膜也有阳性。偶尔还可在丘脑、脑桥、小脑、三叉神经节和脊髓后传行通路神经节等处发现阳性细胞。病毒特异性抗原的荧光呈亮绿色细颗粒,聚集于神经细胞的胞质、毛细血管内皮和外膜,神经细胞树突有时也含病毒抗原。小鼠乳鼠经腹腔接种病毒后,脑内抗原分布同脑内接种,但脑外脏器,如肺、肝、肾等处荧光亮度远比脑内接种时强。并且几乎所有脏器组织的血管内皮呈阳性反应,提示小鼠乳鼠的毛细血管内皮是 EHF 病毒感染的靶细胞。用 H-8205 病毒株接种小鼠乳鼠,从第 3 代开始,动物即可发病并导致死亡。乳鼠脑部出现病毒性脑炎病变,并有肾出血、心肌炎,单核细胞浸润性间质性肺炎和实质脏器细胞变性坏死。用间接免疫酶标法除了在脑组织内观察到如上所述的广泛分布的病毒抗原外,另在肾曲管上皮细胞、胸腺皮质的小淋巴细胞和心肌细胞胞质内也发现有病毒抗原。20 世纪 90 年代,开始用原位分子杂交方法研究 EHFV,如王春杰用生物素标记的 M56 探针(针对 76～118 株 M 基因片段的 cDNA 探针)对 25 例流行性出血热患者的肝穿石蜡切片作原位分子杂交,阳性率为 92%,阳性杂交信号位于肝细胞的核周胞质内,另外库普否细胞也有明确的阳性杂交信号,与抗 G2 蛋白单克隆抗体的免疫组织化学染色结果相平行,研究还发现,肝细胞杂交信号的多少强弱与临床分型相关。李明升等用地高辛标记的 M56 探针和针对 S 基因片段的 cDNA 探针,对 17 例上海地区肾综合征出血热尸检肾组织进行原位分子杂交,结合免疫组织化学观察病毒糖蛋白、核蛋白和病毒血凝素。结果 ISH 阳性率为 88.24%(15/17)。阳性信号呈粗颗粒状,主要位于血管(肾间质小动脉、毛细胞血管和少数肾小球毛细胞血管)内皮细胞胞质中;部分位于肾曲管上皮细胞胞质内。ISH 信号呈病毒包涵体样或全胞质弥漫阳性。个别病例,肾远曲小管和集合管上皮细胞的核呈阳性。病毒抗原阳性率为 82.35%(14/17),主要分于肾间质血管内皮细胞和血管壁中,部分位于肾曲管上皮细胞,以病毒包涵体样颗粒出现。结果表明,该病毒 RNA 与抗原的表达趋于一致,并证实 EHF 病毒具有感染血管内皮细胞的特征,可能与该病毒的发病机制有关。

5. 日本乙型脑炎病毒 日本乙型脑炎病毒即流行性乙型脑炎病毒,属 B 组虫媒病毒,为 RNA 病毒。1964 年,日本的草野信男等用荧光抗体从尸检和实验感染动物的脑组织检出了病毒抗原,以后用含病毒抗原的培养细胞片来检测患者血清 IgM 抗体,进行临床早期诊断和流行病学调查,95% 的患者可获得阳性结果。从尸检脑冷冻切片的免疫荧光染色结果看,病毒抗原主要见于丘脑和中脑的黑质,却很少见于大脑皮质和小脑,但大脑皮质有典型的脑炎病变,之所以不见阳性荧光反应,是由于大脑皮质的受侵一般较脑干为早,当患者死亡前,病毒抗原已经消失之故。携带抗原的细胞多少有些变性,有时只能在细胞碎片和树突中见到特异荧光。免疫荧光染色从发病早期到晚期(长达 21 天)可一直出现阳性,除了神经细胞,其他细胞均呈阴性反应。国内用 ABC 法对 21 例可疑乙脑尸检脑组织的常规甲醛固定石蜡切片进行研究,13 例获阳性结果。见神经细胞的胞质和树突内呈棕褐色细丝或细颗粒,主要分布在脑干的神经核,与免疫荧光染色结果相似。另在胶质结节中常见残留的免疫酶阳性细胞及其碎片,提示神经胶质结节的形成与免疫酶阳性细胞有密切关系。为了提高乙脑尸检标本检出率,必须及时解剖、取材,保持病毒抗原性,并适当延长第一抗体的孵育时间。

6. 单纯疱疹病毒 单纯疱疹病毒是一种较大的 DNA 病毒,属疱疹病毒组。分 Ⅰ 型和 Ⅱ 型,后者与生殖器疱疹有关,可能会引起宫颈癌。将该病毒接种于人胚成纤维细胞,用免疫荧光法可在细胞的胞质和核内检出病毒抗原。单纯疱疹病毒依其侵犯部位,临床上可分为皮肤、眼、全身性和中枢神经 4 个类型。用免疫荧光染色,在皮肤水疱制成的涂片上可见弥漫分布的病毒抗原;在复发性疱疹感染的树状角膜炎患者,用刮除术,可在角膜上皮细胞的胞核和胞质内见到阳性荧光染色;全身性单纯疱疹病主要受累的靶器官是肝和肾上腺,

HE 切片上,肝细胞核可有 Cowdry A 型或完全型包涵体,还可见多核巨细胞和肝细胞坏死。用冷冻切片进行免疫荧光染色,整个坏死区及其周围的肝细胞胞质和胞核可显示特异荧光。也可在常规石蜡切片上,采用免疫酶法在单纯疱疹性肝炎肝脏中见到坏死区周围的肝细胞胞核,胞质和细胞膜上有阳性的棕色颗粒,肾上腺皮质可有小坏死灶,其实质细胞可见荧光阳性。另外,在肺细支气管上皮、肺泡脱落上皮、支气管毛细血管内皮、脾窦内皮等处都可见到荧光阳性细胞;在儿童单纯疱疹性脑炎,整个脑组织切面均可查到病毒抗原,特异荧光见于胶质细胞和神经细胞的胞核和(或)胞质内,毛细血管或小血管内皮仅偶见阳性细胞。但成人,除大脑组织外,未能查到病毒抗原。采用石蜡切片时,染色前先用 0.1% 的链霉蛋白酶(pronase)消化 30 min 才能获得好的结果。

7. **巨细胞病毒(CMV)**　CMV 也属疱疹病毒组,为 DNA 病毒。常在唾液腺或其他腺体中作潜伏性感染。孕妇感染巨细胞病毒可引起胎儿先天性畸形,其重要性远远超过风疹病毒。接种 AD169 株病毒的人胚成纤维细胞,用免疫荧光染色检查,8 小时后胞核出现特异免疫荧光,不久胞质出现免疫荧光,但第 2 天,胞核免疫荧光消失,只留下胞质免疫荧光,直至细胞脱落为止。巨细胞病毒感染时,用免疫荧光或免疫酶方法,可以分别在肝细胞、库普否细胞、胆管上皮细胞、肾曲管上皮细胞、视网膜脉络膜的上皮细胞、胰岛、淋巴结滤泡及边缘区的不典型淋巴细胞等处查到病毒抗原。在冷冻切片,具有特异免疫荧光的胞核包涵体可占据整个核而,但有时大量抗原聚集包涵体周围,使荧光变为环状。在石蜡切片上,包涵体可见晕,胞质小体荧光呈细颗粒凝集物。在用 ABC 法检测 44 例婴幼儿巨细胞病毒感染腮腺、肺、肾、肝等石蜡切片中 CMV 早,晚期抗原时,见绝大多数包涵体巨细胞 CMV 抗原阳性,另外许多无包涵体形成的巨细胞及形态正常的细胞的核和(或)胞质内均可见 CMV 抗原阳性。证实 CMV 除存在于包涵体巨细胞外,还广泛存在于无包涵体的巨细胞及形态正常的细胞。另外,在 20 例 HE 检查阴性的组织中查到 CMV 抗原。因此,免疫组织化学用于组织中 CMV 感染的检测,灵敏度高、特异性强,优于常规组织学检查。用人 CMVDNA 的 D 片段作探针,在先天性联合免疫缺陷综合征合并 CMV 感染的尸检病例组织中,可见阳性杂交信号主要分布在包涵体巨细胞,包涵体呈浓密均匀的阳性着色,包涵体外的核和胞质也可见到阳性信号;与上述 ABC 法检测的结果相似,在一些无包涵体形成,形态基本正常的细胞的核或胞质内也能见到阳性杂交信号,阳性着色常集聚或者呈颗粒状弥漫性分布。

8. **流行性感冒病毒**　流行性感冒病毒有甲、乙、丙 3 型,甲型最易发生变异,易引起大流行,其他 2 型一般只引起散发或小流行。绝大部分流行性感冒患者在发病的第 1～4 天,鼻涂片可检出免疫荧光阳性细胞,这些细胞包括:纤毛上皮细胞、无纤毛的圆形或卵圆形细胞及鳞状化生与鳞状样细胞。根据细胞内免疫荧光定位的不同,可分 3 型:①Ⅰ型,只有胞核显示强阳性荧光,胞质呈弱阳性或阴性。核内荧光为粗糙或细颗粒状,有时,某些细胞胞质边缘有病毒抗原聚集,主要见于纤毛柱状上皮。②Ⅱ型,胞核和胞质同时显示荧光,胞质荧光常均匀分布,胞核荧光或均匀或颗粒状。③Ⅲ型,胞质呈强阳性荧光,胞核为阴性反应,主要见于纤毛柱状上皮。一般在发病的第 2 周开始,就不易检出荧光阳性细胞。

二、细菌

细菌是最早用免疫细胞及免疫组织化学进行检测的病原体,至今已有 50 余年之久。但随着分子生物学技术的发展,临床上这些方法已逐步被 PCR 所替代。目前,文献报道的用 PCR 方法检测的细菌,包括嗜肺性军团菌、麻风杆菌、结核杆菌、伤寒杆菌、霍乱弧菌、幽门螺杆菌等 10 余种。尤其是用 PCR 方法从患者痰中或支气管冲洗液中检测结核杆菌已成为常规,其方法也已标准化。但是,PCR 并不能完全代替免疫组织化学。后者在检测常规甲醛固定石蜡包埋组织中的某些细菌时仍有相当的敏感度,而且还提供组织定位。如采用直接免疫荧光法可进行军团病患者各种标本的检测,包括病变肺组织的刮片、印片、冷冻切片、石蜡切片或胸腔积水、气管冲洗液、痰、培养物的涂片等。军团菌为单个短杆菌,但在培养物中该菌往往呈长杆状,在陈归性培养物中又成为奇形怪状的多形态结构。免疫荧光染色,菌体周边有强阳性荧光。由于嗜肺军团菌有 9 个血清型,还有 11 个同属细菌,故应先采用多价荧光抗体初筛,而后再以单价荧光抗体定型。另外,还可利用军团菌涂片,采用间接免疫荧光检测患者血清中抗体,以获得特异有效的临床诊断。近来,幽门螺杆菌与慢性胃炎和消化性胃溃疡的关系越来越受到重视,在胃活检和切除标本中检测该菌的方法很多:可在 HE 切片上直接观察;也可用姬姆萨(Giemsa)染色或 Warthin-Starry 银染色来显示该菌。但是用抗幽门螺杆菌的多克隆抗体,凭借 ABC 法可很敏感地检出胃活检和切除标本中的这种细菌。为提高阳性率,降低背景染色,石蜡切片应预先在枸橼酸缓冲液中经高压 130℃ 加热 2 min 以暴露菌体抗原。用此方法,幽门螺杆菌的阳性检出率为 66%(25/38);其次是银染法,为 61%(23/38);再其次是姬姆萨染色,为 55%(21/38);最差的是 HE 染色,仅 37%(14/38)。而 PCR 仅有 45% 的阳性率(17/38)。由此可见,在检测幽门螺杆菌时最值得推崇的实用方法当是免疫组织化学。

三、寄生虫和真菌

日本血吸虫病曾在我国南方很多地区流行,经数十年努力,血防工作取得辉煌成绩,此病得以基本消灭,但近年又有回潮的迹象。用免疫荧光和免疫酶方法深入研究血吸虫的抗原及其分布对进一步阐明血吸虫病的发病机制有重要意义。用 FITC 标记抗成虫和抗虫卵的 IgG,即 FITC-Ad-IgG 和 FITC-Egg-IgG,对冷冰酮固定的成虫和虫卵抗原进行定位研究,FITC-Ad-IgG 使成虫呈强荧光,表皮尤甚,成虫的肠道和基质也见明显荧光,该荧光抗体与尾蚴也有反应,但与虫卵仅有很弱的反应;而 FITC-Egg-IgG 在成虫的肠道不产生任何荧光,但可在成虫的表皮及基质呈交叉反应,说明成虫的肠道与虫卵无共同抗原,肠道抗原特异性较强。用免疫荧光方法还可在肝脏库普否细胞内查到循环血吸虫抗原(CSA),机体感染血吸虫后,可形成血吸虫循环免疫复合物,并沉积在肾、肝、脾的血管壁及肾小球毛细血管基底膜上,也可进入间质。免疫荧光显示,免疫复合物的成分有 IgG、IgM、IgA、IgE 及 C3。除此,用免疫荧光法和免疫酶方法还对其他寄生虫,如肝吸虫、肺吸虫、丝虫、疟原虫、利什曼原虫等的抗原定位做了研究。

对人体有致病性的常见真菌有放线菌、曲菌、隐球菌及白色念珠菌。在 20 世纪 60 年代初已有人用免疫荧光进行真菌的组织化学检查。用直接免疫荧光技术,见放丝菌抗原表现为分枝状,片断或颗粒状,主要位于细胞壁上,宫颈涂片的荧光阳性率可达 36%～50%,采用宫内避孕器时,放线菌感染率高,荧光也强;用免疫酶技术,在肺念珠菌病发现念珠菌抗原主要位于细支气管及肺泡液内,还有吞噬细胞的胞质内。应用单克隆抗体还可确定白色念珠菌表面抗原的特性。有人用免疫荧光检测了肺曲菌病的薰烟色曲菌,阳性率为61%,荧光位于菌丝壁上,还发现薰烟色菌抗原可出现于肾小球的免疫复合物中。用抗曲菌半乳-甘露糖苷(galactomannan)的单克隆抗体EB-A1,用ABC法可在常规石蜡切片上显示曲菌,阳性率为89%,其中有1例培养结果阴性,但ABC染色显示阳性。同时,该法还能将曲菌与曲菌形态相似的其他真菌区别开来。用免疫荧光技术,观察到新生隐球菌细胞膜上有阳性荧光,呈环状,其外晕的环也呈弱的荧光,有时整个隐球菌阳性,仅中心稍淡。

(复旦大学基础医学院病理系　朱虹光)

第二十二章

细胞增殖、凋亡及其检测

一、 细胞增殖的检测

细胞增殖是一个复杂的过程,本章不作讨论。本章主要介绍几种常用细胞增殖检测方法。

1. ^{3}H掺入法 ^{3}H掺入法是一种较老的,经典的细胞增殖检测方法。使用时需要放射性同位素^{3}H,一般可在细胞培养时掺入^{3}H后做液闪法定量测定^{3}H掺入量,用液闪法时无法同时了解放射性核素的定位情况;也可采用放射自显影法了解放射性核素的定位情况,但放射自显影法一般不能显示清晰的形态结构。

2. 5-溴脱氧尿嘧啶掺入检测法 5-溴脱氧尿嘧啶掺入检测法的原理是在活体内注入5-溴脱氧尿嘧啶,增生细胞在合成DNA时5-溴脱氧尿嘧啶替代脱氧胸腺嘧啶掺入到新合成的DNA中,取得组织后可用抗5-溴脱氧尿嘧啶单克隆抗体以免疫组织化学方法检测5-溴脱氧尿嘧啶的存在及定位。该法和其他的免疫组织化学方法一样,可在石蜡切片中进行,完成免疫组织化学呈色反应后可用亮绿或淡淡的伊红衬染胞质,以在获得满意的免疫组织化学结果同时获得较好的组织结构。由于该法的组织结构保存良好,衬染后免疫呈色定位清晰,可以计数阳性细胞的百分比,了解增殖细胞的亚群,目前在细胞增殖的原位检测中使用越来越广泛。其缺点是5-溴脱氧尿嘧啶是外源性物质,不可能先注入人体中再进行检测,所以在人体材料中的使用受到限制,目前常用于动物实验中。

3. 增殖细胞核抗原(proliferating cell nuclear antigen,PCNA) 目前,在人体材料中进行细胞增殖检测最常用的为PCNA检测法。PCNA广泛存在于增殖细胞中,用抗PCNA单克隆抗体对人体组织作免疫组织化学染色后,可加苏木素衬染以获得满意的组织结构,并可进行阳性细胞计数以算出组织中不同细胞的增生指数,免疫组织化学法检测PCNA目前在人体材料中得到了广泛应用。

二、 细胞凋亡的表现及基因调控

细胞死亡与细胞发育、分化、增殖一样,都是细胞生命活动的重要过程。细胞死亡有2种不同模式,即坏死(necrosis)和凋亡(apoptosis)。坏死是由外因造成的细胞急速死亡,其过程中溶酶体破坏,细胞破裂,胞质外溢,引起炎症反应,是一种典型的"它杀";后者是生理或某些因素诱发的程序化的细胞固有的死亡过程,细胞自身结束其生命,裂解为凋亡小体,最后被其他细胞吞噬、消失,不引起炎症反应。凋亡的发生比坏死要慢得多,根据不同的诱发因素,凋亡的过程可为数小时到数天,凋亡为一种典型的细胞"自杀"。近年来研究表明,凋亡过程受基因调控,在凋亡过程中有一系列的基因表达,有着一系列的形态和生化改变,具有广泛的生物学意义,而凋亡的异常与许多疾病的发生有关,本章重点介绍细胞凋亡的特征、检测方法及其意义。

1. 细胞凋亡的形态特征　迄今,形态的改变仍然是细胞凋亡的最可靠证据,在体外培养细胞凋亡发生的过程中,一般经过细胞膜发泡(bleb)、棘突形成、凋亡小体形成几个阶段。总的说来,凋亡发生的早期,多角形的贴壁细胞收缩变圆,微绒毛和细胞-细胞连接丧失,与相邻正常细胞脱离。随之胞质浓缩,内质网扩张,与胞质膜融合形成膜表面泡状突起(bleb),之后核染色质密度增高,浓集于核膜下呈月牙形斑块,核仁裂解。继而胞膜内陷将细胞分割成多个大小不等的、不连续的凋亡小体。小体外有胞膜包裹,内有完整而浓集的细胞器,多数小体含有核质成分。最后,凋亡小体被相邻巨噬细胞或其他正常细胞吞噬、消化清除,全过程可为数小时到数天。

2. 细胞凋亡的生化变化　凋亡一经启动,细胞内即发生一系列的生物化学连锁反应和代谢变化,有新的 RNA 和蛋白质合成。凋亡过程中有关信号传递反应的详细情况尚不十分清楚,已知核酸内切酶、蛋白酶和谷氨酰转移酶均参与其中,起重要作用。在生化变化中,出现较早的是胞质内 Ca^{2+} 增多,能活化 Ca^{2+}、Mg^{2+} 依赖的核酸内切酶和谷氨酰转移酶。核酸内切酶降解核染色质 DNA,使之产生若干大小不一的核苷酸片段(segmentation),在琼脂糖凝胶电泳上呈现阶梯状 DNA 区带图谱(DNA ladder)。区带由 180～200 bp 不同整数倍的多聚核苷酸片段组成。这种图谱是目前较为常用的检测凋亡的生化依据。谷氨酰转移酶是一种钙依赖性转氨酶,能使细胞骨架蛋白分子间发生广泛交联,防止胞质内容物释放,并与凋亡细胞和凋亡小体形态的形成和维持有关。凋亡细胞的生化反应变化使其带有凋亡标记,有利于巨噬细胞通过相应受体进生吞噬:①凋亡细胞膜表面糖蛋白失去唾液酸侧链使单糖暴露,而与吞噬细胞表面植物凝集素结合。②细胞发生凋亡时,其表面的磷脂酰丝氨酸可从细胞膜内侧翻到细胞膜外侧,被吞噬细胞的受体识别。③凋亡细胞表面的其他成分也可与吞噬细胞的硫酸酯、蛋白聚糖、整联蛋白和 CD36 等表面受体相结合。

3. 细胞凋亡相关基因及其调控作用　目前,已发现有 3 类细胞凋亡相关基因,即在凋亡过程中表达的基因、促进凋亡的基因和抑制凋亡的基因。凋亡相关基因的性质分属于原癌基因、抑癌基因、病毒基因、生长因子及其抑制因子基因、细胞的受体基因和蛋白激酶基因等。了解较多的有下列几种。

(1) ced 基因家族:有关细胞凋亡基因研究最早、最完整的生物体是一种线虫(Caenorhabditis elegans),已经证实有多个细胞调控基因存在,其中 ced-3 和 ced-4 与细胞凋亡有关,分别编码 Ca^{2+} 结合蛋白和丝氨酸磷酸化相关蛋白;ced-9 作用相反,能阻抑凋亡,防止细胞死亡。值得注意的是,ced-3 编码的蛋白质氨基酸顺序与人和鼠的白细胞介素-1 转化酶(ICE)约有 30% 的同源性。ICE 是半胱氨酸蛋白酶,其过量表达可致细胞凋亡,而牛痘病毒基因 crmA 和原癌基因 Bcl-2 可特异性抑制 ced-3 和 ICE 介导的细胞凋亡。

另一些 ced 基因(如 ced-1、-6、-7、-8 和-2、-5、-10)则参与相邻正常细胞对凋亡细胞的吞噬。

(2) Bcl-2 基因家族:Bcl-2 基因是哺乳动物的原癌基因,编码细胞质膜蛋白。Bcl-2 基因是细胞凋亡的抑制基因,可延长细胞存活。Bcl-2 基因的易位和(或)高度表达与肿瘤和自身免疫病的发生有关。近来已陆续发现几个与 Bcl-2 同源的基因,组成了 Bcl-2 基因家族。在体内,Bcl-2 基因家族的成员通常以二聚体的形式发挥作用,Bcl-2/bax 和 Bcl-2/Bcl-xl 均抑制细胞凋亡,而 bad/bas、bax/bax 和 Bcl-2/Bcl-xs 可促进细胞凋亡。

(3) c-myc 基因:c-myc 基因是调控细胞周期的原癌基因,编码转录因子 Myc 蛋白。c-myc 基因具有双重作用,因特殊生长因子或某些抑癌因素(如低浓度血清、抑制细胞周期因子、抗癌基因等)存在与否而异。成纤维细胞体外实验证明:加入生长因子,并诱导 c-myc 基因表达,刺激细胞增殖;去除生长因子,并下调 c-myc 基因,细胞停留在 G1 期,生长停顿;若去除生长因子,上调 c-myc 基因,细胞进至 S 期,快速呈现细胞凋亡。

(4) p53 基因:p53 基因是抑癌基因。p53 基因有两种形式,野生型对细胞增殖有抑制作用,突变型则可抑制野生型 p53 的功能。当细胞 DNA 损伤时,p53 蛋白可使细胞停留在 G1 期,细胞内的 DNA 修复机制启动,对损伤的 DNA 进行修复;若修复无效,p53 就启动细胞凋亡机制,使这些细胞死亡。一旦 p53 基因突变或失活,细胞失去自身监视机制,DNA 有损伤的细胞继续存在,有可能形成恶性细胞。

(5) Fas/FasL 系统:fas 基因(又称 Apo-1)编码一跨膜蛋白 Fas。Fas 属于 TNF 受体和 NGF 受体家族成员,以膜受体形式广泛地分布于多种类型的细胞表面,某些组织细胞经活化后亦可诱导表达 Fas。fasL 基因编码二型穿膜蛋白 FasL(Fas 配体),后者属 TNF 家族成员。以抗 Fas 抗体或 FasL 与表达 Fas 的细胞结合,均能导致细胞凋亡。FasL 主要表达于活化 T 细胞,因此被认为是细胞毒性 T 细胞(CTL)杀伤的分子机制之一。最近还发现可溶型 Fas 和 FasL,分别称 sFas 和 sFasL,参与细胞膜 Fas 与 FasL 结合的调节。在激活的细胞中,还证明同时有 Fas、FasL、sFas 和 sFasL 的表达,这提示 Fas/FasL 介导细胞凋亡调节的复杂性,也提示细胞凋亡可能有自我调节机制。

三、 细胞凋亡的诱导和抑制

已知生物体内外多种因素可影响细胞凋亡的发生和发展,同时也明显受到遗传因素的调控。

1. 细胞凋亡的诱导因素 诱导细胞凋亡的因素很多,有的有普遍性作用,如射线导致 DNA 损伤,可诱导多种细胞发生凋亡;有的则有组织特异性,如糖皮质激素对淋巴细胞,TGF-β$_1$ 对肝细胞有诱导凋亡作用,TNF 可诱导肿瘤细胞、病毒感染细胞等异常靶细胞发生凋亡。当抑制细胞凋亡的因素去除后,也可诱发凋亡,如某细胞在生长因子存在时,生长增殖良好,当撤除生长因子时,细胞即发生凋亡。

2. 细胞凋亡的抑制因素 一些细胞生长因子,如集落刺激因子、神经生长因子、白细胞介素等都具有非特异性抑制细胞凋亡的作用。某些病毒带有抗细胞凋亡基因,使它们所寄居的宿主细胞寿命延长,病毒得以长期存在,如腺病毒和人乳头瘤病毒编码一种蛋白,使 p53 基因失活甚至破坏;EBV 含有类似 Bcl-2 基因;牛痘病毒中的 Crm A 成分可抑制 ICE

的作用。

四、凋亡的检测

1. 形态学检测

（1）光镜检测：是检测凋亡最老的方法，但迄今为止仍然是凋亡检测的"金指标"。光镜检查凋亡最好的方法是在细胞培养中用时间延迟拍摄显微镜（time-lapse microscope）连续记录细胞形态变化过程，其特征性改变包括细胞膜发泡、棘突形成、凋亡小体形成；在组织中用常规 HE 染色可见细胞膜发泡、核固缩、核碎裂。光镜检测凋亡的缺点为在组织中由于凋亡细胞一旦形成，往往很快被吞噬细胞清除，所以敏感性很低，一般仅在组织中偶然见到。

（2）电镜检测：电镜检测凋亡优点为高度特异性，其敏感性也高于光镜检查。

2. 流式细胞仪检测　流式细胞仪可以一次分析大量的细胞而得出较为准确的凋亡细胞百分比，由于凋亡细胞胞质发生收缩而坏死细胞往往水肿，对比细胞的大小并辅以其他荧光染色可以将两者区别开来。流式细胞仪一般用于体外培养细胞的凋亡检测，缺点为基本不能用于组织切片中。

3. 胞质成分改变的检测　凋亡过程会在胞质中导致生物化学性的损害性改变，其中部分可作为凋亡检测的指标。包括半胱氨酸蛋白酶家族（caspases）激活后的改变，进入胞质的线粒体蛋白等。

（1）半胱氨酸蛋白酶家族（caspases）活性的检测：caspases 的功能为识别并特异性地在天冬氨酸残基部位切断肽链，正常时该酶以无活性酶原状态存在于胞质及细胞器中，而在凋亡中被激活。caspases 活性可用抗该酶裂解后新产生的肽段末端的抗体在免疫组织化学中检测，如抗 caspase 裂解的细胞角蛋白 18、肌动蛋白等，这些检测均可在石蜡切片中进行用免疫组织化学方法进行。

（2）线粒体功能下降的检测：线粒体功能明显下降目前被认为是细胞凋亡不可逆的指标，一般该种检测只用于培养细胞中。正常线粒体能富集线粒体特异性荧光素于线粒体中，当线粒体功能下降时，这种富集功能会丢失，在培养细胞中加入特异性荧光素后，收集细胞于流式细胞仪检测，可以得到细胞凋亡定量的数据。

4. DNA 断裂（DNA segmentation）的检测

（1）梯状 DNA（DNA ladder）检测：细胞核 DNA 降解是凋亡的主要指标之一。在凋亡的过程中，凋亡细胞的 DNA 被降解为以 180～200 bp 为倍数的片段，这些片段在琼脂糖凝胶电泳中显示为梯状（DNA ladder）。该方法的主要缺点一为检测时需要大量的凋亡细胞才能获得足以显示 DNA ladder 的 DNA 降解片段，其次为无法进行凋亡细胞的组织学定位。

（2）DNA 小片段原位检测：细胞凋亡时，核内 DNA 发生特殊的断裂，形成单核小体或寡核小体的低分子量双股 DNA 片段，或为双股上带有缺口的高分子量 DNA 片段。这些DNA 断裂或缺口处（DNA strand break，DSB）可在酶促反应下，与带有标记物（X）、有游离3′-OH 末端的核苷酸（X-dUTP）相连，再经检测系统显现 DSB。此即为酶促原位末端标记法（*in situ* end labeling，ISEL），是当前原位显示细胞内 DNA 片段的常用方法。现有的ISEL 法主要有以下 2 种。

1）缺口平移法（*in situ* nick translation，ISNT）：ISNT 是凭借 DNA 聚合酶的作用，在

双链 DNA 的 1 条链有缺口时,以另 1 条完整链为模板,将其补平。理论上,该法不仅能显示凋亡细胞,也能显示坏死细胞的双链断裂(DSB)。然而有学者认为,坏死细胞的溶酶体被破坏,其中的蛋白酶将核蛋白消化掉,DSB 被暴露出来;而凋亡细胞中溶酶体完好,胞核 DNA 及其 DSB 基本被核蛋白覆盖,后者必须经蛋白酶预处理标本后,ISNT 法中的酶才能与 DSB 相接近而使其显现;而坏死细胞因溶酶体水解核蛋白,ISNT 染色时,标本无须消化即能显示 DSB。因此,藉蛋白酶的消化步骤可区分凋亡或坏死。

2) TUNEL(TdT mediated X dUTP nick end labeling)该法中核苷酸掺入由末端脱氧核苷转移酶(terminal deoxynucleotidyl transferase,TdT)介导。该反应不依赖于 DNA 模板,对单链或双链的 DSB 都有作用。TUNEL 是目前应用较多的方法。该法比 ISNT 更敏感和特异,且有市售的现成试剂盒,使用方便。常用的进口试剂有宝灵曼的 *in situ* cell death detection kit,其中供掺入的 dUTP 带有荧光素,此后可再以酶(HRP 或 AP)标记抗荧光素抗体作检测,敏感性提高,对组织切片更为适用,能检出早期凋亡细胞的 DSB。另有公司注册为 ApopTaq™ 的 *in situ* apoptosis detection kit,其中 TdT 引导掺入的是 DIG-dUTP,继而分别以荧光素或过氧化物酶标记的抗 DIG 抗体来显示。此外,国内也有公司推出了"程序性细胞死亡检测试剂盒",其中掺入的核苷酸是生物素化的 biotin-11-dUTP,继以 Avidin-HRP 显示。

上述 ISEL 中,一般以 dUTP 掺入 DSB 处。由于存在游离的 $3'$-OH 末端,可能为下一个 dUTP 的掺入提供结合位点,使敏感性提高,但不能根据 X-dUTP 的掺入量来进行单个细胞内 DSB 程度的定量分析。若采用 X-ddUTP 代替 X-dUTP,则因其游离端为-H,不存在后续反应位点,即每一个 DSB 处只能掺入一个带标记的核苷酸,故可根据掺入量作 DSB 程度的定量分析。据比较,以 TUNEL 法对胸腺细胞作定性检测时,dUTP 优于 ddUTP,而在定量方面,ddUTP 则有应用价值。

ISEL 法适用于细胞片和组织切片,后者可以是新鲜未固定组织,冷冻切片,或固定组织、石蜡切片。检测时需注意以下事项:首先,细胞内凡有核酸酶活性者均能形成 DSB,包括细胞凋亡、坏死乃至组织离体或死亡后的自溶,因此所取标本必须尽可能新鲜,立即冷冻或固定,减少因人为的 DNA 断裂而造成的假阳性现象,也防止低分子量 DNA 经膜漏出细胞外而降低检出率。其次,组织固定时,蛋白质交联可能阻碍反应液与 DSB 接近而影响标记率,故固定时间不能过长,酶反应前切片经蛋白酶 K 或微波预处理也可减少这种影响。另外,染色后观察时,应结合常规形态变化。当标本中既有细胞凋亡又有细胞坏死,两者有重叠现象而难以区分时,同时采用 ISNT 和 TUNEL 两种方法,可能有助于正确判断。

5. 细胞膜改变的检测 膜联蛋白 V(annexin V)标记法。由于上述凋亡检测方法只能检测凋亡晚期,而细胞一旦进入凋亡晚期,将被周围细胞迅速清除,所以可能难以反映凋亡的真实情况。如前所述,细胞发生凋亡时,细胞膜上的磷脂酰丝氨酸会由细胞膜内外化到细胞膜外,由于磷脂酰丝氨酸能与膜联蛋白 V 发生特异性结合,此时将标记生物素的膜联蛋白 V 作用于组织,可显示发生凋亡的细胞。在动物心肌缺血实验中,让心肌缺血 15 min 后再恢复血流 30 min 时,膜联蛋白 V 阳性细胞开始出现,而 TUNEL 法或 DNA ladder 则要在缺血发生 3 h 后才会出现,结合其他生化指标检测,提示膜联蛋白 V 阳性细胞开始出现时细胞刚好跨过了细胞凋亡的不可逆点,所以是一个细胞凋亡早期的检测指标。从理论上说,膜联蛋白 V 标记法只能用于完整的细胞,但最近的研究资料显示:用标记有生物素的膜联蛋白 V 在缺血诱发凋亡的心肌组织中做免疫组织化学能非常清晰地显示早期凋亡细胞,而在无缺血区域则无着色反应。提示膜联蛋白 V 在组织中检测凋亡有着很好的应用前景。

对各种悬浮细胞标本,可用 TUNEL 法掺入带荧光素的核苷酸后,以流式细胞仪来测定;也可用上述标记荧光素的膜联蛋白 V 来标记外化的磷脂酰丝氨酸后上流式细胞仪。其优点是能作定量检查。由于膜联蛋白 V 标记法可在活细胞中做,该法还可用于培养细胞中凋亡的动态检测。此外,某些荧光染料如 Hoechst 33342 能直接进入细胞膜与 DNA 结合,凋亡细胞由于核固缩,其染色质致密,荧光较非凋亡细胞更明亮,可在细胞流式细胞仪上作定量检测。

值得注意的是,虽然本章介绍了很多凋亡的检测方法,但没有一种检测方法是凋亡检测的完全特异性方法。迄今,最为可靠的凋亡检测方法仍然是最古老的形态学观察其细胞核变化的方法,但这种方法在组织检测中太不敏感,凋亡细胞只能偶然被发现,显然不能单独使用。目前,大多数专家认为,组织学中检测凋亡的最好方法为 DNA 小片段检测法(ISNT、TUNEL)结合形态学观察。

五、细胞凋亡的医学意义

细胞凋亡是生物学界广泛存在的现象,在医学上除与机体的生长、发育有关外,还有着重要的生理和病理意义。

1. 凋亡与免疫 在免疫细胞的分化发育、激活诱导、免疫应答乃至免疫缺陷或自身免疫性疾病的发生中,凋亡都起着积极作用。淋巴细胞分化成熟过程中历经阳性和阴性两方面的重要选择,即当基因重排时(如 T 细胞抗原受体 TCR 基因、B 细胞免疫球蛋白基因重排),经阳性选择保留具有正常基因并有表达能力的细胞,继而经阴性选择清除能识别自身抗原的细胞或能引起自身反应性的克隆,最终仅保留分化成熟的、具有分辨自我或非己能力的细胞,而约占总数 95% 的细胞被淘汰,后者是通过细胞凋亡来实现的。少数逃避了中枢免疫器官克隆清除的自身反应性细胞可进入外周淋巴组织,一旦识别自身抗原而活化后,可通过 Fas 诱导的细胞凋亡而被主动除去。

免疫应答反应中,现知细胞毒性淋巴细胞(CTL)杀伤靶细胞的方式有 2 种,一是释放穿孔素,破坏细胞膜,使靶细胞裂解;二是细胞凋亡,后者是借 CTL 的 TCR 识别抗原肽与 MHC 分子,信号传至核内,激活内源性核酸酶,使细胞凋亡,或是凭借 CTL 表面的 FasL 与靶细胞表面的 Fas 结合而触发凋亡。新近研究表明,NK 细胞杀伤靶细胞也有与 CTL 类似的这些方式。

免疫反应中,一旦抗原被清除,则通过反馈性调节使免疫细胞迅速减少,其中凋亡了起着重要作用。同样,细胞因子作用下大量增殖的免疫效应细胞,一旦因子浓度下降或撤去,细胞即出现凋亡,如依赖 IL-2 的 CTL,在 IL-2 去除后 6~24 小时即迅速凋亡。

2. 凋亡与肿瘤 肿瘤的发生,一方面与细胞增殖速率高有关;另一方面,正常细胞凋亡受抑制(如 p53 基因功能性丢失的肿瘤细胞)的现象也已受到重视。近年的实验研究还表明,细胞凋亡参与了癌症的起始过程,并对癌的发生起抑制作用。据测,癌前期细胞对凋亡敏感,癌前病灶中细胞凋亡比率比周围正常细胞高 8 倍。癌细胞增殖过程中产生的近乎正常表型的细胞,也是通过凋亡加以清除,使癌细胞群中表型与正常细胞相差大的亚群维持高增殖率。

肿瘤治疗中,诱导凋亡与诱导分化一样,由于它们即使使肿瘤细胞凋亡,也不引起正常组织和细胞损伤,正成为人们关注和研究的热点。有关含砷的中药制剂治疗急性早幼粒细胞性白血病而使病情缓解,主要就是通过诱导白血病细胞发生凋亡而实现的。已知许多抗癌药物,如拓扑异构酶抑制剂、烷化剂、抗代谢物和激素拮抗剂等,都可在不同类型的癌细胞中诱导凋亡而发挥抗癌作用。

3. 凋亡与感染　病毒、细菌等病原微生物感染机体均可引起细胞凋亡。感染细胞发生凋亡的同时也清除了细胞内的病原微生物,对机体有防卫作用。而病原微生物通过抑制凋亡,使自身得以生存和扩散。这些复杂的关系与感染性疾病的发病机制密切相关。

病毒感染与凋亡的关系尤其引人注意。细胞被病毒感染后可出现 2 种情况:①病毒诱导感染细胞凋亡,发生病毒溶解细胞作用,结果是两者同归于尽,疾病呈自限性,但 HIV 感染淋巴细胞,诱发其凋亡,则造成免疫缺陷。②病毒抑制细胞凋亡,病毒得以持续存在,感染继续,或导致细胞癌变,如 HBV 的 X 蛋白能封闭 p53 介导的凋亡,导致细胞监视机制紊乱,不能清除恶变细胞,最终发生肝细胞癌。有报道,乙型和丙型肝炎相关性肝硬化和急性肝衰竭者,肝细胞高度表达 CD95 配基(FasL)mRNA,而正常细胞不表达。另在慢性丙型肝炎患者和 HBsAg 转基因大鼠中均证明有 Fas/FasL 系统参与 CTL 介导的、MHC‑1 限制的肝细胞凋亡。这些都提示了凋亡与肝细胞损伤的关系。

(复旦大学基础医学院病理系　朱虹光)

第Ⅲ部分　实验

实验1

组织取材、固定、包埋和切片

一、标本的采集和处理

1. **活检组织** 由穿刺(肾穿刺、肝穿刺)或开放活检得到的组织做好标记后,应根据需要迅速固定或作冷冻切片。

2. **手术切除和尸检标本** 手术切除和尸检标本的取材部位应包括:主要病灶、病灶和正常组织交界处、远离病灶的正常组织。取材后要及时固定或作冷冻切片;组织块的厚度不宜超过 2～3 mm。

3. **细胞标本** 常用的细胞标本制片和处理有以下几种方法。

(1) 印片法:将新鲜标本的病灶区轻轻压于清洁玻片上,使细胞黏附在玻片上,将玻片立即投入固定液中,固定 5～10 min 取出干燥后,进行染色或低温贮存备用。

(2) 细针穿刺吸取法:用细针穿刺淋巴结、肝、肾、肺等组织,所得少量细胞可直接涂于玻片上,细胞涂抹要求均匀;如果穿刺所得细胞较多,可将细胞注入盛有少量生理盐水的小试管内,低速离心 5 min,弃去多余的上清,制成细胞悬液,再均匀涂片后,固定、备用。

(3) 沉淀法:常用于体液中细胞制片,如胸腔积液、腹水。如果体液中的细胞量较多,液体混浊,可作直接涂片,待干后固定;如果体液中细胞量较少,可先将体液低速离心 5 min,弃去上清,留下的少量沉淀作涂片,固定备用。

4. **体外培养细胞**

(1) 采集可贴壁生长的体外培养细胞时,可将消毒的盖玻片(18 mm×18 mm 或 22 mm×22 mm)放于培养瓶或培养皿内,待细胞长在盖玻片上时,将盖玻片取出,用 0.01 mol/L pH7.4 PBS,反复洗涤后,固定备用,染色时可直接在盖玻片上进行。

(2) 对于不贴壁生长的培养细胞,可先将细胞悬液低速离心,弃去上清;再以 PBS 洗后低速离心,将离心后所得细胞均匀涂于玻片上,再固定。为防止细胞从玻片上脱下,所用玻片必须涂有黏附剂,如白胶、明胶和多聚赖氨酸等。

5. **实验动物组织标本** 实验动物组织标本的采集,可用乙醚吸入麻醉或 4% 戊巴比妥静脉注射(1 ml/kg 体重),待动物失去知觉后进行,也可在断头放血或空气栓塞处死动物后进行。

实验动物组织标本的取材要求做到以下几点。

（1）材料新鲜：待动物麻醉或处死后，立即取材，投入固定液内固定，或立即速冻。

（2）勿使组织块受挤压或变形：取材用的刀要锋利，不可损伤组织；要尽量将组织展平，维持原形。如神经、肌肉、皮肤等可先将其固定在硬纸片上，再投入到固定液中。

（3）选择好组织块的切面：应根据器官的组成结构决定组织块切面的走向，纵切或横切要根据观察要求而定；对较大器官应参照1.2同时取多块组织。

（4）组织块力求薄而平整，组织块厚度<2 mm。

二、石蜡切片制作流程

石蜡切片制作步骤较多，流程如下：取材、固定后的组织→冲水→脱水→透明→浸蜡→包埋→切片→染色→封固。

人体组织的石蜡切片制作流程很多《病理技术手册》都有阐述，现将人肾穿刺组织、肝穿刺组织及常见实验动物组织的脱水、透明、浸蜡的时间列表如下，供参考(表1)。

表1　人肾穿刺、肝穿刺组织及常见实验动物组织的脱水、透明、浸蜡时间表

程序	试剂	人肾、肝穿刺组织		实验动物组织			
		温度(℃)	时间(min)	温度(℃)	时间(min)(小鼠)	时间(min)(大鼠)	时间(min)(狗)
脱水	50%乙醇			室温	60	60	120
	70%乙醇			室温	60	60	120
	80%乙醇	室温	10～20	室温	60	60	120
	95%乙醇Ⅰ	室温	15	室温	120	120	120～180
	95%乙醇Ⅱ	室温	15	室温	>720(过夜)	>720(过夜)	>720(过夜)
	100%乙醇Ⅰ	室温	15	室温	30～45	60	120～180
	100%乙醇Ⅱ	室温	15	室温	30～45	60	120～180
透明	二甲苯Ⅰ	室温	3～5	室温	3～5	5～10	5
	二甲苯Ⅱ	室温	3～5	室温	3～5	10	10
	二甲苯Ⅲ	室温		室温			10
浸蜡	石蜡Ⅰ	56～58	10	56～58	5	10	10
	石蜡Ⅱ	56～58	15～20	56～58	10	10	20
	石蜡Ⅲ	56～58	20～30	56～58	20～25	30～40	60
包埋	石蜡	56～58					

注：组织块的厚度以不超过2 mm为宜，室温以20～25℃为标准，根据季节温度差异，脱水、透明、浸蜡时间可作增加或减少

三、冷冻切片制作流程

冷冻切片制作流程为：新鲜未固定的组织或已固定的组织经冲水后→冷冻→切片→染色→封固。

1. 组织冷冻

组织冷冻的基本原则是力求速冻，以免组织内冰结晶形成影响形态观察。常用的组织

速冻方法如下。

（1）二氧化碳冷冻：将组织放在冷冻台上，打开二氧化碳开关，直接将二氧化碳喷在组织块上，组织变硬后进行切片，此方法现已很少使用。

（2）干冰直接冷冻：将组织块直接投入到干冰中，使其迅速冷冻，此方法适合于较小的组织块，如肾穿刺、肝穿刺组织等。

（3）液氮冷冻：也是常用的方法之一，先将组织块用组织包埋剂（OCT）包埋，放在1个容器内，再将1勺液氮浇在容器内的组织块上；切勿将组织块直接放入液氮缸底部冷冻，因温度太低，会引起组织碎裂。

（4）丙酮-干冰-异戊烷冷冻：是在一个较大烧杯内倒入适量丙酮，再倾入干冰，待干冰不再溶解时，在里面放一个盛有异戊烷的小烧杯；然后将组织块用OCT包埋，直接投入到异戊烷中，组织很快冷冻，取出后用铝箔包好放$-70℃$保存，或立即进行冷冻切片，此方法是冷冻组织的最佳方法。

2. 冷冻切片机及切片

（1）开放式冷冻切片机。包括半导体制冷切片机、二氧化碳制冷切片机、甲醇制冷切片机等，这一类冷冻切片机受环境影响，温度不易控制，因此制片难度较大，使用时可根据经验，用手指调节组织块温度。

（2）恒温冷冻切片机。是较为理想的冷冻切片机，其结构是将切片机置于$-15～-25℃$密闭冷冻箱内，故切片时不受环境温度影响，可调节切片厚度，并能制作连续切片，以满足组织化学染色或免疫组织化学染色需要。

（3）切片。冷冻切片的要求与普通石蜡切片基本相同，难点是防止组织片的皱缩，为此，防卷板的位置、刀片刀锋的平整性及切片动作的连贯性是非常重要的。组织片覆在载玻片上，室温干燥几分钟后，$4℃$保存（做免疫组织化学染色时不宜超过1个月）。如需较长时间保留，可在切片干燥后，经适当的固定液固定，干燥后$-70℃$保存。切片的厚度应根据具体实验的要求而定，一般用恒温冷冻切片机可以切到$4\ \mu m$的薄片。不同组织制作冷冻切片时，所需温度不同，还应根据组织块大小不同设定最佳温度。

实验 2

HE 染色及常用衬染方法

一、石蜡切片苏木素-伊红染色（HE 染色）

其程序简单介绍如下。

（1）脱蜡至水：二甲苯Ⅰ3～5 min（冬天可延长至 5～10 min）→二甲苯Ⅱ3～5 min→100％酒精 1～2 min→95％酒精Ⅰ1～2 min→95％酒精Ⅱ1～2 min→80％酒精 1 min→70％酒精 1 min→自来水洗片刻→蒸馏水洗片刻。

（2）染色：苏木素浸染 3～10 min→自来水冲洗片刻→1％盐酸酒精分化 3～5 s→自来水冲洗数分钟→碳酸锂饱和水溶液 1～2 min→自来水冲洗 10 min 至数小时→0.5％伊红溶液浸染 1～2 min。

（3）脱水：95％酒精Ⅰ1～2 min→95％酒精Ⅱ1～2 min→100％酒精Ⅰ1～2 min→100％酒精Ⅱ1～2 min。

（4）透明：二甲苯-苯酚混合液 2 min→二甲苯Ⅰ1～2 min→二甲苯Ⅱ1～2 min→二甲苯Ⅲ1～2 min。

（5）封固：最常用的是中性树胶，也可用加拿大香胶或 DPX 封固剂。

二、常用的衬染方法

（1）Mayer 苏木素液衬染细胞核：免疫组织化学染色后，可用 Mayer 苏木素溶液衬染细胞核，其方法与常规 HE 染色中苏木素液浸染一样，但染色时间可缩短，同样可以用 1％盐酸酒精分化，细胞核呈紫蓝色。分化对免疫酶染色结果无影响，在一定程度上可以增加其着色的反差。

Mayer 苏木素溶液配制：

钾明矾（或铵明矾）	50 g
蒸馏水	1 000 ml
苏木精	1 g
碘酸钠	0.2 g
柠檬酸	1 g
水合氯醛	50 g

将明矾加入到蒸馏水中,待完全溶解后,加入苏木精,溶解后再加入碘化钠,振荡 10 min,加柠檬酸,再振荡后加入水合氯醛,使其完全溶解,溶液的最终颜色为紫中带红。

(2) 1‰甲基绿衬染细胞核:组织经免疫组织化学染色后,可用 1‰甲基绿衬染 2～3 min,水洗后,脱水、透明、封片。细胞核呈绿色。

1‰甲基绿溶液配制:甲基绿　　　　2 g

蒸馏水　　　　100 ml

氯仿　　　　适量

将 2 g 甲基绿溶于 100 ml 蒸馏水中,放入分液漏斗中,然后加入适量氯仿,用力振荡,使甲基绿中的甲基紫溶于氯仿中,放置片刻,将漏斗下方的紫色氯仿弃去,如此反复用氯仿抽提,直至氯仿不呈紫色为止,所得到的甲基绿溶液为 2‰,用时再用蒸馏水稀释 1 倍。

(3) 0.1‰藏红(safranine)溶液衬染细胞核:免疫组织化学染色后可用 0.1‰藏红衬染细胞核,染色时间为 2～3 min。细胞核呈红色。

0.1‰藏花红水溶液,用前过滤。

(4) 1‰亮绿(light green)溶液衬染细胞质:亮绿是常用的衬染细胞质的染料,其染色时间为 1～2 min,其特点为染色快,褪色也较快,如用坚固绿(fast green)代替,则保存时间较久。

1‰亮绿水溶液,用前过滤。

实验 3

酶组织化学（常用酶组织化学染色方法）

一、葡萄糖-6-磷酸酶（G-6-P）：Wachstein-Meisel 法

1. 标本　大鼠肝脏冷冻切片，不固定
2. 反应液
0.125％葡萄糖-6-磷酸钠盐或钾盐	10.0 ml
0.2M Tris-马来酸(maleate)缓冲液，pH6.7	10.0 ml
2％硝酸铅	1.5 ml
双蒸水	3.5 ml

3. 染色方法
(1) 将未固定的冷冻切片浸在反应液中，37℃，孵育 5～20 min。
(2) 用双蒸水洗切片 2 min×2 次。
(3) 将切片浸在 1％硫化铵中 2 min。
(4) 用双蒸水洗切片。
(5) 切片入 10％甲醛液固定 10～20 min。
(6) 双蒸水反复冲洗。
(7) 甘油明胶封片。
4. 结果　棕黑色的硫化铅沉淀表示 G-6-P 的活性。
5. 附注　切片厚度最好为 10～20 μm，如能漂染效果更好。

二、γ-氨酰转肽酶（GGT）：改良 Albert 法

1. 标本　大鼠肾冷冻切片，厚度 6～8 μm，冷丙酮固定；或低温石蜡切片。
2. 反应液　5 mg γ-L-谷氨酰-α-萘胺溶于 0.5 ml 生理盐水，各加 1 滴二甲亚砜 (DMSO)和 1 mol/L NaOH 助溶，完全溶解后，加 5 ml 0.1 mol/L 的 Tris-HCL 缓冲液(pH 7.3)及 5 mg 甘二肽(glycylglycine)，搅拌溶解，临用前再加 5 mg 坚紫酱 GBC 盐(fast garnet GBC salt)。
3. 染色方法　将上述反应液过滤后直接滴在组织切片上，37℃孵育 30 min，蒸馏水洗后，甘油明胶封固。

4. 结果　GGT 活性呈砖红色沉淀。

5. 附注　β-萘胺的水解速度是 α-萘胺的 3.8 倍,故用 β-萘胺可缩短孵育时间,效果更好。

三、碱性磷酸酶(AP): 偶氮染料偶联法

1. 标本　冷冻切片,甲醛钙前固定(4℃)。

2. 反应液　磷酸 α-萘酚钠盐 10 mg 溶解于 pH 10.0 的 0.2 mol/L Tris 缓冲液 10 ml 中,再加入坚红 TR(fast red TR,偶氮盐)10 mg,溶解并充分混合,过滤后立即使用。反应液的最终 pH 为 9.0~9.4。

3. 染色方法

(1) 将固定后的冷冻切片放入反应液中,室温下孵育 10~60 min(石蜡切片可适当延长)。

(2) 用蒸馏水洗。

(3) 用 2% 甲基绿复染。

(4) 水洗后,用甘油封固。

4. 结果　AP 的活性表现为棕红色,细胞核为绿色。

5. 附注　在进行非放射性核素法分子杂交时,所用的标记酶常是碱性磷酸酶,此时常用 NBT(四恶唑硝基兰,nitro blue tetrazolium)和 BCIP(5-溴-4 氯-3 磷酸吲哚,5-bromo -4-chloro-3-indolyl phosphate)来显示。

实验 4

免疫荧光法实验

一、直接法　肾穿刺标本免疫复合物检测

1. 标本　肾穿刺活检标本,冷冻切片,厚 5 μm。

2. 抗体和试剂

(1) 荧光标记抗体:兔抗人 IgG - FITC、兔抗人 IgA - FITC、兔抗人 IgM - FITC 和兔抗人 C3 - FI TC,工作浓度均为 1∶30,Dako 公司产品。

(2) 0.01 mol/L pH7.4 的 PBS。

(3) 缓冲甘油:1 份 0.1 mol/L pH8.0 的磷酸缓冲液(PBS,见附录 4)与 9 份甘油混匀。

3. 染色步骤

(1) 肾穿刺活检标本冷冻切片室温下用丙酮固定 10 min,再以 PBS 洗 5 min×3 次。

(2) 置切片于湿盒内分别滴加兔抗人 IgG - FITC、兔抗人 IgA - FITC、兔抗人 IgM - FITC、兔抗人 C3 - FITC,37℃,30 min→用 PBS 洗切片 5 min×3 次。

(3) 用缓冲甘油封片。

(4) 荧光显微镜下观察结果,并照相记录。

4. 结果　肾小球特异性染色部位呈翠绿色。

二、间接法

1. 标本　肾穿刺活检标本,冷冻切片,厚 5 μm。

2. 试剂

(1) 第一抗体:羊抗人 IgG 抗血清,工作浓度 1∶40,羊抗人 IgA 抗血清和羊抗人 IgM 抗血清,均为 DaKo 公司产品。工作浓度均为 1∶30。

(2) 兔抗羊 IgG∼FITC,工作浓度 1∶30,购自 DaKo 公司。

(3) 0.01 mol/L pH7.4 的 PBS。

(4) 缓冲甘油(配法同直接法)。

3. 染色步骤

(1) 肾穿刺活检标本冷冻切片室温下丙酮固定 10 min,PBS 洗 5 min×3 次。

（2）置切片于湿盒内，分别滴加羊抗人 IgG、羊抗人 IgA 及羊抗人 IgM 抗血清，37℃，30 min→以 PBS 洗切片 5 min×3 次。

（3）滴加兔抗羊 IgG - FITC，37℃，30 min→以 PBS 洗切片 5 min×3 次。

（4）缓冲甘油封片，荧光显微镜下观察结果，并照相记录。

4. 结果　肾小球特异性荧光染色呈翠绿色。

实验 5

免疫组织化学染色

一、PAP 法检测乙型肝炎病毒核心抗原（HBcAg）

1. 标本　肝炎组织之石蜡切片,厚 4 μm。

2. 试剂

(1) 兔抗 HBcAg 抗血清,工作浓度 1：300,Dako 公司产品。

(2) 羊抗兔 IgG 抗血清,工作浓度 1：200,本室自制。

(3) 兔 PAP 试剂,工作浓度 1：200,本室自制。

(4) 正常羊血清,工作浓度 1：20,本室自制。

(5) 0.01 mol/L pH7.4 的 PBS。

(6) 0.3% H_2O_2-甲醇溶液(临用前配:1 ml 30% H_2O_2 加甲醇溶液至 100 ml,充分混匀)。

(7) DAB 显色液(见附录)。

3. 染色步骤

(1) 石蜡切片常规脱蜡,经自来水洗,再以蒸馏水洗。

(2) 切片入 0.3% H_2O_2-甲醇溶液,37℃,30 min,以消除组织内源性过氧化物酶活性→切片经水洗、蒸馏水漂洗后,再用 PBS 洗 5 min×(2～3)次。

(3) 擦去组织周围 PBS,滴加 1：20 正常羊血清,置切片于湿盒内,37℃,20 min。

(4) 倾去正常羊血清,滴加 1：300 兔抗 HBcAg 抗血清,湿盒于 37℃,1 h,然后移至 4℃冰箱过夜→切片以 PBS 洗 5 min×3 次。

(5) 滴加 1：200 羊抗兔 IgG 抗血清,置 37℃,1 h→切片以 PBS 洗 5 min×3 次。

(6) 滴加 1：200 兔 PAP 试剂,置 37℃,1 h→切片以 PBS 洗 5 min×3 次。

(7) 滴加 DAB 显色液,显色时间为 5～10 min(在显微镜下控制显色程度)。

(8) 切片经蒸馏水洗后,脱水、透明,中性树胶封片后镜检。

4. 结果　部分肝细胞核呈棕褐色阳性反应。

二、ABC 法检测淋巴瘤组织内白细胞共同抗原（LCA）

1. 标本　淋巴瘤组织石蜡切片,厚 4 μm。

2. 试剂

(1) 小鼠抗 LCA 单克隆抗体,工作浓度 1：100,Dako 公司产品。

(2) 生物素化兔抗小鼠 IgG9(b－RAMG),工作浓度 1：100,Vector 公司产品。

(3) ABC 试剂(至少在用前 0.5 h 配制),工作浓度 1：100,Vector 公司产品。

(4) 正常兔血清,工作浓度 1：20,本室自制。

(5) 0.3% H_2O_2 －甲醇溶液。

(6) 0.1% 胰蛋白酶消化液。

(7) DAB 显色液。

(8) 0.01 mol/L pH7.4 的 PBS。

(9) 1% 甲基绿。

3. 染色步骤

(1) 石蜡切片常规脱蜡后,用自来水洗,再用蒸馏水洗;

(2) 切片入 0.3% H_2O_2 －甲醇溶液,37℃,30 min,以消除组织内源性过氧化物酶活性。

(3) 切片经水洗、蒸馏水洗,入已预热的 0.1% 胰蛋白酶消化液,37℃,30 min。

(4) 切片经蒸馏水洗,再用 PBS 洗 5 min×3 次。

(5) 擦去组织周围 PBS,滴加 1：20 正常兔血清,置切片于湿盒内,37℃,20 min。

(6) 倾去正常兔血清,滴加 1：100 小鼠抗 LCA 单克隆抗体,37℃,1 h,移至 4℃冰箱过夜→切片用 PBS 洗 5 min×3 次。

(7) 滴加 1：100 b－RAMG,37℃,1 h→切片用 PBS 洗 5 min×3 次。

(8) 滴加 1：100 之 ABC 试剂,37℃,30～45 min→切片用 PBS 洗 5 min×3 次。

(9) 滴加 DAB 显色液,显色时间为 5～10 min(显微镜下控制显色程度)。

(10) 切片经蒸馏水洗,入 1% 甲基绿复染细胞核。

(11) 切片脱水、透明、封固、镜下观察。

4. 结果 阳性的淋巴细胞膜和胞质为棕褐色,胞核为淡绿色。

三、EnVision 法(二步法)检测乳腺癌雌激素受体(ER)

1. 标本 乳腺癌组织石蜡切片,厚 4 μm。

2. 试剂

(1) 小鼠抗人雌激素受体(ER)单抗,工作浓度为 1：100,美国抗体诊断公司产品。

(2) 含有多个羊抗小鼠 IgG 分子和 HRP 分子的聚合物,美国抗体诊断公司产品。

(3) 0.6% H_2O_2 －甲醛溶液(同 PAP 法)。

(4) 10 mM/L pH6.0 的柠檬酸缓冲液(见常用缓冲液的配制)。

(5) 0.01 mM/L pH7.4 的 PBS。

(6) DAB 显色液(同 PAP 法)。

(7) 1% 亮绿。

3. 染色步骤

(1) 石蜡切片常规脱蜡,经高至低梯度酒精水化;

(2) 切片入 0.6% H_2O_2 －甲醛溶液,37℃,30 min,以消除组织内源性过氧化物酶活性。

（3）切片经水洗，蒸馏水洗后，置于 10 mmol/L pH6.0 的柠檬酸缓冲液，进微波炉处理 10 min，室温冷却 10 min。

（4）切片经蒸馏水洗，再用 PBS 洗 5 min×3 次。

（5）擦去组织周围的 PBS，滴加 1∶100 小鼠抗人雌激素受体单抗，37℃孵育 1 h，切片用 PBS 洗 5 min×3 次。

（6）滴加含羊抗小鼠 IgG 和 HRP 的聚合物，37℃，30 min，切片用 PBS 洗 5 min×3 次。

（7）滴加 DAB 显色液，显色时间为 5～10 min(显微镜下控制显色程度)。

（8）切片入 1% 亮绿复染，脱水，封片。

4. 结果　乳腺癌细胞核呈深棕色，胞质呈淡绿色。

实验 6

免疫电镜实验

采用包埋前-酶标直接法。

1. **实验用器材** 剪刀、镊子、冷冻切片机、小培养皿、烧杯、滴管、微量进样器、1.5 ml Eppendorf 管等。

2. **试剂**

(1) 聚甲醛-赖氨酸-过碘酸钠(PLP)固定液。

(2) 0.01 mol/L pH7.4 的 PBS。

(3) 辣根过氧化物酶标记的兔抗人纤联蛋白(RAHFn－HRP),工作浓度 1：20(用含有 0.015％皂角素的 PBS 稀释)。

(4) DAB 显色液(同 7.2.2 PAP 法)。

(5) 1％锇酸固定液(含 1.5％铁氰化钾)。

(6) 二甲砷酸钠-蔗糖缓冲液：2.14 g 二甲砷酸钠溶于 50 ml 双蒸水,加 2.7 ml 0.2 mol/L HCL,调节 pH 至 7.4,再以双蒸水稀释至 100 ml,内含 7％蔗糖。

3. **操作步骤**

(1) 正常大鼠断头处死,放血后立即剪开胸腔,取肝组织切成小块,立即投入 PLP 固定液中。稍加固定的组织块经速冻后,制成 10～20 μm 厚度的冷冻切片,并将切片投入到盛有冷 PLP 固定液的小培养皿中,4℃冰箱内,先后共固定 6 h。

(2) 用冷 PBS 漂洗切片,每次 10 min,共洗 2 h。

(3) 将 4～5 片冷冻切片(1 mm×1 mm 大小)装入 Eppendorf 管中,加入含 0.015％皂角素之 1：100 RAHFn－HRP 100 ml,室温摇荡数次,放 4℃冰箱,15 h。

(4) 将冷冻切片放入小培养皿中,用冷 PBS 漂洗切片,每次 10 min,共洗 1 h。

(5) 冷冻切片浸泡于不含 H_2O_2 的 DAB 溶液中,室温 20 min,弃去 DAB 溶液,另加新鲜配制的含 H_2O_2 的 DAB 显色液,显色 10～15 min,显微镜下控制显色程度,并挑选满意切片。

(6) 用 PBS 漂洗切片,每次 10 min,共 1 h。

(7) 用 1％锇酸固定液作后固定 50 min。

(8) 冷 PBS 洗数次后,入二甲砷酸钠-蔗糖缓冲液,4℃冰箱过夜,其间至少换液 1～2 次。

(9) 电镜包埋：组织切片以 0.1 mol/L PB 洗 2 次,直接用梯度酒精、丙酮脱水,电镜半包埋剂浸渍,入 618 环氧树脂包埋剂,60℃,聚合 24 h。

(10) 聚合后的组织块粘贴在已固化的 618 包埋剂制成的电镜包埋块上,作超薄切片,可不用铅铀染色,直接在透射电镜下观察。

4. 结果　Fn 主要分布于血窦外侧之 Disse 间隙内。

实验 7

杂交组织化学

一、探针标记实验

1. 随机引物法

（1）试剂。

1）特异性 DNA 模板。

2）随机引物法 DIG 标记药盒（宝灵曼公司），含：

5×缓冲液

Klenow 酶

5×随机引物混合物　1 mmol/L dATP

1 mmol/L dCTP

1 mmol/L dGTP

0.65 mmol/L dTTP

0.35 mmol/L DIG－dUTP

3）50％甘油。

4）0.2 mol/L pH8.0 的 EDTA。

5）4 mol/L LiCL。

6）预冷乙醇（－20℃）。

7）TE（10 mmol/L Tris－HCL，1 mmol/L pH8.0 的 EDTA）。

（2）操作步骤。

1）于 Eppendorf 管中依次加入 15 μl 消毒双蒸水，1 μl（10 ng～3 μg），DNA 模板（1 μg/μl）。

2）于 100℃沸水，10 min（变性），干冰骤冷 30 s。

3）加入 DIG－随机引物 4 μl。

4）混合后 37℃保温 1 h。

为增加标记产物，可在标准反应系统中适当增加模板浓度和保温时间（表2）。如模板量超过 3 μg，应增加相应的反应物质。

表 2 标记物量与模板浓度和保温时间的关系

模板量(ng)	可获 DIG 标记产物(ng)	
	反应 1 h	反应 2 h
10	45	600
30	130	1 050
100	270	1 500
300	450	2 000
1 000	850	2 300
3 000	1 350	2 650

5) 加 2 μl 0.2 mol/L pH8.0 的 EDTA 终止反应。

6) 加 2.5 μl 4 mol/L LiCL 和 75 μl 无水乙醇(-20℃预冷)。

7) 混合后-70℃，30 min 以上，或-20℃，2 h 以上。

8) 13 000 g 4℃离心 15 min,弃上清。

9) 加 50 μl 70% 的乙醇(预冷)清洗,13 000 g,4℃离心 5 min,弃上清液,真空干燥。

10) 用少量 TE 溶解,再用杂交液稀释后应用(暂时不用也可于-20℃保存)。

2. RNA 体外合成、标记法

(1) 试剂:

1) 插入探针 cDNA 的含有噬菌体 RNA 聚合酶启动子的质粒。

2) 特异性 DNA 内切酶。

3) RNA 探针 DIG 标记药盒(宝灵曼公司)。含有如下物质:

含有噬菌体 RNA 聚合酶启动子的质粒

NTP 标记混合物　　10 mmol/L ATP

　　　　　　　　　10 mmol/L CTP

　　　　　　　　　10 mmol/L GTP

　　　　　　　　　6.5 mmol/L UTP

　　　　　　　　　3.5 mmol/L DIG-11-UTP

10×反应缓冲液　　0.4 mol/L pH8.0 Tris-HCL

　　　　　　　　　60 mmol/L $MgCL_2$

　　　　　　　　　0.1 mol/L DTT

　　　　　　　　　20 mmol/L spermidine

RNase 抑制剂

RNA 聚合酶(SP6、T7、T3)

DNase I

4) DEPC 处理的 H_2O。

5) 0.2 mol/L pH8.0 的 EDTA。

6) 4 mol/L LiCl。

7) 预冷乙醇(-20℃)。

（2）操作步骤

1）用特异性内切酶将含有探针 cDNA 的质粒（含有噬菌体 RNA 聚合酶启动子）切成线状。

2）于 Eppendorf 管中加入如下物质。

DNA 模板（酶切成线性）	1 μg（或 100～200 ng 纯化的 PCR 产物）
NTP 标记混合物	2 μl
10×反应缓冲液	2 μl
DEPC 处理的 H_2O	加至 17 μl

3）混合后加：1 μl RNase 抑制剂和 2 μl RNA 聚合酶（SP6/T7/T3）。

4）柔和混合后 37℃保温 2 h。

5）加入 DNaseⅠ 2U，37℃ 15 min（去除模板 DNA，可省）。

6）加入 2 μl 0.2 mol/L pH8.0 的 EDTA。

7）加入 2.5 μl 4 mol/L LiCL 和 75 μl 预冷无水乙醇。

8）混合后置－70℃，30 min 或－20℃过夜。

9）13 000 g，4℃离心 15 min，弃上清液；加 50 μl 70％乙醇（预冷）洗，离心弃上清液，真空干燥。

10）用 50 μl DEPC－H_2O 溶解，再用杂交液稀释后应用（暂时不用也可于－70℃保存）。

二、原位杂交

1. DNA 探针原位杂交检测 HBV DNA

（1）试剂：

1）HBV DNA 探针购自北京肝炎研究所（已用随机引物法 DIG 标记药盒标记）。

2）10 μg/ml 蛋白酶 K：用 50 mmol/L pH7.4 Tris－HCL 缓冲液配制（见附录）。

3）甘氨酸-PBS：甘氨酸 1 g 溶于 0.01 mol/L pH7.4PBS 500 ml；

4）20×PBS：Na_2HPO_4　12.9 g

　　　　　　NaH_2PO_4　2.2 g

　　　　　　NaCL　38.0 g

　　　　　　加去离子水至 250 ml；

5）1N NaOH。

6）1 mol/L $MgCl_2$；

7）4％多聚甲醛（见附录3，每 10 ml 液体内加入 50 μl 1.0 mol/L $MgCl_2$）；

8）乙酸酐/三乙醇胺：1 mol/L 的三乙醇胺 40 ml 中，加乙酸酐 1 ml，再加水至 400 ml。

9）20×SSC：NaCl87.65 g，柠檬酸三钠 44.1 g，溶于 500 ml 去离子水中。

10）BufferⅠ：0.1 mol/L pH7.5 Tris－HCL 缓冲液，含 0.15 mol/L NaCl。

11）0.1％（V/V）Tween－20/BufferⅠ。

12）BufferⅡ：10％阻断剂 25 ml，加入 BufferⅠ 225 ml。

13）BufferⅢ：1.0 mol/L Tris　　50 ml

　　　　　　　3.0 mol/L NaCL　25 ml

$$1.0 \text{ mol/L MgCL}_2 \qquad 25 \text{ ml}$$

加去离子水至   500 ml

14）以 0.01 mol/L pH7.4PBS 配制 5%正常羊血清，内含 3% BSA。

15）显色液：NBT 9 μl，加入到 2 ml BufferⅢ中，再加 BCIP 7 μl，混匀。

（2）操作步骤：

1）用多聚赖氨酸(poly－L－lysin)或 APES 涂片，制备石蜡切片，60℃烘片 3～5 h。

2）石蜡切片常规脱蜡至水。

3）蛋白酶 K(10 μg/ml)消化组织片，37℃，10 min。

4）甘氨酸－PBS 洗切片 5 min。

5）4%多聚甲醛后固定，每片加液 50 μl，室温 10 min，用甘氨酸/PBS 洗片 5 min。

6）用乙酸酐/三乙醇胺浸片 10 min，再以 PBS 洗 5 min。

7）逐级乙醇脱水：75%→80%→95%→100%。

8）滴加预杂交液，每片 30 μl，室温，湿盒内至少 10 min。

9）倾去预杂交液（勿洗片），滴加 1∶10(1 份标记探针加入 9 份预杂交液)稀释的杂交液，每片 15～30 μl，迅速加盖硅化盖玻片（或蜡膜、塑料薄膜），避免有气泡产生。

10）于湿盒内 95℃变性 10 min，移至 65℃水浴箱内杂交 16～20 h。

11）洗片：2×SSC，室温 5 min×2→2×SSC，65℃，5 min→0.2×SSC，65℃，15 min→0.1×SSC，65℃，5 min→2×SSC，室温，5 min→0.1% Tween～20/BufferⅠ，5 min×2→BufferⅠ，5 min。

12）滴加 5%羊血清，每片 30 μl，室温 15～20 min。

13）倾去羊血清，滴加抗 Dig－AP 结合物，每片 20 μl，于 37℃，放置 2 h。

14）0.1Tween－20/BufferⅠ洗片 3 次，每次 10 min，再用 BufferⅠ洗 5 min。

15）用 BufferⅢ浸片 5 min，滴加显色液，温盒置于暗处，室温孵育 30 min 以上，光镜下观察，待阳性细胞显色适度后，用蒸馏水洗片终止显色。

16）亮绿衬染后，甘油明胶封片。

（3）结果：细胞胞质或核心出现蓝紫色颗粒状物质为阳性，背景为淡绿色。

2．RNA 探针原位杂交检测Ⅰ型胶原 mRNA

（1）试剂：

1）Ⅰ型胶原 RNA 探针（已用 RNA 探针 DIG 标记药盒标记）。

2）10 μg/ml 蛋白酶 K：用 50 mmol/L pH7.4 的 Tris－HCl 缓冲液配制。

3）4%多聚甲醛：用 0.1 mol/L pH7.4PB 加热溶解，此液要新鲜配。

4）0.1 mol/L pH7.4 的 PB。

5）0.2 mol/L HCl。

6）0.1 mol/L 三乙醇胺。

7）三乙醇胺－无水乙酸：0.1 mol/L 三乙醇胺 100 ml＋无水乙酸 250 ml 室温 10 min。

8）50%去离子甲酰胺。

9）杂交液：配比见表 3，－70℃保存。

试剂	加入量(ml)	终浓度
甲酰胺	25.0	50%
0.1M Tris - HCL pH7.6	5.0	10 mmol
0.5M EDTA pH8.0	0.1	1 mmol
3M NaCl	10.0	600 mmol
50×Denhart 液	1.0	1×
10% SDS	1.25	0.25%
DEPC - H$_2$O	加到总体积 50.0 ml	

10) 50%×Denhart's 液：

聚蔗糖 Ficoll 400	10 g	
聚乙烯吡咯烷酮 PVP	10 g	
牛血清白蛋白 BSA	10 g	
DEPC - H$_2$O	1 000 ml	

11) tRNA。

12) 20×SSC。

试剂	加入量	试剂	加入量
DEPC - H$_2$O	800.0 ml	10 mol/L NaOH	调 pH 至 7.0
NaCl	175.3 g	DEPC - H$_2$O	加至 1 000 ml
枸橼酸钠	88.2 g		

13) TNE(10 mmol/L pH7.6 Tris - HCL＋0.5 mol/L NaCL＋1 mmol/L EDTA)。

14) RNase(1 mg/100 ml TNE)。

15) Buffer Ⅰ(0.1 mol/L pH7.5 Tris - HCL 含 0.15 mol/L NaCl)。

16) 阻断剂。

17) 抗 DIG - AP。

18) Buffer Ⅲ(0.1 mol/L Tris - HCL＋0.1 mol/L NaCl＋50 mmol/L MgCl$_2$，pH9.5)。

19) 显色液(9 μl NBT＋7 μl BCIP＋2 ml Buffer Ⅲ)。

20) TE(10 mmol/L pH7.6Tris - HCl＋1 mmol/L EDTA)。

(2) 操作步骤：

1) 石蜡切片常规脱蜡，PB 洗片；

2) 蛋白酶 K 消化(10 μg/ml)，37℃，30 min；

3) 4%多聚甲醛后固定，室温 10 min，PB 洗片(1～2)min×2 次；

4) 0.2 mol/L HCl，室温 10 min，PB 洗片 1～2 min×2；

5) 0.1 mol/L 三乙醇胺(DEPC - H$_2$O 配)，室温 2～3 min；

6) 三乙醇胺-无水乙酸，室温 10 min，PB 洗片，室温 2 min×2 次。

7) 70%→80%→90%→100%→100%酒精脱水，室温干燥。

8) 滴加杂交液，每张切片用 15～30 μl，蜡膜盖片，置于湿盒内，50℃杂交 16～20 h。

杂交液：1 ml 杂交缓冲液

　　　　加 tRNA(最终浓度 0.3～0.5 mg/ml)

　　　　加标记探针(最终浓度 0.5～5 μg/ml)

9) 洗片：5×SSC，50℃，1 min 去膜→5×SSC，50℃，5 min→2×SSC＋50％甲酰胺，50℃，30 min。

10) TNE，37℃，10 min。

11) RNase(1 mg/100 ml TNE)，37℃，30 min。

12) TNE，37℃ 10 min。

13) 洗片：2×SSC，50℃，15 min→0.2×SSC，50℃，15 min×2 次→Buffer Ⅰ，室温，1 min。

14) 1.5％阻断剂(用 Buffer Ⅰ 加热配制)，室温，45 min。

15) 抗 DIG－AP，37℃，30～60 min，4℃过夜。

16) Buffer Ⅰ 洗片，室温，15 min×2→Buffer Ⅲ 浸片，室温 5 min。

17) 显色液，避光、室温，30 min 以上。

18) TE 中止反应，H_2O 洗片。

19) 甘油明胶封片。

附录1

 常用生物显微镜简介

常用生物学显微镜依据工作原理分为两大类。

光学显微镜是利用可见光或紫外线作为光源来进行镜检的仪器。光学显微镜包括明视野、暗视野、相差、干涉差、荧光、体视、倒置、偏光、微分干涉差显微镜,以及近几十年发展起来的激光共聚焦扫描显微镜和双光子显微镜。

电子显微镜是利用电子束对样品放大成像的一种大型精密显微镜。钨丝发射出的电子束波长比可见光光源波长缩小了大约10万倍,使其分辨率得到极大提高。电镜的分辨率最高达到0.01 nm,能直接观察物质的超微结构。电子显微镜的种类有:扫描电镜和透射电镜,后者又分为高压电镜和超高压电镜。

一、光学显微镜的主要部件

显微镜的光学部件主要包括光源、聚光器、物镜及目镜等几部分。

1. 聚光器(condenser) 又称聚光镜,装在载物台的下方。聚光器可弥补光源亮度的不足和适当改变从光源射来的光线性质,还能将光线聚焦于被检物体上,以得到最强的照明光线。聚光器由透镜组与孔径光阑组成。孔径光阑位于透镜组的焦点平面之处,形成显微镜的入射瞳。孔径光阑可自由改变,它的大小可直接导致所通过光束的亮度发生变化。调整聚光器上下的位置,可使光源的焦点落在被检物体上,以得到最大亮度。一般聚光器的焦点在其上方约1.25 mm处,上升限度为镜台平面下方0.1 mm。因此,载玻片的厚度应在0.8~1.2 mm(标准厚度为1 mm),否则将会影响观察效果。

2. 物镜(objective) 利用光源使被检物体第1次成像,直接影响着成像质量和各项光学参。显微镜的分辨能力首先是由物镜的数值孔径所决定,所以物镜质量的好坏是衡量一台显微镜质量的首要标准。1台显微镜通常配有多个不同放大倍数的物镜。

3. 目镜(eyepiece) 把物镜放大的实像(中间像)再放大1次,并把物像映入观察者的眼中。从目镜中透射出的光线,在目镜的接目镜以上相交,这个交点称为"眼点"(eyepoint)。当观察者的眼睛处在眼点的位置,才能接收从目镜射出的全部光线,看到最大的视场。而专供显微摄影和投影用的照相目镜(photo eyepiece),是一种负焦距目镜,其眼点位于目镜内。它的特点是视场平坦,可校正物镜的残留色差,专用于显微摄影。通常显微镜使用的是10×

的"标准目镜"。

二、显微镜的主要光学参数

显微镜的光学参数主要有:数值孔径、分辨率、放大率、焦深、视场宽度、覆盖差、工作距离、图像亮度和视场亮度。要想取得完好的镜检质量,必须根据镜检的目的和实际情况来协调各参数之间的关系,充分发挥显微镜的应有性能。

1. 数值孔径(numerical aperture,NA) 是物镜和聚光器最主要的技术参数之一。NA值的大小通常直接标刻在显微镜的物镜和聚光器的外表面。物镜 NA 值表示物镜与被检物体之间介质的折射率(η)和孔径角(u)半数的正弦的乘积。进行显微观察时,要想提高分辨率加大 NA 值,唯一的办法就是增大介质的折射率 η 值(空气折射率为1,水的折射率为1.333,常用镜头油的折射率为1.515)。

2. 分辨率(resolving power) 显微镜的分辨率是由所使用物镜的 NA 值与光源的波长共同决定的。NA 值越大,光源波长越短,则最小分辨距离越小,分辨率也就越高。要想在一定范围内增加分辨率可采取如下措施:①在光源处加上蓝色或蓝紫色滤光片,使光源的波长缩短;②尽量使用折射率较高的镜头油作介质,提高 NA 值;③增加明暗反差,也是提高清晰度的一项有利措施(应尽量采用适当调节孔径光阑的方法来达到增强反差的目的)。

3. 放大率(magnification) 是指被检物体经物镜和目镜放大后,人眼所看到的最终图像的大小和原物体大小的比值。物镜和目镜的放大倍率都被标刻在镜筒的外表面。显微镜的成像质量主要取决于物镜的分辨率。物镜无法分辨的细微结构,即使目镜的放大倍率再高,也同样无法辨清。

4. 焦深(depth of focus) 指将显微镜的焦点对准某一物体点时,在视野平面纵向厚度中能够清晰分辨出的景物范围。焦深与物镜的放大倍率成反比,放大倍率高的物镜,焦深越小。因此在使用高倍物镜观察时,因焦深较小,所以需要使用细调焦装置上下调节。

5. 场数(field number,FN) 为各制造厂给出的参数,通常标刻在目镜镜筒外表面。标准长度镜筒下的视场直径计算方法是,用目镜的 FN÷所使用的物镜放大倍率。物镜的倍率增大,视场直径变小。因此,在低倍镜下能看到的某些被检物体的全貌,换成高倍物镜时,就只能看到被检物体的一部分。为了在高倍镜下能看到被检物体的全貌,只能缓慢地移动载玻片,使被检物体的不同部分依次进入视野进行观测。

6. 覆盖差(difference of coverglass) 指光源通过非标准厚度盖玻片时因光路改变而产生的像差。国际上规定,标准盖玻片的厚度为 0.17 mm,允许的误差范围为 ±0.01 mm。物镜在制造时已经将因标准盖玻片厚度而引起的像差计算在内。物镜的外表面通常都刻有0.17 的字样,其含义为盖玻片的厚度要求是 0.17 mm。物镜的 NA 越大,它所允许的盖玻片厚度误差范围就越小,即越是高倍的物镜对盖玻片厚度的要求就越严格。有的物镜上标有"一"符号,一般为低倍物镜(0.5×0.75×1×2×),其 NA 值很低,它们不受盖玻片厚度的影响,这种物镜对是否加放盖玻片没有特殊要求。有的物镜上标有"0"字样的符号,其意为"No cover",表示观察时无须再被检物上放盖玻片。

7. 镜像亮度与视场亮度 镜像亮度(mirror-image brightness)是指在显微镜下观察到的景物的明暗程度。使用时,对镜像亮度的要求是不使眼睛感到疲劳为佳。视场亮度是指显微镜下整个视场的明暗程度。视场亮度不仅与目镜、物镜有关,它还直接接受聚光镜、光阑和光源等因素的影响。在不换物镜和目镜的情况下,视场亮度大,镜像亮度也大。在观察和显微摄影时,更重要的是镜像亮度。只有镜像亮度适中,才能得到令人满意的效果。

8. 工作距离(working distance) 指物镜的前透镜表面到被检物体上表面之间的距离。镜检时,被检物体应处在物镜的 1～2 倍焦距。NA 值大的高倍物镜,其工作距离通常很小,如 40 物镜工作距离不超过 0.6 mm;100× 油镜工作距离不足 0.2 mm。所以在使用高倍物镜时,应当避免因"调焦"不当而压碎标本片,保护物镜免受损害。

三、各类光学显微镜

1. 明视野显微镜(bright field microscope) 也称为明视场显微镜。是日常工作中最常用的显微镜。其主要特征是以标本的颜色及透射率为基础,标本通常需要染色才便于观察。

2. 暗视野显微镜(dark field microscope) 是根据丁达尔效应原理设计的一种在黑色背景条件下观察被检物体的显微镜。其采用的暗视野聚光器使光线在标本聚焦后不直接进入物镜,只有被照射标本表面产生的反射或衍射光进入物镜的镜头,从而形成"黑"色背景下的明亮图像。该显微镜能观察到被检物的存在与否、运动及外部形态,但不能分辨内部的细微结构。暗视野显微镜的优越性在于能观察到明视野条件下观察不到的极其微小的物体,其最高分辨率可达 0.004 μm,是光学显微镜中分辨率最高的 1 种。

3. 偏光显微镜(polarizing microscope) 是将普通光改变为偏振光进行镜检。凡具有双折射性的物质,在偏光显微镜下都能分辨清楚。人体和动物的骨骼、牙齿、胆固醇、神经纤维、横纹肌、毛发等都具有双折射性。在偏光显微镜上装有 2 个偏光装置,1 个是起偏镜,另1 个是检偏镜。起偏镜安装于载物台聚光镜的下面,能使光源发出的光线变成直线偏光。起偏镜都装在金属外壳中,圆形,多半能任意旋转 90° 以上。检偏镜装在 1 个长方形金属板内,板上有 2 个圆孔,1 个装有偏光镜,另 1 个为空圆孔。该板安装在物镜之上的镜筒中段,可以推拉或拨动使偏光镜移入或移出显微镜光路。从光源射出的光线通过 2 个偏振镜时,如果起偏镜与检偏镜的偏振方向互相垂直(即处于"正交检偏位"),则视场完全黑暗,当待检物中含有双折射体物质,可折射出偏振方向互相垂直的两种偏振光,通过检偏镜显示出明亮的像。

4. 相差显微镜(phase contrast microscope) 利用被检物体的光程(折射率与厚度的乘积)之差来进行镜检。相差显微镜的主要配件有相差聚光器、相差物镜、调中望远镜及滤色镜。相差显微镜有效地利用光的干涉现象,将人眼无法分辨的相位差变为可见的振幅差。相差显微镜能观察透明物体的细微结构,适用于未经染色的活体细胞材料的观察。

5. 微分干涉差显微镜(differential interference contrast microscope) 是利用偏光干涉原理的一种显微镜。主要配件有微分干涉差/相差聚光器、渥拉斯顿棱镜中间镜筒、平场消色差物镜和调中望远镜。主要特点是能够观察无色透明的活体细胞,使图像呈现浮雕状的立体感,较相差显微镜观察效果更为逼真。

6. 荧光显微镜(fluorescence microscope) 利用较短波长的光(紫外光)使被检物体受到激发,产生较长波长的荧光(人眼可见)进行镜检。因使用的光源是短波光,大大提高了显微镜物镜的分辨率,图像与背景的反差也得到了明显的提高。荧光显微镜的结构特点:

①采用高压汞灯或氙灯作为荧光激发光源。汞灯在 365 nm、405 nm、436 nm、546 nm 和 577 nm 波长处有很高的发射效率,氙灯在光的紫外区和可见区也有较高的发射效率。②有一组滤光片:激发滤光片使光源所发光波中某一特定波长的光通过形成激发光,如紫外光激发滤光片使 400 nm 以下的紫外光通过,而阻挡 400 nm 以上的可见光;阻断滤光片阻断激发光通过,只让荧光光波通过;吸热滤光片在光源附近,吸收 650 nm 以上的红光和红外光产生的热,以保护标本。③其聚光器大多采用暗视野,使观察背景黑暗,荧光亮度大,分辨清楚。新型的落射式荧光显微镜,其激发光从标本上方经物镜落射到标本上,使光的利用率提高,特别适用于透明度较差的厚片、细胞培养片等。

7. 倒置显微镜(inverted microscope)　为了直接对培养器皿中的细胞、组织进行显微观察和研究,要求显微镜的物镜和聚光镜的工作距离很长,因此将物镜、聚光镜和光源的位置颠倒过来,故称为"倒置显微镜"。该显微镜采用长工作距离物镜(工作距离可达 14 mm),使用的聚光器工作距离可达 55 mm。由于被检物体多为无色透明的活体物质,倒置显微镜还附有相差、微分干涉、荧光、简易偏光部件及恒温控制箱等附件。

8. 体视显微镜(stereo microscope)　又称"解剖镜",是一种具有正像立体感的显微镜。该显微镜放大倍数小,视场直径和焦深较大,能在较大的视野范围和纵向范围内观察样本。该显微镜采用长工作距离物镜(工作距离可高达 200 mm),成像为正立(目镜下方的棱镜将像倒转),故便于解剖操作及观察。

9. 荧光显微镜(fluorescence microscope)　①光源高压压汞灯是目前常用的光源,其发光谱为 300～600 nm,即包括紫外光和可见光。②有一组滤光片:(a)激发滤光片,使光源所发光波中某一特定波长的光通过形成激发光,如紫外光激发滤光片使 400 nm 以下的紫外光通过,而阻挡 400 nm 以上的可见光。(b)阻断滤光片:阻断激发光通过,只让荧光光波通过。(c)吸热滤光片:在光源附近,吸收 650 nm 以上的红光和红外光产生的热以保护标本。③聚光器大多采用暗视野,使观察背景黑暗,荧光亮度大,分辨清楚。④落射光装置新型的荧光显微镜,其激发光从标本上方经物镜落射到标本上,使光的利用率提高,荧光亮度并随物镜的放大倍数而增高,特别适用于透明度较差的厚片、细胞培养片等。

10. 激光扫描共聚焦显微镜(laser scanning confocal microscope)　是一种用于图像采集和分析的大型精密仪器。其工作原理如下:由激光器发射的一定波长的激发光,经扫描器内的照明针孔光栏形成点光源,由物镜聚焦于样品焦平面上,样品上相应的被照射点受激发而发射出的荧光,通过检测孔光栏(该光栏会阻挡来自非焦平面样品产生的荧光)后,到达检测器,并成像于计算机监视屏上。因为样品上激光扫描点(聚焦点)与检测孔光栏是共焦的,故称为"共聚焦"。与普通荧光显微镜相比,激光扫描共聚焦显微镜成像的分辨率、对比度和清晰度大大提高。

样品同一焦平面上所有点的荧光图像组成了一幅完整的图像,称为光切片(optical section)。微量步进马达驱动载物台上下移动,使物镜聚焦于样品的不同层面,得到一系列连续光学切片。这些光学切片可用于样品立体结构观察和图像的三维重建。若间隙或连续地扫描样品的某一个横断面,对其荧光进行分析,则可实现实时监测。

11. 双光子显微镜(two-photon microscope)　又称非线性、多光子激光扫描显微镜,结合了激光扫描共聚焦显微镜和双光子激发技术。双光子显微镜系统主要由飞秒激光器、扫描器、物镜、探测器、数据采集系统组成。其基本工作原理是：飞秒脉冲激光器发射高密度的光子；样品上的荧光分子在高光子密度的条件下，可以同时吸收 2 个长波长的光子，所获得的能量使自身跃居到激发态，并发射出一个较高能量的光子；发出的光子被高敏的检测器接收，从而实现成像。双光子显微镜的激光器发出的激光具有很高的峰值能量和很低的平均能量，使用高 NA 值的物镜将脉冲激光的光子聚焦时，物镜的焦点处的光子密度最高，从而有效地把荧光激发限制在焦点附近极小的区域内，无需共聚焦针孔即可实现高分辨率的三维成像。

与激光扫描共聚焦显微镜相比，双光子显微镜有如下优势：①成像深度更大。因为采用的是较长波长的红外激光，光吸收和光散射更少（相比可见光和紫外光），并且因为焦平面外的荧光分子不被激发，更多的激发光可以到达焦平面，故更易穿透组织标本。它的成像深度最高可达到 1 mm 左右。②因为采用长波长的红外光（相比于紫外光），减少光漂白和光毒性对组织造成的损伤，故可较长时间对活体组织成像观察。③它还能产生非线性的光学效应（如二次谐波），可结合其他非线性光学现象对组织以及细胞进行成像，实现信号互补。二次谐波是由高密度的光子产生的，其波长是原始激发波长的一半，利用红外激光产生的二次谐波的波长恰好在可见光范围，因此生物体内的许多生物学结构如胶原纤维、肌肉、大脑、骨头等由于二次谐波效应，即使不用荧光标记也能被检测。

基于以上的优点，双光子显微镜可应用于小动物活体光学成像，无需对组织和器官进行切片即可实时观察活体组织深层区域细胞的运动情况。由于生物细胞组织中富有各种自发荧光源（如角蛋白、细胞内的 NADH、胶原蛋白、弹性蛋白等），双光子显微镜被广泛应用于皮肤组织、癌组织、脑组织及细胞的成像。在免疫学领域，依靠双光子显微镜，研究者成功地观察到了免疫系统内不同免疫细胞的迁移运动及细胞与细胞之间的相互作用。此外，双光子显微镜最快成像帧率可达 3 000 帧/秒，可以捕捉生物活细胞中的快速事件（如蛋白质折叠、红细胞生长等）。

四、电子显微镜

电子显微镜（简称电镜）是一种高精密度的电子光学仪器，是观察和研究物质微观结构的重要工具。电子显微镜利用钨丝发射出的电子束成像；成像系统由电磁透镜组成，在高真空状态下工作，通过改变物镜磁场强度，调整图像焦距。电子显微镜对工作环境的要求十分严格：需要保持房间清洁、防止灰尘污染；要求空气清新流通，防止污浊气体侵蚀；还需要满足恒温恒湿，防磁防震等条件。

1. 透射电镜（transmission electron microscope）　工作原理如下：①钨丝阴极在加热状态下发射电子。②在阳极加速电压的作用下，经过聚光镜（电磁透镜）会聚为电子束照射样品。③透射电镜是利用电子束与样品的相互作用获取样品信息的：从电子枪发出的高速电子束经聚光镜均匀照射到样品上，作为一种粒子，有的入射电子与样品发生碰撞，导致运动方向的改变，形成弹性散射电子；有的与样品发生非弹性碰撞，形成能量损失电子；有的被样品俘获，成吸收电子。总之，均匀的入射电子束与样品相互作用后将变得不均匀。这种不均匀依次经过物镜、中间镜和投影镜放大后在荧光屏上或胶片上就表现为不同对比度的图像，它反映了样品的信息。透射电镜最突出的优越性是高分辨率，最高分辨率达到 0.01～0.02 nm。

但是对大多数生物样品来说,由于制备技术的限制,一般只能达到 2 nm 的分辨水平。透射电子显微镜是以波长极短的电子波作为照明,用电磁投射聚焦成像,具有高分辨能力和放大倍数的电子光学仪器。根据衍射理论,显微镜的分辨率与波长的关系 Abbe 公式是:$d = 0.61\lambda/(n \sin\alpha/2)$;式中,$\lambda$ 为光线的波长;d 表示最小分辨率;n 为透镜周围介质的折射率;α 为通称数值孔径。由此可见,显微镜的分辨距离与波长成正比,与数值孔径成反比。当数值孔径一定时,波长越短,显微镜的分辨本领越强。目前的电镜分辨率可达到 0.1 nm 左右,高出光学显微镜约 10 000 倍,优质图像可以看到原子像。

透射电镜的局限性和特殊要求如下:①由于电子束的穿透能力较弱,样品必须制成超薄切片(一般 50~70 nm)。②观察面太小(载网直径 3 mm,样品范围 0.3~0.8 mm),所以实际工作中,必须配合光学显微镜检查。③电镜图像的清晰程度是由图像的对比度即反差决定的。电镜图像反差的形成,是由样品对入射电子的不同散射形成的。生物体主要由 C、H、O、N 等轻元素组成,电子散射能力弱,相互之间的差别很小,电镜下的图像反差低,也无法形成清晰的图像,使观察产生困难。因此,必须用重金属(如铀、铅、锇、钨等)进行染色,以提高样品对入射电子的散射能力,并形成清晰的图像。电镜样品染色又称电子染色。电镜的光阑也可提高成像的反差,但作用有限。需用重金属化合物浸染样品,使样品不同结构成分吸附不同数量的重金属原子,提高样品反差及图像清晰度。④在步骤繁多的制样过程中,样品容易产生收缩、膨胀、破碎及内容物丢失等结构改变。⑤在电镜下观察时,电子束的强烈照射,易损伤样品,发生变形、升华等,甚至被击穿破裂,可能使观察结果产生假象。⑥观察时电镜镜筒必须保持真空,为保证样品在真空下不损伤,样品要求无水分,因此不能观察活体的生物样本。

2. 扫描电镜(scanning electron microscope) 工作原理如下:由电子枪发射的电子束在加速电压的作用下,经过磁透镜系统会聚,形成直径为 5 nm 的电子束,聚焦在样品表面,在第二聚光镜和物镜之间偏转线圈的作用下,电子束在样品上做光栅状扫描,电子和样品相互作用,产生信号电子;这些信号电子经探测器收集并转换,最终成像在显示系统上。扫描电镜主要特点是电子束在样品表面进行逐点扫描,获得三维立体图像,故主要用于观察样品表面形貌或断面结构。

扫描电镜具有的性能和特点:①成像立体感强。用扫描电镜来观察动物的毛、细菌、真菌等的表面形貌时栩栩如生,分辨起来较容易。②电子束在样品上动态扫描,电子束流小,且加速电压低,故对样品的辐射损伤轻、污染小。③除可以作形貌结构的观察外,如果配上能谱仪、光谱仪和波谱仪等附件,可进行多种功能的分析。④样品制备比透射电镜样品制备简单。除良好保存样品表面形貌结构外,只要求样品干燥并能导电,而不需要包埋和切片。

(复旦大学基础医学院病理系 曾文姣)

附录2

常用特殊染色方法介绍

一、结缔组织染色技术

1. 胶原纤维染色法——Van Gieson 苦味酸和酸性品红法

（1）试剂配制：

● Van Gieson 染液：1%酸性品红　　　10 ml

　　　　　　　　　苦味酸饱和水溶液　90 ml

● Weigert 铁苏木素液：甲液：苏木素　　　　　1 g

　　　　　　　　　　　　　　95%酒精　　　100 ml

　　　　　　　　　乙液：29%氯化铁水溶液　4 ml

　　　　　　　　　　　　蒸馏水　　　　　95 ml

　　　　　　　　　　　　盐酸　　　　　　1 ml

临用前将甲、乙两液等量混合。甲液配制后数天即可用，此液不宜久放，否则染色效果不良；乙液配制后立即应用效果更佳。

（2）染色步骤：

1）组织固定于4%甲醛溶液或 Zenker 液，常规脱水包埋。

2）切片脱蜡至水后入 Weigert 苏木素液染色5~10 min。

3）切片经流水冲洗后入 Van Gieson 染液染色5~10 min。

4）倾去染液，直接用95%酒精分化。

5）纯酒精脱水，二甲苯透明，树胶封固。

（3）结果：胶原纤维呈红色，肌肉和神经胶质呈黄色，细胞核呈黑色。

2. Masson 结缔组织三色染色

（1）试剂配制：

● Weigert 铁苏木素液（见胶原纤维染色）。

● Masson 丽春红、酸性品红染液：丽春红　　　　　0.7 g

　　　　　　　　　　　　　　　　酸性品红　　　　0.3~0.5 g

　　　　　　　　　　　　　　　　1%冰醋酸水溶液　100 ml

- 2％甲苯胺蓝溶液：甲苯胺蓝   2 g

         冰醋酸   2 ml

         蒸馏水   98 ml

- 1％磷钼酸水溶液（用蒸馏水配制）。

（2）染色步骤：

1）组织用 Bouin 液、Zenker 液或 4％甲醛溶液固定，常规脱水、包埋。

2）切片脱蜡至水（如为 Zenker 液固定的组织，尚应作除汞处理）。

3）流水冲洗后，入 Weigert 铁苏木素液染色 5～10 min，用流水冲洗直至细胞核呈黑色。

4）入丽春红、酸性品红染液 5 min 或更长时间，流水稍洗。

5）入 1％磷钼酸水溶液中 1～3 min。

6）入 2％甲苯胺蓝溶液中浸染 1～2 min。

7）入 1％冰醋酸水溶液中片刻，95％酒精脱色至无多余染料流下，室温晾干后透明、封固。

（3）结果：细胞核染黑色，细胞质和神经胶质纤维染红色，胶原纤维染蓝色。

3．Weighert 弹力纤维染色法

（1）试剂配制：

- 29％三氯化铁液（用蒸馏水配制）。

- Weigert 弹力纤维染色液：盐基性品红   2 g

         间苯二酚（resorcin）   4 g

         蒸馏水   200 ml

将盐基性品红、间苯二酚和蒸馏水加入烧杯中，加热煮沸，然后加 29％三氯化铁水溶液 25 ml，再煮沸 2～5 min，冷后过滤，倾去滤液；将滤纸上的沉淀物放入 56℃烘箱中烘干，完全干燥后，连同滤纸投入烧杯内，加 95％酒精 200 ml，并小心加温，不时搅拌，待沉淀完全溶解后，将滤纸取出，液体冷却后过滤，然后用 95％乙醇补充至体积为 200 ml，最后加浓盐酸 4 ml，即可应用，此液可保存数月。

（2）染色步骤：

1）组织固定于 4％甲醛溶液，按常规制成石蜡切片，并经脱蜡至水。

2）入 Weigert 弹力纤维染色液 2～6 h 或更长时间（根据染色液的新旧而定）。

3）从染液中取出切片，用 95％乙醇洗去多余染液，如染色不清晰，再用 1％盐酸酒精稍加分化，流水冲洗。

4）可用苏木素染液衬染细胞核 5～10 min。

5）流水冲洗后，用 van Gieson 染液作对比染色 1～2 min。

6）95％酒精分化、纯酒精脱水、透明、中性树胶封固。

（3）结果：弹力纤维呈暗蓝色或黑色，细胞核为蓝色、胶原纤维为红色、肌纤维呈黄色。

4．Gordon-Sweet 网状纤维染色

（1）试剂配制：Gordon-Sweet 双氨氢氧化银溶液：取 10％硝酸银水溶液 5 ml 于刻度量杯中，逐滴加入 28％氢氧化铵溶液（氨水），边加边摇荡；硝酸银遇氨水立即产生沉淀，当沉淀复被氨水溶解时，再加入 3.1％氢氧化钠水溶液 5 ml，液体又产生沉淀，此时再滴加氨水至

沉淀恰被溶解（为了避免氨水过量,允许有少许沉淀微粒,过滤除去）,以蒸馏水稀释至50 ml,贮存于洁净棕色瓶中。

（2）染色步骤:

1）常规甲醛固定的石蜡切片（或冷冻切片）,脱蜡至水;蒸馏水充分漂洗。

2）入 0.25％过锰酸钾 1 min 后,蒸馏水冲洗。

3）入 1％草酸溶液 1 min,至切片漂白为度,蒸馏水充分洗去草酸。

4）媒染于 2.5％铁明矾水溶液内 5～15 min 或更长时间,再以蒸馏水充分洗涤。

5）投入双氨氢氧化银溶液 10～40 min,蒸馏水迅速冲洗。

6）还原于 4％甲醛溶液 1 min,蒸馏水冲洗。

7）用 0.2％氯化金调色 1～2 min,再用蒸馏水冲洗。

8）固定于 5％硫化硫酸钠 1 min,水洗后脱水、透明、封固。

（3）结果:网状纤维呈黑色。

5. **基底膜染色-六胺银法**（periodic acid-silver methenamine, PASM 法）

（1）试剂配制:

- 1％高碘酸水溶液（用蒸馏水配制）
- 六胺银染液: 3％六次甲基四胺（乌洛托品,methemamine）　　50 ml

　　　　　　　5％硝酸银（silver-nitrate）　　　　　　　　5 ml

将 5 ml 硝酸银溶液加入 3％六次甲基四胺液中,边加边摇,摇至溶液变清;再加入 5％硼砂水溶液 5 ml。

（2）染色步骤:

1）切片常规脱蜡至水,蒸馏水洗 3～4 次。

2）入 1％高碘酸水溶液,室温,10～15 min。

3）蒸馏水充分清洗后,浸切片于六胺银染液中,60℃,1～2 h。

4）蒸馏水充分清洗后,用 0.2％氯化金调色 1 min（直至棕色变为黑色）。

5）用 3％硫代硫酸钠固定 2～3 min;再经流水冲洗 5 min 后,1％亮绿或 HE 衬染。

6）自来水冲洗后,脱水、透明、封片。

（3）结果:基底膜呈黑色。

二、核酸组织化学染色

1. Hoechst 33258 染色

（1）试剂配制:

Hoechst 33258 基液: Hoechst 33258　　　　　　　1 mg

　　　　　　　0.01 mol/L PBS(pH 7.4)　5 ml

Hoechst 33258 溶于 PBS 中,备用。Hoechst 33258 工作液（终浓度为 0.5 ug/ml）为临用时取 Hoechst 33258 基液 125 ul 加入 0.01 mol/L PBS(pH 7.4) 50 ml。

（2）染色步骤:

1）活细胞或固定的组织细胞用 0.01 mol/L PBS 漂洗 5 min。

2）Hoechst 33258 工作液染色,室温 5～15 min。

3) 0.01 mol/L PBS 漂洗 3 次,每次 5 min。

4) 甘油/PBS(1∶9)混合液或水溶性封片剂封片,荧光显微镜或流式细胞仪观察。

(3) 结果:正常细胞核为圆形,呈均匀蓝色荧光;凋亡细胞核或胞质中出现浓染致密的颗粒或块状亮蓝色荧光,核呈分叶或碎片状。

2. DAPI 染色

(1) 试剂配制:

DAPI 基液 　　　DAPI　　1 mg

　　　　　　　双蒸水　　5 ml

DAPI 溶于双蒸水中,-20℃避光保存备用(DAPI 对人体有害,操作时注意防护)。DAPI 工作液为临用时取 DAPI 基液 50 μl 加入 0.01 mol/L PBS(pH 7.4)50 ml。

(2) 染色步骤:

1) 培养细胞或新鲜组织冷冻切片,冷丙酮或 4%多聚甲醛固定 10 min(也可不固定);固定组织细胞直接进行下一步骤。

2) 0.01 mol/L PBS 漂洗 5 min。

3) 将少量 DAPI 工作液滴加在免疫荧光染色的贴壁细胞或组织切片上,室温避光孵育 5～20 min;做流式细胞术分析,悬浮细胞离心后加入待测样品体积的 3 倍的 DAPI 工作液,混匀。

4) 0.01 mol/L PBS 漂洗 3 次,每次 5 min。

5) 甘油/PBS(1∶9)混合液或水溶性封片剂封片,荧光显微镜或流式细胞仪观察。

(3) 结果:正常细胞核为圆形,呈均匀蓝色荧光,胞质无荧光;凋亡细胞核蓝色荧光明显增强,核边缘不规则,核染色体浓集,着色重,伴有核固缩,核小体碎片。在有支原体污染的细胞质或细胞表面可见点状荧光。

3. AgNOR 的石蜡切片染色,又称核仁组织区嗜银蛋白(argyroophilic nucleolar organizerregion,AgNOR)染色

(1) 试剂配制:

● AgNOR 染色液:甲液:明胶　　2 g

　　　　　　　双蒸馏水　99 ml

　　　　　　　甲酸　　　1 ml

明胶溶于双蒸馏水中,加温至 60℃,完全溶解后,再加入甲酸,混匀备用。

乙液:硝酸银　　50 g

　　　双蒸馏水　100 ml

充分溶解后,贮存于 4℃,备用。

● AgNOR 工作液:临用时取甲液 10 ml,乙液 20 ml,充分混匀。

(2) 染色步骤:

1) 石蜡切片,脱蜡至水,双蒸馏水浸洗 2～3 次。

2) 入 AgNOR 工作液浸染,25℃,30 min 左右,当染色进行至 25 min 左右时,用显微镜控制染色程度。

3) 双蒸馏水浸洗 3～4 次后,用无水酒精浸洗 2 次。

4）入苯酚二甲苯 1 min，二甲苯透明，中性树胶封固。

（3）结果：用油镜观察切片，细胞核及胞质背景为淡黄色，AgNOR 呈黑色颗粒状或黑色细小点状，分散于整个核仁之中。

4. 酸水解-无色品红法（feulgen and rossenbekk）

（1）试剂配制：

无色盐基性品红试剂（见糖原染色）

0.5％偏重亚硫酸钠溶液（用蒸馏水配制）

0.5％亮绿水溶液

（2）染色步骤：

1）常规固定之后石蜡切片脱蜡至水，蒸馏水漂洗。

2）入冷 1 mol Ncl，稍洗片刻。

3）入预热至 60℃的 1 mol HCl 水解 8～10 min。

4）取出切片后，立即入冷 1 mol HCl 1 min。

5）入无色盐基性品红液，于室温下暗处作用 30～60 min。

6）切片直接用 0.5％偏重亚硫酸钠洗 3 次，每次 1 min，流水冲洗 5 min。

7）0.5％亮绿复染数秒钟。

8）稍以水洗，常规脱水、透明、中性树胶封固。

（3）结果：脱氧核糖核酸紫红色，胞质及其他组织成分绿色。

三、 脂质染色技术

1. 油红 O 染色技术

（1）试剂配制：

| 油红 O 染液 | 0.5％油红 O 异丙醇饱和液 | 12 ml |
| | 蒸馏水 | 8 ml |

两者混匀，过滤后即可使用。

（2）染色步骤：

1）冷冻切片用甲醛-钙固定 10 min，蒸馏水漂洗。

2）油红 O 染液 10 min。

3）60％乙醇浸洗，蒸馏水漂洗。

4）入 Mayer 苏木精复染，蒸馏水漂洗。

5）甘油明胶封片。

（3）结果：脂滴呈橘红色，核呈蓝色。

2. 苏丹Ⅲ染色

（1）试剂配制：

| 苏丹Ⅲ染色液 | 苏丹Ⅲ | 2.5 g |
| | 70％乙醇 | 500 ml |

充分溶解后，室温保存。

(2) 染色步骤:

1) 冷冻切片厚 10～20 μm,采用漂浮法染色。

2) 蒸馏水漂洗后,用 Harris 苏木精作用 1 min。

3) 自来水洗后,用 0.5% 盐酸酒精分化,流水冲洗至细胞核变蓝。

4) 蒸馏水冲洗后,用 70% 乙醇浸洗一下。

5) 浸润苏丹Ⅲ染色液中 30 min,70% 乙醇分化数秒钟,浸入蒸馏水内清洗。

6) 用弯钩的玻璃棒捞贴于载玻片上,稍晾干后,用甘油明胶封片。

(3) 结果:脂滴呈橘红色,核呈蓝色。

四、糖类染色技术

1. 糖原染色- Periodic acid Schiff 染色(PAS 法)

(1) 试剂配制:

高碘酸乙醇溶液	高碘酸	0.4 g
	95% 乙醇	35 ml
	0.2 mol/L 乙酸钠	5 ml
	双重蒸馏水	10 ml

溶解后放入冰箱内待用,不能长时间存放,防止失去氧化效果。

Schiff 染色液	碱性品红	2 g
	1 mol/L 盐酸	30 ml
	亚硫酸氢钠	3.8 g
	双重蒸馏水	174 ml

174 ml 双重蒸馏水煮沸,加入 2 g 碱性品红,溶解后加入 30 ml 1 mol/L 盐酸,加入 3.8 g 亚硫酸氢钠。室温震荡 2 h 之后见微红色,加入 2 g 药用炭 5 h 后过滤,为无色液体。贮存于棕色瓶内,放入冰箱内保存待用。

酸性还原漂洗液(提炼水)	碘化钾	1 g
	硫代硫酸钠	1 g
	95% 乙醇	30 ml
	2 mol/L 盐酸	0.5 ml
	蒸馏水	20 ml

(2) 染色步骤:

1) 常规固定之后石蜡切片脱蜡至水,蒸馏水冲洗后,70% 乙醇洗 1 min。

2) 浸高碘酸乙醇溶液室温 10 min。

3) 70% 乙醇洗 1 min×2 次,蒸馏水洗 3 次,酸性还原漂洗液 2 min。

4) 蒸馏水充分清洗后,Schiff 染色液 37℃ 1～1.5 h。

5) 取出后流水冲洗 10 min,Mayer 苏木素衬染细胞核,1% 盐酸乙醇分化后,流水冲洗至细胞核呈蓝色。

6) 无水乙醇脱水,二甲苯透明,中性树胶封固。

(3) 结果:糖原物质呈红色,细胞核呈蓝色。

2. 黏液物质染色-阿尔辛蓝高碘酸 Shiff 反应(ABPAS)染色方法

(1)试剂配制:

阿尔辛蓝染色液	阿尔辛蓝 8GS	1 g
	冰醋酸	3 ml
	蒸馏水	97 ml

用前过滤,在溶液中加入麝香草酚防腐。pH 为 2.6~3.0。

(2)染色步骤:

1)常规固定之后,石蜡切片脱蜡至水,蒸馏水浸洗 1 min。

2)3‰乙酸液处理 3 min。

3)阿尔辛蓝染色液染色 30 min,蒸馏水洗 2 次,70‰乙醇洗 1 min。

4)高碘酸乙醇溶液室温 10 min。

5)70‰乙醇洗 1 min×2 次,蒸馏水洗 3 次,酸性还原漂洗液 2 min。

6)蒸馏水充分清洗后,Schiff 染色液 37℃ 1~1.5 h。

7)取出后流水冲洗 10 min,Mayer 苏木素衬染细胞核,1‰盐酸乙醇分化后,流水冲洗至细胞核呈蓝色。

8)无水乙醇脱水,二甲苯透明,中性树胶封固。

(3)结果:中性黏液物质呈红色,酸性黏液物质呈蓝色,中性和酸性黏液混合物呈紫色,细胞核呈淡蓝色。

五、肌肉组织染色技术

1. 横纹肌组织染色- Mallory 磷钨酸-苏木精染色法

(1)试剂配制:

● Mallory 磷钨酸-苏木精染色液	苏木精	0.1 g
	磷钨酸	2 g
	蒸馏水	100 ml

将苏木精置 20 ml 蒸馏水中加热溶解,再将磷钨酸溶于 80 ml 蒸馏水中。苏木精冷却后加入磷钨酸水溶液,混合后置室温数周或数月成熟,可久存。如急用,可加入 0.177 g 高锰酸钾促其成熟。

● 酸性高锰酸钾液:0.5‰高锰酸钾溶液 50 ml 和 0.5‰硫酸水溶液 50 ml 混合。

● 0.5‰乙醇碘液:0.5 g 碘溶于 100 ml 70‰乙醇。

(2)染色步骤:

1)常规固定之后,石蜡切片脱蜡至水,蒸馏水浸洗 1 min。

2)入 0.5‰碘酒精液作用 10 min,水洗后入 5‰硫代硫酸钠脱碘 5 min,流水洗 10 min。

3)酸性高锰酸钾液中氧化 5~10 min,自来水洗 1 min,蒸馏水洗 1 min。

4)2‰草酸液漂白 2 min,自来水洗 1 min,蒸馏水洗 1 min。

5)入磷钨酸-苏木精染色液中 24~48 h(使用时不要摇动)。

6)用 95‰乙醇分化 30 s。

7)无水乙醇急速脱水,二甲苯透明和中性树胶封固。

（3）结果：横纹肌、纤维蛋白、细胞核、核仁和神经胶质纤维呈蓝色；胶原纤维、网状纤维、软骨基质呈棕红色；弹力纤维呈紫色。

2. 早期心肌病变染色-苏木素碱性复红-苦味酸染色法（Nagar-Olsen 染色法）

（1）试剂配制：

● 明矾-苏木精染色液

苏木精	0.5 g
硫酸铝铵	6 g
黄色氧化汞	0.25 g
甘油	30 ml
冰醋酸	4 ml
蒸馏水	70 ml

先将硫酸铝铵和苏木精分别溶解于蒸馏水中，然后将两液混合煮沸后，慢慢加入氧化汞，继续煮沸 10 min 后快速冷却，再加入 30 ml 甘油及 4 ml 冰醋酸，使用前过滤。

● 碱性复红染色液

碱性复红	0.1 g
蒸馏水	100 ml

● 苦味酸丙酮酸

苦味酸	0.1 g
纯丙酮	100 ml

（2）染色步骤：

1）常规固定之后，石蜡切片脱蜡至水，蒸馏水浸洗 1 min。

2）入明矾-苏木精染色液 10～30 s，自来水洗 5 min。

3）1‰草酸液漂白 2 min，自来水洗 1 min，蒸馏水洗 1 min。

4）入碱性复红染色液 3 min，蒸馏水洗 5～10 s。

5）纯丙酮浸洗 3 min。

6）苦味酸丙酮液迅速分化 5～15 s，使切片上午红色液体洗下为止。

7）丙酮脱水，二甲苯透明，中性树胶封固。

（3）结果：缺氧心肌病变呈红色，细胞核呈蓝色，背景呈黄色。

六、神经组织染色技术

1. 神经尼氏体染色技术- Olszwski 法

（1）试剂配制：

焦油紫染色液

焦油紫	1 g
乙酸钠	2.2 g
蒸馏水	97 ml
冰醋酸	3 ml

（2）染色步骤：

1）常规固定之后，石蜡切片脱蜡至水，蒸馏水浸洗 1 min。

2）焦油紫染色液（可反复使用）浸染 3 h。

3）直接用 95% 乙醇液迅速分化，镜下观察尼氏小体呈紫色，其他组织无色为止。

4）无水乙醇脱水，二甲苯透明，中性树胶封固。

（3）结果：尼氏小体呈紫色，背景无色。

2. *神经纤维染色-Bieschowsky 染色法*

（1）试剂配制：

氨银溶液	20%硝酸银水溶液	30 ml
	无水乙醇	20 ml

将这2种液体混合后呈现乳白色沉淀，逐滴加入浓氨水，使之形成的沉淀刚刚溶解，再滴加5滴浓氨水，过滤后使用。

（2）染色步骤：

1）常规固定之后，石蜡切片（8～15 μm，用防脱载玻片）脱蜡至水，蒸馏水浸洗2 min。

2）2%硝酸银水溶液37℃温箱内浸染30 min，蒸馏水洗2～3 min。

3）用10%甲醛溶液还原数秒，至切片呈棕黄色，蒸馏水洗3 min。

4）用氨银溶液滴染20～40 s，倾去染液，直接用10%甲醛溶液再次还原1～2 min，至切片呈棕黄色，蒸馏水洗3 min。

5）0.2%氯化金水溶液处理3 min，蒸馏水洗1 min。

6）5%硫代硫酸钠水溶液固定3～5 min，水洗3～5 min，用滤纸将切片周围水分吸干。

7）无水乙醇脱水，二甲苯透明，中性树胶封固。

（3）结果：神经元、轴突及神经纤维呈黑色。

3. *神经髓鞘染色技术-Luxol 固蓝染色*

（1）试剂配制：

● 固蓝染液（LFB溶液）

	Solvent Blue 38/Luxol Fast Blue（Sigma 公司）	0.1 g
	95%乙醇	100 ml
	冰乙酸	0.5 ml
	加热至50～60℃溶解	

● 0.05%碳酸锂

（2）染色步骤：

1）常规固定之后，石蜡切片常规脱蜡至水（冷冻切片也可）。

2）95%乙醇溶液浸泡3 min后，入预热至60℃的LFB溶液中，在60℃恒温箱中放置24 h。

3）蒸馏水洗净，入0.05%碳酸锂分化，70%乙醇洗，碳酸锂和70%乙醇反复交替，直至髓鞘呈蓝色，背景为无色（可衬染PAS）。

4）无水乙醇脱水，二甲苯透明，中性树胶封固。

（3）结果：髓鞘成蓝色，背景呈无色。

七、病理性内源性沉着物染色技术

1. *纤维蛋白染色-Gram 甲紫染色方法*

（1）试剂配制：

● 伊红染色液

	伊红	2.5 g
	蒸馏水	98 ml

● 甲紫染色液

	甲紫	1 g

蒸馏水　　　　100 ml

● 革兰碘液　　碘片　　　　0.5 g

碘化钾　　　　1 g

蒸馏水　　　　150 ml

（2）染色步骤：

1）常规固定之后，石蜡切片脱蜡至水。

2）3‰乙酸液处理 3 min。

3）伊红染色液染色 10 min，稍水洗。

4）甲紫染色液染色 3 min，稍水洗。

5）用革兰碘液处理 3 min，倾去碘液，用吸水纸吸干。

6）用甲苯胺和二甲苯等量混合液分化 30 s。

7）二甲苯清洗苯胺，中性树胶封固。

（3）结果：纤维蛋白呈蓝色，背景呈红色。

2. 淀粉样物质染色－Bennhold 刚果红染色法

（1）试剂配制：

刚果红染色液　　刚果红　　　1 g

蒸馏水　　　　100 ml

（2）染色步骤：

1）常规固定之后，石蜡切片脱蜡至水。

2）刚果红染色液染色 1 h 或更长时间。

5）饱和碳酸锂处理 15 s，蒸馏水洗 1 min。

6）80％乙醇分化至无多余染料留下为止，流水冲洗 1～2 min。

7）Mayer 苏木素染核。

8）无水乙醇脱水，二甲苯透明，中性树胶封固。

（3）结果：淀粉样物质呈红色，细胞核呈蓝色。

八、病原微生物染色

1. 真菌染色技术－高碘酸－复红染色法

（1）试剂配制：

● 高碘酸氧化液　　高碘酸　　0.5 g

蒸馏水　　　99 ml

● Schiff 染色液（见于糖原染色液）。

（2）染色步骤：

1）常规固定之后，石蜡切片脱蜡至水。

2）高碘酸氧化液处理 10 min，流水洗 2 次，蒸馏水洗 2 次。

3）Schiff 染色液染色 20 min，流水冲洗 2 min。

4）无水乙醇脱水，二甲苯透明，中性树胶封固。

（3）结果：真菌呈紫红色，背景无色。

2. 细菌染色技术-Gram 碱性复红-结晶紫革兰法

(1) 试剂配制:

● 苯胺油-苯酚-复红染色液

碱性复红	0.5 g
苯胺油	1 ml
苯酚(苯酚)	1 g
30%乙醇	70 ml

先将碱性复红溶解于乙醇,加热、冷却后再加入苯酚和苯胺油。

● 结晶紫染色液

结晶紫	2 g
95%酒精	20 ml
草酸铵	1 g
蒸馏水	80 ml

分别将结晶紫溶液于95%乙醇,草酸铵溶解于蒸馏水,然后混合。

● 革兰碘液(见纤维蛋白染色)。

(2) 染色步骤:

1) 常规固定之后,石蜡切片脱蜡至水。

2) 苯胺油-苯酚-复红染色液染色5 min,自来水洗1 min,蒸馏水洗。

3) 40%甲醛处理1 min,蒸馏水洗。

4) 苦味酸饱和液处理2 min。

5) 95%酒精快速处理一下,即刻放入水中,组织变红色,蒸馏水洗1 min。

6) 结晶紫染色液染色2 min,自来水洗1 min,蒸馏水洗2次。

7) 革兰碘液处理2 min,水洗后用滤纸吸干。

8) 用甲苯胺和二甲苯等量混合液分化30 s。

9) 二甲苯清洗苯胺,中性树胶封固。

(3) 结果:革兰阳性菌呈蓝色,阴性菌呈红色。

3. 抗酸杆菌染色技术-Zeihl-Neelsen 抗酸杆菌染色法

(1) 试剂配制:

苯酚-复红液

碱性复红	1 g
纯乙醇	10 ml
苯酚	5%
水溶液	100 ml

碱性复红溶于乙醇内,然后与苯酚水溶液混合,用前过滤。

(2) 染色步骤:

1) 常规固定之后,石蜡切片脱蜡至水;

2) 浸润苯酚-复红液1 h,于37℃温箱内30 min,自来水洗,蒸馏水洗1 min;

3) 用0.5%盐酸酒精液分化,浸入自来水洗1 min,蒸馏水洗。

4) 0.1%亚甲蓝水溶液处理1 min,蒸馏水洗1 min,95%乙醇快速分化。

5) 无水乙醇脱水,二甲苯透明,中性树胶封固。

(3) 结果:抗酸杆菌呈红色,细胞核蓝色。

附录3

常用固定液的配制

1. 4‰甲醛溶液

甲醛(市售瓶装深度为37％～40％)	100 ml
蒸馏水	900 ml

(以95％乙醇代替蒸馏水,即为乙醇-甲醛固定液)

2. 乙醇-醋酸-甲醛混合液

95％乙醇	850 ml
冰醋酸	50 ml
甲醛(37％～40％)	100 ml

3. 中性缓冲甲醛固定液

磷酸二氢钾(KH_2PO_4)	4.0 g
磷酸氢二钠(Na_2HPO_4)	6.5 g

加蒸馏水至900 ml,完全溶解后,加入甲醛溶液(37％～40％)100 ml,此固定液 pH 在 6.8～7.0.在室温下可存放数月。

4. B-5固定液

氯化汞	60 g
无水醋酸钠	12.5 g
蒸馏水	900 ml
临用前加甲醛(37％～40％)	100 ml

此液在淋巴瘤免疫组织化学染色时应用较多。

5. 4‰多聚甲醛固定液

称取多聚甲醛 4 g,加蒸馏水 50 ml,加热至 60℃,搅拌并加入 1 mol NaOH 数滴,直至溶液变清,冷却后用 0.1 mol/L pH7.4 PBS 加至 100 ml.

6. 多聚甲醛-戊二醛(PG)固定液

0.2 mol/L pH7.4磷酸缓冲液	50 ml
8％多聚甲醛	25 ml
25％戊二醛	0.8 ml

双蒸馏水　　　　　　　　　　　　24.2 ml

7. 多聚甲醛-赖氨酸-过碘酸钠(PLP)固定液

(1) 8%多聚甲醛溶液：8 g 多聚甲醛溶于 100 ml 双蒸馏水中,加热至 60℃,滴加 1 mol NaOH 数滴,直至溶液呈透明状,过滤,备用。

(2) 0.1 mol/L 盐酸-赖氨酸缓冲液(pH7.4)：先配制 0.2 mol/L 盐酸-赖氨酸 50 ml,用 0.1 mol/L Na_2HPO_4 调节 pH 至 7.4,再以 pH7.4 0.1 mol/L PBS 稀释至 100 ml。

(3) 临用前 25 ml(1)液与 75 ml(2)液混合,并加入 214 mg $NaIO_4$,溶液 pH 为 6.2。

8. Carnoy 固定液

冰醋酸　　　100 ml

氯仿　　　　300 ml

无水乙醇　　600 ml

此固定液对固定糖原、显示 DNA、RNA 效果较好,固定时间不宜过长,一般不超过 4～6 h。

9. Bouin 固定液

饱和苦味酸水溶液　　　75 ml

甲醛(37%～40%)　　　25 ml

冰醋酸　　　　　　　　5 ml

此溶液对绝大多数组织固定良好,固定时间以 12～24 h 为宜。

10. Zenker 固定液

重铬酸钾　　　2.5 g

升汞　　　　　5.0 g

蒸馏水　　　　100 ml

冰醋酸　　　　5 ml

用此固定液固定时间一般需要 12～24 h。

11. 2.5%戊二醛固定液

25%戊二醛　　　　　　　10 ml

双蒸馏水　　　　　　　　40 ml

0.2 mol/L 磷酸缓冲液　　50 ml

配制后溶液的 pH 应为 7.2～7.4,常用于电镜标本的前固定。

12. 1%锇酸固定液

(1) 2%锇酸水溶液：先将装有锇酸的安瓿在清洁液内洗净,再用双蒸馏水冲洗;将安瓿放入盛有 50 ml 双蒸馏水的棕色瓶中,用玻棒捣碎安瓿,使锇酸溶解于双蒸馏水中,放 4℃1 周,注意避光。

(2) 0.2 mol/L pH7.4 磷酸缓冲液(PB)

(3) 1%锇酸：溶液(1)10 ml 与溶液(2)10 ml 充分混匀即可。此液的 pH 在 7.2～7.4,置 4℃冰箱内可保存 1～2 周,变色后即不可再用。

13. 其他固定液

(1) 纯丙酮：常作为组织化学中酶的固定液,也可作为冷冻切片或培养细胞的固定液。

（2）甲醇：和丙酮相同，可作为冷冻切片或培养细胞的固定液，有时需要冷固定，则甲醇必须先放入冰箱内预冷，备用。

（3）乙醇固定液：作为固定液以 80%～95%浓度的乙醇为好；有时也用 100 %乙醇作为糖原固定液。

附录 4

常用缓冲液的配制

1. 甘氨酸-HCl 缓冲液(0.05 mol/L)

X ml 0.2 mol/L 甘氨酸+Y ml 0.2 mol HCl,再加蒸馏水至 200 ml。

pH	X	Y	pH	X	Y	pH	X	Y	pH	X	Y
2.2	50	44.0	2.6	50	24.2	3.0	50	11.4	3.4	50	6.4
2.4	50	32.4	2.8	50	16.8	3.2	50	8.2	3.6	50	5.0

2. 柠檬酸-枸橼酸钠缓冲液(0.1 mol/L)

X ml 0.1 mol/L 柠檬酸+Y ml 0.1 mol/L 柠檬酸三钠。

pH	X	Y	pH	X	Y	pH	X	Y	pH	X	Y
3.0	18.6	1.4	4.0	13.1	6.9	5.0	8.2	11.8	6.0	3.8	16.2
3.2	17.2	2.8	4.2	12.3	7.7	5.2	7.3	12.7	6.2	2.8	17.2
3.4	16.0	4.0	4.4	11.4	8.6	5.4	6.4	13.6	6.4	2.0	18.0
3.6	14.9	5.1	4.6	10.3	9.7	5.6	5.5	14.5	6.6	1.4	18.6
3.8	14.0	6.0	4.8	9.2	10.8	5.8	4.7	15.3			

3. Na_2HPO_4-柠檬酸缓冲液

X ml 0.2 mol/L Na_2HPO_4+Y ml 0.1 mol/L 柠檬酸。

pH	X	Y	pH	X	Y	pH	X	Y	pH	X	Y
2.2	0.40	19.60	4.0	7.71	12.29	5.4	11.15	8.85	6.8	15.45	4.55
2.4	1.24	18.76	4.2	8.28	11.72	5.6	11.60	8.40	7.0	16.47	3.53
2.6	2.18	17.82	3.8	7.10	12.90	5.4	12.09	7.91	7.2	17.39	2.61
2.8	3.17	16.83	4.4	8.82	11.18	5.8	12.63	7.37	7.4	18.17	1.83
3.0	4.11	15.89	4.6	9.35	10.65	6.0	13.22	6.78	7.6	18.73	1.27
3.2	4.94	15.06	4.8	9.86	10.14	6.2	13.85	6.15	7.8	19.15	0.85
3.4	5.70	14.30	5.0	10.30	9.70	6.4	14.55	5.45	8.0	19.45	0.55
3.6	6.44	13.56	5.2	10.72	9.28	6.6					

4. 磷酸缓冲液（PB，0.2 mol/L）

X ml 0.2 mol/L Na_2HPO_4 ＋Y ml 0.2 mol/L NaH_2PO_4。

pH	X	Y	pH	X	Y	pH	X	Y	pH	X	Y
5.8	8.0	92.0	6.4	26.5	73.5	7.0	61.0	39.0	7.6	87.0	13.0
6.0	12.3	87.7	6.6	37.5	62.5	7.2	72.0	28.0	7.8	91.5	8.5
6.2	18.5	81.5	6.8	49.0	51.0	7.4	81.0	19.0	8.0	94.7	5.3

举例：0.01 mol/L pH7.4 的 PBS 配制。

0.2 mol/L Na_2HPO_4　　81.0 ml

0.2 mol/L NaH_2PO_4　　19.0 ml

NaCL　　　　　　　　17.0 g

蒸馏水加至　　　　　2 000 ml

5. 醋酸缓冲液（0.2 mol/L）

X ml 0.2 mol/L NaAc＋Y ml 0.2 mol/L HAc。

pH	X	Y	pH	X	Y	pH	X	Y	pH	X	Y
3.6	0.75	9.25	4.2	2.65	7.35	4.8	5.90	4.10	5.4	8.60	1.40
3.8	1.20	8.80	4.4	3.70	6.30	5.0	7.00	3.00	5.6	9.10	0.90
4.0	1.80	8.20	4.6	4.90	5.10	5.2	7.90	2.10	5.8	9.40	0.60

注：温度为18℃

6. KH_2PO_4－NaOH 缓冲液（0.05 mol/L）

X ml 0.2 mol/L KH_2PO_4＋Y ml 0.2N NaOH，再加蒸馏水至 20 ml。

pH	X	Y	pH	X	Y	pH	X	Y	pH	X	Y
5.8	5.0	0.372	6.4	5.0	1.260	7.0	5.0	2.963	7.6	5.0	4.280
6.0	5.0	0.570	6.6	5.0	1.780	7.2	5.0	3.500	7.8	5.0	4.520
6.2	5.0	0.860	6.8	5.0	2.365	7.4	5.0	3.950	8.0	5.0	4.680

7. 巴比妥缓冲液

X ml 0.04 mol/L 巴比妥钠盐＋Y ml 0.2N HCL。

pH	X	Y	pH	X	Y	pH	X	Y	pH	X	Y
6.8	100	18.40	7.6	100	13.40	8.4	100	5.21	9.2	100	1.13
7.0	100	17.80	7.8	100	11.47	8.6	100	3.82	9.4	100	0.70
7.2	100	16.70	8.0	100	9.39	8.8	100	2.52	9.6	100	0.35
7.4	100	15.30	8.2	100	7.20	9.0	100	1.65			

8. Tris‐HCL 缓冲液(0.05 mol/L)

X ml 0.2 mol/L Tris(三羟甲基氨基甲烷)+Y ml 0.1N HCL,再加蒸馏水至 100 ml。

pH (23℃)	pH (37℃)	X	Y	pH (23℃)	pH (37℃)	X	Y	pH (23℃)	pH (37℃)	X	Y
9.10	8.95	25	5.0	8.32	8.18	25	20.0	7.77	7.63	25	35.0
8.92	8.78	25	7.5	8.23	8.10	25	22.5	7.66	7.52	25	37.5
8.74	8.60	25	10.0	8.14	8.00	25	25.0	7.54	7.40	25	40.0
8.62	8.48	25	12.5	8.05	7.90	25	27.5	7.36	7.22	25	42.5
8.50	8.37	25	15.0	7.96	7.82	25	30.0	7.20	7.05	25	45.0
8.40	8.27	25	17.5	7.87	7.73	25	32.5				

举例：0.05 mol/L pH7.6 TBS 配制

0.2 mol/L Tris	250 ml
0.1 mol HCL	400 ml
NaCl	8.5 g
蒸馏水加至	1 000 ml

9. 甘氨酸‐NaOH 缓冲液(0.05 mol/L)

X ml 0.2 mol/L 甘氨酸+Y ml 0.2N NaOH,再加蒸馏水至 200 ml。

pH	X	Y	pH	X	Y	pH	X	Y	pH	X	Y
8.6	50	4.0	9.2	50	12.0	9.8	50	27.2	10.6	50	45.5
8.8	50	6.0	9.4	50	16.8	10.0	50	32.0			
9.0	50	8.8	9.6	50	22.4	10.4	50	38.6			

10. 碳酸钠‐碳酸氢钠缓冲液(0.1 mol/L)

X ml 0.1 mol/L Na_2CO_3+Y ml 0.1 mol/L $NaHCO_3$。

pH (20℃)	pH (37℃)	X	Y	pH (20℃)	pH (37℃)	X	Y	pH (20℃)	pH (37℃)	X	Y
9.16	8.77	1	9	9.78	9.50	4	6	10.28	10.08	7	3
9.40	9.12	2	8	9.90	9.72	5	5	10.53	10.28	8	2
9.51	9.40	3	7	10.14	9.90	6	4	10.83	10.57	9	2

注：Ca++、Mg++存在时不得使用

11. 二甲砷酸‐HCl 缓冲液(0.05 mol/L)

X ml 0.2 mol/L 二甲砷酸钠+Y ml 0.2N HCl,再加蒸馏水至 100 ml。

pH	X	Y	pH	X	Y	pH	X	Y	pH	X	Y
5.0	25	23.5	5.8	25	17.4	6.6	25	6.7	7.4	25	1.4
5.2	25	22.5	6.0	25	14.8	6.8	25	4.7			
5.4	25	21.5	6.2	25	11.9	7.0	25	3.2			
5.6	25	19.6	6.4	25	9.2	7.2	25	2.1			

注：也可用 HNO_3 代替 HCl,配成二甲砷酸-HNO_3 缓冲液

12. Tris-马来酸缓冲液(0.1 mol/L)

X ml 1 mol/L 马来酸+Y ml 1 mol/L Tris+Z ml 0.5N NaOH,再加蒸馏水至 50 ml。

pH	X	Y	Z	pH	X	Y	Z	pH	X	Y	Z
5.08	5	5	1	6.27	5	5	7	7.97	5	5	13
5.30	5	5	2	6.50	5	5	8	8.15	5	5	14
5.52	5	5	3	6.86	5	5	9	8.30	5	5	15
5.70	5	5	4	7.20	5	5	10	8.45	5	5	16
5.88	5	5	5	7.50	5	5	11				
6.05	5	5	6	7.75	5	5	12				

附录 5

常用酶消化液的配制

1. 0.1% 胰蛋白酶(trypsin)消化液　称取胰蛋白酶 100 mg,无水氯化钙 100 mg,放于小烧杯内,加少量 TBS 调成糊状,再用 TBS 稀释至 100 ml,用前 37℃ 预温。应通过实验确定最适宜的消化时间。

2. 0.2% 胃蛋白酶(pepsin)消化液　胃蛋白酶 200 mg,直接溶解于 100 ml 0.01 mol HCl 中,溶液的 pH 为 2.5,用前预温,消化时间可从数分钟到数小时,要根据具体实验找出最佳条件。此消化液主要用于细胞外基质抗原(如各型胶原)的显示。

3. 0.05% 链霉蛋白酶(pronase)消化液　50 mg 链霉蛋白酶,溶解于 0.05 mol/L pH7.4 的 TB 缓冲液中,用前预温,溶液温度达 37℃,方可使用,使用此消化液的消化时间不宜过长,否则会引起组织结构的损坏。

4. 蛋白酶 K(proteinase K)消化液　蛋白酶 K 是进行原位杂交技术常用的消化酶,工作浓度可从 1～10 μg/ml,在进行 HBV - DNA 原位杂交时,蛋白酶 K 的工作浓度为 10 μg/ml,配制溶液是 50 mmol/L pH7.4 的 Tris - HCl 缓冲液;储备液可配成 1 mg/ml,用时进行稀释。

附录6

免疫组织化学常用显色液

1. 3,3-二氨基联苯胺(3,3'-diamino-benzidine-tetra-hydrochloride,DAB)显色液

试剂：DAB   5 mg

    0.05 mol/L pH7.6 TBS   10 ml

    30% H_2O_2 5 μl

将 5 mg DAB 溶解于 10 ml 0.05 mol/L pH7.6 TBS 中,充分搅拌,使之溶解后,用双层滤纸过滤,用前加 30% H_2O_2 5 μl,显色时间 5~10 min。

显色阳性结果为棕褐色。

2. 4-氯-1-萘酚(4-chloro-1-naphthol, CN)显色液

试剂：4-氯-1-萘酚   3 mg

    纯乙醇   0.1 ml

    0.05 mol/L pH7.6Tris 缓冲液   10 ml

    30% H_2O_2 10 μl

先将 4-氯-1-萘酚溶解于乙醇中,然后加入 TB,过滤,用前加 30% H_2O_2 10 μl,显色时间为 5~20 min。

显色阳性结果为蓝色。

3. 3-氨基-9-乙基咔唑(3-amino-9-ethylcarbazole, AEC)显色液

试剂：AEC   4 mg

    二甲酰胺(DMF)   1 ml

    0.05 mol/L pH5.2 醋酸缓冲液   14 ml

    30% H_2O_2 15 μl

先将 AEC 溶解于 DMF 中,再加入醋酸缓冲液,充分混匀,用前加 30% H_2O_2,显色时间 5~20 min。

显色阳性结果为红色。

4. NBT (nitro blue tetrazolium) 和 BCIP (5-bromo-4-chloro-3-indolyl-phosphate) 显色液

试剂：

（1）显色缓冲液：Tris　　6.0 g

NaCl　　0.3 g

$MgCl_2$　　0.5 g

双蒸馏水加至 500 ml,调 pH 至 9.5

（2）NBT 液：6 mg NBT 溶解於 20 ml 显色缓冲液中

（3）BCIP 液：50 mg BCIP 溶解於 1 ml 显色缓冲液中

（4）显色液：临用前将 5 ml NBT 液和 20 μl BCIP 液混合,避光孵育 20 min 或更长时间。

显色阳性结果为紫蓝色。

附录 7

常用组织切片黏附剂及使用方法

为了防止染色过程的脱片现象,在附贴切片前,可先用黏合剂处理玻片,常用的黏合剂有如下几种。

1. 白胶液　用手指拈一些干净水和白胶,将白胶均匀地抹在清洁玻片上,待玻片将干未干时,将切片附贴上去,这是一种最常用、最简单的黏附方法。

2. 多聚赖氨酸(poly-L-lysin, Sigma)　将清洁玻片浸于 100 μg/ml 的多聚赖氨酸中,37℃放置 30 min,然后将玻片取出,插入干净架片架上,37℃过夜,次日干后可用,或于无尘处保存。

3. 3-氨丙基三乙氧基硅烷(3 - aminopropyltriethoxysilane,APES)　用纯丙酮或甲醇配制 2% APES 液(V/V),将清洁玻片浸于此液中至少 1 min,再用丙酮或甲醇洗 2 次,每次 1～2 min,再经双蒸馏水漂洗,于无尘处自然干燥后收入洁净的盒内备用。

4. 铬明矾明胶液

试剂:铬明矾(chrome alum)　　0.25 g
明胶(gelatine)　　2.5 g
蒸馏水　　500 ml

先将铬矾溶解于 40℃少量蒸馏水中,再加入明胶及蒸馏水,可于 70℃水浴中使明胶溶化,搅拌均匀后,即可使用,如仍有残渣,可过滤后用。用时稍加热溶化,切片浸入 2～3 min,过夜晾干。

5. 甲醛-明胶液

试剂:甲醛溶液(37%～40%)　　5 ml
明胶　　1.0 g
蒸馏水加至　　200 ml

先将少量蒸馏水(约 100 ml)加热溶解明胶,待明胶完全溶化后,加入甲醛溶液,最后补充蒸馏水至 200 ml。用时稍加热溶化,切片浸入 2～3 min,过夜晾干。

附录8

水溶性封固剂

在三角烧瓶内加入明胶 10 g、蒸馏水 60 ml,加热待明胶刚融化时,再加甘油 70 ml、苯酚 0.25 g,倒入试剂瓶中备用。临用前将瓶置于温箱中融化后即可封片。

(赵仲华　刘国元)

参考文献

［1］ 陈罗泉,王青青.双光子显微镜在免疫学研究中的应用[J].国际免疫学杂志,2012,35(6)：411—415.

［2］ Dabbs DJ.诊断免疫组织化学[M].2版.周庚寅,翟启辉,张庆慧,译.北京：北京大学出版社,2008,62—118.

［3］ 付洪兰.实用电子显微镜技术[M].北京：高等教育出版社,2004.

［4］ 郭素枝.电子显微镜技术与应用[M].厦门：厦门大学出版社,2008.

［5］ 韩安家,阎晓初,王坚.软组织肿瘤病理诊断免疫组织化学指标选择专家共识(2015)[J].临床与实验病理学杂志,2015,31(11)：1201—1204.

［6］ 韩景田,周连生,窦贺荣,等.医学成像设备图像分析系统的功能及质量控制[J].中国医学装备,2012,9(2)：41—43.

［7］ 纪小龙.免疫组织化学新编[M].北京：人民军医出版社,2005：1—467.

［8］ 李和,周莉.组织化学与免疫组织化学[M].北京：人民卫生出版社,2008.

［9］ 李杨,彭瑞云.中国生物医学体视学发展现状与展望[J].中国体视学与图像分析,2016,21(1)：66—75.

［10］ 倪灿荣,马大烈,戴益民.免疫组织化学实验技术及应用[M].北京：化学工业出版社,2006：1—357.

［11］ 施心路.光学显微镜及生物摄影基础教程[M].北京科学教育出版社,2002.

［12］ 石善溶,顾江,吴秉铨.抗原修复技术—免疫组织化学发展史上的里程碑[M].北京：北京大学医学出版社,2014.

［13］ 王猛,孔繁之.医学图像三维可视化技术及其新进展[J].医学影像学杂志,2015,25(6)：1095—1097.

［14］ 吴正,曾立波,吴琼水.基于多光谱成像技术的宫颈脱落细胞 DNA 定量分析研究[J].光谱学与光谱分析,2016,36(2)：496—501.

［15］ 袁兰.激光扫描共聚焦显微镜技术教程[M].北京：北京大学医学出版社.2004.

［16］ 曾卫娟,李宗焕,文印宪,等.多光谱成像技术在生物医学中的应用进展[J].现代医学生物进展,2012,12(5)：968—971.

［17］ 张锦生,许祖德,朱虹光,等.现代组织化学原理及应用[M].2版.上海：上海科学技术文献出版社,2003.

［18］ 张锦生.现代组织化学的原理及应用[M].2版.上海：上海科学技术文献出版社,2003.

［19］ 郑明杰.双光子显微镜在生物医学中的应用及其进展[J].激光生物学报,2010,19(3)：423—427.

［20］ 组织化学与免疫组织化学[M].北京：人民卫生出版社,2008.

［21］ DeVos Winnok H, Munck Sebastian, Timmermans Jean-Pierre. Focus on Bio-Image Informatics [M]. 2016.

［22］ Dietel M. Molecular Pathology：A Requirement for Precision Medicine in Cancer [J]. Oncol Res Treat, 2016,39(12)：804-810.

［23］ Doyle LA, Fletcher CD, Hornick JL. Nuclear expression of CAMTA1 distinguishes epithelioid hemangioendothelioma from histologic mimics [J]. Am J Surg Pathol, 2016,40(1): 94 – 102.

[24] Frangi AF, Taylor ZA, Gooya A. Precision Imaging: more descriptive, predictive and integrative imaging [J]. Med Image Anal, 2016,33: 27 – 32.

[25] Geramizadeh B, Marzban M, Churg A. Role of immunohistochemistry in the diagnosis of solitary fibrous tumor, a review [J]. Iran J Pathol, 2016,11(3): 195 – 203.

[26] Hornick JL. Novel uses of immunohistochemistry in the diagnosis and classification of soft tissue tumors [J]. Mod Pathol, 2014,27(Suppl 1): S47 – 63.

[27] Lanlan Zhou, Wafik S. El-Deiry. Multispectral Fluorescence Imaging [J]. Focus on Molecular Imaging, 2009,10(50): 1563 – 1566.

[28] Levenson R, MMansfield JR. Multispectral imaging in biology and medicine: slices of life [J]. Cytometry A, 2006,69(8): 748 – 758.

[29] Levenson RM, Fornari A, Loda M. Multispectral imaging and pathology: seeing and doing more [J]. Expert Opin Med Diagn, 2008,2(9): 1067 – 1081.

[30] Madabhushi A, Lee G. Image analysis and machine learning in digital pathology: Challenges and opportunities [J]. Med Image Anal, 2016,33: 170 – 175.

[31] Youssef N, Paradis V, Ferlicot S. In situ detection of telomerase enzymatic activity in human hepatocellular carcinogenesis [J]. J Pathol, 2001,194: 459 – 465.

图书在版编目(CIP)数据

现代组织化学原理及技术/刘颖,朱虹光主编.—上海:复旦大学出版社,2017.8
ISBN 978-7-309-13181-9

Ⅰ.现… Ⅱ.①刘…②朱… Ⅲ.组织化学 Ⅳ.Q5

中国版本图书馆 CIP 数据核字(2017)第 194108 号

现代组织化学原理及技术
刘 颖 朱虹光 主编
责任编辑/王 瀛

复旦大学出版社有限公司出版发行
上海市国权路 579 号 邮编:200433
网址:fupnet@fudanpress.com http://www.fudanpress.com
门市零售:86-21-65642857 团体订购:86-21-65118853
外埠邮购:86-21-65109143 出版部电话:86-21-65642845
上海华业装潢印刷厂有限公司

开本 787×1092 1/16 印张 19.5 字数 439 千
2017 年 8 月第 1 版第 1 次印刷

ISBN 978-7-309-13181-9/Q·105
定价:88.00 元